高等学校**材料类新形态**系列教材

材料成型工艺
——塑性成形

赵新海 主编 刘峣 陈良 林军 副主编

化学工业出版社
·北京·

内容简介

本教材是为适应社会发展的新形势和对人才发展的高要求而编写的。全书包括8章，第1章介绍塑性成形工艺的概念、特点、分类、发展及应用；第2章介绍锻造用材料、下料方法、锻造的热规范、锻后冷却的方法、锻件的热处理及常用锻造设备；第3章介绍镦粗、拔长、冲孔等自由锻工艺，自由锻工艺过程的制定，开式模锻及闭式模锻；第4章介绍冲压加工的特点、分类，常用的冲压设备，冲裁工艺，其他冲裁方法，材料的经济利用，冲裁工艺性分析及冲模典型结构；第5章介绍弯曲的变形过程、工艺计算、偏移、回弹，弯曲件的工艺性、工序安排及弯曲模工作部分尺寸的计算；第6章介绍拉深的变形分析、应力应变状态、起皱与拉裂、拉深工艺计算、模具工作部分的计算、工艺设计及其他拉深方法；第7章介绍胀形、翻边、缩口、扩口、旋压；第8章介绍了挤压、轧制、拉拔、镦锻、等温锻造、超塑性成形、电磁成形、粉末锻造、多向模锻、缩口等成形工艺。书中提供了课件及相关视频资源供读者参考使用，扫描书后二维码即可。

本书可作为材料及相关专业的教材，也可供相关技术人员参考。

图书在版编目（CIP）数据

材料成型工艺：塑性成形 / 赵新海主编；刘峣，陈良，林军副主编．-- 北京：化学工业出版社，2024.10．-- ISBN 978-7-122-46391-3

Ⅰ．TG3

中国国家版本馆 CIP 数据核字第 2024U4K745 号

责任编辑：王清颢　张兴辉　　文字编辑：张　宇
责任校对：李雨函　　装帧设计：王晓宇

出版发行：化学工业出版社
（北京市东城区青年湖南街13号　邮政编码100011）
印　　装：河北延风印务有限公司
710mm×1000mm　1/16　印张21　字数363千字
2025年1月北京第1版第1次印刷

购书咨询：010-64518888　　售后服务：010-64518899
网　　址：http：//www.cip.com.cn
凡购买本书，如有缺损质量问题，本社销售中心负责调换。

定　　价：68.00元

编写人员名单

主　　　　编：赵新海

副　主　编：刘　峣　陈　良　林　军

其他参编人员：司智渊　孙　璐　李　娇　王星会

前言 PREFACE

2022年10月16日，习近平在中国共产党第二十次全国代表大会上的报告强调："坚持把发展经济的着力点放在实体经济上，推进新型工业化，加快建设制造强国、质量强国、航天强国、交通强国、网络强国、数字中国。""实施产业基础再造工程和重大技术装备攻关工程，支持专精特新企业发展，推动制造业高端化、智能化、绿色化发展。"2022年6月28日，习近平在湖北武汉考察时强调："高端制造是经济高质量发展的重要支撑。推动我国制造业转型升级，建设制造强国，必须加强技术研发，提高国产化替代率，把科技的命脉掌握在自己手中，国家才能真正强大起来。"高端制造的发展离不开基本工艺和理论的发展，要培养基础理论深厚且扎实、专业知识结构合理、创新意识强、综合素质高的人才，离不开教材的建设和发展。

本教材是为适应社会发展的新形势和对人才发展的高要求而编写的。全书包括8章，第1章介绍塑性成形工艺的概念、特点、分类、发展及应用；第2章介绍锻造用材料、下料方法、锻造的热规范、锻后冷却的方法、锻件的热处理及常用锻造设备；第3章介绍镦粗、拔长、冲孔等自由锻工艺，自由锻工艺过程的制定，开式模锻及闭式模锻；第4章介绍冲压加工的特点、分类，常用的冲压设备，冲裁工艺，其他冲裁方法，材料的经济利用，冲裁工艺性分析及冲模典型结构；第5章介绍弯曲的变形过程、工艺计算、偏移、回弹，弯曲件的工艺性、工序安排及弯曲模工作部分尺寸的计算；第6章介绍拉深的变形分析、应力应变状态、起皱与拉裂、拉深工艺计算、模具工作部分的计算、工艺设计及其他拉深方法；第7章介绍胀形、翻边、缩口、扩口、旋压；第8章介绍挤压、轧制、拉拔、镦锻、等温锻造、超塑性成形、电磁成形、粉末锻造、多向模锻、缩口等成形工艺。

本书还提供了课件及相关视频，供读者参考。

全书由赵新海任主编，并负责统稿工作。参加本教材编写工作的有刘峣、陈良、林军、孙璐、司智渊、王星会、李娇等。本教材在编写过程中得到了山东大学材料学院教师的大力支持。

本书可以作为塑性成形工艺相关课程的教材，通过本书，学生可以学习冲压工艺的基本类型及其特点，对冲裁、弯曲、拉深等主要工艺能熟练地进行塑性成形工艺方案的制定和工艺分析计算；可以学习锻造工艺的基本类型及工艺规程、模锻工艺的制定，熟悉各类模锻设备上模锻的工艺特点，并对特种塑性成形工艺有一定的认识和了解。本书也可供相关技术人员参考使用。

由于编写水平所限，书中不足之处，恳请读者批评指正。

编者

目录 CONTENTS

第 8 章
特种塑性成形工艺 284

第 1 章

绪论

1.1 塑性成形的概念及特点

1.1.1 什么是塑性成形

塑性成形是指在一定的外力作用下，利用金属的塑性使其成为具有一定形状和力学性能的毛坯或工件的加工方法，是金属加工的重要方法之一，也称为塑性加工或压力加工。

采用塑性成形方法，既可生产钢锻件、钢板冲压件、各种有色金属及其合金的锻件、板料冲压件，还可生产塑料件与橡胶制品。塑性成形加工的零件与制品，在汽车中与摩托车中占 70% ～ 80%；在拖拉机及农业机械中约占 50%；在航空航天飞行器中占 50% ～ 60%；在仪表中约占 90%；在家用电器中占 90% ～ 95%；在工程与动力机械中占 20% ～ 40%，因此其在国民生产中占据了重要的地位。

1.1.2 金属塑性成形工艺的分类

金属塑性成形工艺的种类很多，也有不同的分类方法。本书主要介绍常用的按被加工对象性质进行的分类。

根据塑性成形工艺毛坯的特点，通常可以将金属塑性成形分为体积成形（块料成形）和板料成形两大类，每类又包括多种不同的加工工艺方法。

根据塑性成形加工对象的属性，通常可以将塑性成形分为一次塑性加工和二次塑性加工。一次塑性加工主要是以生产原材料为主的加工，可以分为轧制、挤压、拉拔等，是生产各种型材、板材、线材、管材等的加工方法。二次塑性加工主要是生产零件及其毛坯，一般是以一次塑性加工获得的型材、棒材、线材等为原材料进行的再次塑性成形，主要包括板料成形（冲压）和体积成形。

下面对基本的金属塑性成形方式进行简单的介绍。

（1）轧制

金属坯料在一对回转轧辊的空隙中受压变形，从而获得各种相应形状和尺寸的产品的加工方法称为轧制，如图 1-1 所示。

轧制生产所用坯料主要是金属锭。坯料在轧制过程中，靠摩擦力得以连续通过轧辊空隙而受压变形，坯料横截面减小的同时长度增加。

通过合理设计轧辊上的各种不同的孔形（与产品截面轮廓相似），可以轧制出不同截面的原材料，如钢板、型材和无缝管材等，供其他工业部门使用，也可以直接轧制出毛坯或零件。

（2）挤压

金属坯料在挤压模内受压被挤出模孔而成形的加工方法称为挤压，如图 1-2 所示。挤压过程中金属坯料的截面依照模孔的形状减小，同时长度增加。挤压可以获得各种复杂截面的型材或零件，适用于加工低碳钢、有色金属及其合金，如果采取适当的工艺措施，还可以对合金钢和难熔合金进行挤压生产。

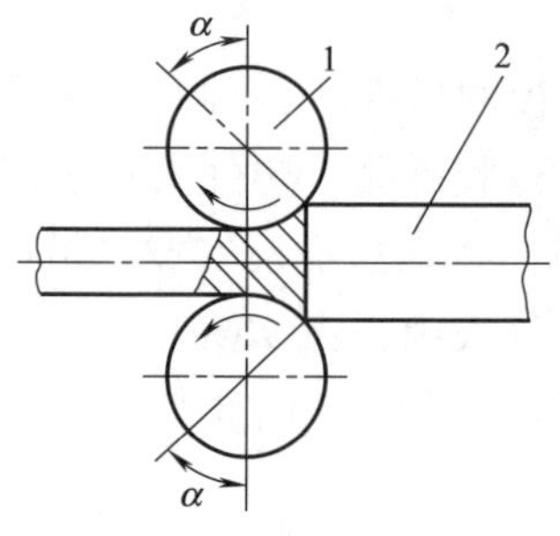

图 1-1　轧制示意图

1—坯料；2—轧辊

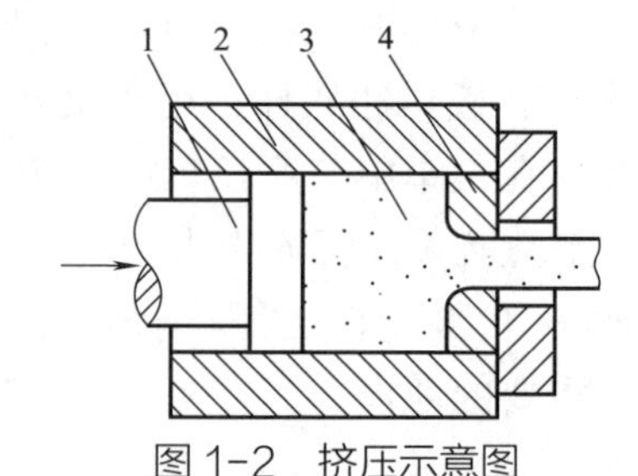

图 1-2　挤压示意图

1—凸模；2—挤压筒；3—坯料；4—挤压模

（3）拉拔

将金属坯料强力拉过拉拔模的模孔而使其成形的加工方法即为拉拔，如

图 1-3 所示。

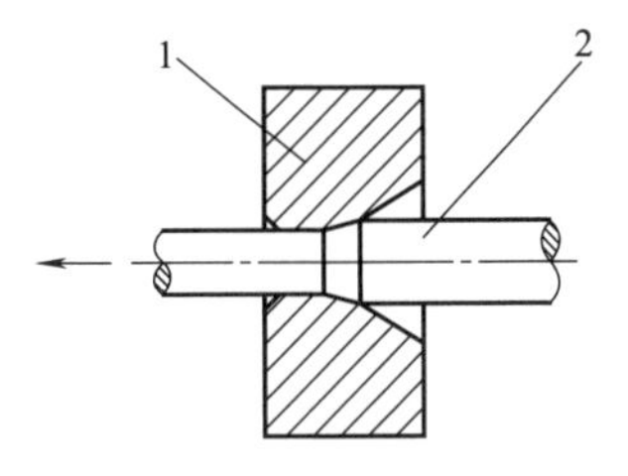

图 1-3　拉拔示意图

1—拉拔模；2—坯料

拉拔生产主要用来制造各种细线材、薄壁管和各种特殊几何形状的型材，如电缆等。对于用作镦制螺栓、螺母和销类等标准件的圆形或六方形棒料，需要经过冷作硬化提高其性能，镦制或加工前一般要将其冷拔变形。因拉拔的产品具有较高的尺寸精度和低的表面粗糙度，同时具有冷作硬化作用，故拉拔常用于对轧制件的再加工，以提高产品质量。低碳钢和大多数有色金属及其合金，都可以经拉拔成形。

拉拔模模孔的截面形状及使用性能的好坏，对产品有决定性的影响。拉拔模模孔在工作中承受着强烈的摩擦作用，为保持其几何形状的准确性和使用的长久性，应选用耐磨硬质合金来制作拉拔模具。

（4）自由锻造

自由锻造（常简称自由锻）是指受热金属坯料在上下砥铁间受冲击力或压力作用而成形的加工方法，如图 1-4 所示。其常用于锻件的单件或小批量生产。

（5）模锻

模锻是模型锻造的简称，是指受热金属坯料在具有一定形状的锻模模膛内受冲击力或压力作用而成形的加工方法，如图 1-5 所示。其适用于锻件的大批量生产。

（6）板料冲压

板料冲压是指金属板料在冲模之间受压产生分离或成形的加工方法，如图 1-6 所示。板料冲压一般在室温条件下进行，也常被称为冷冲压。

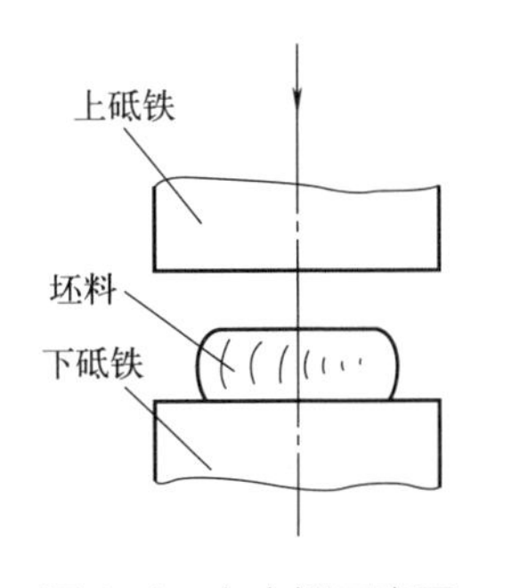

图 1-4　自由锻示意图

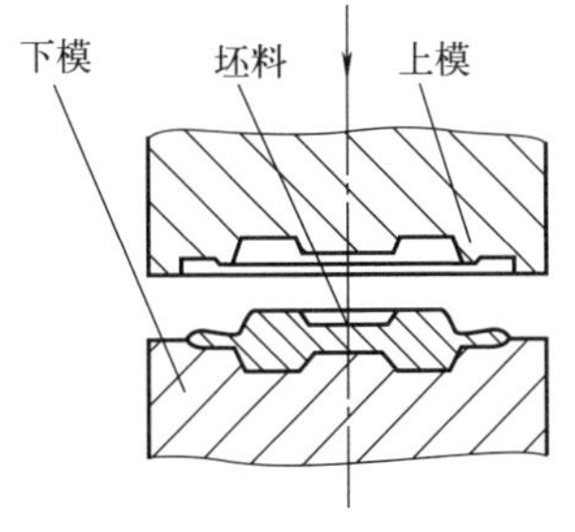

图 1-5　模锻示意图

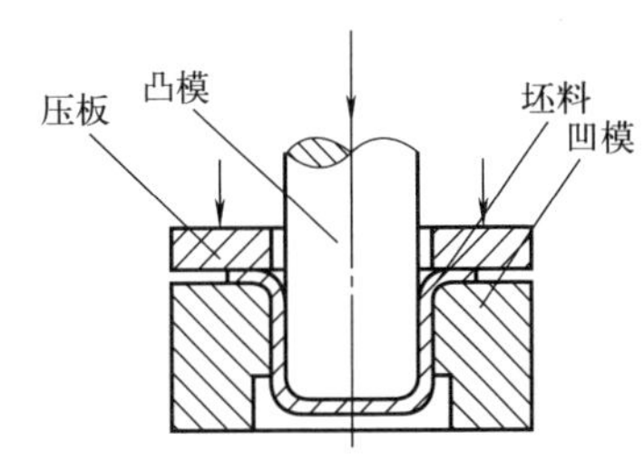

图 1-6　板料冲压示意图

一般常用的金属型材、板材和线材等原材料，大都通过轧制、挤压、冷拔等方法制成。凡承受重载荷的机械零件，如机器的主轴、重要齿轮、连杆、炮管和枪管，通常采用锻件作为毛坯，再经过切削加工制成。板料冲压广泛用于汽车制造、电器、仪表及日用品工业等方面。

1.1.3 塑性成形工艺的特点

金属塑性成形中作用在金属坯料上的外力主要有两种：冲击力和压力。锤类设备产生冲击力使金属变形，压力机对金属坯料施加静压力使金属变形。塑性成形工艺与其他的金属成形工艺相比，具有以下特点：

① 力学性能高。由于坯料经过了塑性变形和再结晶，粗大的树枝晶组织被打破，疏松和孔隙被压实、焊合，内部组织和性能得到了较大改善和提高。

② 节省材料。塑性成形主要是利用金属在塑性状态下的体积转移，而不是靠部分地切除体积，因而制件的材料利用率高。

③ 生产率高。大多数压力加工方法，尤其是轧制、挤压和冷拔等，金属连续变形，其变形速率大，故生产率高。

④ 精度高。板料冲压一般可以直接得到合格的零件或产品，随着精锻技术和其他特种加工新工艺的应用，有些锻件可以达到少切削甚至无切削，因而零件精度高。

但是，塑性成形耗能较高，并且不适宜加工形状特别复杂的制品及不能加工脆性材料。

1.2 塑性成形工艺的发展

世界上锻件生产真正起源于何时，目前无从考证，但是我国在新石器时代末期，就已开始用锤击天然红铜来制造装饰品和小用品。商代中期，人们用陨铁制造武器，就采用了加热的锻造工艺。春秋时期，我国劳动人民就已熟练地应用锻造方法制造生产工具和各类兵器。甘肃武威皇娘娘台齐家文化遗址出土的 30 多件红铜器物，就有明显的锤击痕迹。山东沙藤县宏道院出土的汉画像石和甘肃榆林窟壁画（西夏），都生动地再现了古代热锻的场景。

1972 年，河北省出土的商代兵器，距今已有三千余年的历史。出土的兵器经采用现代技术检验，其刃口是采用合金钢嵌锻而成，这是我国至今发现最早生产的锻件。秦始皇陵兵马俑坑出土的三把合金钢锻制的宝剑，其中一把至今仍光艳夺目，锋利如昔。福建泉州湾打捞起的一具古代主锚，由熟铁制造，热锻后又经退火，晶粒尺寸均匀，硬度为115HB，强度为435MPa。我国著名的四川省泸定县泸定桥，桥长为106m，宽为218m，由9条铁索组成，是在清前期（1706年）建成。

除热锻技术，冷锻、箔材制造、板成形、旋压、拉拔、模压、冷弯技术也得到应用，有的达到较高的技艺水平。甚至有些工艺技术是现代技术都不及的，如捶金箔、打锡箔、铁画等。

最初，人们依靠抡动锤头进行锻造，后来出现了通过人拉绳索和滑车来提起重锤，再让重锤自由落下锻打坯料的方法。14世纪以后出现了畜力和水力落锤锻造。1842年，英国的内史密斯制成第一台蒸汽锤，使锻造进入应用动力的时代。以后陆续出现了锻造水压机、电机驱动的夹板锤、空气锻锤和机械压力机等设备。夹板锤最早应用于美国南北战争（1861～1865）期间，用以模锻武器的零件，随后在欧洲出现了蒸汽模锻锤，模锻工艺逐渐推广。20世纪50年代末至60年代初，中国成功制造了1.2万吨水压机，填补了国内大型锻造设备的空白。2006年12月30日，中国一重集团自主研制的15000吨水压机一次热负荷试车成功。2007年10月初，16000吨级水压机在四川德阳中国二重集团锻造分厂进行第一次热负荷试车并获得成功，彻底改变了我国超大型锻件依赖进口的局面，在中国锻造史上具有划时代的意义。2011年，由中国第二重型机械集团制造的80000吨水压机正式投入使用；代表了中国工业的实力，也是世界模锻机技术的顶峰。

未来，塑性成形会朝着以下方向发展。

（1）材料成形方面

① 在大批量生产中着重向高速化、自动化发展。其主要表现如下。

a. 发展高速自动压力机。普通压力机的行程一般为每分钟几十次或上百次，而高速压力机，行程一般是普通压力机的5～9倍，小型的行程高达2000～3000次/min，中型的也有600～800次/min。这样一台高速压力机，其生产效率相当于5～10台普通压力机。

b. 发展多工位压力机。一个板料成形件的生产总是包含多道工序，如落料、拉深、冲孔、翻边等。一般的方法是由几台设备和几套模具分别完成，而多工位压力机是将多道工序，在压力机的各个工位上由滑块的一次行程同时完成，各工位之间由送料夹钳或机械手传递坯件。在压力机的连续运转下，一次行程即可生产一个板料成形件。这样一台多工位压力机便可代替几台甚至十几台普通压力机。

c. 发展冲压自动线。由多台压力机配上自动装料、送料、出件、传递翻转、监控保护等辅助装置，组成一条冲压自动线。这种冲压自动线，自动化程度高，整条生产线除了对材料架的上料、设备的调试、开机 / 停机等进行操作及日常维护之外，无须其他特殊操作，完全实现自动化生产，生产效率高，冲压成品精度高，整个生产流程通畅，采用严谨的空间交叉布局，占地面积小，最大化地确保了其运行成本低、投资经济效益高，在汽车工业中得到普遍应用。

② 在小批量生产中多朝简易化、通用化和万能化发展，尽量做到一机多能、一模多用，提高加工的“柔性”。在这方面有两种基本途径：一是提高设备系统的功能，如多自由度加工机床、快换模系统和数控系统；二是从成形方法和模具着手，如采用单模、（多）点模、自适应软模，渐进成形，甚至无模成形等。

由日本某公司研制的冲压柔性加工单元，是由 1500kN 开式双柱宽台面压力机、机器人、模具自动仓库、供料装置、堆垛起重机、成品传送带、废料传送带、操纵台等组成，可加工 150 种左右的电器零件，最小批量 20 件，最大批量 4000 件，工件板厚为 0.5 ～ 8.0mm，工件长度为 30 ～ 200mm，宽度为 10 ～ 200mm，可完成各种落料、冲孔、拉深和弯曲等工序，生产率相当于 7 台小型机械压力机。

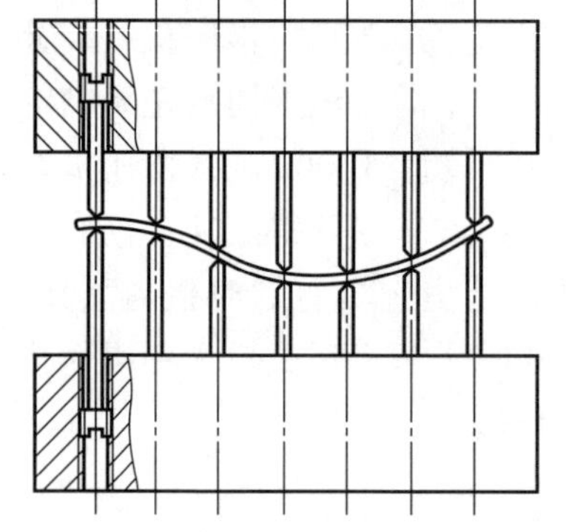

图 1-7　多点模成形示意图

单模成形只需凹模或凸模，因而简化了模具结构与制造工序，如液压成形、聚氨酯成形等。图 1-7 给出了一种多点模成形示意图，当加工板件的曲面参数需要变化时，只需调整上下冲头的位置。多点模成形可以实现数控化。

金属板料渐进成形的思想首次提出并应用于成形加工，是在 20 世纪末由日本学者松原茂夫完成的。无模单点渐进成形技术是以分层制造为基础的金属板料柔性成形技术，如图 1-8 所示。系统主要由板料、工具头、压板和托板组成，板料由压板和托板组成的压边系统固定着，成形工具头在数控计算机的控制下沿着一定的运动轨迹分层逐点挤压金属板材使其发生局部塑性变形从而渐进地完成对板料

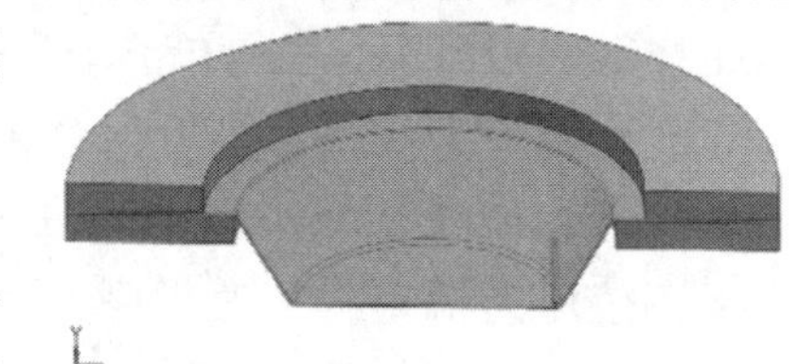

图 1-8　渐进成形示意

的成形。工具头的运动轨迹是将复杂的三维数字模型在高度方向上分解为一系列的等高线层。工具头完成第一层的形状成形后在计算机控制下沿 Z 轴进给一个下压量的距离，然后进行第二层的成形，如此反复直到完成工件形状的成形。渐进成形工艺是一种柔性成形的方法，成形过程不需要模具或者只使用简单的模具，大大节约了模具制造所需要的成本、时间，同时是一种累积成形、局部变形，所需要的成形力小，设备耗能低，基本无振动，噪声微小，属于绿色制造。它可以加工复杂形状零件，既可以成形出筒形、锥形、方形等简单形状的零件，也可以成形有复杂曲面的工件。

黏性介质压力成形可视为一种自适应软模成形。板料件黏性介质压力成形过程工艺原理如图 1-9 所示。成形时，板坯料置于模具压边圈上合模压紧，通过黏性介质注入缸注入介质对板料施加成形压力，并通过反向黏性介质压力缸注入与排放介质来调节反向压力分布。而成形过程压中边力的分布则是通过控制压边缸的压力来实现的。黏性介质压力成形过程可以通过介质的注入与排放，实时控制成形过程黏性介质注入压力与排放压力，同时控制板料压边力，可以对板料施加的压力分布进行实时控制，以有效地控制材料的顺序流动，达到控制板料成形过程及尺寸精度和厚度变化的目的，提高板料成形性。

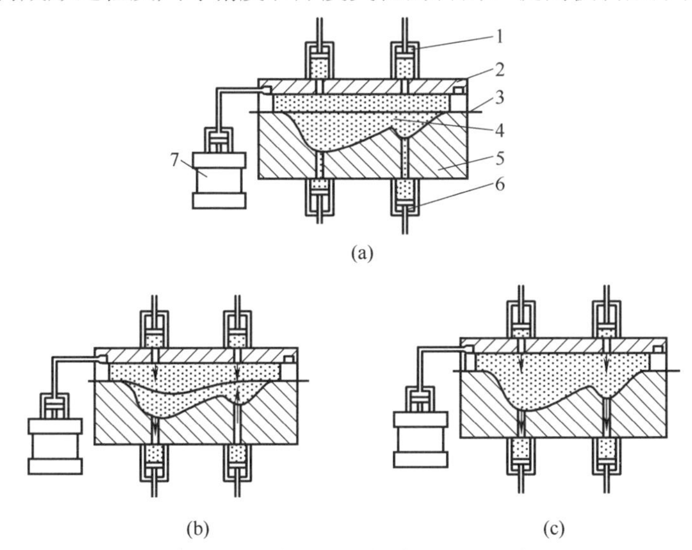

图 1-9　黏性介质压力成形原理示意图

1—介质注入缸；2—黏性介质；3—板料；4—下模；5—反向黏性介质压力缸；7—压力缸

无模成形则不需要借助任何模具就可达到成形目的，如激光弯曲成形、超塑性无模拉拔等。

激光弯曲成形技术是一种利用高能激光束扫描板料表面，产生不均匀温

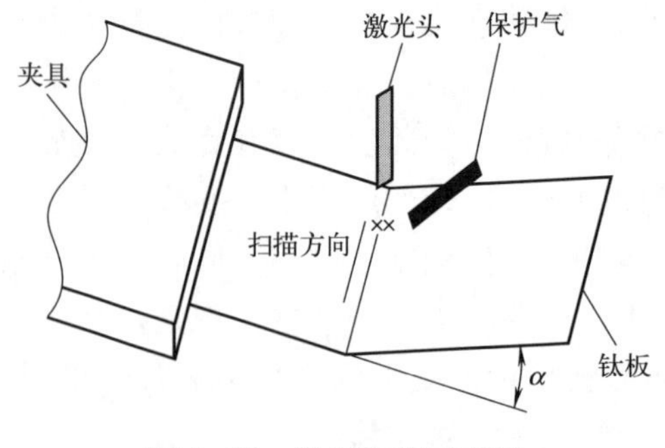

图 1-10　激光弯曲示意图

度场，诱发热应力使板料产生塑性变形的加工工艺，其基本原理如图 1-10 所示：在激光照射的区域与未照射的区域形成了极不均匀的温度场，产生的热应力超过材料的屈服极限时，就会迫使金属板料发生塑性变形，具有工具简单、加工柔性大、准备周期短、固定投资少等优点。

③ 成形件向精密化发展。为了减少后续加工、节约原材料和减少能源消耗，人们总是希望所加工的产品能最大限度地接近成品零件。在普通冲裁中，冲裁件的尺寸精度和断面粗糙度都较差，改用精冲工艺，其切面粗糙度高达 0.8 ～ 0.2μm、尺寸精度可达 IT8 ～ IT6 级。常用的精冲方法有带齿圈压板精冲、对向凹模冲裁等。板料的超塑性气压成形，可以生产形状复杂精确的壳体零件，如果与扩散连接工艺相结合，还可生产形状复杂的板材结构件，用于航空航天器上，使器件重量减轻。总之，开发新工艺、工艺过程的模拟化、工艺装备的数控化等都有利于提高成形件的精度。

（2）体积成形方面

① 在自由锻方面，注意力主要集中在大型自由锻上，发展的重点是提高大锻件的质量。

② 在模锻方面：

a. 压力机（曲柄压力机和螺旋压力机）模锻基本取代锤上模锻，因为压力机比模锻锤更适应工艺精化及实现机械化、自动化连续生产的要求。

b. 模锻件的精度不断提高，其重要发展之一是精密模锻。精密模锻是指在模锻设备上锻造出形状复杂、精度高的锻件的模锻工艺。如精密模锻锥齿轮，其齿形部分可直接锻出而不必再经过切削加工。模锻件尺寸精度可达 IT12 ～ IT15，表面粗糙度值 Ra 为 3.2 ～ 1.6μm。

c. 模锻生产自动化程度日益提高，除了在热模锻压力机上配备机械手实现不同程度的自动化外，还发展了模锻自动线。如航空工业景航 FP1000 热模锻（小锻）精益自动化线，整个锻造环节（从加热至切边）实现全自动生产。全线由自动上料机构、自动喷涂线、两台 90kW/1250℃的高温转炉、六台机器人、主要锻造设备 FP1000 热模锻压机及 125T 冲床组成。其原设计锻造速度为 17 秒 / 件，实际只需 12 ～ 15 秒 / 件。

③ 特种成形技术及模具技术的研究开发。常规变形条件下固态金属的成形

性总是不尽理想，加之影响金属流动的因素比较复杂、不易控制，因此形状复杂精细的零件很难直接锻出；同时，固态金属的变形抗力较大，导致设备吨位过大，模具工作条件恶劣。这些都是传统塑性加工的不利因素，而目前发展的一些特种塑性成形技术，比如超塑性成形、粉末冶金锻造、等温锻造、静液挤压、多向模锻、液态模锻等，对于克服这些不利因素都具有明显的优越性。

1.3 塑性成形工艺的应用

塑性成形工艺是制造业关键核心技术之一，塑性成形工艺技术水平在很大程度上决定了产品质量和生产效率，乃至制造业发展水平。我国是制造业大国，2021 年的钢产量已达 1 亿吨、铝产量达 6 千万吨，而这些材料的 80% 以上需要通过塑性成形工艺加工成所需的零件或部件。

几乎所有工业产品的生产都离不开塑性成形的直接和间接支撑。航空航天中的飞机、卫星、火箭、宇宙飞船等；交通运输中的高铁、汽车、卡车、客轮等；工业装备中的锅炉、机床、冶金机械、仪表、压力容器、重型机械、动力机械、食品机械、石油化工设备、电力设备等；日常用品中的手机、冰箱、电视机、投影仪等；桥梁、钢结构建筑、地铁和油气输送管道等基础设施的制造都离不开塑性成形。

目前，我国的材料成形工艺技术水平已达到或接近世界先进水平。C919 大型客机，想必大家都不陌生。这是中国具有自主知识产权的干线民用飞机，“C”代表 China 首字母，同时也代表中国商飞 COMAC 首字母，第一个“9”寓意天长地久，“19”表示最大载客量 190 座。

一直以来就有不少人都在质疑 C919 的“国产货”基因，有人对 C919 的核心部件大多由其他国家提供也是颇有微词。他们却忽略了当前中国大飞机制造的基本国情，想要实现超越就要借助其他国家的优势，引进技术，消化吸收创新，这样才能真正实现所有核心部件的国产化。

C919 其实已经从原定的 10% 国产率提升到了 60%，包括雷达机罩、飞机机身等在内的多项部件均是中国制造。

如果把发动机比喻成飞机的心脏，那么起落架就是飞机的双脚。起落架最重要的作用是确保飞机的起飞、着陆和滑跑等一系列地面移动系统能够安全执行。在飞机起降的过程中，起落架是支撑整架飞机重量的唯一部件。尤其在降落阶段，不仅要承受70多吨机体落地瞬间的冲击力，还有垂直方向的巨大冲力，在飞机的起落过程中发挥着极其关键的作用，被誉为“生命的支点”。由于起落架对材料强度、韧性等方面的高质量要求，C919选择了宝武特钢研制的300M超高强度钢。

C919主起落架的体积虽然不大，但内部的零件就有上千种，是飞机机载系统中结构功能最复杂的部分（图1-11）。其中外筒是C919大型客机上最大、最复杂的关键承力件，从毛坯加工到成品就有70多道工序。因此，该产品的研制工作一直备受关注。

图1-11　起落架示意图

为实现主起落架外筒的国产化目标，中国二重万航公司承担了国防科工局大飞机专项“大型客机起落架主起外筒锻件工程化应用研究”重点科研项目。经过近6年的民航体系建设和质量提升，攻克了全流程精确预测、锻件成形尺寸及表面质量控制等10余项关键技术，终于成功完成了主起落架外筒锻件的研制，大幅提升了C919大型客机的国产化率，填补了我国在大型民用飞机起落架关键锻件产品上的空白。这是起落架最后一个实现国产化的部件，标志着我国在飞机制造领域的一大突破，成功打破了其他国家的技术封锁，让中国的大飞机真正拥有了一双“中国脚”。

思　考　题

1. 什么是塑性成形？简述其分类？

2. 试分析说明塑性成形在国民经济中的地位及作用。

3. 简述塑性成形的主要特点。

4. 查阅资料，分析说明塑性成形工艺在某一重大工程项目中的作用及解决的关键技术问题。

第2章

金属的锻造成形基础

2.1 锻造用材料

目前锻造用的金属材料主要包括碳素钢、合金钢、有色金属及其合金等，按加工状态分为钢锭、轧材、挤压棒材和锻坯等。大型锻件和某些合金钢的锻件一般直接用钢锭锻制，中小型锻件一般用轧材、挤压棒材和锻坯生产。锻件的质量除与原材料有关外，还与锻造工艺有关，因此，为便于进行锻件质量分析，首先应了解所加工的坯料，下面介绍常用的锻造原材料。

2.1.1 钢锭及其冶炼

钢锭中的有害元素主要是硫、磷、氢等。冶炼工艺的主要任务就是保证钢液的化学成分符合钢种的要求，提高钢液纯净度或最大限度地减少硫、磷、非金属夹杂物及气体的含量。

（1）钢锭的分类

钢锭按照钢水脱氧程度不同，可以分为沸腾钢、镇静钢和半镇静钢三类。

沸腾钢是没有脱氧或没有充分脱氧的钢。这种钢液注入钢锭模后，随着温度的下降，钢液中的碳和氧发生反应，排出大量的一氧化碳气体，产生沸腾现象，所以叫沸腾钢。沸腾钢生产周期短，消耗的脱氧剂和耐火材料少，钢锭切头率低（5% ～ 8%），钢材成品率高，生产成本低，是大批量生产的钢种之一。但和镇静钢相比较，其钢锭的化学成分偏析较大，成分不够均匀，钢的内部结晶较差，含有较多的氧化物（FeO 型）夹杂，且氮主要是以原子游离状态存在，组织不够致密，气泡较多，钢材的冲击值较低，特别是抗疲劳、时效、冷脆性能较差。若性能满足工业需要，应以沸腾钢代替镇静钢。一般低碳结构钢可以炼成沸腾钢。

浇注前脱氧充分、浇注时钢液平静没有沸腾的钢叫镇静钢。镇静钢的优点是化学成分比较均匀，含有害氧化物（FeO 型）夹杂少，氮多半以氮化物的形式存在，因而，其组织密实，力学性能好，尤其是钢材的时效倾向性小，冲击值高，低温冷脆的敏感性小，是较好的钢种。其缺点是生产效率较低，切头率高（约 15% ～ 20%），成本高于沸腾钢（约高 10% ～ 15%）。对力学性能等各项指标要求较高和有特殊要求的钢件，如无缝钢管、滚珠和弹簧等都应采用镇静钢。

脱氧程度介于镇静钢和沸腾钢之间、由于脱氧不完全在浇注过程中仍有轻微沸腾的钢，称为半镇静钢。半镇静钢比镇静钢的中心缩孔小，切头率低；比沸腾钢的偏析少，力学性能好。但是半镇静钢的脱氧程度很难控制，冶炼操作上较难掌握，质量不够稳定，但是碳素钢中此类钢是值得提倡和发展的。

（2）钢锭的冶炼方法

大型锻件用的钢锭，主要靠碱性平炉、酸性平炉和电炉冶炼。

碱性平炉是用碱性炉渣炼钢，炉底和堤坡用碱性耐火材料如镁砖、铝镁砖、镁砂和白云石等砌成。其优点是对炉料要求不高，这是因为碱性炉渣可排除大量的硫、磷夹杂元素。其缺点是氢在碱性炉渣中的溶解度和扩散能力较大，透气性大，氢在钢中的溶解度和扩散能力亦随之增大，碱性平炉钢液中氢含量高达 6 ～ 8ppm（$1ppm=1.125\times10^{-2}cm^3/g$）。钢液中非金属夹杂物主要是氧化物和硫化物。硫化物夹杂会给钢造成热脆性，且本身有一定塑性，锻造后沿金属主要变形方向呈条状分布，使锻件的横向和切向性能降低，增加了锻件的各向异性。

酸性平炉是用酸性炉渣炼钢，炉底和堤坡用酸性耐火材料如硅砖、石英砂等砌筑而成。酸性炉渣不易去除硫、磷等夹杂元素，所以对原料要求较高，应预先进行精选，钢的成本有所提高。氢在酸性炉渣中的溶解度和扩散能力较小，因而酸性平炉钢液中的氢含量较低，一般为 4 ～ 6ppm。酸性平炉钢中非金属夹杂物少，主要是硅酸盐，且呈球状分布，钢液的纯净度高。

碱性电炉冶炼是靠高温电弧加热熔炼，冶炼过程中可以控制炉气。碱性电炉冶炼的周期短，且不受炉气污染的影响。当采用双渣氧化法冶炼时，在熔化期后，有一个加铁矿石使熔池激烈氧化沸腾的氧化期。而采用返回法冶炼时，为防止钢液中的合金元素大量烧损，则没有加矿石的氧化期，熔毕后可以直接进入还原期。经还原气氛处理，钢液中的非金属夹杂得到进一步排除，硫、磷含量可降低到 0.015% 以下。但是碱性电炉钢液中氢含量较高，一般为 5 ～ 7ppm。

对于重要用途的锻件，为提高钢锭质量，可采用真空熔炼法、钢包精炼法和电渣重熔法等。

真空熔炼法是在真空条件下进行金属与合金熔炼的特种熔炼技术，主要包括真空感应熔炼、真空电弧重熔和电子束熔炼。真空熔炼使在常压下进行的物理化学反应条件有了改变，这主要体现在气相压力的降低上。只要冶金反应中有气相参加，而且反应生成物中的气体物质的量大于反应物中的气体物质的量时，若减小系统的压力，则可以使平衡反应向着增加气态物质的方向移动，这就是真空熔炼中物理化学反应最根本的特点。真空熔炼可以实现严格的成分控制，可以有效地去除气体和减少非金属夹杂物，并可挥发去除部分有害金属杂质，使得钢和合金的纯洁度明显改善，提高了钢和合金的物理和力学性能。真空感应熔炼与常压感应熔炼比较，坡莫合金的起始磁导率平均约提高 50%。真空电弧重熔的 A-286 合金，同大气熔炼的同一合金比较，其横向塑性提高了近一倍。

大型电站锻件用钢及新型合金钢采用钢包精炼法。它是将初炼钢水兑入钢水包，然后进行真空脱气及电弧加热，并使钢液在电磁搅拌作用下得到熔渣的精炼。结果钢液脱氢、脱氧率达到 60%，硫含量降至 0.01% ～ 0.001%，几乎没有夹杂，力学性能均匀，锻件质量显著提高。

电渣重熔法是将一般方法冶炼的钢，制成自耗电极，再重熔为液滴，经渣洗精炼，逐渐结晶成电渣锭。其脱气率达 50% ～ 60%，钢中夹杂总含量降至 0.01% ～ 0.005%，无明显偏析，组织结构致密，塑性良好，结晶结构合理，污染少，但是生产率较低，成本也较高。

2.1.2 钢锭的结构

钢锭由冒口、锭身和底部三部分组成，如图 2-1 所示。由于钢液在凝固过程中各处的冷却与传热条件很不均匀，钢液是由模壁向锭心、由底部向冒口逐渐冷凝选择结晶，从而造成钢锭的结晶组织、化学成分及夹杂物分布不均。从钢锭纵剖面结构（图 2-1）可知，钢锭表层为细小等轴结晶区（亦称激冷区），向里为柱状结晶区，再往里为倾斜树枝状结晶区，心部则为粗大等轴结晶区。由于选择性结晶，心部上端聚集着轻质夹杂物和气体，并形成

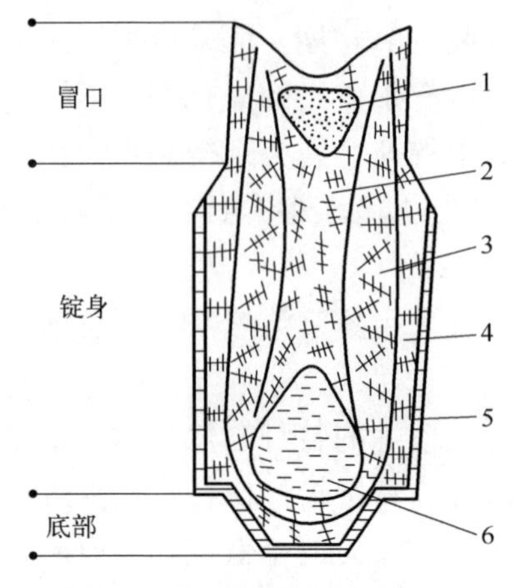

图 2-1 钢锭纵剖面组织结构

1—冒口缩孔；2—等轴粗晶区；3—倾斜树枝状结晶区；4—柱晶区；5—激冷层；6—底部沉积区

巨大的收缩孔，其周围还会产生严重的疏松。心部底端为沉积区，含有密度较大的夹杂物。因此，钢锭的内部缺陷主要集中在冒口、底部及中心部分，其中冒口和底部作为废料应予切除，如果切除不彻底，就会遗留在锻件内部而使锻件成为废品。但由于冒口具有补充锭身的收缩、容纳上浮的夹杂物和气体、纯净锭身的作用，因此，冒口应占钢锭的一定比例。一般，钢锭底部和冒口占钢锭质量的 5% ～ 7% 和 18% ～ 25%。对于合金钢，切除的冒口占钢锭的 25% ～ 30%，底部占 7% ～ 10%。

我国锻造用大型钢锭有两种规格，一种是普通锻件用的 4% 锥度、高径比为 1.8 ～ 2.3、冒口比例为 17% 的钢锭，另一种是优质锻件用的 11% ～ 12% 锥度、高径比为 1.5 左右、冒口比例为 20% ～ 24% 的钢锭。锭身呈多角形的钢锭，凝固均匀，可有效防止角偏析的产生。大型钢锭有八角形、十二角形和二十四角形等。通常，钢锭越大，锭身角数越多。锭身锥度增大，有利于钢液中的夹杂和气体上浮，有利于凝固补缩和减少偏析程度。但是，如果锥度太大，反而会扩大负偏析。

为了提高钢锭的冶金质量，减少缺陷，提高锻造生产率，已经设计制造了许多异形钢锭。如锻造长轴类锻件，采用细长型钢锭；锻制圆环形锻件，采用空心钢锭等。

2.1.3 钢锭的内部缺陷

钢锭的常见缺陷有；偏析、夹杂、气体、气泡、缩孔、疏松、裂纹和溅疤等，这些缺陷的形成与冶炼、浇注和结晶密切相关，且不可避免。钢锭越大，缺陷越严重，往往是造成大型锻件报废的主要原因。为此，应了解钢锭内部缺陷的性质、特征和分布情况，下面将对各种缺陷分别进行介绍。

（1）偏析

指各处成分与杂质分布的不均匀现象，包括枝晶偏析（指钢锭在晶体范围内化学成分的不均匀性）和区域偏析（指钢锭在宏观范围内的不均匀性）等。偏析是由选择性结晶、溶解度变化、密度差异和流速不同造成的。偏析会造成力学性能不均匀和裂纹缺陷。钢锭中的枝晶偏析现象可以通过锻造、再结晶、高温扩散和锻后热处理进行消除，而区域偏析很难通过热处理方法消除，只有通过反复镦－拔变形工艺才能使其化学成分趋于均匀化。

（2）夹杂

主要指冶炼时产生的氧化物、硫化物、硅酸盐等非金属夹杂。夹杂分内在夹杂和外来夹杂两类。内在夹杂是指冶炼和浇注时的化学反应产物；外来夹杂是指冶炼和浇注过程中由外界带入的砂子、耐火材料及炉渣碎粒等杂质。夹杂是一种异相质点，它的存在对热锻过程和锻件质量均有不良影响：破坏金属的连续性，在应力作用下，夹杂处产生应力集中，会引发显微裂纹，成为锻件疲劳破坏的疲劳源。如低熔点夹杂物过多地分布于晶界上，在锻造时会引起热脆现象。

（3）气体

在冶炼过程中，氮、氢、氧等气体通过炉料和炉气融入钢液，钢液凝固时，这些气体虽然会析出一部分，但在固态钢锭中仍会有部分残余。其中氧和氮在钢锭里最终以氧化物和氮化物形式存在，形成钢锭内的夹杂。氢则以原子状态存在。氢是钢中危害性最大的气体，对于白点敏感钢种，当氢含量高，加上冷却时组织应力作用，容易产生白点缺陷。钢中氢含量高时还将引起脆性，其热锻工艺性将明显下降。

（4）气泡

钢液中溶解有大量的气体，在凝固过程中，大量的气体会析出，但总是有一些仍然残留在钢锭内部或皮下并形成气泡，主要产生在钢锭的冒口、底部及中心部位。在切除冒口和底部后，只要气泡不是敞开的或气泡内壁未被氧化，可以通过锻造焊合，否则在锻造时会产生裂纹。

（5）缩孔

缩孔是在最后凝固的冒口区形成，由于此区凝固最迟，冷凝结晶时没有钢液补充而形成孔洞性缺陷组织，同时含有大量杂质。一般情况下，锻造时应将缩孔与冒口一并切除，否则会因缩孔不能锻合而造成内部裂缝，导致锻件报废。

（6）疏松

疏松是由于晶间钢液最后凝固收缩造成的晶间空隙和钢液凝固过程中析出气体构成的显微孔隙。这些孔隙在区域偏析处较大者变为疏松，在树枝晶间处较小的孔隙则变为针孔。疏松主要集中在钢锭中心部位，使钢锭组织致密性下降，破坏了金属的连续性，影响锻件的力学性能。因此，锻造时要求采用大变形来消除疏松，否则对锻件的力学性能会产生不良的影响。

（7）溅疤

当采用上注法浇注时，钢液因冲击模底而飞溅到模壁上，溅珠和钢锭不能凝固成一体，冷却后就形成溅疤。钢锭上的残疤在锻造前必须铲除，否则会在锻件上形成严重的夹层。

综上所述，钢锭的缺陷与冶炼、浇注过程、冷凝结晶条件、钢锭模具设计、耐火材料质量等有关。一般来说，钢锭越大，产生上述缺陷的可能性就越多，缺陷性质也就越严重。

2.1.4 型材的常见缺陷

铸锭经过轧制、挤压和锻造加工等方法形成不同断面和尺寸的型材。由于经过变形，型材的组织结构得到改善，变形越充分，残存的铸造缺陷越少，材料的质量和性能就越好。但在轧制、挤压和锻造过程中可能产生新的缺陷。下面介绍型材的常见缺陷。

2.1.4.1 常见的表面缺陷

（1）划痕

金属在轧制过程中，由于各种意外原因在其表面划出的伤痕。划痕深度达 0.2 ～ 0.5mm，会影响锻件的质量。

（2）折叠

型材在成形过程中，由于变形过程不合理，已氧化的表层金属被压入金属内部而形成折叠。在折叠处，易产生应力集中，影响锻件的性能。

（3）发裂

钢锭皮下气泡被轧扁、拉长、破裂形成发状裂纹，深度一般为 0.5 ～ 1.5mm。高碳钢和合金钢中容易产生此缺陷。

（4）结疤

浇注时，钢液飞溅而凝固在钢锭表面，在轧制过程中被碾轧成薄膜而附于轧材表面，其厚度约为 1.5mm。

（5）铝合金的氧化膜

在熔炼过程中，敞露的熔体液面与大气中的水蒸气或其他金属氧化物相互作用时形成的氧化膜，在浇注时被卷入液体金属内部，铸锭经轧制或锻造，其内部的氧化膜被拉成条状或片状，降低了横向力学性能。

（6）粗晶环

铝合金、镁合金挤压棒材，在其圆断面的外层区域，常出现粗大晶粒，故称为粗晶环。粗晶环的产生原因与许多因素有关，其中主要是由挤压过程中金属与挤压筒之间的摩擦过大而引起。有粗晶环的棒料，锻造时容易开裂，若粗晶环保留在锻件表层，将会降低锻件的性能，因此，锻前通常须将粗晶环除去。

2.1.4.2 常见的内部缺陷

（1）碳化物偏析

通常在碳含量高的合金钢中易出现这种缺陷。其原因是钢中的莱氏体共晶碳化物和二次网状碳化物在开坯和轧制时未被打碎和不均匀分布。碳化物偏析会降低钢的锻造性能，容易引起锻件开裂，热处理淬火时容易局部过热、过烧和淬裂，使制成的刀具在使用时刃口易崩裂。为了消除碳化物偏析所引起的不良影响，最有效的办法是采用反复镦－拔工艺彻底打碎碳化物，使之均匀分布，并为其后的热处理做好组织准备。

（2）白点

白点是隐藏在锻坯内部的一种缺陷，在钢坯的纵向断口上呈圆形或椭圆形的银白色斑点，在横向断口上呈细小裂纹。白点的存在显著降低钢的韧性。白点的大小不一，长度为 1 ～ 20mm 不等或更长。一般认为白点是由钢中存在的一定量的氢和各种内应力（组织应力、温度应力、塑性变形后的残余应力等）共同作用下产生的。当钢中含氢量较多和热压力加工后冷却太快时容易产生白点。为避免产生白点，首先应提高冶炼质量，尽可能降低氢的含量；其次在热压力加工后采用缓慢冷却的方法，让氢充分溢出和减少各种内应力。

（3）非金属夹杂

在钢中，通常存在着硅酸盐、硫化物和氧化物等非金属夹杂物。这些夹杂物在轧制时被碾轧呈条带状，破坏了基体金属的连续性，严重时会引起锻件开裂。

在上述缺陷中，划痕、折叠、发裂、结疤和粗晶环等均属于材料表面缺陷，锻前应去除，以免在锻造过程中继续扩展或残留在锻件表面上，降低锻件质量或导致锻件报废。

碳化物偏析、非金属夹杂、白点等属于材料内部缺陷，严重时将显著降低锻造性能和锻件质量。因此，在锻造前应加强材料质量检验，不合格材料不应投入生产。

2.2 下料方法

原材料在锻造之前必须按照锻件的大小和工艺要求切割成一定尺寸的坯

料。当原材料为铸锭时，由于其内部组织、成分不均匀，通常用自由锻方法进行开坯，然后以剁割的方式将锭料两端切除，并按一定尺寸将坯料分割开来。当原材料为轧材、挤压棒材和锻坯时，其下料工作一般在锻工车间的下料工段进行。常用的下料方法有剪切法、锯切法、冷折法、砂轮片切割法、气割法等，各种方法的毛坯质量、材料的利用率、加工效率往往有很大不同。下料方法视材料性质、尺寸大小、批量和对下料质量的要求进行选择。

2.2.1 剪切法

剪切下料是一种普遍采用的方法，其特点是效率高、操作简单、断口无金属损耗、模具费用低等。剪切下料通常是在专用剪床上进行，也可以在一般曲柄压力机、液压机和锻锤上进行。

图 2-2 表示剪切下料的工作原理。它是通过一对刀片作用给坯料以一定的压力 P，在坯料内部产生剪断所需应力而实现的。由于两刀片上的作用力 P 不在同一垂直线上，因而产生力矩 $P \cdot a$ 使坯料发生倾转，此力矩被另一力矩 $T \cdot b$ 所平衡。为预防倾转过大而造成倾斜剪切，常采用压板施加压紧力 Q，以减小坯料的倾角 φ。

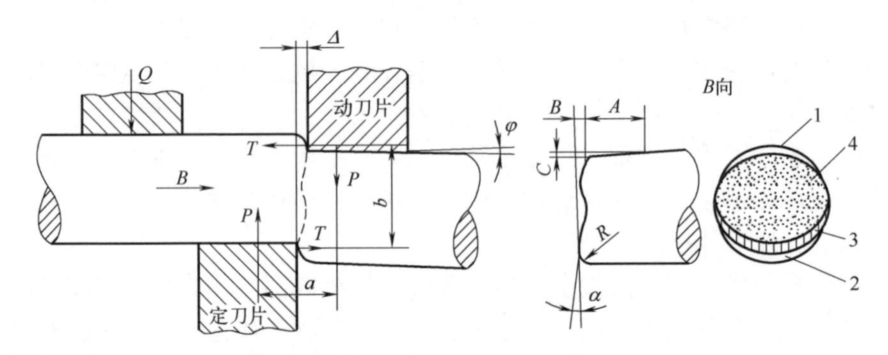

图 2-2　剪切下料示意图

1—压缩区；2—拉缩区；3—塑剪区；4—断裂区

剪切下料过程可分为三个阶段，如图 2-3 所示。剪切第一阶段，刀刃压进棒料，塑性变形区不大，由于加工硬化的作用，刃口端处首先出现裂纹。剪切第二阶段，裂纹随刀刃的深入而继续扩展。剪切第三阶段，在刀刃的压力作用下，上下裂纹间的金属被拉断，形成 S 形断面。

剪切下料方法的缺点是：坯料局部被压扁；坯料端面不平整；剪切面常有毛刺和裂纹。

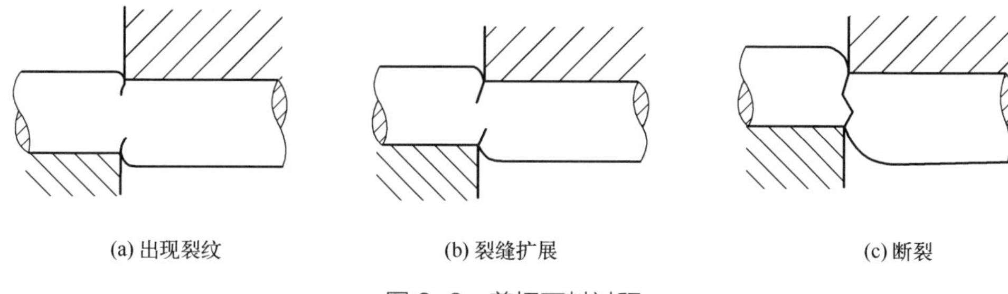

图 2-3 剪切下料过程

剪切端面质量与刀刃锐利程度，刃口间隙Δ大小，支撑情况及剪切速度等因素有关。刃口圆钝时，将扩大塑性变形区，刃尖处裂纹出现较晚，结果剪切端面不平整［图 2-4（a）］；刃口间隙大，坯料容易产生弯曲，结果使断面与轴线不相垂直［图 2-4（b）］；刃口间隙太小，容易碰损刀刃，上下裂纹不重合，断面呈现锯齿状［图 2-4（c）］；塑性差的材料，冷切时可能产生端断面裂纹［图 2-4（d）］。若坯料支撑不力，因弯曲使上下两裂纹方向不平行，断口则出现偏斜。剪切速度快，塑性变形区和加工硬化集中，上下两边的裂纹方向一致，可获得平整断口；剪切速度慢时，情况则相反。

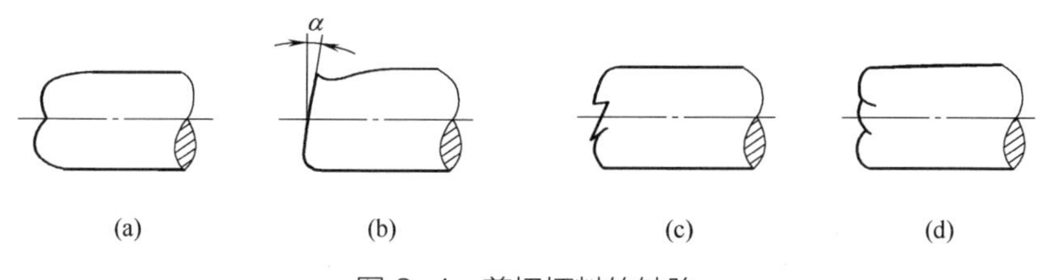

图 2-4 剪切坯料的缺陷

剪床上的剪切装置如图 2-5 所示，棒料 2 送进剪床后，用压板 3 紧固，下料长度 L_0 由可调定位螺杆 5 定位，在上刀片 4 和下刀片 1 的剪切作用下将棒料 2 剪断成坯料 6。

按剪切时坯料温度不同，剪切可分为冷剪切和热剪切（见表 2-1）。冷剪切生产率高，但需要较大的剪切力。强度高塑性差的钢材，冷剪切时产生很大的应力，可能导致切口出现裂纹，甚至发生崩裂，因此应采用热切法下料。截面大或直径大于 120mm 的中碳钢，应进行预热剪切。高碳钢及合金钢均应预热剪切。高碳钢和合

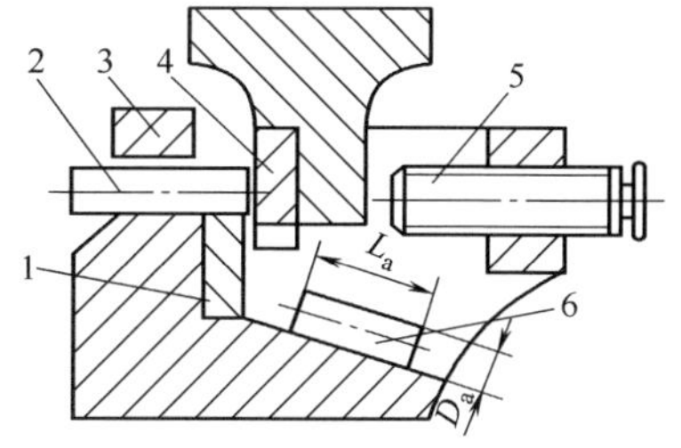

图 2-5 剪床下料

1—下刀片；2—棒料；3—压板；4—上刀片；5—定位螺杆；6—坯料

金钢应按化学成分和尺寸大小确定预热温度，可在 400 ～ 700℃范围内选定。

表 2-1　剪切材料断面尺寸与剪切状态

钢号	坯料直径或边长 /mm	布氏硬度（d_{10}）/mm	剪切状态
35	≤ 75		冷剪切
	80 ～ 85	≤ 4.4	热剪切
		＞ 4.4	冷剪切
	大于 85		热剪切
45	≤ 60		冷剪切
	65 ～ 75	≥ 4.2	热剪切
		＞ 4.2	冷剪切
	＞ 75		热剪切
40Cr	≤ 50		冷剪切
	55 ～ 60	≤ 3.9	热剪切
		＞ 3.9	冷剪切
	＞ 60		热剪切
45Cr 18CrMnTi $12Cr_2NiA$	≤ 35		冷剪切
	40 ～ 48	≤ 3.8	热剪切
		＞ 3.8	冷剪切
	＞ 48		热剪切

下料剪切力可按下式计算；

$$P=\kappa\tau F \tag{2-1}$$

式中，P 为计算的剪切力，N；τ 为材料的剪切抗力，MPa，可按同等温度下强度极限 σ_b 换算，一般为 $\tau=(0.7 \sim 0.87)\sigma_b$；$F$ 为剪切面积，mm^2；κ 为考虑到刃口变钝和间隙 Δ 变化的系数，一般取 $\kappa=1.0 \sim 1.2$。

为避免坯料在剪切过程中发生弯转，生产中有时采用带支撑的剪切下料，如图 2-6 所示。此装置剪切质量有一定改善，但仍有断口倾斜、端面不平和拉裂现象。

为提高坯料剪切精度和断面平整度，可以采用轴向加压剪切法，如图 2-7 所示。该剪切法主要用于剪切小直径的有色金属棒料。

图 2-7 为棒料轴向加压剪切示意图。剪切时，棒料的内部变形可分为三个区域，其中Ⅰ区是弹性变形区，Ⅱ区是塑性变形区，Ⅲ区是剧烈剪切变形区。由于轴向加压提高了静水压力，改善了材料的塑性，抑制了上下裂纹的产生和发展，从而有可能使塑性剪切变形延续到剪切的全过程，上下裂纹可以重合或上下裂纹错移量减小，最终获得平整光洁的剪切断面。在轴向加压的同时，压缩区金属沿轴向转移时所受的阻力增大，因而减小了剪切的几何畸变，这两方面的效果都可以提高剪切的质量。

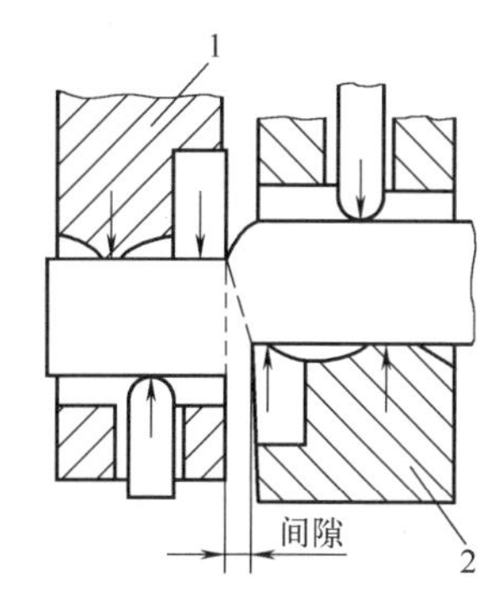

图2-6　带支撑的剪切下料

1—活动模；2—固定模

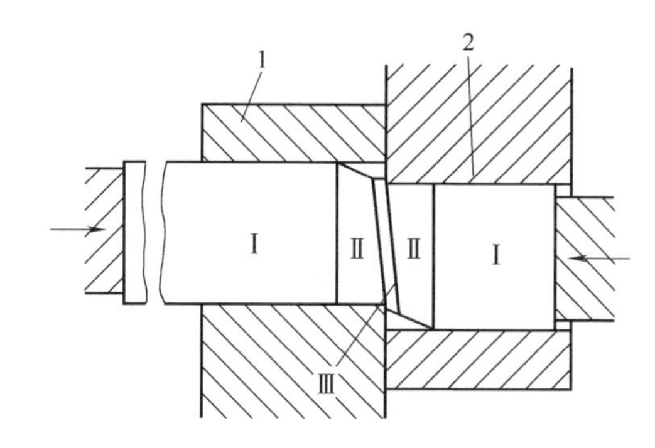

图2-7　轴向加压剪切

1—定刀片；2—动刀片

2.2.2 锯切法

锯床下料极为普遍，虽然生产率较低，锯口损耗较大，但下料长度准确，锯割断面平整，特别是在精锻工艺中，这是一种主要的下料方法。各种钢、有色合金和高温合金，均可在常温下锯切。

常用的下料锯床有圆盘锯（图2-8）、带锯（图2-9）和弓形锯（图2-10）等。

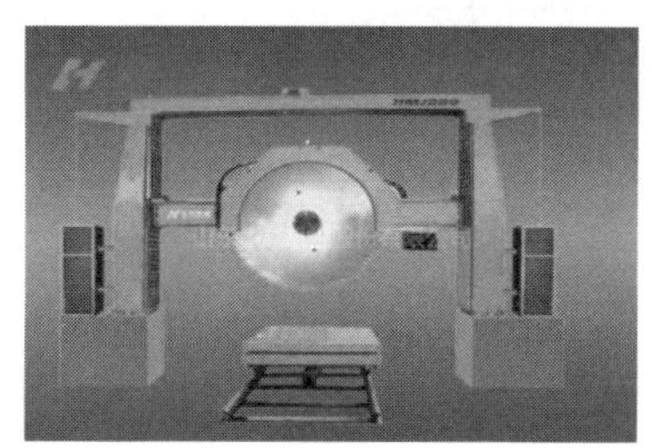

图2-8　圆盘锯床

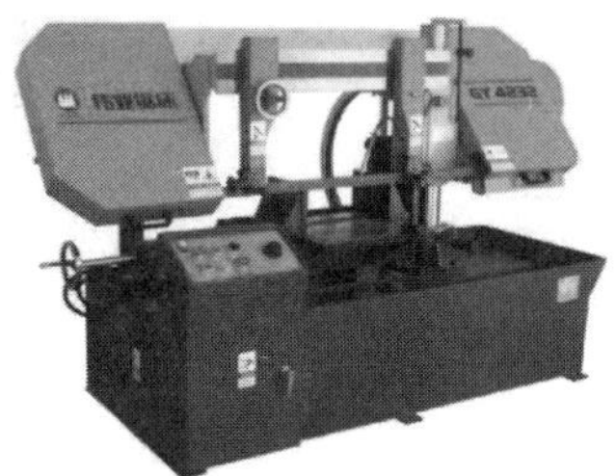

图2-9　带锯床

图2-10　弓形锯床

圆盘锯使用圆片状锯片，锯片的圆周速度为0.5～1.0m/s，比普通切削加工速度低，故锯切生产率较低。锯片厚度一般为3～8mm，锯屑损耗较大。圆盘锯可锯切的材料直径可达750mm，视锯床的规格而定。

带锯有立式、卧式、可倾立式等。其生产率是普通圆锯床的1.5～2倍，切口损耗为2～2.2mm，主要用于锯切直径在350mm以内的棒料。

弓形锯是一种往复锯床，由弓臂及可以获得往复运动的连杆机构等组成，以锯架绕一支点摆动的方式进给，机床结构简单、体积小，但效率较低。锯片厚度为2～5mm，一般用来锯切直径为100mm以内的棒料。

若采用合适的夹具，锯床还可锯切各种异形截面材料。

为提高锯带的寿命，可以采用双金属锯带，如图 2-11 所示。常用的金属带锯锯带是以高速钢为齿部材料，以弹簧钢为背部材料，通过电子束复合后开齿而成的双金属锯带。

2.2.3 砂轮片切割法

砂轮片切割法，如图 2-12 所示，是利用切割机带动高速旋转的砂轮片同坯料的待切部分发生剧烈摩擦并产生高热使金属变软甚至局部熔化，在磨削作用下把金属切断。这种方法适用于切割小截面棒料、管料和异形截面材料。砂轮片切割法的优点是设备简单，操作方便，下料长度准确，切割断面平整，切割效率不受材料硬度限制，可以切割高温合金、钛合金等；主要缺点是砂轮片损耗量大、易崩碎、噪声大。

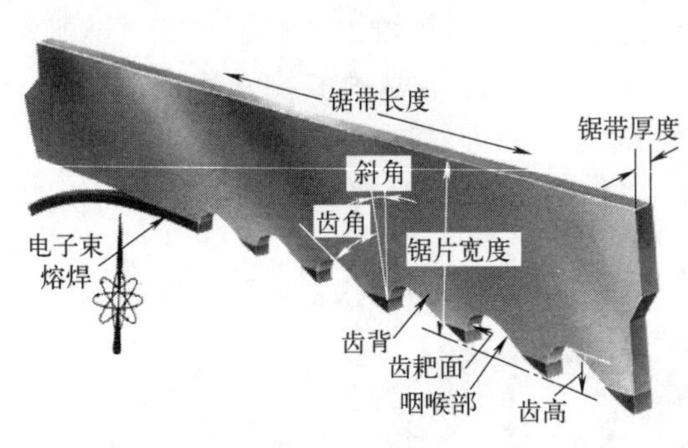

图 2-11　双金属锯带

图 2-12　砂轮片切割

2.2.4 折断法

折断法的工作原理如图 2-13 所示，先在待折断处开一小缺口，在压力 F 作用下，在缺口处产生应力集中使坯料折断。

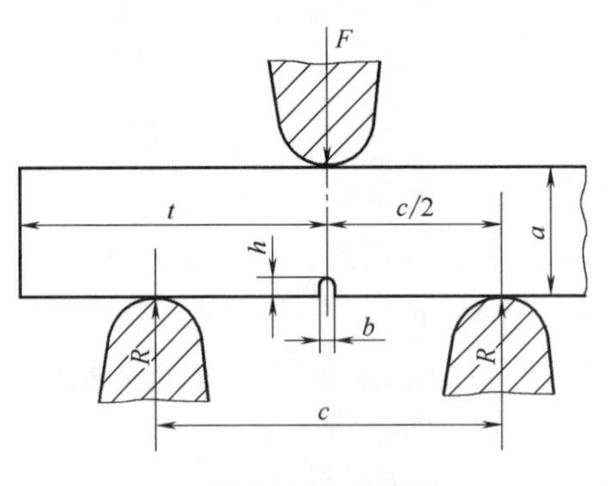

图 2-13　折断法

折断下料法生产率高，断口金属损耗小，所用工具简单，无须专用设备，尤其适用于硬度较高的钢，如高碳钢和合金钢，不过这类钢在折断之前应先预热至 300 ～ 400℃。

折断法的主要任务是选择适当的缺口尺寸，才能获得满意的断口质量。

折断前的缺口可以用气割或锯割获得，电火花切割缺口质量最好。

2.2.5 气割法

当其他下料方法受到设备功率或下料断面尺寸的限制时，可以采用气割法下料，如图 2-14 所示。气割法是利用气割器或普通焊枪，把坯料局部加热至熔化温度，逐步使之熔断。

图 2-14 气割法

对于碳含量低于 0.7% 的碳素钢，可直接进行气割；碳含量在 1% ～ 1.2% 的碳素钢或低合金钢均需预热至 700 ～ 850℃后才可以气割；高合金钢及有色金属不宜用气割法下料。

气割法的优点是所用设备简单，便于野外作业，可切割各种截面材料，尤其适用于对厚板材料进行曲线切割。其主要缺点是切割面不平整、精度差、断口金属损耗大、生产效率低等。

2.2.6 水刀切割法

水刀切割，如图 2-15 所示，是将普通自来水加压至 300MPa，从直径 0.1 ～ 0.35mm 的红宝石喷嘴以超声速（约 1000m/s）将混有磨料的水以极细的水柱喷出，实现对被加工物料的切割。

图 2-15 水刀切割法

水刀切割被称为万能的切割方式，具有如下优点：用水刀切割后的材料边缘比较光滑、平整且切割速度快；水刀没有切割厚度的限制；像黄铜、铝等反射性材质水刀亦可切割；不产生热能，不会燃烧或产生热效应；切割时粉尘少、噪声小，并且容易实现自动化，生产安全。但是水刀切割的运行成本较高，喷嘴、导流套、高压密封件都是进口的耗材，价格较贵。

另外，水刀切割中被切割材料顶部和底部的切割曲线是不一致的。因此，一般情况下，能够利用激光、等离子、火焰、线切割、锯切、铣削等加工方法基本满足加工工艺要求时，则不宜采用水刀切割加工。

2.2.7　电火花切割法

电火花切割的工作原理如图 2-16 所示，直流电机通过电阻 R 和电容 C，使毛坯接上正极，锯片接上负极，在电解液（如煤油）中切割。切割时，锯片与毛坯之间产生电火花，将毛坯割断。产生电火花的脉冲电流强度很大，达到数百或数千安培，脉冲功率达到数万瓦，而切割处的接触面又很小，因而电流密度可能高达数十万安 / 平方毫米。因此，毛坯上局部温度很高，约为 1000℃，促使金属熔化实现下料。

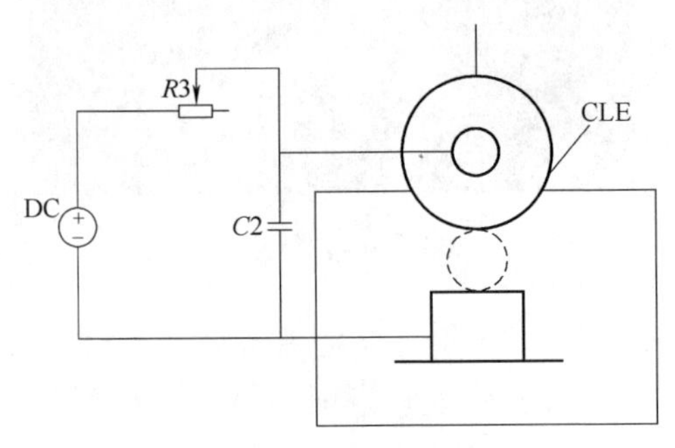

图 2-16　电火花切割法

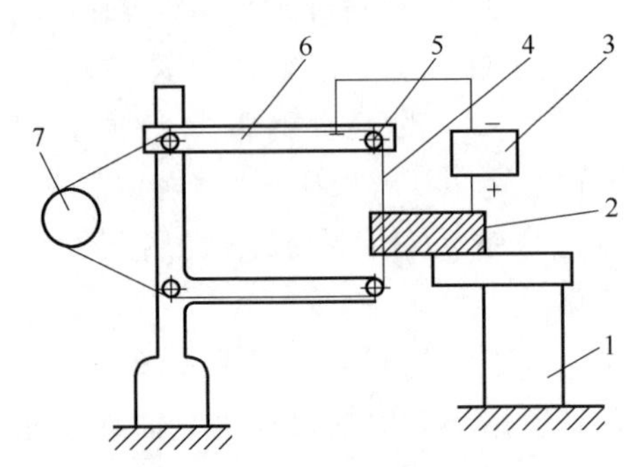

图 2-17　电火花线切割法

1—绝缘地基；2—工件；3—脉冲电源；4—工具电极丝；5—导向轮；6—支架；7—储丝筒

电火花线切割是在电火花加工基础上发展起来的一种工艺方法，其基本原理是利用移动的细金属导线（铜丝或钼丝）作为电极，对工件进行脉冲火花放电、切割成形。

图 2-17 所示为电火花线切割工艺装置的原理图，利用钼丝作工具电极丝 4 进行切割；储丝筒 7 使钼丝做正反交替移动，加工能源由脉冲电源 3 供给，在电极丝和工件之间不断地注入工作液（电介质）。工件 2 和电极丝的相对运动由放置工件的工作台在 x、y 两方向的运动合成实现。根据不同的相对运动，可以加工不同形状的二维曲线轮廓。

线切割加工具有以下特点。

①由于加工表面的几何轮廓是由 CNC 控制的运动获得的，因此，容易获得复杂的平面形状。②电极丝在加工中不断移动，使电极丝损耗较小，有利于提高加工精度。③由于电极丝较细，可以加工微细异形孔、窄缝和复杂形状工件，因此，金属去除量少，可对工件套料加工，材料利用率高，节约贵重金属。④不同工件只需编制不同程序，易实现自动化。

但是电火花线切割不能加工盲孔类零件表面和阶梯形表面（立体形状表面）。

2.2.8 激光切割法

激光切割是利用经聚焦的高功率密度激光束照射工件，使被照射的材料迅速熔化、气化、烧蚀或达到燃点，同时借助与激光束同轴的高速气流吹除熔融物质，从而实现将工件割开，其原理如图 2-18 所示。

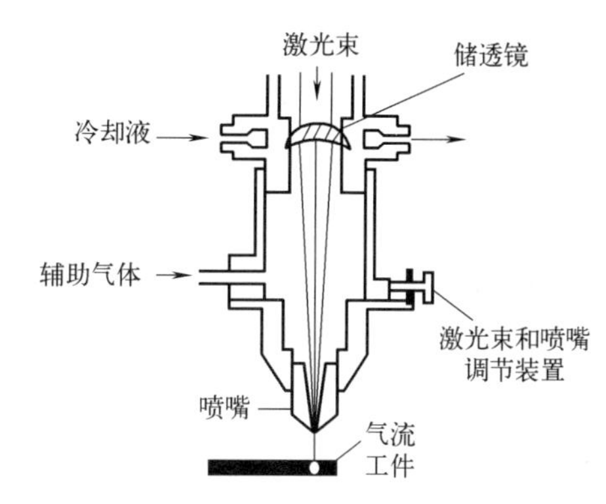

图 2-18 激光切割法

激光切割可分为激光气化切割、激光熔化切割、激光氧气切割和激光划片与控制断裂四类。

激光切割具有切割质量好、效率高、速度快、切割材料种类多、非接触式切割、噪声低、振动小、无污染等优点。但是受激光器功率和设备体积的限制，只能切割中、小厚度的板材和管材，而且随着工件厚度的增加，切割速度明显下降，且设备费用高，一次性投资大。所以激光切割在板料加工上用得较多，但在棒材、型材的切割上用得较少。

其他下料方法还有摩擦锯切割法、电机械锯割法、阳极机械切割法，这里不再一一叙述，可参考有关手册。

2.3 锻造的热规范

2.3.1 金属的锻前加热目的及方法

2.3.1.1 加热的目的

金属的锻前加热是锻件生产过程中一个极其重要的环节。能否把金属坯料转化为高质量的锻件，对塑性成形领域来说主要面临两个方面的问题：金属的塑性和变形抗力。因而锻造生产中，金属坯料锻前大部分需要加热以改善这两个条件。所以，锻前加热的目的可以概括为；提高金属的塑性，降低变形抗力，即增加金属的可锻性，从而使金属易于流动成形，并使锻件获得良好的锻后组织和力学性能。

2.3.1.2 加热方法

根据金属坯料加热时所用的热源不同，目前生产中应用的加热方法有火焰加热法和电加热法两大类。

（1）燃料（火焰）加热

燃料（火焰）加热是利用固体（煤、焦炭）、液体（重油、柴油）或气体（煤气、天然气）燃料燃烧时所产生的热量，通过炉气对流、炉围辐射和炉底热传导等方式把热能传给坯料表面，然后由表面向中心热传导，使整个坯料加热。在炉温低于650℃时，金属主要依靠对流传热；在炉温为650～1000℃或更高时，金属加热则以辐射方式为主。在普通高温锻造炉中辐射传热量可占到总传热量的90%以上。单室式反射炉的结构如图2-19所示。

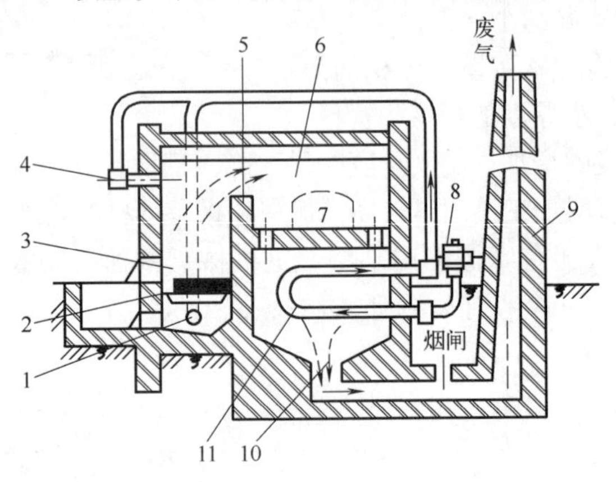

图2-19 单室式反射炉

1—一次送风管；2—水平炉箅；3—燃烧室；4—二次送风管；5—火墙；6—加热室；7—炉门；8—鼓风机；9—烟囱；10—烟道；11—换热器

火焰加热方法的优点是：燃料来源方便、加热炉修造容易、通用性强、加热费用较低、加热的适应性强等。因此，这类加热方法广泛用于各种大、中、小型坯料的加热。中小型锻件生产多采用油、煤气、天然气或煤作为燃料，以室式炉、连续炉或转底炉等来加热金属。对大型毛坯或钢锭，则常采用油、煤气和天然气作为燃料的转底炉加热。其缺点是劳动条件差，加热速度慢，加热质量差，热效率低，炉内气氛、炉温及加热质量较难控制等。

（2）电加热

电加热是用电能转换为热能来加热坯料的方法。电加热具有加热速度快、炉温控制准确、加热质量好、工件氧化少、劳动条件好、易于实现自动化操作等优点；但设备投资大，电费贵，加热成本高。其按电能转换为热能的方式可分为电阻加热和感应电加热。

① 电阻加热。电阻加热的传热原理与火焰加热相同。根据电阻发热元件的不同，有电阻炉加热、接触电加热、盐浴炉加热等。

a. 电阻炉加热：电阻炉加热是利用电流通过炉内的电热体产生的热量，加热炉内的金属坯料，其原理如图 2-20 所示。这种方法的加热温度受到电热体的使用温度的限制，热效率也比其他电加热法低，但对坯料加热的适应范围较大，便于实现加热的机械化、自动化，也可用保护气体进行无氧化加热。

b. 盐浴炉加热：盐浴炉加热是电流通过炉内电极产生的热量把导电介质加热到要求的工作温度，通过高温介质的对流与传导将埋入介质中的金属坯料加热，内热式电极盐浴炉原理如图 2-21 所示。这种方法加热速度快，加热温度均匀，因坯料与空气隔开，减少或防止了氧化脱碳现象，可以实现金属坯料的整体或局部的无氧化加热，但其热效率较低，辅助材料消耗大，劳动条件差。

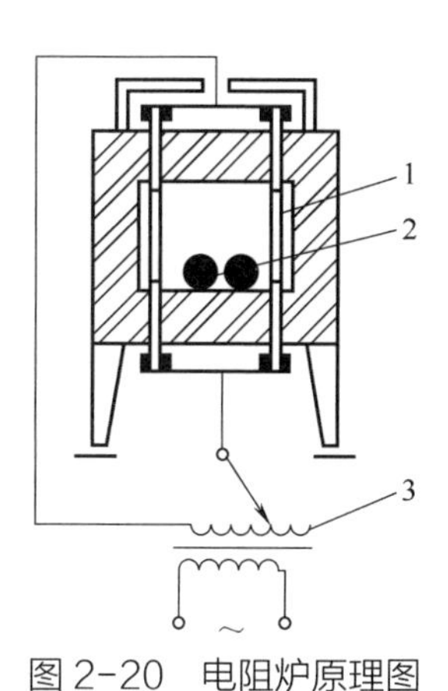

图 2-20　电阻炉原理图

1—电热体；2—坯料；3—变压器

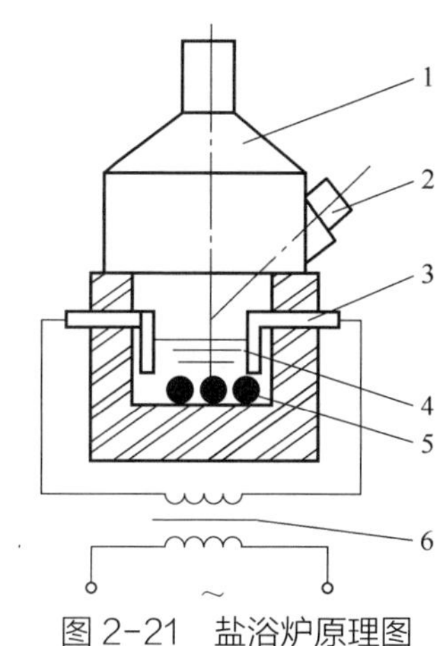

图 2-21　盐浴炉原理图

1—排烟罩；2—高温计；3—电极；4—熔盐；5—坯料；6—变压器

c. 接触电加热：接触电加热是以低压大电流直接通入金属坯料，由金属坯料自身的电阻在通过电流时产生的热量，使金属坯料加热，其原理如图 2-22 所示。为了避免短路，常采取低电压的方法，以得到低电压的大电流，所以接触电加热用的变压器副端空载电压只有 2 ～ 15V。

接触电加热是直接在被加热的坯料上将电能转化成热能，因此具有加热速度快、金属烧损少、加热范围不受限制、热效率高（达 75% ～ 85%）、耗电少、成本低、设备简单、操作方便，适用于细长坯料的整体或局部加热，但对坯料的表面粗糙度和形状尺寸要求严格，特别是坯料的端部，下料时必须规整，不得产生畸变。此外，加热温度的测量和控制也比较困难。

② 感应电加热。感应电加热的原理见图 2-23，在感应器通入交变电流产生的交变磁场作用下，置于交变磁场中的金属毛坯内部产生交变涡流，利用金属电阻引起的涡流发热和磁滞损失发热，使毛坯得到加热。

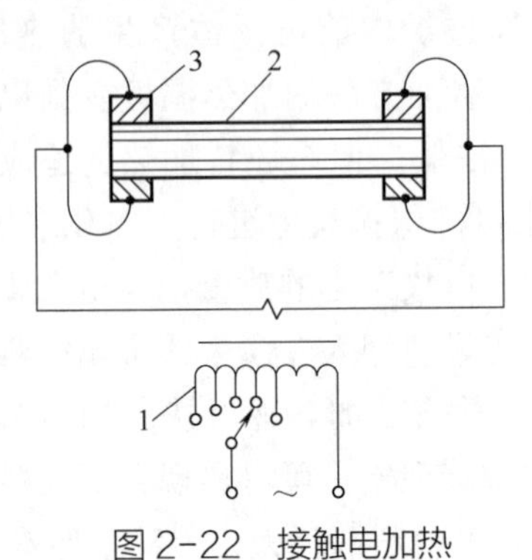

图 2-22　接触电加热

1—变压器；2—工件；3—触头

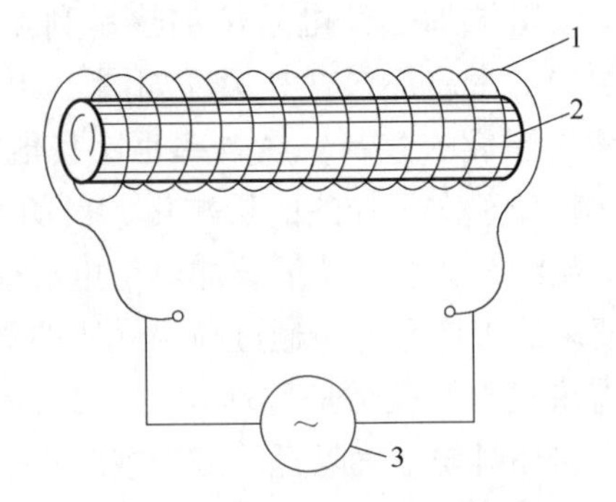

图 2-23　感应电加热原理图

1—感应器；2—坯料；3—电源

感应加热具有加热速度快，加热质量好，温度易于控制，金属烧损少（一般小于 0.5%），操作简单，工作稳定，便于实现机械化、自动化，劳动条件好，对环境没有污染等优点。其缺点是：设备一次性投资费用较大、每种规格感应器加热的坯料尺寸范围窄、电能消耗大（大于接触电加热，小于电阻炉加热）。

由于集肤效应，感应加热时热量主要产生于坯料表层，并向坯料心部热传导。对于大直径坯料，为了提高加热速度，应选用较低的电流频率，以增大电流透入深度。而对于小直径坯料，由于截面尺寸较小，可采用较高电流频率，这样能够提高加热效率。

按所用电流频率不同，感应电加热可以分为；高频加热（$f>10000$Hz），中频加热（f=500 ～ 10000Hz）和工频加热（f=50Hz）。在锻压生产中，以中频感应电加热应用最多。

上述各种电加热方法的应用范围见表 2-2。

表 2-2　各种电加热方法的应用范围

电加热类型	应用范围			单位电能消耗 /（kW · h/kg）
	坯料规格	加热批量	适用工艺	
工频电加热	坯料直径大于 150mm	大批量	模锻、挤压、轧制	0.35 ～ 0.55
中频电加热	坯料直径为 20 ～ 150mm	大批量	模锻、挤压、轧制	0.40 ～ 0.55
高频电加热	坯料直径小于 20mm	大批量	模锻、挤压，轧制	0.60 ～ 0.70
接触电加热	直径小于 80mm 的细长坯料	中批量	模锻、轧制	0.30 ～ 0.45
电阻炉加热	各种中、小型坯料	单件、小批量	自由锻、模锻	0.50 ～ 1.0
盐溶炉加热	小件或局部无氧化加热	单件、小批量	精密模锻	0.30 ～ 0.80

加热方法的选择要根据具体的锻造要求和能源情况及投资效益、环境保护等多种因素确定。对于大型锻件往往以火焰加热为主，而对于中、小型锻件可以选择火焰加热和电加热。但对于精密锻造应选择感应电加热或其他无氧化加热方法，如控制炉内气氛法、介质保护加热法、少无氧化火焰加热等。

2.3.2 金属加热时产生的缺陷及预防措施

金属在加热过程中，由于外部热量的输入，原子的振动加快、振幅增大，以及电子运动的自由行程改变，将引起坯料内部能量状态的变化。这种变化既有提高金属塑性、降低变形抗力等有利于锻造的一面，又有产生加热缺陷的不利方面。所产生的加热缺陷主要有：由坯料外层组织化学状态的变化引起的缺陷，如氧化和脱碳；由内部组织结构的异常变化引起的缺陷，如过热和过烧；另外，由温度在坯料内部分布不均匀引起的内应力（如温度应力、组织应力）过大产生的坯料开裂等。下面介绍这些缺陷产生的原因和预防措施。

2.3.2.1 氧化

金属加热到高温时，其表层的铁离子与炉气中的氧化性气体（O_2、CO_2、H_2O和SO_2）发生化学反应，使金属表层形成氧化皮的现象，称为氧化（或烧损）。

影响金属氧化的主要因素有炉气性质、加热温度、加热时间和钢的种类等。金属的氧化烧损危害很大，一般情况下，金属每加热一次便有1.5%～3%的金属被烧掉，见表2-3。

表2-3 采用不同加热方法时钢的一次烧损率

炉型	烧损率δ	炉型	烧损率δ
室式炉（煤炉）	2.5%～4%	电阻炉	1%～1.5%
油炉	2%～3%	接触电加热和感应加热	＜0.5%
煤气炉	1.5%～2.5%		

同时氧化皮还加剧模具的磨损，降低锻件的表面质量。残留氧化皮的锻件，在机械加工时刀具刃口很快磨损。因此减少或消除加热时金属的氧化烧损对锻造生产非常重要。

在加热工艺上通常采用如下措施：

① 在保证锻件质量的前提下，尽量采用快速加热，缩短加热时间，尤其是缩短高温下停留的时间，在操作时尽量采用少装、勤装的方法。

② 在燃料完全燃烧的条件下，尽可能减少空气过剩量，以免炉内剩余氧气过多，并注意减少燃料中的水分。

③ 炉内应保持不大的正压力，防止冷空气的吸入。

另外，采用少无氧化加热也是减少或消除氧化的有力措施之一。

2.3.2.2 脱碳

金属在加热时，其表层的碳和炉气中的氧化性气体（如 O_2、H_2O、CO_2）及某些还原性气体（如 H_2）发生化学反应，造成了金属表面碳含量的降低，这种现象称为脱碳。

影响脱碳的因素与氧化一样，受钢的化学成分等内因和加热时的炉气成分、加热温度和时间等外因两方面的影响。加热温度越高，加热时间越长，脱碳越严重。

脱碳使锻件的表面变软，强度、耐磨性和疲劳性能降低。当脱碳层厚度小于加工余量时，对锻件性能没有什么危害，反之就要影响到锻件质量。因此，在进行精密锻造生产时，坯料锻前加热应避免产生脱碳。

一般用于预防氧化的措施，同样也可用于预防脱碳。

2.3.2.3 过热

当坯料加热温度超过始锻温度，或坯料在高温下停留时间过长而引起晶粒粗大的现象称为过热。晶粒开始急剧长大的温度叫作过热温度。钢的过热温度主要取决于它的化学成分，对于不同的钢种，其过热温度也不同（见表 2-4）。通常钢中有些元素会增加其过热倾向，如 C、Mn、S、P 等元素，而 Ti、W、V、N 等元素可减小钢的过热倾向。

表 2-4　一些钢的过热温度

钢种	过热温度 /℃	钢种	过热温度 /℃
45	1300	18CrNiWA	1300
45Cr	1350	25MnTiB	1350
40MnB	1200	GCr15	1250
40CrNiMo	1250 ～ 1300	60Si2Mn	1300
42CrMo	1300	W18Cr4V	1300
25CrNiW	1350	W6Mo5CrV2	1250
30CrMnSiA	1250 ～ 1300		

生产实践表明，某些钢的过热对锻造过程的影响不是很大，甚至过热较严重的钢材（只要没有过烧），在足够大的变形程度下一般可以消除。过热的结构钢经正常的热处理（正火，淬火）之后，其组织可以得到改善，性能也随之恢复。但是，有些过热的钢，如果锻造时的变形度较小，终锻温度偏高，

则锻后将出现非正常组织（即过热组织）。

过热会使金属在锻造时的塑性下降，更重要的是，若引起锻造和热处理后锻件的晶粒粗大，将降低锻件的力学性能。因此，为避免锻件产生过热，通常采用如下措施：

① 严格控制加热温度，尽可能缩短高温保温时间，加热时坯料不要放在炉内局部高温区。

② 在锻造时要使锻件有足够的变形量，因为足够的变形量能够破碎粗大的奥氏体晶粒和分散晶界上的析出相。对于需要预制坯的模锻件，应保证终锻时锻件各部分有适当的变形量。

2.3.2.4 过烧

当金属加热到接近其熔化温度（称为过烧温度），并在此温度下停留时间过长时，不仅晶粒粗大，而且由于晶界发生局部熔化，氧化性气体进一步侵入晶界，使晶间物质氧化，形成易熔共晶氧化物，使晶粒间结合完全破坏，这种现象称为过烧。

钢的过烧温度主要受其化学成分的影响，并且因不同的钢种而异，见表 2-5。通常钢中的 Ni、Mo 等元素易使其产生过烧，而 Al、Cr、W 等元素则能减小其过烧。

表 2-5 一些钢的过烧温度

钢种	过烧温度 /℃	钢种	过烧温度 /℃
45	＞ 1400	W18Cr4V	1360
45Cr	1390	W6Mo5Cr4V	1270
30CfNiMo	1450	2Cr13	1180
4Cr10Si2Mo	1350	Cr12MoV	1160
50CrV	1350	T8	1250
12CrNi3A	1350	T12	1200
60Si2Mn	1350	GH135 合金	1200
$60Si_2MnBE$	1400	GH36 合金	1220
GCr15	1350		

产生过烧的金属，由于晶间连接遭到破坏，强度、塑性大大下降，因此对过烧的坯料进行锻造时，轻则在表面引起网络状裂纹（一般称之为“龟裂”），严重时将导致坯料破裂成碎块，出现一锻即裂的现象。所以，过烧是加热的致命缺陷，最后坯料只能报废。如果坯料只是局部过烧，可将过烧的部分切除掉。

减少和防止过烧的办法就是严格遵守加热规范，特别是要控制出炉温度及在高温时的停留时间，不要把坯料放在炉内局部温度过高的区域。

2.3.2.5 裂纹

如果金属在加热过程的某一温度下，内应力超过此时的强度极限，就要产生裂纹。通常内应力由温度应力、组织应力和残余应力组成。

（1）温度应力

金属加热时，表面首先受热，其表面和心部之间存在的温度差引起不均匀膨胀。膨胀较大的表层金属将受到压应力作用，膨胀较小的心部金属受到拉应力作用（图 2-24）。这种由于温度不均而产生的内应力称为温度应力。温度应力一般都是三向应力状态，其大小与金属的性质、断面温度差有关。断面尺寸越大，则其温差也越大，因而产生的温度应力也越大。

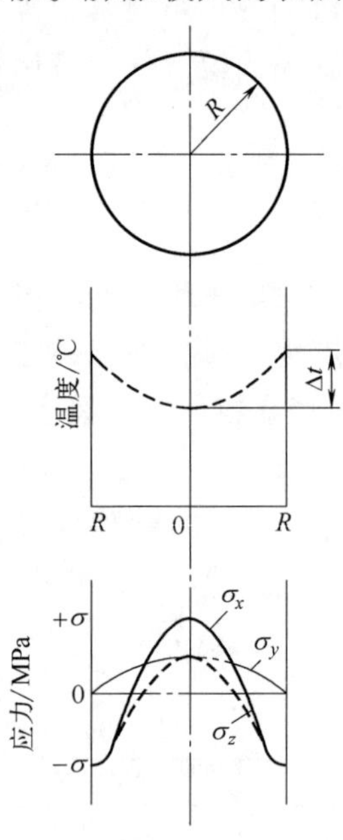

图 2-24　圆柱体坯料加热过程中温度应力沿断面分布示意图

一般只有在金属出现温度梯度，并处于弹性状态时，才会产生较大的温度应力并引起开裂。金属在温度低于 500 ～ 550℃时处于弹性状态，因此当其处于这个温度范围以下时，如果温度应力超过强度极限，就会产生裂纹而造成金属的破坏，所以必须考虑温度应力的影响。当温度超过 500 ～ 550℃时，金属塑性较好，变形抗力较低，通过局部塑性变形可以使温度应力得到部分消除，所以此时就不会造成金属的破坏，就不用考虑温度应力的影响了。

（2）组织应力

具有固态相变的金属在加热过程中，表层金属首先发生相变，心部后发生相变，并且相变前后组织的比容发生变化，这样引起的内应力称为组织应力。

组织应力也是三向应力状态，其中切向应力最大，其在金属截面上的分布如图 2-25 所示。由图 2-25 可知，随温度的升高，表层先发生相变由珠光体转变为奥氏体，比容减小，于是在表层产生拉应力，心部产生压应力。此时组织应力与温度应力反向，使总的应力值减小。当温度继续升高时，心部也发生相变，此时引起的组织应力是心部为拉应力，表层为压应力，虽然与温度应力同向，使总的应力值增大，但这时金属已接近高温，不会造成开裂。

（3）残余应力

钢锭在凝固和冷却过程中，由于外层和心部冷却次序不同，各部分间的相互牵制还要产生残余应力。外层冷却快，心部冷却慢，因此残余应力在外层为压应力，在中心部分为拉应力，其符号与温度应力相同。所以，钢锭加热时，对残余应力应给予足够的重视。

总之，金属的加热，特别是在 500 ～ 550℃以下加热时，应避免加热速度过快，因为此时金属的塑性较低，温度应力较大，在温度应力和坯料中原有的残余应力的共同作用下，有可能会产生裂纹。所以，为防止裂纹的产生，对金属的加热，特别是断面尺寸大的大钢锭和导热差的高合金钢的加热，其低温阶段必须缓慢加热，并且制定和遵守正确的加热规范。

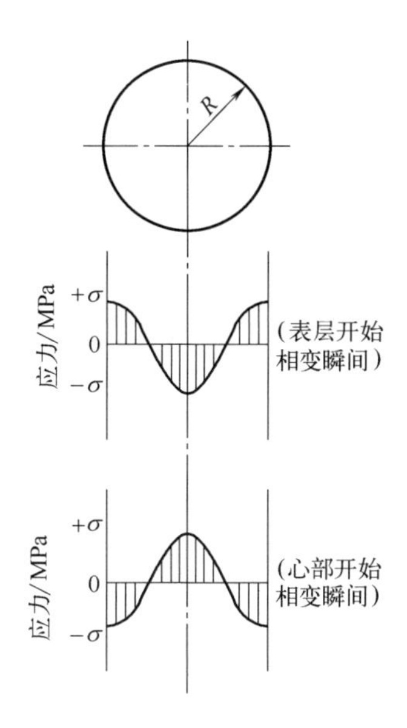

图 2-25　金属加热过程切向组织应力沿坯料断面分布的示意图

2.3.3　锻造温度范围的确定

金属的锻造温度范围，是指开始锻造温度（始锻温度）至结束锻造温度（终锻温度）之间的一段温度区间。现有金属材料的锻造温度区间均已确定，可以从有关手册查得。

确定锻造温度范围的基本原则：应能保证金属在锻造温度范围内具有良好的塑性和较低的变形抗力，并能使锻件获得所希望的组织和性能；锻造温度范围应尽可能宽松，以减少加热火次，降低消耗，提高生产率并方便操作。

确定锻造温度范围的基本方法：以合金平衡相图为基础，再参考塑性图、抗力图和金属再结晶图，从塑性、变形抗力和终锻后锻件所能获得的组织与性能三个方面进行综合分析，实现三者优化组合，从而定出始锻温度和终锻温度，并在生产实际中进行验证和修改。

（1）始锻温度的确定

始锻温度高，则金属的塑性高、变形抗力小，变形时消耗的能量小，可以采用更大的变形量。但是加热温度过高，不但氧化、脱碳严重，还会引起过热、过烧，有时还要受高温析出相的限制等。因此，确定金属的始锻温度，首先必须保证金属无过烧现象。因此对碳钢来讲，始锻温度应比铁 - 碳平衡图的固相线低 150 ～ 250℃，如图 2-25 所示。由图 2-25 可见，随着碳含量的增加，碳钢的熔点降低，始锻温度也相应地降低。此外，还应考虑到坯料组织、锻造方式和变形工艺等因素。

如以钢锭为坯料时，由于铸态组织比较稳定，产生过烧的倾向性小，因此，钢锭的始锻温度比同钢种钢坯和钢材要高 20 ～ 50℃。采用高速锤精锻时，因为高速变形产生很大的热效应，会使坯料温度升高以致产生过烧，所以，其始锻温度应比通常始锻温度低 100℃左右。当变形工序时间短或变形量不大时，始锻温度可适当降低。对于大型锻件锻造，最后一火的始锻温度，应根据剩余锻造比确定，以避免锻后晶粒粗大，这对不能用热处理方法细化晶粒的钢种尤为重要。

（2）终锻温度的确定

终锻温度过高，停锻之后，锻件内部晶粒会继续长大，出现粗晶组织或析出第二相，降低锻件的力学性能。若终锻温度低于再结晶温度，锻坯内部会出现加工硬化，使塑性降低，变形抗力急剧增加，容易使坯料在锻打过程中开裂，或在坯料内部产生较大的残余应力，致使锻件在冷却过程或后续工序中产生开裂。另外，不完全热变形还会造成锻件组织不均匀等。

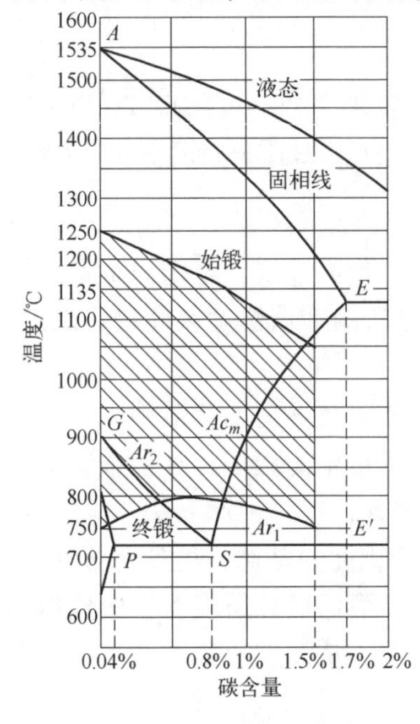

图 2-26　碳钢的锻造温度范围

通常钢的终锻温度应稍高于其再结晶温度。这样，既保证坯料在终锻前仍有足够的塑性，又可使锻件在锻后能够获得较好的组织性能。

按照上述原则，碳钢的终锻温度约在铁 - 碳平衡图 A_1 线以上 20 ～ 80℃，如图 2-26 所示。由图 2-26 可见，中碳钢的终锻温度虽处于奥氏体单相区，但组织均匀、塑性良好，完全满足终锻要求。低碳钢的终锻温度处于奥氏体和铁素体的双相区内，但因两相塑性均较好，不会给锻造带来困难。高碳钢的终锻是处于奥氏体和渗碳体的双相区，在此温度区间锻造，可借助塑性变形作用将析出的渗碳体破碎呈弥散状，以免高于 Ac_m 线终锻而使锻后沿晶界析出网状渗碳体。另外，钢的终锻温度与钢的组织、锻造工序和后续工序等也有关。

对于无相变的钢种，由于不能用热处理方法细化晶粒，只有依靠锻造来控制晶粒度。为了使锻件获得细小晶粒，这类钢的终锻温度一般偏低。

当锻后立即进行锻件余热热处理时，终锻温度应满足余热热处理的要求。如锻件的材料为低碳钢，终锻温度稍高于 A_3 线。

一般精整工序的终锻温度，允许比规定值低 50 ～ 80℃。

常用金属材料的锻造温度范围见表 2-6。从表 2-6 中可看出，各类金属的锻造温度范围相差很大。一般碳素钢的锻造温度范围比较宽，达到 400 ～ 580℃。而合金钢，尤其是高合金钢则很窄，只有 200 ～ 300℃。因此，在锻造生产中，高合金钢锻造最困难，对锻造工艺的要求更为严格。

表 2-6　常用金属材料的锻造温度范围

钢种	牌号举例	始锻温度/℃	终锻温度/℃	锻造温度范围/℃
普通碳素钢	A3，A4，A5	1280	700	580
优质碳素钢	40，45，60	1200	800	400
碳素工具钢	T7，T8，T9，T10	1100	770	330
合金结构钢	30CrMnSiA，18CrMnTi，18CrNi4WA	1180	800	380
	12CrNi3A	1150	800	350
合金工具钢	Cr12MoV	1050	800	250
	4Cr5W2VSi	1150	950	200
	3Cr2W8V	1160	850	310
	5CrNiMo，5CrMnMo	1180	850	330
高速工具钢	W18Cr4V，W9Cr4V2	1150	900	250
不锈钢	1Cr13，2Cr13，1Cr18Ni9Ti，1Cr18Ni9	1150	850	300
	Cr17Ni2	1180	825	365
高温合金	GH4033	1140	950	190
	GH4037	1200	1000	200
铝合金	LF21，LF2	480	380	100
	LY2	470	380	90
	LD5，LD6	480	380	100
	LC4，LC9	450	380	70
镁合金	MB5	400	280	120
	MB15	400	300	100
钛合金	TC4	950	800	150
	TC9	970	850	120
铜及其合金	T1，T2，T3，T4	900	650	250
	HPb59-1	760	650	110
	H62	820	650	170
	QAl10-3-1.5，QAl10-4-4	850	700	150
耐热钢		1100 ～ 1150	850	250 ～ 300
弹簧钢		1100 ～ 1150	800 ～ 850	300
轴承钢		1080	800	280

2.3.4 金属的加热规范

金属在锻前加热时，应尽快达到所规定的始锻温度，以减少氧化、节省燃料、提高生产率。但是，如果温度升得太快，由于温度应力过大，可能会造成金属破裂。相反，升温速度过于缓慢，会降低生产率，增加燃料消耗。因此，在实际生产中，金属坯料应按一定的加热规范进行加热。

所谓加热规范（或加热制度）是指坯料从装炉开始到加热完了整个过程对炉子温度和坯料温度随时间变化的规定。为了应用方便和清晰起见，加热规范通常用炉温 - 时间的变化曲线（又称加热曲线）来表示。根据金属材料的种类、特性和断面尺寸的不同，锻造生产中常用的加热规范有：一段、二段、三段、四段及五段加热规范。其加热曲线如图 2-27 所示。

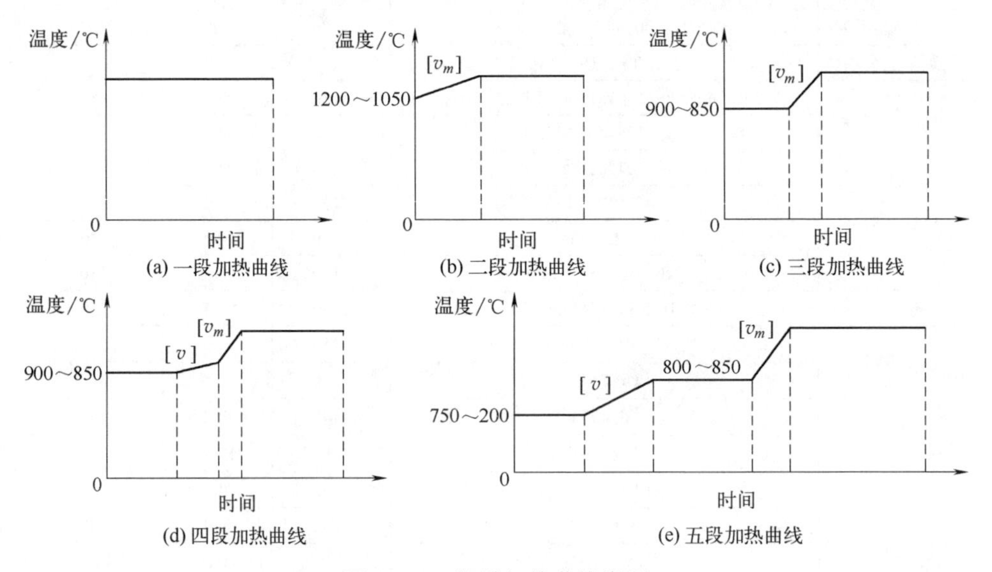

图 2-27 锻造加热曲线类型

[v]—金属允许的加热速度；[v_m]—最大可能的加热速度

2.3.4.1 加热规范确定的原则及方法

加热规范通常包括装炉温度、加热各阶段炉子的升温速度、各阶段加热（保温）时间和总的加热时间，以及最终加热温度、允许的加热不均匀性和温度头等。一般情况下，制定正确的加热规范就是要确定加热过程不同阶段的炉温、升温速度和加热与均热时间。好的加热规范，应能保证金属在加热过程中不产生裂纹、不过热、不过烧、氧化脱碳少、断面温度均匀、加热时间短和节约能源。对于大型自由锻件，尤其是合金钢和有色金属锻件，一般选用多段加热。而对于中小型模锻件，应采用电感应连续加热。总之在保证加热质量的前提下，力求加热过程越快越好，力求高效、优质、低消耗。

在加热规范中，核心问题是确定加热过程中不同时期的加热温度、加热速度和加热时间，下面结合图 2-28 大钢锭的五段加热曲线介绍。

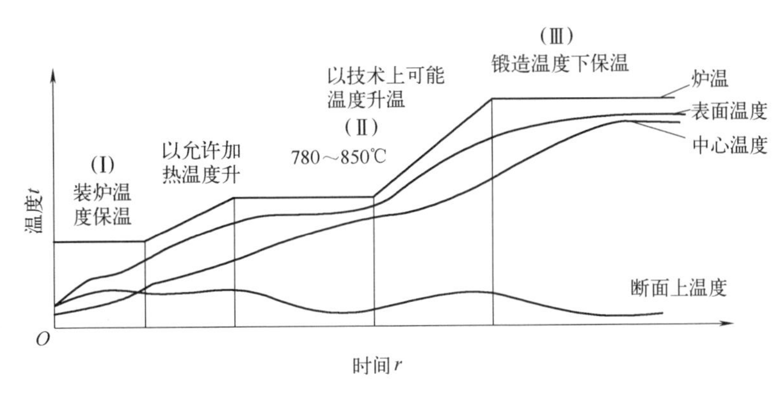

图 2-28　大钢锭的加热曲线

（1）装炉温度

如前所述，金属坯料在低温阶段加热时，由于处于弹性变形状态，塑性低，很容易因为温度应力过大而引起开裂，故需要确定坯料装料时的炉温。

装炉温度对热扩散性好及断面尺寸小的金属影响不大，但对热扩散性差及断面尺寸大的金属，则应限制装炉温度，尤其对大钢锭及高合金钢，除限制装炉温度外，还应在该温度下进行保温。因为在开始预热阶段，金属温度低、塑性差，而且在 200 ～ 400℃范围内存在蓝脆区。但在 450℃以后，塑性指标 δ、φ 显著提高，而 σ_b 和 $\sigma_{0.2}$ 逐渐降低。所以，一般高速钢的装炉温度为 450 ～ 600℃，高锰钢为 400 ～ 450℃。

装炉温度可根据温度应力和金属断面最大允许温差 $[\Delta t]$ 来确定。

（2）加热速度

加热速度表示加热室温度升高的快慢，一般有两种表示方法。一种是采用单位时间内金属表面温度升高的多少（℃/h），另一种是用单位时间内金属截面热透的数值（mm/min）。

金属在加热过程中，经常用到最大可能的加热速度和允许的加热速度。前者是指炉子按最大供热能量升温时所能达到的加热速度，与炉子的结构形式、燃料种类及燃烧情况、坯料的形状和尺寸及其在炉中的放置方法等有关。后者是指加热过程中，在不破坏金属完整性的条件下所允许的加热速度，主要取决于加热过程中产生的温度应力，而温度应力的大小又与金属的热扩散率、热容量、线胀系数、力学性能及坯料尺寸等有关。

金属的热扩散率和强度极限越大，允许的加热速度越大；金属坯料的断面尺寸、弹性模量和线胀系数越大，允许的加热速度越小。通常碳钢热扩散率比高合金钢大，虽然强度极限比高合金钢低，但它产生的温度应力相对较小，因此碳钢允许的加热速度比高合金钢大。

由于钢材或钢锭有内部缺陷存在，实际允许的加热速度要比计算值低。但是，对于热扩散率高、断面尺寸小的金属，即使炉子按最大可能的加热速度加热，也很难达到实际允许的加热速度。因此，对于碳素钢和有色金属，其断面尺寸小于200mm时，不用考虑允许的加热速度。而对于热扩散率低、断面尺寸大的金属，由于允许的加热速度较小，在炉温低于700～850℃时，应按允许的加热速度加热；当炉温超过700～850℃时，可按最大可能的加热速度加热。

影响加热速度的主要因素是炉温，确切地说是炉温和金属表面的温度差。炉温越高，温差越大，则金属得到的热量越多，加热速度越快。

要提高加热速度可采取如下措施：首先，提高炉温，采用快速加热；其次，合理排布炉内金属，使其尽可能达到多面加热；再次，合理设计炉膛尺寸，特别是炉膛高度，造成炉内强烈循环，增加辐射换热及对流换热等。

当坯料表面加热到始锻温度时，炉温和坯料表面的温差称为温度头。生产上常用提高温度头的办法来提高加热速度。对于碳含量为0.4%、直径为100mm的圆钢坯，温度头和加热时间的关系见表2-7。

表2-7 温度头和加热时间、坯料断面温差的关系

温度头/℃	25	50	100	150	200
加热时间比没有温度头时所减少的百分数	25%	35%	50%	57%	62%
断面温差/（℃/cm）	10～15	15～20	30～35	50	65

断面上的温度差和温度头的提高受到加热工艺及设备本身的限制，对于不同种类的钢锭或钢坯，其数值是不同的。为使坯料断面上温度均匀，对碳素结构钢及低合金钢的钢锭，断面允许温度差为50～100℃。高合金钢的钢锭断面允许温差不大于40℃。为保证金属断面上温差不致过大，对于钢锭，加热时温度头取30～50℃，对于热扩散率较高的轧材取40～80℃，快速加热时，温度头高达100～200℃。

（3）均热保温

通常的保温包括装炉温度下的保温，700～850℃的保温，加热到锻造温度下的保温（通常均热保温就是对此而言的），见图2-28中相应的三段平台。

装炉温度下（即图 2-28 中平台Ⅰ）保温的目的是防止金属在加热过程中，因温度应力而引起破坏，特别是钢在 200 ～ 400℃很可能因蓝脆而发生破坏。700 ～ 850℃（即图 2-28 中平台Ⅱ）保温的目的是减少前段加热后金属断面上的温差，从而减小金属断面内的温度应力和使锻造温度下的保温时间不至于过长。对于有相变的钢，当其几何尺寸较大时，为了不至于因相变吸热使内外温差过大，更需要在第Ⅱ段保温。终锻温度下（即图 2-28 中平台Ⅲ）保温的目的，除减少金属断面上的温差以使温度均匀外，还有借助扩散作用，使组织均匀化，减少变形不均匀的目的。这样不但提高了金属的塑性，而且对提高锻件质量也有重要影响。如高速钢在锻造温度下保温的目的，就是使碳化物溶于固溶体中。但是对有些钢，如铬钢（GCr15）在高温下易产生过热，因此在锻造温度下的保温时间不能太长，否则将产生过热与过烧。

保温时间的长短，要从锻件质量、生产效率等方面综合考虑，特别是终锻温度下的保温时间尤为重要。因此，终锻温度下的保温时间规定有最小保温时间和最大保温时间。最小保温时间是指能够使金属温差达到规定的均匀程度所需的最短保温时间。最小保温时间与温度头和坯料尺寸有关，温度头越大、坯料直径越大时，坯料断面的温差也越大，因此相应的最小保温时间也越长。反之，最小保温时间则越短。

最大保温时间主要是从生产角度方面考虑。如在生产中设备出现故障或其他原因等，使金属不能及时出炉，这样金属在高温阶段停留时间过长，容易产生过热，因此规定了最大保温时间。当保温时间超过最大保温时间时，应把炉温降到 700 ～ 850℃待料，对易过热的钢种更要注意，如前面介绍的 GCr15 钢等。最小保温时间和最大保温时间的具体确定请参见相应的参考书。

（4）加热时间

加热时间是指坯料在炉中均匀加热到规定温度所用的时间，是加热各个阶段保温时间和升温时间的总和。加热时间的确定方法有：根据传热理论进行计算、利用经验公式计算和根据实验数据或图表确定等。根据传热理论进行计算，公式复杂，准确性差，实际生产中很少采用。利用经验公式计算，由于在实际情况中有许多影响因素未考虑，因此只能作为参考使用。本书只介绍第三种方法：根据实验数据或图表确定。

用实验数据和图表确定加热时间是根据大量生产实践总结而成的，准确性、可靠性较好，也是目前广泛使用的方法之一。

图 2-29 中的曲线是碳钢在室式炉中单件加热时间和金属直径的关系曲线。对于直径小于 200mm 的钢材其加热时间可由该图查得。但是考虑到装炉方式、坯料尺寸和钢的成分等因素的影响，查得的 $t_{碳}$值还应进行必要的修正。

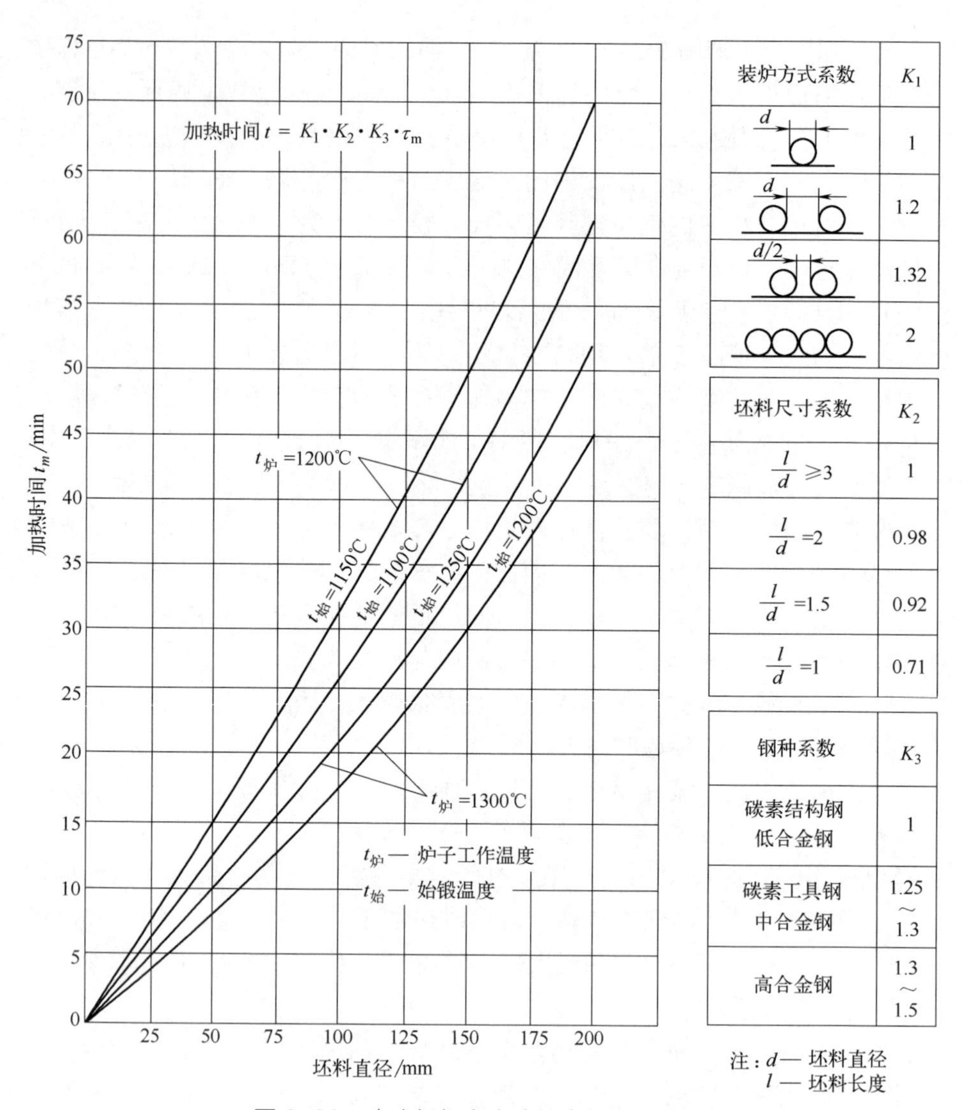

装炉方式系数	K_1
d	1
d	1.2
$d/2$	1.32
	2

坯料尺寸系数	K_2
$\frac{l}{d} \geqslant 3$	1
$\frac{l}{d}=2$	0.98
$\frac{l}{d}=1.5$	0.92
$\frac{l}{d}=1$	0.71

钢种系数	K_3
碳素结构钢 低合金钢	1
碳素工具钢 中合金钢	1.25～1.3
高合金钢	1.3～1.5

图 2-29　中小钢坯在室式炉中的加热时间

总之，在制定加热规范时，主要从金属的断面尺寸、化学成分、塑性、强度极限、导热性、线胀系数、组织特点及在加热时的变化和坯料的原始状态等方面进行综合考虑，这样才能制定出较为合理的加热规范。

2.3.4.2　钢锭的加热规范

大型自由锻件与高合金钢锻件多以钢锭为原材料。

按加热装炉时钢锭的温度高低可分为冷锭与热锭。冷、热钢锭的加热工艺差别很大，下面分别进行介绍。

（1）冷锭加热规范

冷锭是指锻前加热装炉时温度为室温的钢锭。冷锭加热的关键在低温阶段。因为冷锭加热在低于500℃时塑性很差，再加上冷锭内部的残余应力又与温度应力同向，钢锭存在的各种组织缺陷还会造成应力集中，如果加热规范制定不当，容易引起裂纹。所以，冷锭加热在低温阶段时，必须限制装料炉温和加热速度。

大型冷锭的加热，首先应按钢的塑性和导热性高低分组（见表2-8），然后再以断面尺寸大小确定加热规范。由于钢锭的断面尺寸大，产生的温度应力也大，因此大型冷锭均采用二段、三段、四段或五段的分段加热规范。

表2-8　钢按塑性和导热性高低分组

组别	钢的类型	钢号举例	钢的塑性及导热性
Ⅰ	低、中碳素结构钢 部分低合金结构钢	10～45 15Mn～30Mn　15Cr～35Cr	较好
Ⅱ	中碳素结构钢 低合金结构钢	50～65　35Mn～50Mn　40Cr～55Cr　20MnMo 12CrMo～35CrMo　20MnSi～55MnSi 18CrMnTi　35CrMnSi　38SiMnMo	次之
Ⅲ	中合金结构钢 碳素结构钢 合金工具钢 部分特殊钢	34CrNi1Mo～34CrNi3Mo　$30Cr_2MoV$ $32Cr_3WMoV$　$20Cr_2Mn_2Mo$ T7～T12　5CrMnMo　5CrNiMo　$3Cr_2W_8$ 60CrMnMo　9CrV　$9Cr_2$　GCr15 $1Cr_{13}$～$4Cr_{13}$　1Cr18Ni9Ti　2Cr18Ni11Ti	较差

图2-30所示为实际生产采用的19.5t 20MnMo冷锭加热规范。图2-30为19.5t 20MnMo冷锭加热试验的温度实测曲线。从图2-31可见，在加热的低温阶段断面温差不大，而且最大温差出现在锭温600℃以上，这时钢锭已具有一定塑性，温度应力也不会造成开裂。

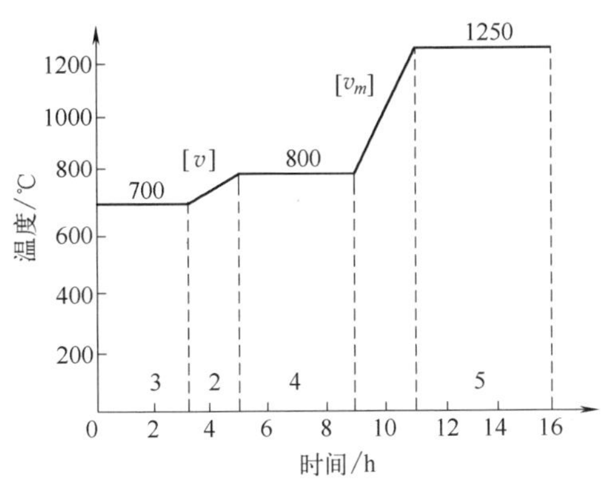

图2-30　19.5t 20MnMo冷钢锭的加热规范

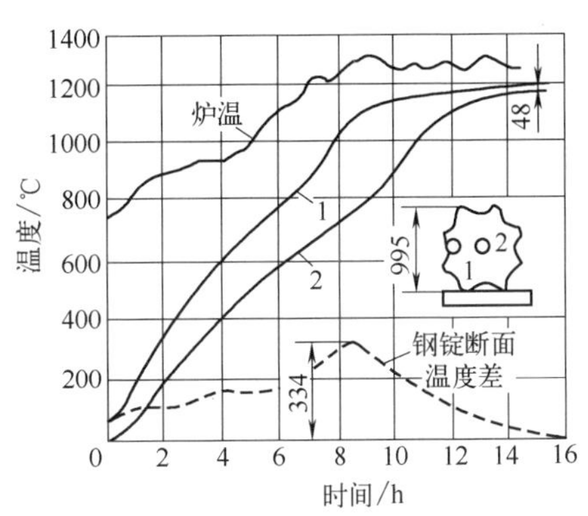

图2-31　19.5t 20MnMo冷钢锭加热试验的实测曲线

1—钢锭的表面温度；2—钢锭的中心温度

小型冷锭的加热，由于钢锭断面尺寸小，加热时温度应力不大。一般碳素钢和低合金钢小锭，均采用快速的一段加热规范。但对于高合金钢小锭，因钢的低温导热性差，和大型冷锭加热一样，也采用分段加热规范。

对于大型冷钢坯的加热规范，可参考相应冷锭的加热规范。

（2）热锭加热规范

由炼钢车间脱模后直接送到锻压车间、表面温度不低于600℃的钢锭称为热锭。热锭不仅可避免产生残余应力和降低温度应力，还可缩短加热时间，节约燃料消耗。一般热锭加热时间只有冷锭加热时间的一半甚至更短。

热锭加热由于钢锭处于塑性状态，温度应力不会造成危险，而且开始加热时锭心温度高，加热引起的断面温差小，也不会产生很大的温度应力。因此热锭装炉温度不受限制，入炉便可以以最大加热速度加热。由于各种钢在高温时的导热性都很相近，所以热锭的加热规范，只取决于断面尺寸，而与钢的种类无关。

图 2-32 为实际生产采用的 88t 9CrV 热锭加热规范。图 2-33 为 88t 9CrV 热锭加热试验的温度实测曲线。由图 2-33 看到，在热锭加热的开始阶段，由于中心温度高于表面，随着表面温度不断升高，断面温差逐渐减小至零。当表面温度高于中心后，尽管断面又会出现温差，但这时金属处于高温，已无裂纹危险。

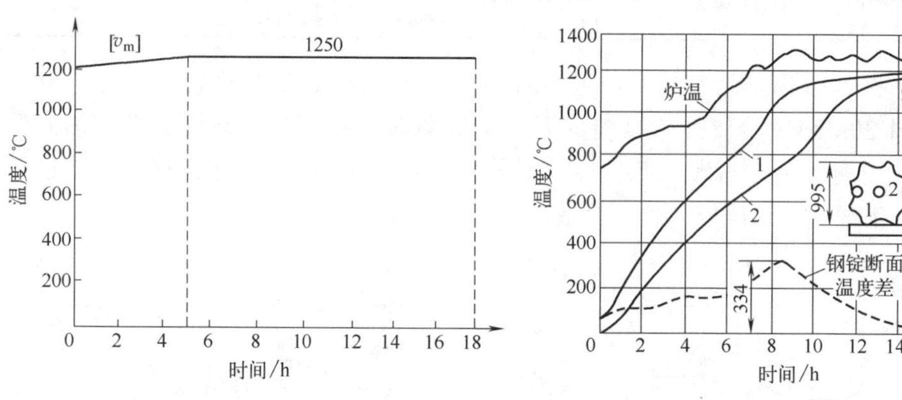

图 2-32　88t CrV 热钢锭的加热规范

图 2-33　88t CrV 热钢锭加热试验的实测曲线

1—钢锭表面温度；2—钢锭中心温度

由上述可知，采用热锭加热可以避免钢锭加热时开裂并可以缩短加热时间，节约能耗。因此，实际生产中大型钢锭应尽可能地采用热锭加热。

2.3.4.3　中、小型钢坯的加热规范

中、小型钢坯的特点是：①尺寸较小；②经过变形提高了强度和塑性；

③消除了铸造时的残余应力。

由于中、小型钢坯的断面尺寸较小，加热时引起的温度应力也小，加之强度及塑性均提高了，故加热时不易产生裂纹破坏，因此，可以进行快速加热。例如 ϕ150 ～ 200mm 以下的碳素结构钢钢坯和小于 ϕ100mm 的合金结构钢钢坯，可以用技术上可能的加热速度来加热，炉子温度一般为 1300 ～ 1350℃，这时温度头为 100 ～ 150℃。

ϕ200 ～ 350mm 的碳素结构钢坯（碳含量大于 0.45% ～ 0.50%）和合金结构钢钢坯，采用三段加热规范。装料温度稍低一些，约在 1150 ～ 1200℃范围内。装炉后要进行保温，保温时间约为整个加热时间的 5% ～ 10%。接着，以最大可能的速度加热，当加热到始锻温度后需进行均热保温，保温时间也为整个加热时间的 5% ～ 10%。

对导热性较差、热敏感性强的合金钢坯（如高铬钢、高速钢），装炉温度为 400 ～ 650℃。

2.3.5 少无氧化加热

其目的是减少金属的氧化烧损（使烧损量小于 5%）和脱碳，限制氧化皮厚度在 0.05 ～ 0.06mm 以下。

通常称烧损量在 0.5% 以下的锻造加热为少氧化加热，烧损量在 0.1% 以下的为无氧化加热。少无氧化加热除可以减少金属的氧化、脱碳，提高加热质量，还可以提高锻件的尺寸精度和表面质量，减少模具磨损，提高模具的使用寿命等。因此，它是现代加热技术的发展方向。

实现少无氧化加热的方法主要有：快速加热、介质保护加热和少无氧化火焰加热等。

2.3.5.1 快速加热

所谓快速加热就是采用技术上可能的加热速度来加热金属。快速加热包括火焰炉中的辐射快速加热和对流快速加热、感应电加热和接触电加热等。小规格的碳素钢钢锭和一般简单形状的模锻用毛坯，均可采用这种方法。由于上述方法加热速度很快，加热时间很短，坯料表面形成的氧化层很薄，因此可以实现少氧化加热的目的。

感应加热时，钢材的烧损量约为 0.5%。为了达到无氧化加热的要求，可在感应加热炉内通入保护气体。保护气体有惰性气体，如氩、氮等；还有还原性气体，如 CO 和 H_2 的混合气，它是用保护气体发生装置专门制备的。

由于快速加热大大缩短了加热时间，在减少氧化的同时，还可明显降低脱碳程度，这点不同于少无氧化火焰加热，是快速加热的最大优点之一。

2.3.5.2 介质保护加热

介质保护加热是通过保护介质把金属坯料与氧化性炉气隔开而进行的加热。它可以避免金属坯料的氧化，从而实现少无氧化加热。

常用的保护介质按其形态的不同可分为：

（1）气体介质

常用的气体保护介质有惰性气体、石油液化气以及利用燃料不完全燃烧所产生的保护气体等。通过向炉内通入保护气体，且使炉内呈正压，防止外界空气进入炉内，坯料就可以实现少无氧化加热。

（2）液体介质

常见的液体保护介质有熔融玻璃、熔融盐等，之前介绍的盐浴炉加热就是液体介质保护加热的一种。

（3）固态介质

将特制的涂料涂在坯料表面，加热时涂料熔化，形成一层致密不透气的涂料薄膜，且牢固地黏结在坯料表面，把坯料和氧化性炉气隔离，从而防止氧化。坯料出炉后，涂层可以防止二次氧化，并有绝热作用，可防止坯料表面降温，在锻造时还可以起到润滑剂的作用。

保护涂层按其构成不同分为玻璃涂层、玻璃陶瓷涂层、玻璃金属涂层、金属涂层、复合涂层等。目前应用最广的是玻璃涂层。

2.3.5.3 少无氧化火焰加热

采用火焰加热的方法，通过控制燃烧炉气的成分和性质，即利用燃料不完全燃烧所产生的中性炉气或还原性炉气，实现金属的少无氧化加热，称为少无氧化火焰加热。少无氧化火焰加热法包括敞焰少无氧化加热方法、平焰少无氧化加热方法等。

2.4 金属的锻后冷却

锻后冷却是指结束锻造后从终锻温度冷却到室温的过程。锻后冷却的重要性并不亚于锻前加热和锻造变形过程。即使金属采用正常的加热规范和适当的锻造，也只可以保证获得高质量的锻件，但如果锻后冷却方法选择不当，锻件还有可能产生裂纹或白点甚至报废。因此了解锻件在冷却过程中发生的变化及缺陷形成的原因，对于选择冷却方法、制定冷却规范是非常重要的。

锻件冷却过程中常见的缺陷有：裂纹、白点、网状碳化物等。下面分别介绍这些缺陷产生的原因和预防措施。

2.4.1 锻后冷却常见缺陷产生的原因和预防措施

（1）裂纹

冷却裂纹是由于冷却过程中产生的内应力引起的。由于锻件冷却后期温度低、塑性差，因此其冷却内应力较加热时的内应力的危险性更大。按冷却时内应力产生的原因不同有：温度应力、组织应力和残余应力。

① 温度应力。温度应力是锻件冷却过程中内外温度不同造成冷缩不均而产生的，如图 2-33 所示。冷却时的温度应力与加热一样也是三向应力状态，而且也是轴向应力最大。锻件在冷却初期，表层冷却快，体积收缩大；心部冷却慢，体积收缩小。

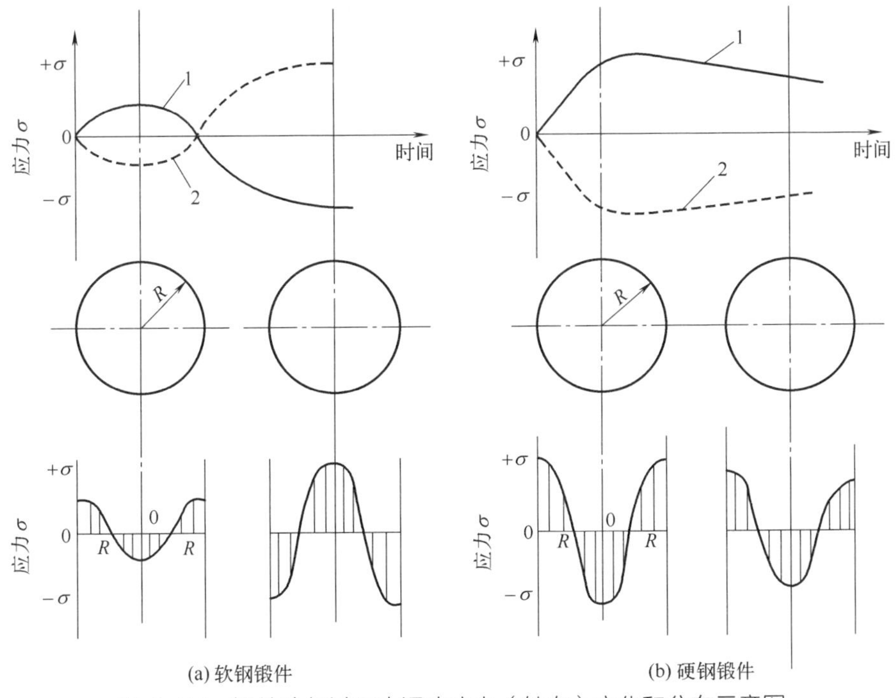

图 2-34 锻件冷却过程中温度应力（轴向）变化和分布示意图

1—表面应力；2—心部应力

随着冷却的继续进行将发生下列两种变化。

a. 软钢：软钢变形抗力小，易变形，可以产生微量变形，松弛冷却初期表面产生的拉应力，并逐渐减小至零。到了冷却后期，表面温度已接近常温，基本不再收缩，而心部温度还处于高温继续收缩，此时，心部的收缩受到表面的阻碍，导致温度应力方向的改变，即表面由拉应力变为压应力，而心部由压应力变为拉应力，如图 2-34（a）所示。

b. 硬钢：硬钢变形抗力大，难变形，在冷却初期表面产生的拉应力得不到松弛，到了冷却后期，虽然心部收缩对表面产生附加压应力，但这只能使冷却初期表面产生的拉应力有一定的降低，而不会使温度应力方向发生改变，即表面仍为拉应力，心部仍为压应力，如图 2-34（b）所示。

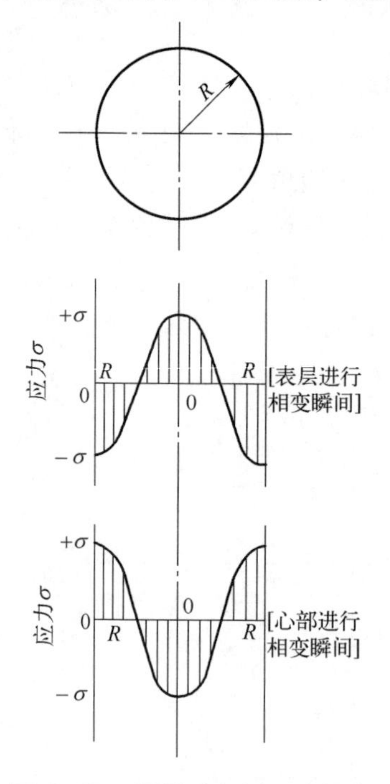

图 2-35　锻件冷却过程中切向组织应力的变化和分布示意图

从上述分析中可以看出，软钢锻件出现内裂的倾向性较大，而硬钢锻件则往往出现外裂。

② 组织应力。锻件在冷却过程中如有相变发生，由于锻件表面和心部相变不同时进行，相变前后组织的比体积不同，在不同的相之间会产生组织应力，如图 2-35 所示。

组织的变化是在一定的温度区间内完成的。当锻件表面冷却到马氏体转变温度时，表面首先进行马氏体转变，而心部仍处于奥氏体状态。由于二者的相变时间及比容不同（前者比容为 0.127cm^3/g，后者比容为 0.12 ～ 0.125cm^3/g），因此锻件表面的体积膨胀受心部的制约。这时引起的组织应力是表面为压应力，心部为拉应力。然而心部温度较高，塑性较好，通过局部塑性变形可以缓和上述组织应力。

随着锻件冷却过程的进行，心部也发生了马氏体转变。随着心部马氏体含量的逐渐增加，其体积膨胀也越来越大，而表面体积却不再发生变化。此时心部的膨胀又受到表面的阻碍，结果引起组织应力的反向，表面变为拉应力，心部变为压应力。

冷却时的组织应力和加热时一样也是三向应力状态，且切向应力最大，这就是有时引起表面纵裂的原因之一。锻件表层与心部温差较大时，组织应力更明显。

③ 残余应力。加热后的金属在锻造过程中，由于变形不均或加工硬化所引起的内应力，当终锻温度较低时，停锻之后冷却速度又较快，使得锻件中残留的弹性应变和点阵畸变较大，由于温度低，又不能通过再结晶软化将其消除，便会在冷却终了时保留下来构成残余应力。残余应力在锻件内的分布，根据变形程度和冷却速度的不同，可能是表面为拉应力，心部为压应力，或者与此相反。

综上所述，锻件在冷却过程中总的内应力为上述三种应力的叠加。当叠加后总的内应力值超过材料某处的强度极限时，便会在锻件相应的部位产生裂纹。

一般情况下，锻件尺寸越大，热导率越小，冷却速度越快，温度应力和组织应力则越大。

（2）白点

白点也是锻件在冷却过程中产生的一种内部缺陷。一般认为是由于钢中的氢和组织应力共同作用。白点多发生在珠光体类和马氏体类合金钢中，碳素钢程度较轻，奥氏体和铁素体类钢极少发现白点，莱氏体合金钢也未发现白点。冷却速度越快，锻件尺寸越大，白点也越容易形成。

白点在钢的纵向断口上呈圆形或椭圆形的银白色斑点，而在横向上呈细小的裂纹。合金钢中的白点色泽光亮，碳素钢中的白点较暗。白点的尺寸可以是几毫米到几十毫米。白点的存在对钢的性能极为不利，它使钢的力学性能降低，热处理时易使零件产生淬火开裂，使用时易造成零件断裂。主要原因是白点处为应力集中点，在交变和重复载荷作用下，常常成为疲劳源而导致零件疲劳断裂。因此，白点是一种危险性较大的缺陷，锻造白点敏感性高的大锻件时（如电站转子和叶轮），应特别注意冷却速度。

（3）网状碳化物

过共析钢和轴承钢终锻温度高并在锻后缓冷，特别是在 $Arc_m \sim Ar_1$ 区间缓冷时，将由奥氏体中大量析出二次碳化物，这时碳原子由于具有较大的活动能力和足够的时间扩散到晶界，于是沿着奥氏体晶界形成网状碳化物。当网状碳化物较严重时，用一般热处理方法不易消除，使材料的冲击韧性降低，热处理淬火时常引起皲裂。

另外，奥氏体不锈钢（如 1Cr18Ni9、1Cr18Ni9Ti 等）在 550 ～ 800℃范围内缓冷时，有大量含铬的碳化物沿晶界析出而形成网状碳化物。这类钢由于碳化物的析出使晶界出现贫铬现象，导致了抗晶间腐蚀能力的降低。

上述各种缺陷均与冷却速度有关，因此预防的措施之一就是确定合适的冷却速度，而这取决于选用的冷却方法。

2.4.2 锻件的冷却方法

根据锻件在锻后的冷却速度，冷却方法有三种：在空气中冷却、在坑（箱）内冷却和在炉内冷却。

（1）在空气中冷却

锻件锻后单个或成堆直接放在车间地面上冷却，是较常用的一种冷却方法。在空气中冷却的速度较快，适合合金化程度低、导热性及塑性好的材料的中小型锻件的锻后冷却。但不能把锻件放在潮湿地面上或金属板上，也不要把锻件摆放在有穿堂风的地方，以免锻件冷却不均匀或局部急冷引起翘曲变形或裂纹。这个方法多用于低碳钢、中碳钢和低合金结构钢的中小型锻件。

（2）在坑（箱）内冷却

锻件锻后放到地坑或铁箱中封闭冷却，或埋入砂子、石灰或炉渣内冷却，冷却的速度较慢，适合合金化程度较高、导热性及塑性较差的合金材料。一般锻件入砂温度不应低于500℃，周围积砂厚度不能少于80mm。锻件在坑内的冷却速度，可以通过不同绝热材料及保温介质来进行调节。这个方法主要用于中、高碳结构钢，碳素工具钢和中碳低合金结构钢的中型锻件的冷却。

（3）在炉内冷却

锻件锻后直接装入炉中按一定的冷却规范缓慢冷却。由于炉冷可通过控制炉温准确实现规定的冷却速度，因此适于合金化程度高、导热性及塑性差的高合金钢、特殊合金钢或各种大型锻件的锻后冷却。对于白点敏感的钢（如铬镍钢34CrNiMo、34CrNi4Mo等）也需要在炉内慢冷，以便让氢有时间充分析出。一般锻件入炉时的温度不得低于600～650℃，装料时的炉温应与入炉锻件温度相当。炉冷可通过炉温调节来控制锻件的冷却速度，因此可获得质量优良的锻件，该方法适用于高合金钢、特殊合金钢锻件及大型锻件的锻后冷却。

2.4.3 锻件的冷却规范

制定锻件锻后的冷却规范，关键是选择合适的冷却速度，以免产生前述各种缺陷。通常，锻后冷却规范根据坯料的化学成分、组织特点、原料状态和断面尺寸等因素，参照有关手册资料确定。

一般来讲，坯料的化学成分越单纯，锻后冷却速度越快；反之则慢。按此，对成分简单的碳钢与低合金钢锻件，锻后均采取空冷；而合金成分复杂的中高合金钢锻件，锻后应采取坑冷或炉冷。

对于碳含量较高的钢种（如碳素工具钢、合金工具钢及轴承钢等），如果锻后采取缓慢冷却，在晶界会析出网状碳化物，将严重影响锻件使用性能。因此，这类锻件在锻后先空冷、鼓风或喷雾快速冷却到700℃，然后再把锻件放入坑中或炉中缓慢冷却。

对于没有相变的钢种（如奥氏体钢、铁素体钢等），由于锻后冷却过程无相变，可采取快速冷却。此外，为了获得单相组织，防止铁素体钢475℃脆性，也要求快速冷却。所以，这类锻件锻后通常采用空冷。

对于空冷自淬的钢种（如高速钢、马氏体不锈钢，高合金工具钢等），因空冷会发生马氏体相变，引起较大的组织应力，而且容易产生冷却裂纹，所以，这类锻件锻后必须缓慢冷却。

对于白点敏感的钢种（如铬镍钢34CrNi1Mo ～ 34CrNi4Mo等），为了防止冷却过程中产生白点，应按一定的冷却规范进行炉冷。

采用钢材锻造的锻件，锻后的冷却速度可快些，而用钢锭锻造的锻件，锻后的冷却速度要慢。此外，对于断面尺寸大的锻件，因冷却温度应力大，在锻后应缓慢冷却；而对于断面尺寸小的锻件，锻后则可快速冷却。

有时，在锻造过程中也要将中间坯料或锻件局部冷却到室温，称为中间冷却。例如，为了进行毛坯探伤或清理缺陷，需要中间冷却。又如多火锻造大型曲轴时，先锻中部而后锻两端，当中部锻完后应进行中间冷却，以免在加热两端时影响质量。中间冷却规范的确定和锻后冷却规范相同。

2.5 锻件的热处理

由于在锻造生产过程中，锻件各部分的变形程度、终锻温度和冷却速度不一致，锻后必然导致锻件组织不均匀、残余应力和加工硬化等现象。为了消除上述不足，锻件在机械加工前后，一般都要进行热处理。机械加工前的热处理称为锻件热处理（也称毛坯热处理或第一热处理）。机械加工后的热处理称为零件热处理（也称最终热处理或第二热处理）。通常，锻件热处理是在锻压车间内进行的。

锻件热处理的目的是:

① 调整锻件的硬度，以利于锻件进行切削加工。

② 消除锻件内应力，以免在机械加工时变形。

③ 改善锻件内部组织，细化晶粒，为最终热处理做好组织准备。

④ 对于不再进行最终热处理的锻件，应保证其达到规定的力学性能要求。

实际锻造生产常用的锻件热处理方法有：退火、正火、淬火、回火、调质和等温退火等。

2.5.1 中、小锻件热处理

中、小锻件根据钢种和工艺要求不同，常采用以下热处理方法。

（1）退火

一般亚共析钢锻件进行完全退火（通常称退火），共析钢和过共析钢锻件进行球化退火（不完全退火）。完全退火是把锻件加热到 Ac_3 以上 30 ～ 50℃，经一定时间保温后随炉缓冷。球化退火是将锻件加热到 Ac_1 以上 10 ～ 20℃，经较长时间保温后随炉缓冷。由于钢中渗碳体凝聚成球状，便可获得球状的珠光体组织。

锻件经过退火处理后，由于再结晶作用细化了晶粒，消除或减小了残余应力，降低了锻件硬度，提高了塑性和韧性，改善了切削性能，并为最终热处理做好组织准备。

（2）正火

亚共析钢、共析钢和过共析钢锻件，除了细化晶粒、消除内应力外，若还要求增加强度和韧性，或为了消除网状的碳化物，则应进行正火处理。正火一般是把锻件加热到 Ac_3 或 Ac_m 以上 50 ～ 70℃（高合金钢锻件为 100 ～ 150℃），经保温后在空气中冷却。

如果正火后锻件硬度较高，为了降低硬度还应进行高温回火。

（3）调质

一些亚共析钢（中碳钢和低合金钢）锻件，尤其是不再进行最终热处理时，为了获得良好的综合力学性能，采用调质处理较为合适，即淬火后再进行高温回火。

生产一些小型模锻件时，为了使锻后锻件的自身热量得到利用，在终锻后可以直接进行淬火处理。这种把锻造和热处理紧密结合到一起的新工艺，称为锻件余热热处理（亦称锻热淬火或形变热处理）。锻件余热热处理大幅缩短了生产周期，提高了生产效率，节约了能源，同时还具有变形强化和热处理强化的双重作用，锻件可获得良好的综合力学性能。

上述各种锻件热处理的加热温度范围，如图 2-36 所示。具体热处理规范，请参见相关手册。

2.5.2 大型锻件热处理

由于大型锻件的断面尺寸大，生产过程复杂，其热处理应考虑以下特点：①组织性能很不均匀；②晶粒粗大不均匀；③存在较大残余应力；④一些锻件容易产生白点缺陷。因此，大型锻件热处理的任务，除了消除应力、降低硬度之外，主要是预防锻件出现白点，其次则是使锻件化学成分均匀，调整与细化锻件组织。

大型锻件的热处理通常是与锻后冷却结合在一起进行的。

（1）预防白点的处理

对白点敏感的大型锻件进行锻后冷却与热处理时，若能将氢大量扩散出去，同时尽量减小组织应力，就可避免产生白点。一般认为氢含量低于 0.02 ～ 0.03cm^3/g 便不会产生白点（此极限氢含量与钢的成分、锻件尺寸、偏析程度有关）。

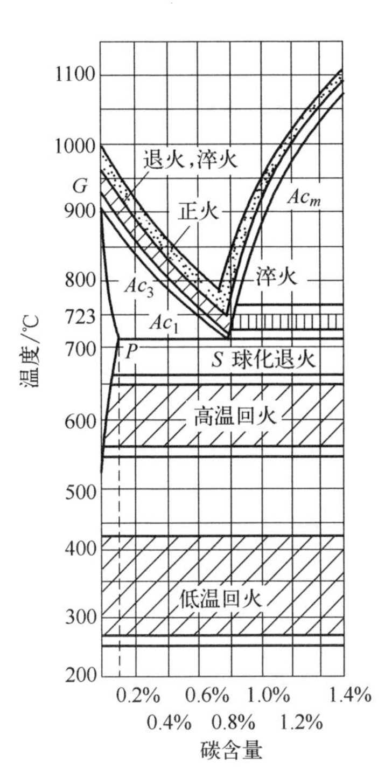

图 2-36　各种锻件热处理加热温度范围示意图

氢在钢中的扩散速度和锻件的温度、组织、尺寸等有关，氢的扩散速度与温度的关系如图 2-37 所示。由图 2-37 可见，锻件在锻后的冷却过程中，当温度降至 650℃及 300℃时，氢在钢中的扩散速度很大。若在此温度附近保温停留，便可使氢大量扩散出去。

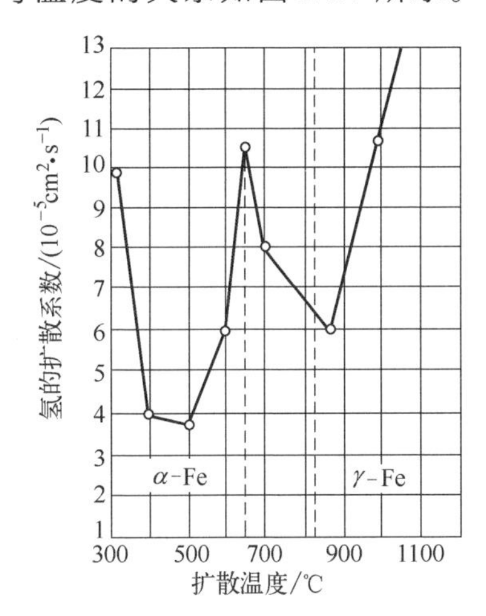

图 2-37　氢的扩散速度与温度的关系曲线

由于锻后冷却过程所产生的组织应力是由奥氏体转变引起的，因此，欲使组织应力减小，则要求奥氏体转变迅速、均匀、完全。从奥氏体等温转变曲线（即 C 曲线）可知，位于 C 曲线鼻尖处温度时，奥氏体转变最快，对于珠光体钢，该温度为 620 ～ 660℃；对于马氏体钢，该温度为 580 ～ 660℃及 280 ～ 320℃。因此，当锻件冷却到上述温度进行等温转变，便可使奥氏体转变迅速、均匀、完全，这样也就大大减小了组织应力。

综上所述，减小组织应力产生的奥氏体等温转变温度，也正好是钢中氢扩散最快的温度范围。按此原理，大型锻件防止白点的锻后冷却与热处理如图 2-38 所示。

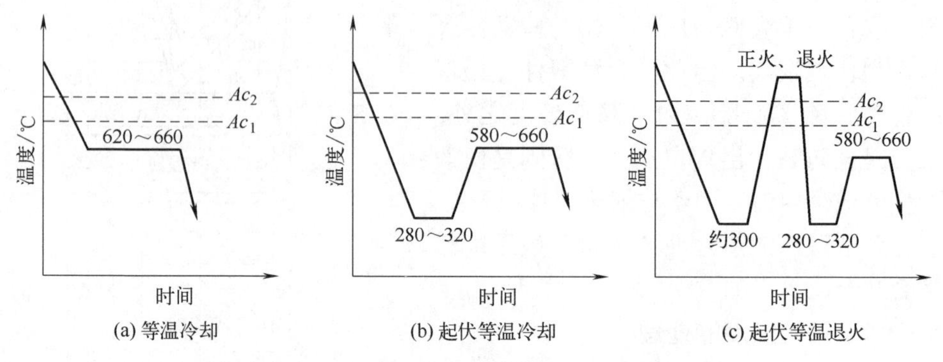

图 2-38　大型锻件防止白点的锻后冷却与热处理曲线

① 等温冷却［图 2-38（a)］，适用于白点敏感性较低的碳钢及低合金钢锻件。

② 起伏等温冷却［图 2-38（b)］，适用于白点敏感性较高的小截面合金钢锻件。

③ 起伏等温退火［图 2-38（c)］，适用于白点敏感性较高的大截面合金钢锻件。

（2）正火、回火处理

对于白点不敏感钢种和铸锭经过真空处理的大型锻件，由于锻件基本不会产生白点，在锻后则采取正火回火处理，使锻件细化晶粒、均匀组织。

在实际生产中，多数锻件是锻后接着热装炉进行正火回火处理，如图 2-39（a）所示。锻后空冷锻件只能冷装炉进行正火、回火处理，如图 2-39

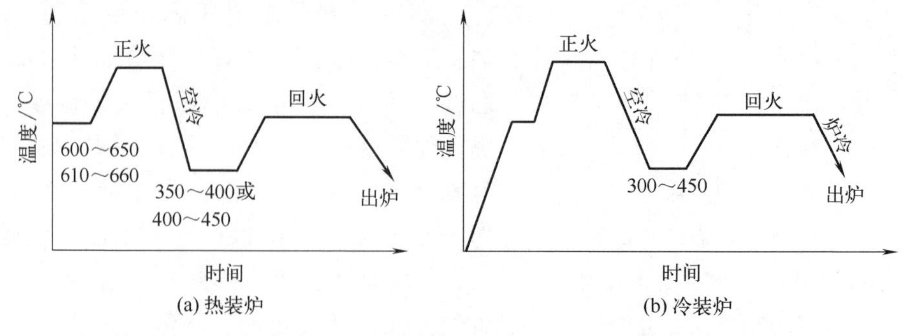

图 2-39　大型锻件正火回火热处理曲线

（b）所示。正火后进行过冷的目的是降低锻件心部温度，经适当保温使温度均匀，同时也能起到除氢的作用。过冷温度因钢种不同而不同，一般热装炉为350～400℃或400～450℃，冷装炉为300～450℃。

2.6 常用锻造设备

常用的锻造设备包括锻锤、热模锻压力机、螺旋压力机、平锻机和水压机等，下面简要介绍各种设备的原理及特点。

2.6.1 锻锤

2.6.1.1 锻锤的工作原理

利用气压或液压等传动机构使落下部分［活塞、锤杆、锤头、上砧（或上模块）］产生运动并积累动能，在极短时间内施加给毛坯，使之产生塑性变形，完成各种锻压工艺过程的锻压机械称为锻锤。有砧座锤的工作原理如图2-40所示。

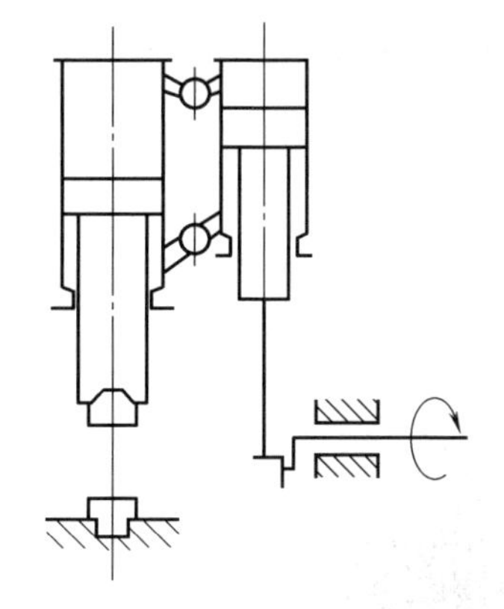

图2-40 空气锤工作原理图

2.6.1.2 锻锤的特点

锻锤是一种冲击成形设备，主要有以下优点：

① 锻锤打击速度高，一般为7m/s左右，金属流动性和成形工艺性好；

② 锻锤行程次数高，具有较高的生产率；

③ 锻锤操作灵活，功能性强，作为模锻设备时，在一台锤上可以完成拔长、滚挤、预锻、终锻等各种工序的操作，一般不需要配备制坯设备，设备投资少；

④ 锻锤是一种定能量设备，锤头没有固定的下死点，其锻造能力不严格受吨位限制；

⑤ 锤类设备结构简单，制造容易，安装方便。

然而，锻锤在使用中也存在以下问题：

① 有砧座锤工作时振动、噪声大；

② 蒸汽 - 空气锤需要配套蒸汽动力设备或大型空气压缩站，能量有效利用率低。

2.6.1.3 锻锤的分类

锻锤的种类很多，按打击特性分，有对击锤和有砧座锤；按工艺用途分，有自由锻锤和模锻锤；按向下行程时作用在落下部分的力分，有单作用锤和双作用锤。单作用锤工作时，落下部分为自由落体；双作用锤在向下行程时，落下部分除受重力作用外，还受压缩空气或液压力的作用，故打击能量较大。

通常按驱动形式将锻锤分为以下四类。

（1）空气锤

空气锤有工作缸和压缩缸，两缸之间由旋阀连通，如图 2-40 所示。其工作介质也是压缩空气，它在压缩活塞和工作活塞之间仅起柔性连接作用。电动机通过减速机构带动曲拐轴旋转，驱动压缩活塞做上下往复运动，使被压缩的空气经旋阀进入工作缸的上腔或下腔，驱动落下部分做向下运动进行打击或回程。

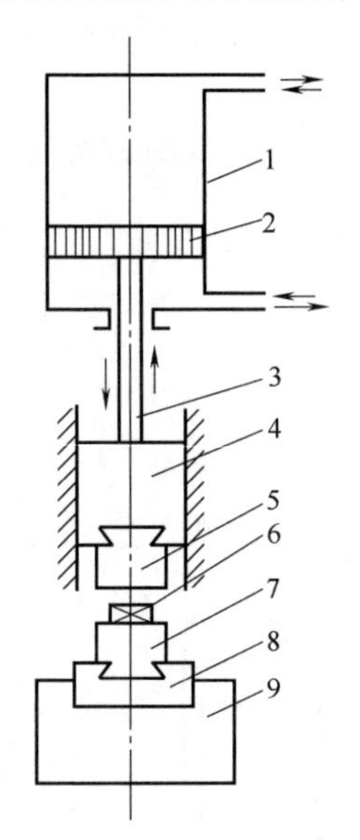

图 2-41 蒸汽 - 空气锤工作原理图

1—气缸；2—活塞；3—锤杆；4—锤头；5—上砧；6—锻坯；7—下砧；8—砧枕；9—砧座

（2）蒸汽 - 空气锤

以来自动力站的蒸汽或压缩空气作为工作介质，通过滑阀配气机构和气缸驱动落下部分做上下往复运动的锻锤称为蒸汽 - 空气锤，其工作原理图如图 2-41 所示。工作介质通过滑阀配气机构在工作气缸内进行各种热力过程，将热能转换成锻锤落下部分的动能，从而完成锻件变形。

图 2-42 给出了单柱式蒸汽 - 空气自由锻锤的结构。其结构简单，操作方便（可以从三面接近下砧），但刚性较差，其吨位一般在 0.5 ～ 1t 之间，最大吨位达 3t。

图 2-43 给出了双柱式蒸汽 - 空气自由锻锤的结构。由图可以看出，该锤身由两立柱组成拱形，刚性好，目前在锻造车间中应用普遍。

图 2-44 给出了蒸汽 - 空气模锻锤的结构。蒸汽 - 空气模锻锤也是以蒸汽或压缩空气作为工作介质，所以不论在结构形式上，还是动作原理上都与蒸汽 - 空气自由锻锤有很多相似之处，例如其结构都是由落下部分、气缸、配

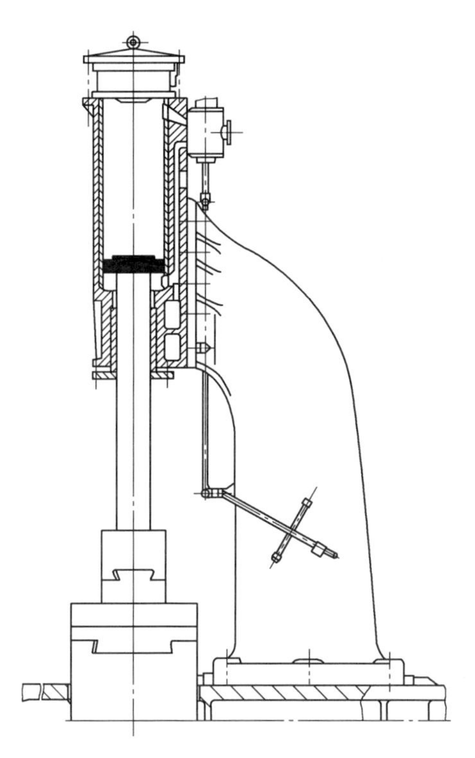

图 2-42　单柱式蒸汽 - 空气锤

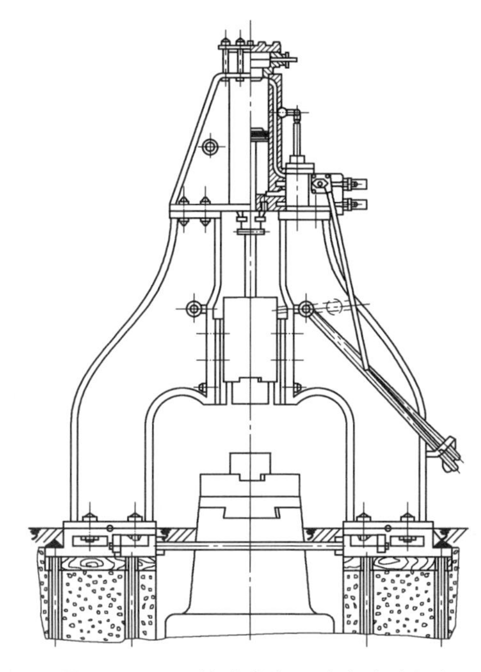

图 2-43　双柱式蒸汽 - 空气自由锻锤

气操纵机构、锤身、砧座等部分组成，但由于模锻工艺的要求，在结构、操作和工作原理上有一系列特点：

① 刚性框架机身。模锻过程要求上、下模对准，所以模锻锤的立柱必须安装在砧座上。

② 设有长而坚固的可调导轨，导轨间隙也比自由锻锤小，便于保证上、下模准确对中和提高锤头的导向精度。

③ 为了提高打击刚性和打击效率，砧座、锤头质量比自由锻锤大，模锻锤砧座质量为其落下部分质量的 20 ～ 30 倍。

蒸汽 - 空气模锻锤装模方便，操作简便，工艺适应性广，能够进行多模膛锻

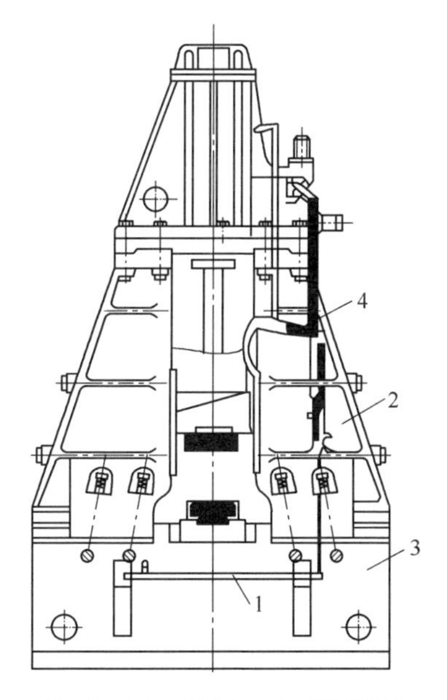

图 2-44　蒸汽 - 空气模锻锤

1—踏板；2—机架；3—砧座；4—操纵杆

造，可以多次连续打击成形，在中、小锻件的生产中得到广泛应用。但锤上模锻锻造时振动及噪声大、劳动条件差、蒸汽做功效率低、能源消耗大，近年来大吨位的模锻机有逐步被压力机取代的趋势。

（3）机械锤

由电动机驱动，靠机械传动提升锤头的锻锤，统称为机械锤。它是一类主要依靠重力势能实现锻件变形的单作用落锤。其工作原理如图 2-45 所示，根据连接机构不同，分为夹板锤（或夹杆锤）、弹簧锤和链条锤（或钢丝绳锤）。

（4）液压锤

液压锤是以液压油为工作介质，利用液压传动来带动锤头做上下运动，完成锻压工艺的锻压设备，分气液和纯液压两种驱动形式（见图 2-46）。气液驱动原理为：在工作前，先向气腔依次充入定量的高压气体（氮气或压缩空气），借助于下腔液压力的改变，对定量的封闭气体进行反复的压缩和膨胀做功，使锤头得到提升或快速下降进行锻击。其工作特点是：油腔进油，锤头提升；油腔排油，锤头下降并进行锻造成形。纯液压式模锻锤的特点是：液压缸下腔通常压；上腔进油，锤头快速下降并进行锻击；上腔排油，锤头提升。液压锤具有高效、节能、环保的优点。

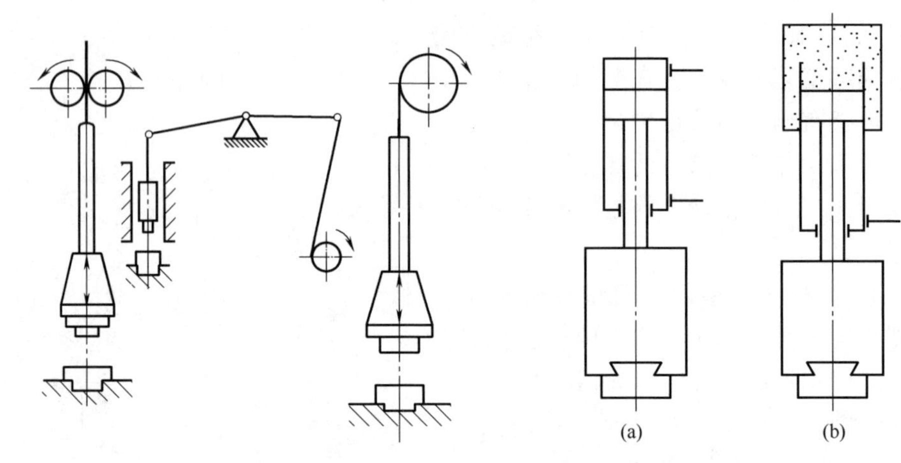

图 2-45　机械锤工作原理图　　图 2-46　液压锤工作原理图

模锻锤的吨位以锤杆落下部分的质量表示。常用的模锻锤的吨位是 1 ～ 16t，通常可以锻造 0.5 ～ 150kg 的模锻件。表 2-9 给出了常用模锻锤吨位选择参考数据。

表 2-9 蒸汽－空气模锻锤吨位选择参考数据

模锻锤吨位 /t	1.0	1.5	2.0	3.0	5.0	10	16
模锻件质量 /kg	0.5 ～ 1.5	1.5 ～ 5	5 ～ 12	12 ～ 25	25 ～ 40	40 ～ 100	100 ～ 150

2.6.2 热模锻压力机

热模锻压力机主要用来生产精度要求比较高、批量比较大的模锻件。例如汽车的前梁、曲轴、羊角等锻件。

热模锻压力机有如下特点:

① 机器刚度高，以适应锻件精度高的要求。

② 滑块抗倾斜能力强，以适应多模膛模锻的需要。

③ 滑块行程次数高，以便使锻件滞留模具内的时间短，提高模具的寿命。

④ 具有上、下顶料装置，以适应锻件出模斜度小的需要。

热模锻压力机种类繁多，按其工作机构的不同可分为两大类，即连杆式热模锻压力机和楔式热模锻压力机。连杆式热模锻压力机的工作机构为曲柄滑块机构，而楔式热模锻压力机则由曲柄连杆通过楔块推动滑块工作。

图 2-47 为连杆式热模锻压力机的典型传动简图。该类压力机具有两级传动，一级为带传动，另一级为齿轮传动。离合器和制动器分别装在偏芯轴的两端，用气动联锁。滑块多为象鼻式。因有附加导向面，可以提高抗倾斜能力。在机身下部装有双楔形工作台，以便调节装模高度。在滑块内部装有上顶料装置，在机身下部装有下顶料装置，以便顶出工件。

图 2-48 为楔式压力机结构原理图。由图得知，曲柄连杆并不直接带动滑块，而是通过传动楔块传动。楔块的斜面呈 30°倾角，表面经淬火处理。工作变形力有一半由楔块承受，只有一半传到曲轴和连杆，因而曲轴和连杆的尺寸较小。但是，楔式热模锻压力机结构复杂，造价高，故在公称力大于 63000kN 的压力机上使用楔式传动才比较合适。

热模锻压力机的吨位、锻件质量和尺寸见表 2-10。

表 2-10 热模锻曲柄压力机的吨位、锻件质量和尺寸

设备吨位 /MN	10	16	20	31.5	40	80
锻件最大质量 /kg	2.5	4.0	7.0	18	30	80
分模面投影面积 /cm^2	150	240	310	570	800	1810
能锻齿轮直径 /mm	130	175	270	270	320	480

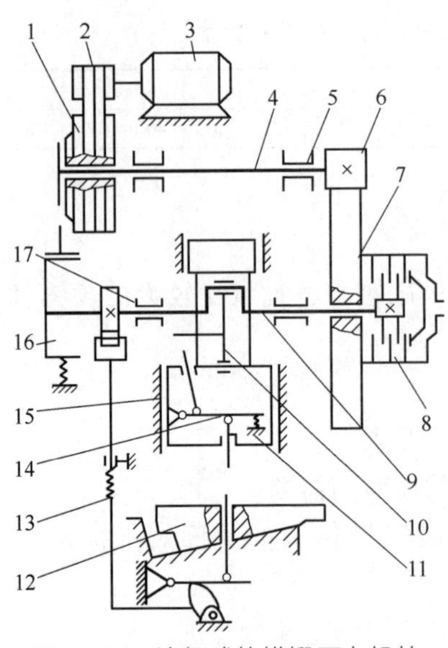

图 2-47　连杆式热模锻压力机的典型传动简图

1—大带轮；2—小带轮；3—电动机；4—传动轴；5, 17—轴承；6—小齿轮；7—大齿轮；8—离合器；9—偏芯轴；10—连杆；11—滑块；12—双楔形工作台；13—下顶料装置；14—上顶料装置；15—导轨；16—制动器

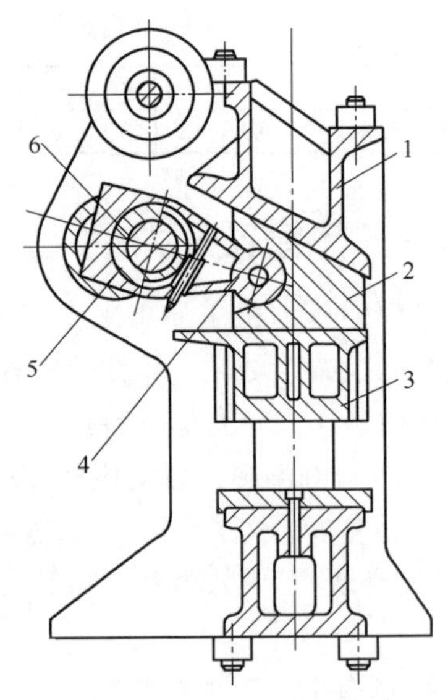

图2-48　楔式热模锻压力机结构原理图

1—机身；2—传动楔块；3—滑块；4—连杆；5—偏心蜗轮；6—曲轴

2.6.3　螺旋压力机

螺旋压力机是一种应用面很广的锻压设备，可以完成各种不同的锻压工艺，既可以用于金属的塑性成形，也广泛应用于建筑材料、耐火材料生产等行业。

螺旋压力机是利用螺旋结构和惯性原理进行工作的，按结构布置分为上传动和下传动两种；按工作原理分为惯性螺旋压力机和高能螺旋压力机两大类；按动力形式分为摩擦、电动、液压和复合传动四类。每类按传动结构又分若干形式。

（1）惯性螺旋压力机的工作原理

惯性螺旋压力机（图 2-49）的螺母固定于上横梁。旋转飞轮，飞轮与螺杆做螺旋运动，储能备用。当滑块与毛坯接触时，运动组件（以下称工作部分）受阻减速表现出惯性，飞轮的切向惯性力被螺旋副机构放大后施于毛坯开始工作行程。所储能量耗尽，运动停止，一次打击过程结束。惯性螺旋压力机的工作特点是一次打击，工作部分所储存的动能完全释放。

（2）高能螺旋压力机的工作原理

高能螺旋压力机（图2-50）的螺母固定在滑块上，与滑块一起做往复运动。螺杆由离合器从动盘带动。飞轮总朝一个方向旋转，仅在向下行程时与离合器接合。回程采用液压缸提升滑块，提升滑块时螺杆反向空转。尽管结构不同，但它同样利用了螺旋副增力作用和飞轮的惯性作用。工作中飞轮在转差率许可的范围内释放部分动能，是名副其实的调速飞轮。

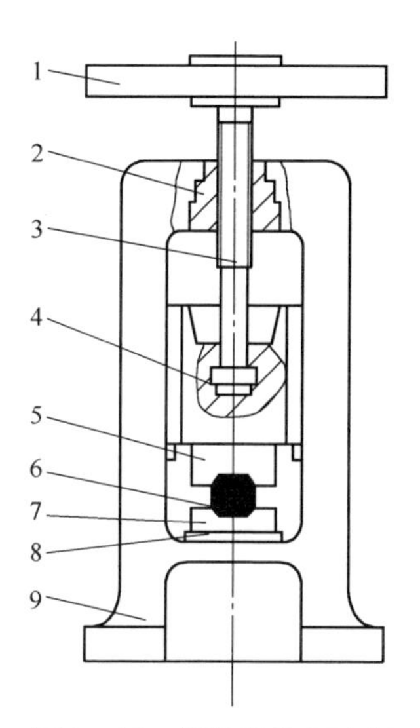

图2-49　惯性螺旋压力机

1—飞轮；2—螺母；3—螺杆；4—滑块；5—上模；6—毛坯；7—下模；8—垫板；9—机身

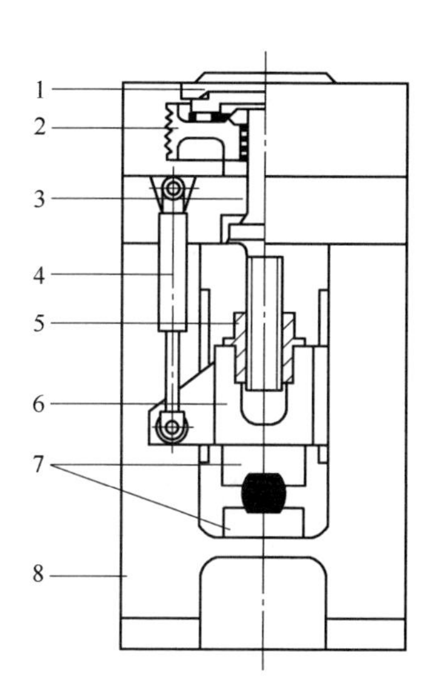

图2-50　高能螺旋压力机

1—离合器；2—飞轮；3—螺杆；4—回程缸；5—螺母；6—滑块；7—模具；8—机身

2.6.4　摩擦压力机

（1）摩擦压力机的工作原理

摩擦压力机的传动系统如图2-51所示。电动机通过V带驱动传动轴及左、右摩擦轮。当操纵手柄处于水平位置时，飞轮介于左右两个摩擦轮之间，两面均有2～5mm间隙。当往下按动操作手柄时，连杆系统带动左摩擦轮右移与飞轮接触，飞轮带动螺杆旋转，螺杆从螺母中旋下，带动滑块向下移动进行锻压。当操作手柄提起时，右摩擦轮左移与飞轮接触，螺杆上旋提起滑块。如此往复运动从而实现对坯料的锻压成形。

（2）摩擦压力机的工作特点

① 摩擦压力机带有顶料装置，可以用来锻造长杆类锻件，并可锻造小斜度或无斜度的锻件以及小余量、无余量的锻件，节省材料。

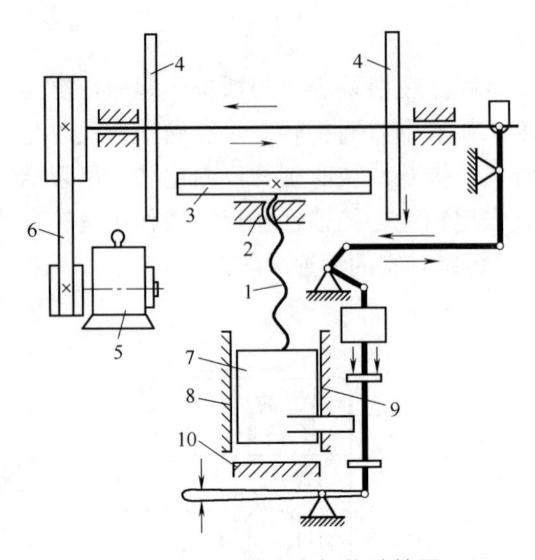

图 2-51 摩擦压力机传动简图

1—螺杆；2—螺母；3—飞轮；4—左、右摩擦轮；5—电动机；6—V带；7—滑块；8、9—导轨；10—机座

② 摩擦压力机具有模锻锤和曲柄压力机双重工作特性，既具有模锻锤的冲击力，又有曲柄压力机与锻件接触时间较长、变形力较大的特点。因此，它既能完成镦粗、挤压等成形工序，又可进行精锻、校正、切边等后续工序的操作。

③ 摩擦压力机螺杆和滑块间为非刚性连接，承受偏心载荷的能力较差，通常只能进行单模膛模锻，在偏心载荷不大的情况下，也可布置两个模膛，但制坯需在其他设备上进行。

④ 摩擦压力机依靠摩擦带动滑块进行往复运动实现锻压操作，传动效率及生产率较低，能耗较大。

根据以上特点，摩擦压力机主要适用于中、小批量生产中、小模锻件，特别适合模锻塑性较差的金属及非铁合金、高温合金等。

摩擦压力机的吨位、锻件质量和尺寸见表 2-11。

表 2-11 摩擦压力机的吨位、锻件质量和尺寸

设备吨位 /MN	1.6	3	4	6.3	10
锻件最大质量 /kg	1	2	3	12	17
分模面投影面积 /cm^2	50	95	250	490	960
能锻齿轮直径 /mm	80	170	180	250	350

2.6.5 平锻机

平锻机的主要结构与曲柄压力机相似，因滑块沿水平方向运动，带动模具对坯料水平施压，故称为平锻机。

（1）平锻机的工作原理

平锻机根据凹模分模方式的不同，可分为垂直分模平锻机和水平分模平锻机两种。水平分模平锻机的工作原理如图 2-52 所示。电动机通过传动带带动带轮转动，带轮带动离合器并通过传动轴、齿轮使曲轴转动。随曲轴转动，连杆推动主滑块及上面的凸模在水平面做前后往复运动，同时曲轴又驱使凸轮旋转，凸轮通过杠杆使副滑块及活动凹模在水平面做往复的夹紧运动。锻

造时，将坯料放入固定凹模，前端由挡料板定位，启动开关，活动凹模右移与固定凹模合模，挡料板退回，凸模前行向坯料施加压力，坯料成形。回程时，凸模先退出，活动凹模随后左移复位，取出锻件。

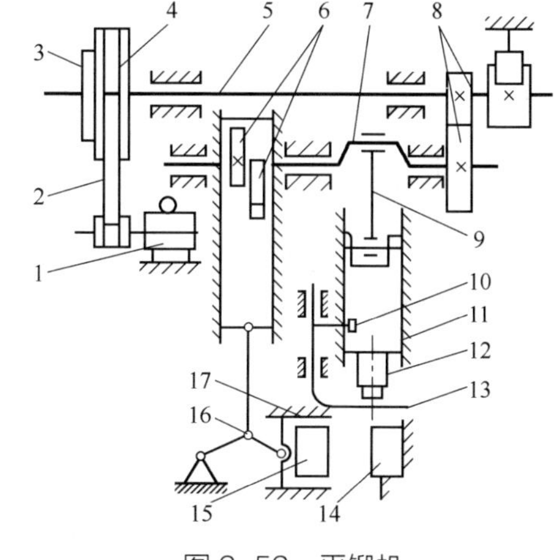

图 2-52　平锻机

1—电动机；2—传动带；3—离合器；4—带轮；5—传动轴；6—凸轮；7—曲轴；8—齿轮；9—连杆；10—小凸轮；11—主滑块；12—凸模；13—挡料板；14—固定凹模；15—活动凹模；16—杠杆；17—副滑块

（2）平锻机的工作特点

① 能够锻造出其他锻造设备难以锻造的锻件。锻造过程中坯料水平放置，可采用局部加热及局部变形锻造带头部的长杆类锻件；锻模有两个相互垂直的分模面，锻件容易取出；可锻造有通孔或盲孔的锻件。

② 锻件无模锻斜度，无飞边或飞边很小，可冲出通孔；锻件尺寸精度高，表面粗糙度低，节省材料，生产率高。

③ 难以锻造回转体及中心不对称的锻件。

平锻机结构复杂、价格高，主要适合锻造大量生产的带头部的杆类锻件和侧凹带孔锻件，如汽车半轴、倒车齿轮等。平锻机的吨位、锻件质量和尺寸见表 2-12。

表 2-12　平锻机的吨位、锻件质量和尺寸

设备吨位 /MN	5	8	12.5	20
锻件最大质量 /kg	2	4	10	20
分模面投影面积 /cm^2	110	140	190	245
能锻齿轮直径 /mm	75	100	150	175

2.6.6　液压机

液压机是金属锻造和板料成形中广泛应用的设备，也可以用于金属的挤压和粉末冶金制品的压制等。与机械压力机相比，液压机具有许多明显的优点。

（1）液压机的工作原理

液压机是根据帕斯卡原理制成的，它利用液体压力来驱动机器工作。液压

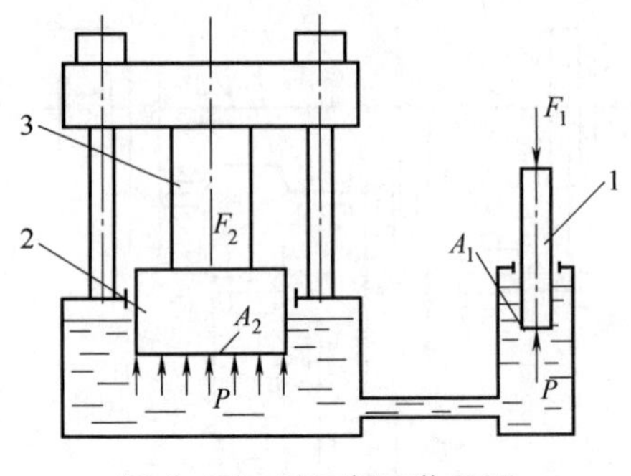

图 2-53 液压机工作原理

1—小柱塞；2—大柱塞；3—制件

机的工作原理如图 2-53 所示。两个充满液体的大小不一的容器（面积分别为 A_1、A_2）连通，并加以密封，使两容器内的液体不会外泄。当对小柱塞施加向下的作用力 F_1 时，则作用在液体上的单位压力为 $P=F_1/A_1$。根据帕斯卡原理：在密闭的容器内，液体压力在各个方向上是相等的，且压力将传递到容腔的每一点。因此，另一容腔的大柱塞将产生向上推力 F_2，$F_2=PA_2=F_1(A_2/A_1)$。由此可见，只要增大大柱塞的面积，就可以由小柱塞上一个较小的力 F_1，在大柱塞上获得一个很大的力 F_2。这里的小柱塞相当于液压泵中的柱塞，而大柱塞就是液压机中工作缸的柱塞。

（2）液压机的特点

液压机是静压作用的机器，靠液体静压力使工件变形，这是与其他锻压设备（如曲柄压力机、锻锤、螺旋压力机）的基本不同点。其优点有:

① 容易获得大的压力。设备吨位越大，液压机的优点越突出，而靠机械机构传递能量的压力机，压力的增大受到构件强度限制。

② 工作压力可以调整。有的液压机在一个工作循环中可以用几级工作压力。液压系统设有限压装置，机器不易超载，使模具也受到保护。

③ 容易获得大的行程。液压机容易获得大的工作行程，并在行程的任意位置上产生额定最大压力和长时间持续保压。这对长行程的压制工艺特别有利，如板料的深拉、型材的挤压等。

④ 调速方便。可调节液压系统实现各种行程速度，这种调速是无级的，操作方便。

⑤ 液压机结构简单。能够适应多品种生产。

⑥ 工作振动及噪声小。液压机工作平稳，撞击、振动和噪声都较小，对厂房基础要求低，对环境保护及改善工人劳动条件有利。

⑦ 易于实现自动化生产。

但是，液压机也有一些缺点。例如对密封技术要求较高，若密封差，产生液体渗漏会影响机器的效能，污染环境；由于液体的流动阻力，液压机的最高工作速度受到限制。

（3）液压机的分类

液压机按用途分可为 10 个组别:

① 锻造液压机。用于自由锻造、钢锭开坯以及有色与黑色金属模锻。

② 冲压液压机。用于各种板料冲压，其中有单动、双动及橡胶模冲压等。

③ 一般用途液压机。用于各种工艺，通常称为万能或通用液压机。

④ 校正、压装用液压机。用于零件校形及装配。

⑤ 层压液压机。用于胶合板、刨花板、玻璃纤维增强材料等的压制。

⑥ 挤压液压机。用于挤压各种金属线材、管材、棒材、型材及工件的拉深、穿孔等工艺。

⑦ 压制液压机。用于压制各种粉末制品。如粉末冶金、人造金刚石、热固性塑料及橡胶制品的压制等。

⑧ 打包、压块液压机。用于金属切屑及废料的压块与打包、非金属材料的打包等。

⑨ 其他液压机。如模具研配、电缆包覆、轮轴压装等各种专用工序的液压机。

⑩ 手动液压机 为小型液压机，用于试压、压装等要求力量不大的手工工序。液压机的工作介质主要有两种。采用乳化水液作为工作介质的称为水压机，其标称压力一般在 10000kN 以上。用油作为工作介质的称为油压机，其标称压力一般小于 10000kN。

思 考 题

1. 试阐述镇静钢锭的结构及其主要缺陷的产生部位。
2. 钢锭常见缺陷有哪些？它们产生的原因和危害性是什么？
3. 常见的型材缺陷有哪些？它们产生的原因和危害性是什么？
4. 锻造用型材常采用哪些方法下料？各有何特点？
5. 常用的锻前加热方法有哪些？各有何特点？
6. 加热和冷却过程中会产生哪些缺陷？如何避免这些缺陷的产生？
7. 常用的锻造设备有哪些？各有何特点及应用？

第3章

金属的锻造工艺

锻造生产一般是指金属加热以后，在锻锤或压力机上进行锻压，通过塑性变形，获得所需形状和尺寸的锻件的加工方法。锻造加工的方式很多，主要有自由锻、模锻和胎模锻等。

3.1 自由锻工艺概述

自由锻是将坯料加热到锻造温度后，在自由锻设备和简单工具的作用下，通过人工控制金属变形以获得所需形状、尺寸和质量锻件的一种锻造方法。按照外力的来源不同，它可以分为人工锻打、锤上自由锻和水压机自由锻。

与其他变形工艺相比，自由锻工艺过程具有如下的特征：

• 工具简单，通用性强，灵活性大，适合单件和小批锻件的生产。

• 工具与坯料部分接触，逐步变形，所需设备功率比模锻小，可锻造大型锻件。

• 靠人工操作控制锻件的形状和尺寸，效率低，劳动强度大。

根据变形性质和变形程度的不同，自由锻工序可以分为基本工序、辅助工序和修整工序三类。

① 基本工序：能够较大幅度地改变坯料形状和尺寸，是主要的变形工序，自由锻的基本工序有镦粗、拔长、冲孔、芯轴扩孔、芯轴拔长、弯曲、错移、扭转等，如图 3-1 所示。

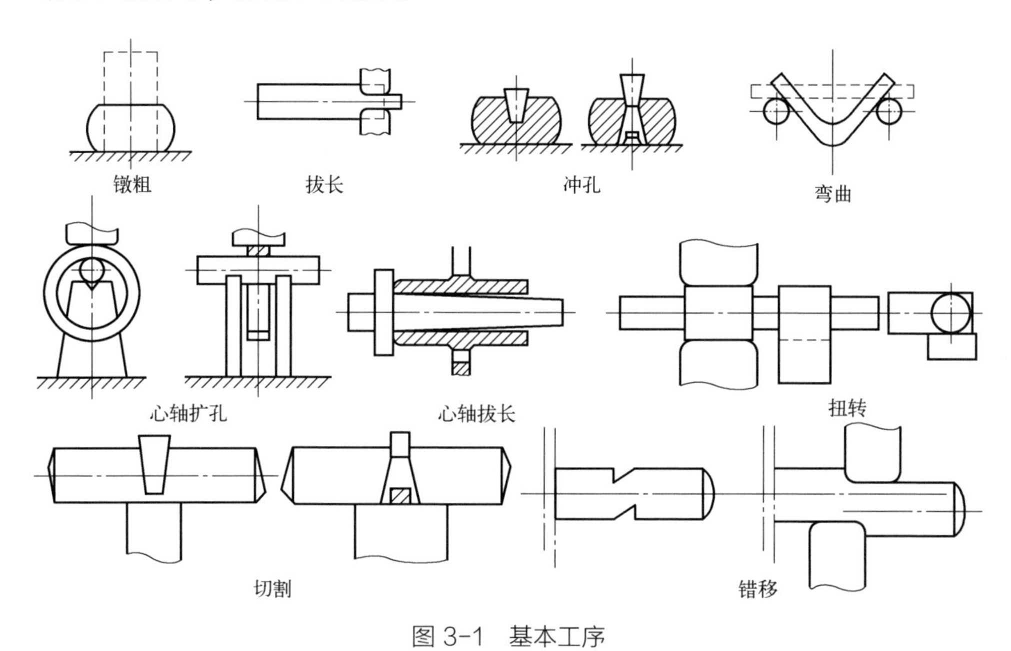

图 3-1　基本工序

② 辅助工序：为了完成基本工序而使坯料预先变形的工序。常见的辅助工序有钢锭倒棱、预压钳把、分段压痕等，如图 3-2 所示。

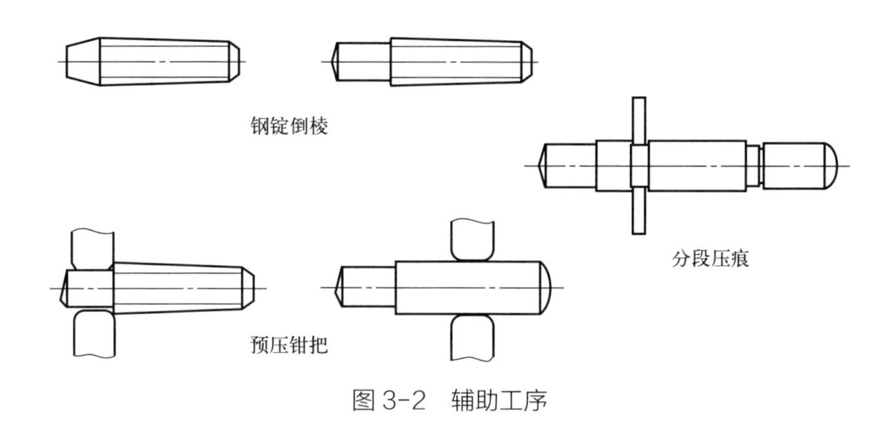

图 3-2　辅助工序

③ 修整工序：用来精整锻件尺寸和形状，使其完全达到锻件图的要求的工序，一般是在某一个基本工序完成后进行。常见的修整工序有鼓形滚圆、端面平整、弯曲校正等，如图 3-3 所示。

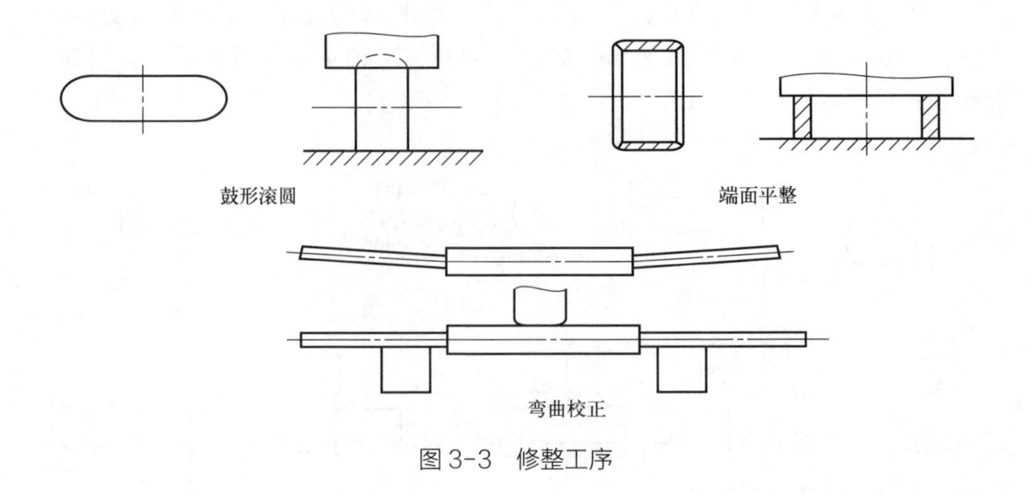

图 3-3　修整工序

3.2 镦粗

使坯料高度减小、横截面增大的成形工序称为镦粗。在坯料上某一部分进行的镦粗称为局部镦粗。

镦粗是自由锻最基本的工序，其主要目的有：

① 增大截面积。由横截面积较小的坯料得到横截面积（或轴向某个部位局部横截面积）较大而高度较小的锻件或中间坯，如锻造叶轮、齿轮和圆盘等锻件。

② 平整坯料端面。锻制空心锻件时，作为冲孔前的预备工序，以便于冲孔和冲孔后端面平整，如锻造护环、高压容器筒等锻件。

③ 提高拔长比。反复镦粗、拔长，可提高坯料的锻造比，使合金钢中碳化物破碎，达到均匀分布。

④ 提高锻件的横向力学性能，减小其各向异性。

镦粗的坯料有圆截面、方截面和矩形截面等。一般镦粗时，由于模具与坯料间接触面的摩擦应力场的作用，坯料内的应力场和应变场很不均匀。

本节结合圆截面坯料讨论镦粗时的变形流动规律和质量控制问题。

3.2.1 镦粗工序的变形流动特点和主要质量问题

3.2.1.1 镦粗的变形流动特点

用平砧镦粗圆柱坯料时，随着高度的减小，金属不断向四周流动，由于坯料和工具之间存在摩擦，镦粗后坯料的侧表面将变成鼓形，同时造成坯料内部变形分布不均匀。通过采用网格法的镦粗实验可以看到（图 3-4），根据镦粗后网格的变形程度大小，沿坯料对称面可分为三个变形区。

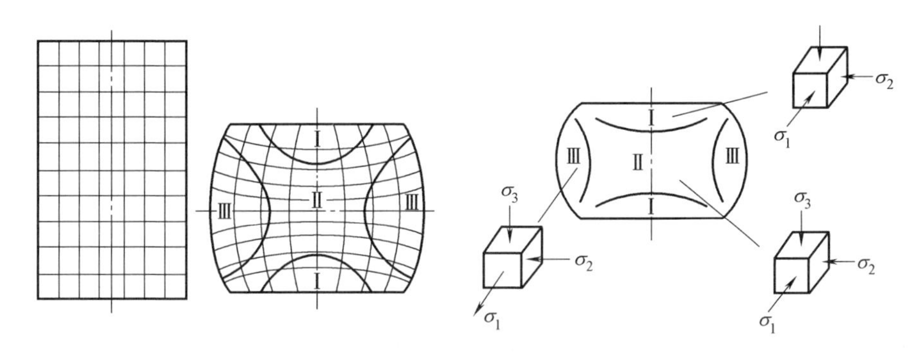

图 3-4　圆柱坯料镦粗时的变形分布

Ⅰ—难变形区；Ⅱ—大变形区；Ⅲ—小变形区

区域Ⅰ：由于摩擦影响最大，同时坯料与高温的平砧接触，温度下降最快，因此该区变形十分困难，称为“难变形区”；

区域Ⅱ：不但受摩擦的影响较小，毛坯的温度下降也较小，同时三向压应力有利于变形，因此该区变形程度最大，称为“大变形区”；

区域Ⅲ：摩擦影响较小，较Ⅱ区降温快，且应力状态为一拉二压，导致变形程度介于区域Ⅰ与区域Ⅱ之间，称为“小变形区”。

由于摩擦和温度的影响，平砧镦粗时出现变形程度不同的三个变形区，变形不均匀会导致以下缺陷：

Ⅰ区：Ⅰ区金属的变形程度小、温度低，故镦粗锭料时此区铸态组织不易破碎和再结晶，结果仍保留粗大的铸态组织。

Ⅲ区：由于Ⅱ区金属变形程度大，Ⅲ区变形程度小，于是Ⅱ区金属向外流动时便对Ⅲ区金属作用有压应力，并使其在切向受拉应力。越靠近坯料表面，切向拉应力越大。当切向拉应力超过材料当时的强度极限或切向变形超过材料允许的变形程度时，便引起纵向裂纹。低塑性材料由于抗剪切的能力弱，常在侧表面产生 45°方向的裂纹。

Ⅱ、Ⅲ区：Ⅱ区由于变形程度大和温度高，铸态组织被充分破碎和再结晶，从而形成细小晶粒的锻态组织，而Ⅲ区变形程度较小，晶粒不足够细化，因而坯料整体上晶粒大小不均匀。

3.2.1.2　不同高径比坯料镦粗的变形特点

对不同高径比的坯料进行镦粗时，产生鼓形特征和内部变形分布也不同，如图 3-5 所示。

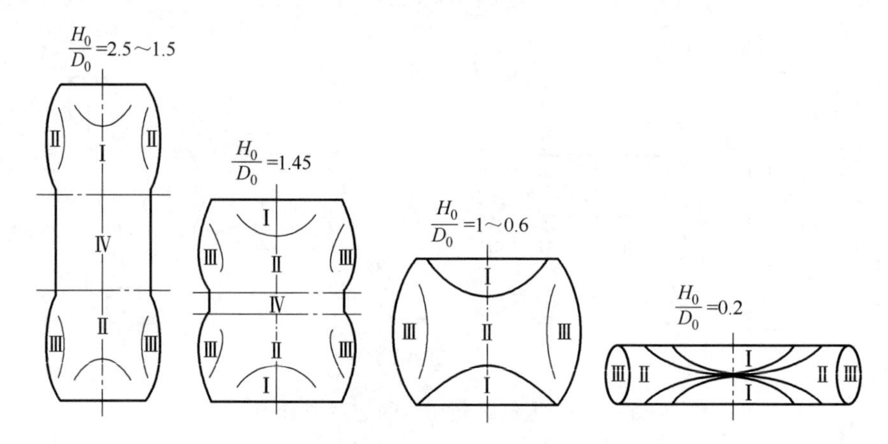

图 3-5　不同高径比坏料镦粗时鼓形情况与变形分布

Ⅰ—难变形区；Ⅱ—大变形区；Ⅲ—小变形区；Ⅳ—均匀变形区

高径比为 H_0/D_0=2.5 ～ 1.5 时，在坯料的两端先产生双鼓形，形成Ⅰ、Ⅱ、Ⅲ、Ⅳ四个变形区。其中，区域Ⅰ、Ⅱ、Ⅲ同前所述，坯料中部为均匀变形区Ⅳ，该区受摩擦影响小，内部变形均匀分布，侧表面保持圆柱形。如果继续锻粗到 H_0/D_0=1，则由双鼓形变为单鼓形。

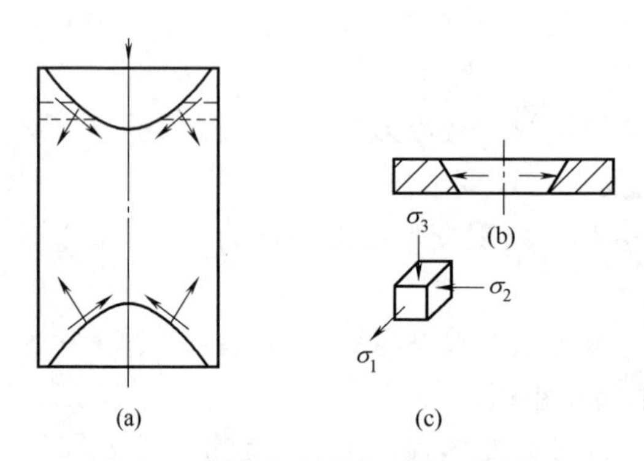

图 3-6　较高坯料镦粗时的受力情况

较高的坯料镦粗时产生双鼓形是由其应力场决定的，如图 3-6 所示。与工具接触的上、下端金属由于摩擦等因素的影响，形成近似锥形的困难变形区，外力通过它作用到坯料的其他部分，在困难变形区的外圈切一层金属，该层金属受内压力作用，处于径向、轴向受压而切向受拉的应力状态。由于是异号应力状态，上、下端外圈金属较坯料中部易于满足塑性条件，优先进行塑性变形，因此形成双鼓形。

高径比 $H_0/D_0 \leqslant 1$ 时，只产生单鼓形，形成三个变形区。

高径比 $H_0/D_0 \leqslant 0.5$ 时，由于相对高度较小，内部各处的变形条件相差不太大，变形较均匀些，鼓形程度也较小。这时，与工具接触的上、下端金属相对于工具表面向外滑动。而一般坯料镦粗初期，端面尺寸的增大主要是靠侧表面的金属翻上去。

由此可见，坯料在锻粗过程中，鼓形不断变化，镦粗开始阶段鼓形逐渐增大，当达到最大值后又逐渐减小。

坯料更高（$H_0/D_0 > 3$）时，镦粗容易失稳而弯曲，尤其当坯料端面与轴线不垂直、坯料有初弯曲、坯料各处温度和性能不均，或砧面不平时更容易产生弯曲。弯曲了的坯料不及时校正而继续镦粗则要产生折叠。

3.2.1.3 镦粗变形程度的表示

镦粗的变形程度，除用压下量（图 3-7）、相对变形和对数变形来表示外，常用坯料镦粗前后的高度之比——镦粗比（K_H）来表示，即

$$K_H=H_0/H \tag{3-1}$$

式中，K_H 为镦粗比；H_0 为镦粗前毛坯的高度；H 为镦粗后毛坯的高度。

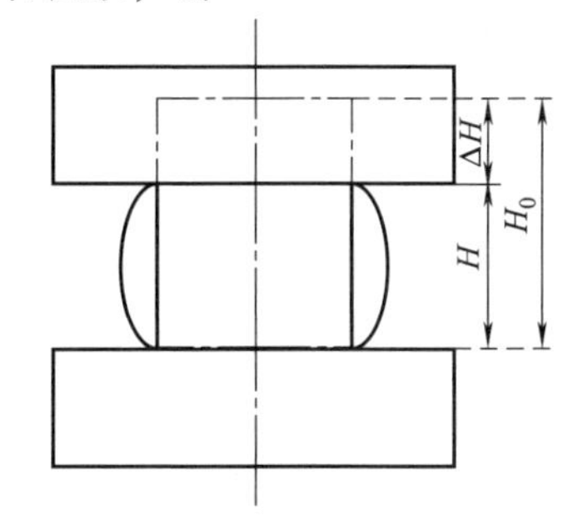

图 3-7 镦粗坯料的尺寸表示

3.2.1.4 镦粗的质量问题及改善措施

平砧镦粗圆柱体坯料时的主要质量问题有：侧表面易产生纵向或呈 45°方向的裂纹；坯料镦粗后，上、下端常保留铸态组织；高坯料镦粗时由于失稳而弯曲等。

由上述可见，镦粗时的侧表面裂纹和内部组织不均匀都是由变形不均匀引起的，其根本原因是表面摩擦和温度降低。因此，为保证内部组织均匀和防止侧表面裂纹产生，应当采取合适的变形方法以改善或消除引起变形不均匀的因素。通常采取的措施有以下几种。

（1）使用润滑剂和预热工具

为降低工具与坯料接触面的摩擦力，镦粗低塑性材料时采用玻璃粉、玻璃棉和石墨粉等润滑剂。为防止变形金属很快冷却，镦粗用的工具应预热至 200 ～ 300℃。

（2）采用凹形毛坯

锻造低塑性材料的大型锻件时，镦粗前将坯料压成凹形（图 3-8），可以

明显提高镦粗时允许的变形程度。这是因为凹形坯料镦粗时，沿径向产生压应力分量，对侧表面的纵向开裂起抑制作用。

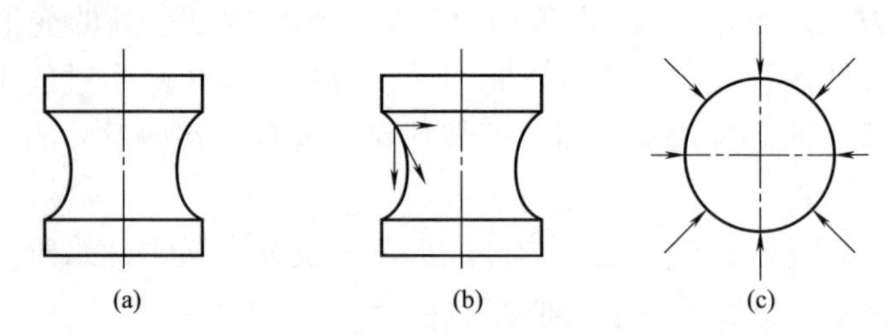

图 3-8　凹形坯料镦粗时的受力情况

（3）采用软金属垫

热镦粗较大型的低塑性锻件时，在工具和锻件之间放置一块不低于坯料温度的软金属（一般采用碳素钢），使锻件不直接受到工具的作用（图 3-9）。由于软垫的变形抗力较低，优先变形并拉着锻件径向流动，结果锻件的侧面内凹。当继续镦粗时，软垫直径增大，厚度变薄，温度降低，变形抗力增大，镦粗变形便集中到锻件上，使侧面内凹消失，呈现圆柱形。再继续镦粗时，可获得程度不大的鼓形。

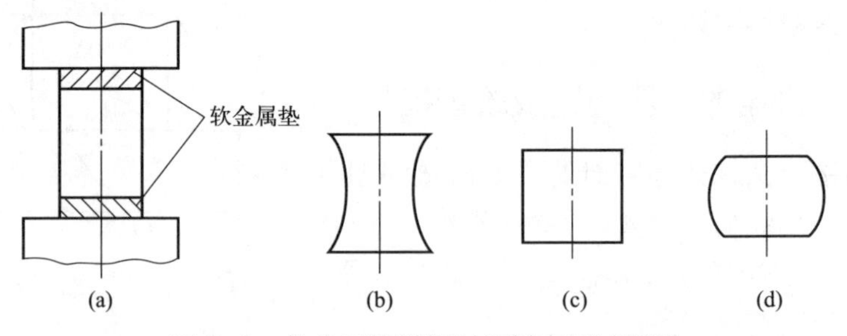

图 3-9　软金属垫镦粗时坯料变形过程图

（4）采用铆镦

高速钢坯料镦粗时常因出现鼓形而产生纵向裂纹，为了避免产生纵向裂纹常常采用铆镦，即预先将坯料端部局部成形，再重击镦粗把内凹部分镦出，然后镦成圆柱形。对于小坯料，先将坯料斜放、轻击、旋转打棱成图 3-10（b）所示的形状。对于较大的坯料可先用擀铁擀成图 3-10（d）所示的形状。

（5）叠镦

叠镦是将两件锻件叠起来镦粗，形成鼓形（图 3-11），然后翻转锻件继续镦粗消除鼓形。叠镦不仅能使变形均匀，而且能显著地降低变形抗力。这种方法主要用于扁平的圆盘锻件。

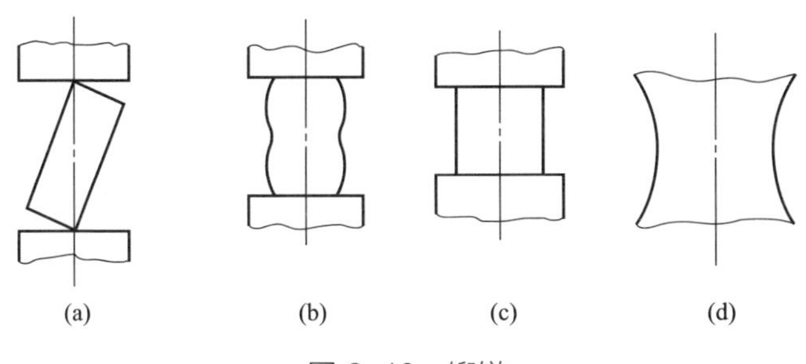

图 3-10　铆镦

（6）套环内镦粗

这种镦粗方法是在坯料的外圈加一个碳钢外套（图 3-12），靠套环的径向压力来减小坯料的切向拉应力，镦粗后必须将外套去掉才能取出锻件。

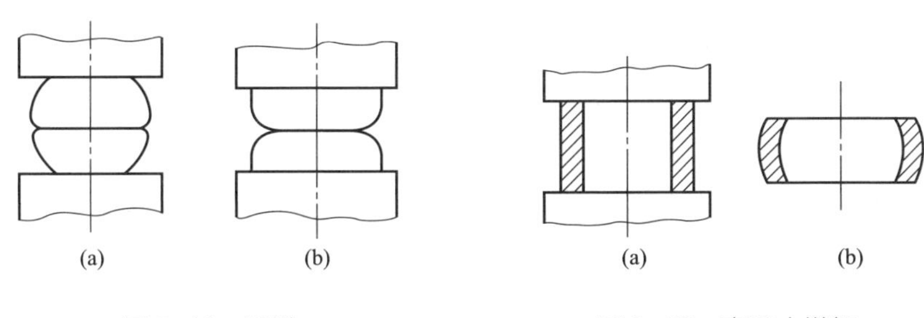

图 3-11　叠镦

图 3-12　套环内镦粗

上述成形措施均是造成坯料沿侧表面有压应力分量产生，因此产生裂纹的倾向显著降低。又由于坯料上、下端面部分也有了较大的变形，故不再保留铸态组织了，另外还可以采用反复镦粗拔长的工艺，使难变形区在拔长过程中得到变形，使整个坯料各处变形均匀。

3.2.2　矩形截面坯料镦粗时的应力应变

矩形截面坯料在平砧间镦粗（图 3-13）时，根据最小阻力定律，由于沿 m 和 l 两个方向受到的摩擦阻力不同，变形体内各处的应变情况也是不同的。在图 3-13 中可以分为两个区域。在Ⅰ区内，m 方向（长度方向）的阻力大于 l 方向（宽度方向）的阻力，坯料在高度方向被压缩后，金属沿 l 方向的伸长应变大，m 方向则较小，在对称轴（l 轴）上，伸长应变最大。在Ⅱ区内，l 方向的阻力大于 m 方向的阻力，于是镦粗时，m 方向的伸长应变较大，对称轴（m 轴）上伸长应变最大。因此矩形坯料镦粗时，较多金属沿宽度方向流动，并趋于形成椭圆形。

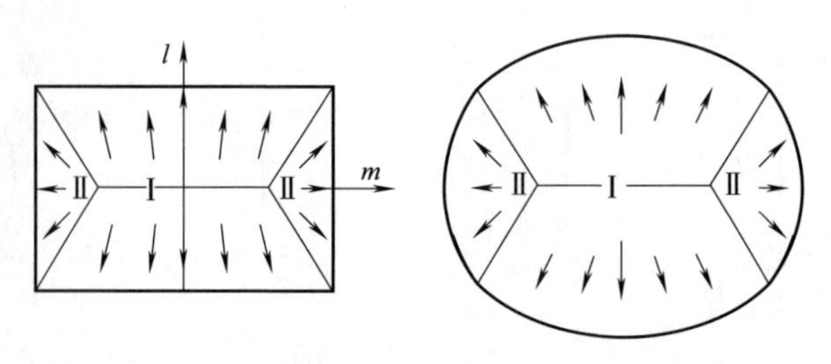

图 3-13　矩形截面坯料镦粗时金属流动情况

3.2.3　镦粗时的注意事项

① 为防止镦粗时产生纵向弯曲，圆柱体坯料高度与直径之比不应超过 2.5 ～ 3，在 2 ～ 2.2 的范围内更好。对于平行六面体，其高度和较小基边之比应小于 3.5 ～ 4。

② 镦粗前坯料端面应平整，并与轴线垂直。

③ 镦粗前坯料加热温度应均匀，镦粗时要把坯料围绕着它的轴线不断地转动，坯料发生弯曲时必须立即校正。

④ 镦粗时每次的压缩量应小于材料塑性允许的范围。如果镦粗后要进一步拔长，则应考虑到拔长的可能性，即不要镦得太矮。禁止在终锻温度以下镦粗。

⑤ 为减小镦粗所需的打击力，坯料应加热到该种材料所允许的最高温度。

⑥镦粗时坯料高度应与设备空间尺寸相适应。在锤上镦粗时，应使

$$H_{锤}-H_0 > 0.25H_{锤} \tag{3-2}$$

式中，$H_{锤}$为锤头的最大行程；H_0为坯料的原始高度。

在水压机上镦粗时，应使

$$H_{水}-H_0 > 100\text{mm} \tag{3-3}$$

式中，$H_{水}$为水压机工作空间最大距离；H_0为坯料的原始高度。

3.2.4　其他镦粗工艺

（1）垫环镦粗

把坯料放在单个或两个垫环上进行的镦粗称为垫环镦粗，也称为镦挤，如图 3-14 所示。在垫环上镦粗，金属既有径向流动，增大锻件外径，也有向环孔中的轴向流动，增加凸台高度，因此，在金属毛坯中间存在着一个不产生金属流动的面，称为分流面。分流面的位置与毛坯高度和直径的比值、孔径与毛坯直径的比值以及压缩量等有关。垫环镦粗可用于锻造带有单边或双

边凸肩的饼块类锻件。

（2）局部镦粗

局部镦粗是坯料局部长度（端部或中间）镦粗，如图 3-15 所示，可用来制造凸肩直径和高度较大的盘类锻件或带较大头部的轴杆类锻件，变形与平砧镦粗相似，但是受到“刚端”的影响。

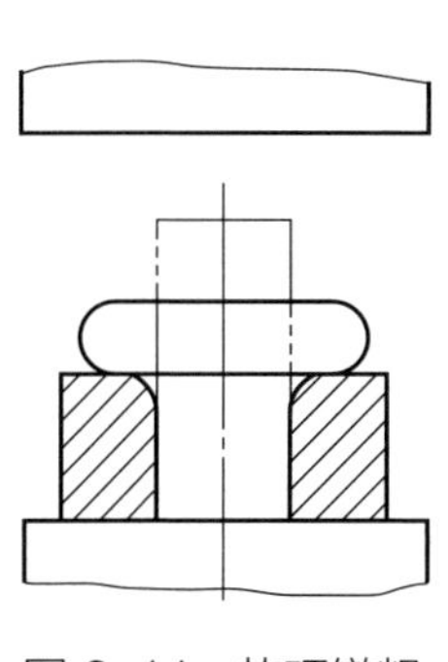

图 3-14　垫环镦粗

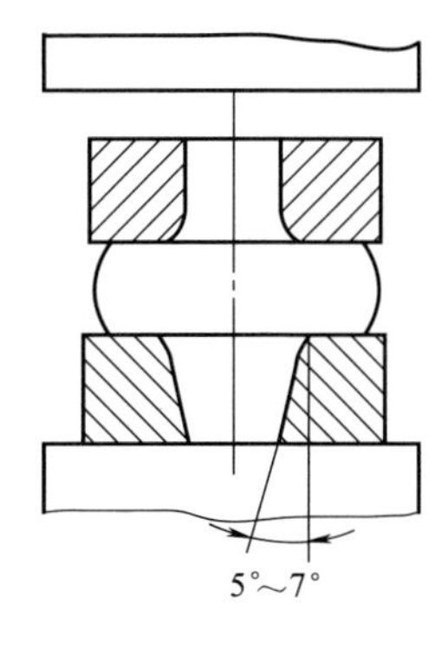

图 3-15　局部镦粗

3.3 拔长

使坯料横截面减小而长度增加的成形工序称为拔长。

拔长主要用于生产轴、杆类的锻件，其主要作用有:

① 由横截面面积较大的坯料得到横截面面积较小而轴向伸长的锻件;

② 反复镦粗与拔长可以提高锻造变形程度，使合金中铸造组织破碎而均匀分布，提高锻件质量;

③ 可以辅助其他锻造工序进行局部变形。

拔长时，每次送到砧子上的毛坯长度称为送进量。送进量与毛坯断面高度或直径之比称为相对送进量。拔长是通过逐次送进和反复转动坯料进行压缩变形，所以它是耗时最多的一个工序。因此，在研究拔长时金属的变形和流动特点时，还应分析影响拔长生产率的问题，从而确定合理的工艺参数和工艺方法。

拔长可分为矩形截面坯料的拔长、圆截面坯料的拔长和空心坯料的拔长等三类。

3.3.1 矩形截面坯料的拔长

（1）拔长的变形分析

拔长是在长坯料上进行局部压缩（图 3-16），其变形区的变形和流动与镦粗相近，但因为它的镦粗变形受到两端不变形金属的限制，因而又区别于自由镦粗。下面先分析拔长时毛坯形状变化的情况。

矩形截面坯料拔长时，当相对送进量（送进长度 l 与宽度 a 之比，即 l/a，也称进料比）较小时，金属多沿轴向流动，轴向的变形程度 ε_l 较大，横向的变形程度 ε_a 较小；随着 l/a 的不断增大，ε_l 逐渐减小，ε_a 逐渐增大。ε_l 和 ε_a 随 l/a 变化的情况如图 3-17 所示。由图中可看出，在 l/a=1 处，$\varepsilon_l > \varepsilon_a$，即拔长时沿横向流动的金属量少于沿轴向流动的金属量。而在自由镦粗时，沿轴向和横向流动的金属量相等。显然，拔长时，由于两端不变形金属的作用，阻止了变形区金属的横向流动。

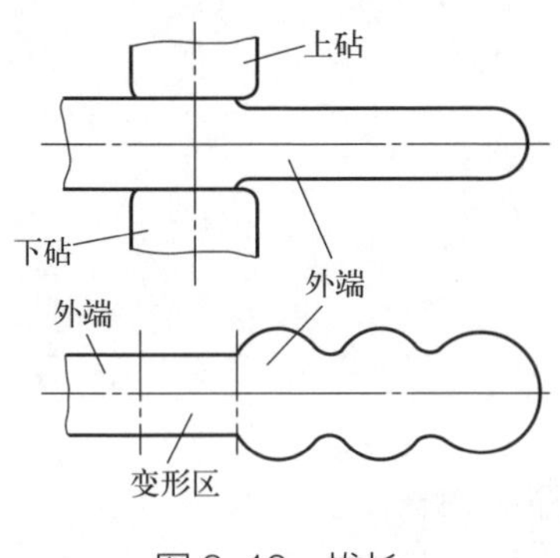

图 3-16 拔长

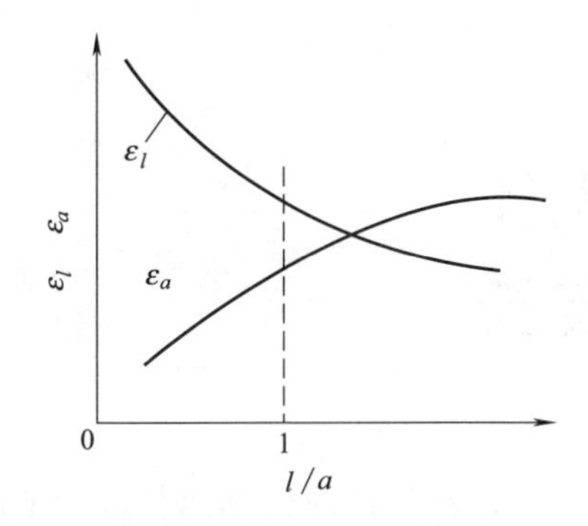

图 3-17 轴向和横向变形程度随相对送进量变化情况

拔长的变形程度以坯料拔长前后的截面积之比 K_L 来表示，即

$$K_L = \frac{F_0}{F} \tag{3-4}$$

式中，F_0 为拔长前坯料的横截面积；F 为拔长后坯料的横截面积。

（2）矩形截面坯料拔长时的生产率

将截面积为 A_0 的坯料拔长到截面积为 A_n 的锻件所需的时间主要取决于总的压缩（或送进）次数。总的压缩次数 N 等于沿坯料长度上各遍压缩所需送进次数的总和。总的压缩次数与每次的变形程度及进料比有关。要提高拔长时的生产效率必须正确地选择相对压缩程度和进料比。

① 相对压缩程度 ε_n 的确定。相对压缩程度 ε_n 大时，压缩所需的遍数和总的压缩次数可以减少，故生产率高，但在实际生产中经常受到材料塑性的限制，ε_n 不能大于材料塑性允许值。对于塑性高的材料，每次压缩后应保证宽度与高度之比小于 2.5。否则，翻转 90°再压时可能使坯料弯曲。

② 进料比（l_{n-1}/a_{n-1}）的确定。进料比 l_{n-1}/a_{n-1} 小时，ε_l 大，即在同样的相对压缩程度下，横截面减小的程度大，可以减少所需的压缩遍数。但是送进比 l_{n-1}/a_{n-1} 过小时，对于一定长度的毛坯，压缩一遍所需的送进次数增多，因此有必要确定一个最佳的送进值。实际生产中确定送进量时常取 l=（0.4 ～ 0.8）b。式中 b 为平砧的宽度。

（3）矩形截面坯料拔长时的质量分析

在平砧上拔长锭料和低塑性材料时，在坯料的外部常常出现横向裂纹[图 3-18(a)]和角裂纹[图 3-18(b)]，在内部容易出现纵向对角裂纹[图 3-18(c)]和横向裂纹[图 3-18（d)]等。

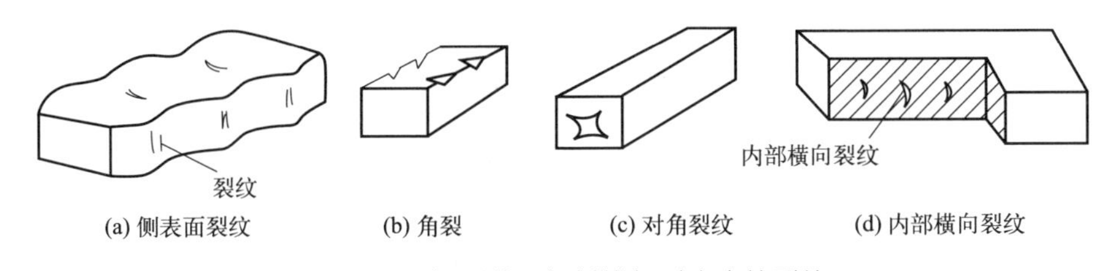

图 3-18　矩形截面坯料拔长时产生的裂纹

① 表面横向裂纹。当送进量较大（$l > 0.5h$）时（如图 3-19），轴心部分变形大，处于三向压应力状态，有利于焊合坯料内部的孔隙、疏松，而侧表面（确切地说应是切向）受拉应力，当送进量过大（$l > h$）且压下量也很大时，此处可能因展宽过多而产生较大的拉应力引起开裂（犹如镦粗时那样）。但是拔长时由于受两端未变形部分（或称为外端）牵制，变形区内的变形分布和镦粗时略有不同，即接触面 A—A 也有较大的变形。由于工具摩擦的影响，该接触面中间变形小，两端变形大，其总变形程度与沿 O—O 是一样的。但是，沿接触面 A—A 及

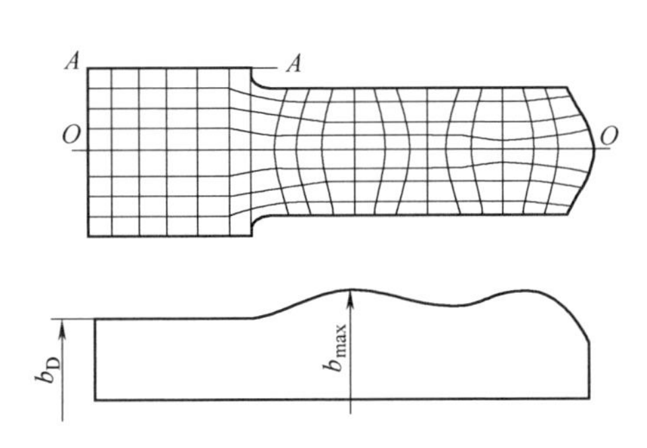

图 3-19　拔长时坯料纵向剖面的网格变化

其附近的金属主要是由于轴心区金属的变形而被拉着伸长的，因此，在压缩过程中一直受到拉应力，与外端接近的部分受拉应力最大，变形也最大，因而常易在此处产生表面横向裂纹。由此可见，拔长时，外端的存在加剧了轴向的附加应力。尤其在边角部分，由于冷却较快，塑性降低，更易开裂。

② 对角线裂纹。拔长高合金工具钢时，当送进量较大，并且在坯料同一部位反复翻转重击时，常沿对角线产生裂纹，一般认为其产生的原因是：坯料被压缩时，沿横截面上金属流动的情况如图 3-20（a）所示，*A* 区（难变形区）的金属带着它附近的 *a* 区金属向轴心方向移动，*B* 区的金属带着靠近它的 *b* 区金属向增宽方向流动，因此 *a*、*b* 两区的金属向着两个相反的方向流动，当坯料翻转 90°再锻打时，两区相互调换了一下 [图 3-20（b）]，但是其金属的流动仍沿着两个相反的方向，因而 DD_1 和 EE_1 便成为两部分金属最大的相对移动线，以 DD_1 和 EE_1 线附近金属的变形最大，当多次反复地翻转锻打时，两区金属流动的方向不断改变，其剧烈的变形产生了很大的热量，使得两区内温度剧升，此处的金属很快地过热，甚至发生局部熔化现象，因此，在切应力作用下，很快地沿对角线产生破坏。当坯料质量不好、锻件加热时间较短、内部温度较低或打击过重时，由于沿对角线上金属流动过于剧烈，产生严重的加工硬化现象，这也促使金属很快地沿对角线开裂。可见，拔长时，若送进量过大，沿长度方向流动的金属减少，更多的金属沿横截面上的对角线流动，沿对角线产生纵向裂纹的可能性也就更大

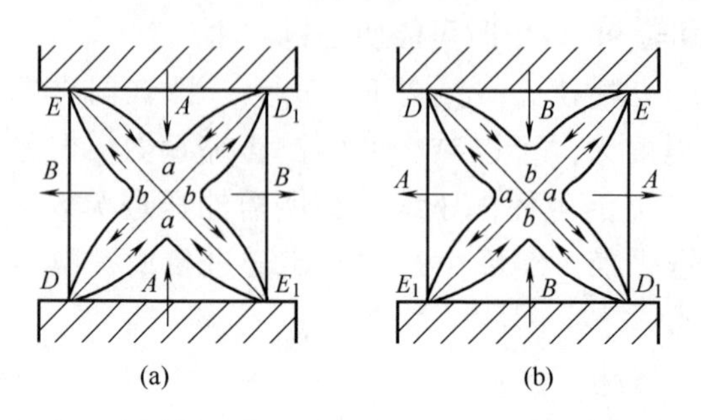

图 3-20　拔长时坯料横截面上金属流动情况

由以上可见，送进量较大时，坯料可以很好地锻透，而且可以焊合坯料中心部分原有的孔隙和微裂纹，但送进量过大，使 l/h 过大时，产生外部横向裂纹和内部纵向裂纹的可能性也增大。

③ 内部横向裂纹。在拔长大锭料时，常常遇到 $l < 0.5h$ 的情况，这时坯料内部的变形也是不均匀的，变形情况如图 3-21 所示，上部和下部变形大，中部变形小，变形主要集中在上、下两部分，中间部分锻不透，轴心部分沿轴向受附加拉应力。当拔长锭料和低塑性材料时，轴心部分原有的缺陷（如疏松等）进一步扩大，易产生横向裂纹 [图 3-18（d）]。应当指出，这时上、下部分变形大，中间部分变形小是由主作用力沿高度方向的分散分布引起的。

由于上部和下部 $|\sigma_3|$ 较大，故易满足塑性条件。因此，它与高坯料镦粗时产生双鼓形的应力条件有所不同。

综合以上分析可知，送进量过大和过小都不好。根据经验，一般认为 l/h=0.5 ～ 0.8 时，较为合适。

④ 端面内凹。端面内凹也是由送进量太小，表面金属变形大，轴心部分金属未变形或变形较小而引起的（图 3-22），拔长时应保证足够的压缩长度和较大的压缩量。

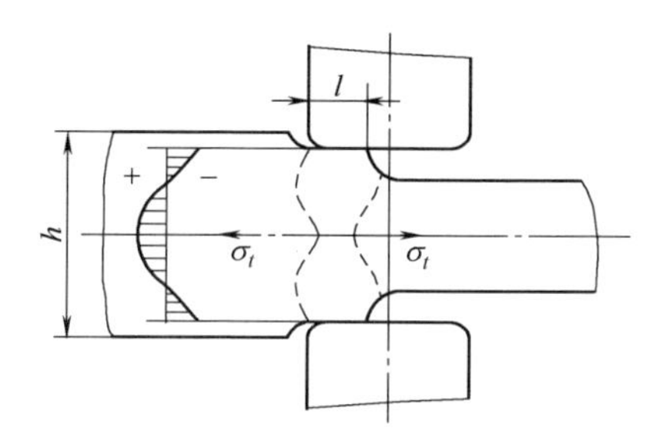

图 3-21　小送进量拔长时的变形和应力情况

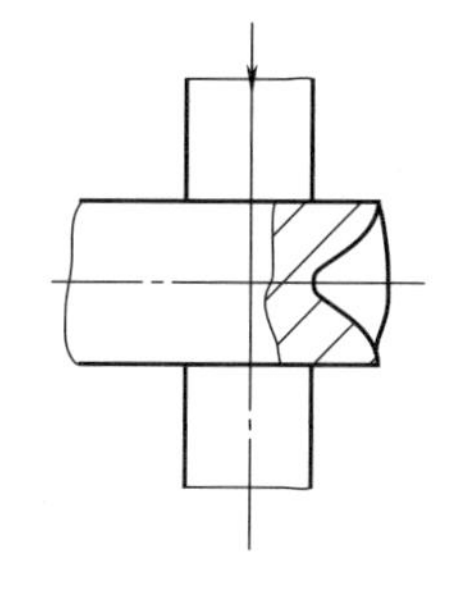

图 3-22　端面内凹

⑤ 表面折叠。图 3-23 所示是一种表面折叠的形成过程，其原因是送进量很小、压下量很大，上、下两端金属产生局部变形。避免产生这种折叠的措施是增大送进量，使两次送进量与单边压缩量之比大于 1 ～ 1.5，即 $2l/\Delta h >$ 1 ～ 1.5。

当拔长时压缩得太扁，翻转 90°立起来再压时，容易使坯料弯曲导致折叠。避免产生这种折叠的措施是减小压缩量，使每次压缩后的锻件宽度与高度之比小于 2 ～ 2.5。

⑥ 倒角裂纹。倒角时的对角线裂纹是由倒角时的不均匀变形和附加拉应力引起的，常常在打击较重时产生，因此，倒角时应当锻得轻些，对于低塑性材料最好在圆形砧内倒角（图 3-24）。

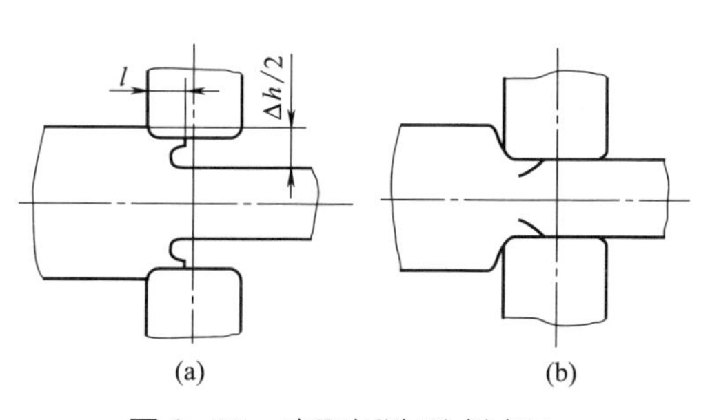

图 3-23　表面折迭形成过程

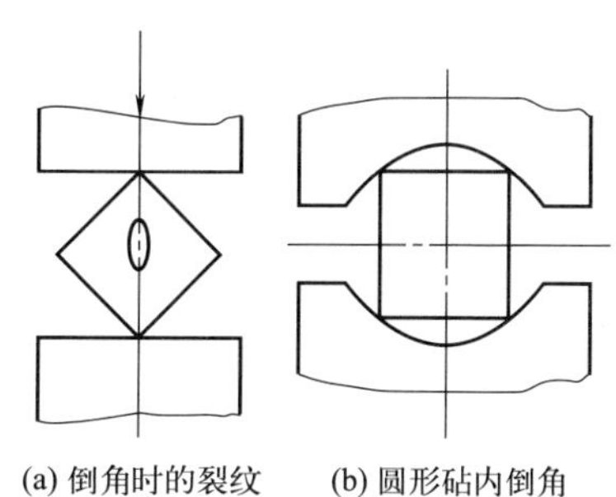

图 3-24　倒角

（4）防止缺陷产生的措施

① 正确地选择送进量。送进量的大小，对裂纹的生成有很大的影响。为防止裂纹的产生，较合适的送进量控制在 0.5 ～ 0.8。若要防止正面折叠，应适当增大送进量，使两次送进量与单边压缩量之比大于 1 ～ 1.5，即 $2l/\Delta h >$ 1 ～ 1.5；若要防止侧面折叠，则应适当减小压缩量，使每次压缩后的锻件宽度与高度之比小于 2 ～ 2.5，即 $a_n/h_n <$ 2 ～ 2.5；

② 各遍压缩位置错开。拔长操作时，应使各遍压缩时的进料位置相互错开，图 3-25 所示是前后两遍进料位置完全重叠时的情况，图 3-26 所示是前后两遍进料位置相互错开时的情况。随进料位置的交错，两次压缩的最大变形区和最小变形区交错开了。

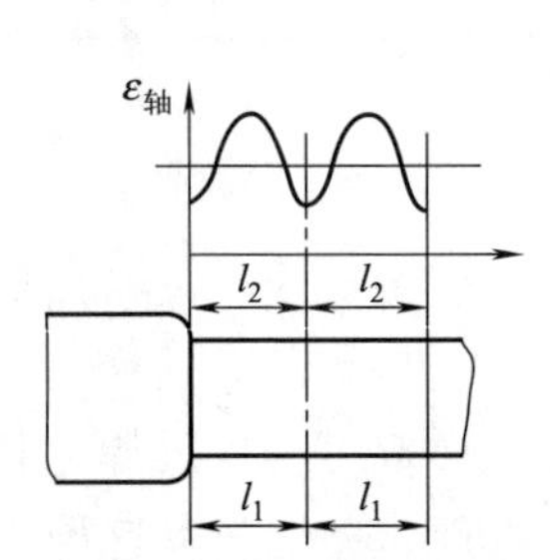

图 3-25　拔长时前后两遍进料位置完全重叠时的变形分布

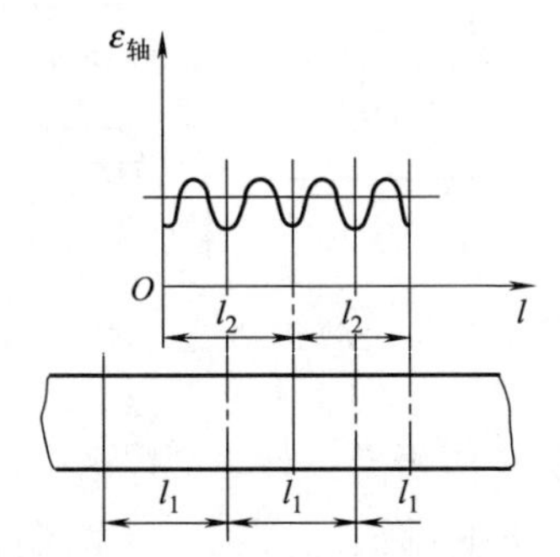

图 3-26　拔长时前后两边进料位置相互错开时的变形分布

③ 适当的操作方法。拔长时应针对锻件的具体特点，采用适当的操作方法。例如拔长高速钢时，应采取“两轻一重”的操作方法（即始锻和接近终锻温度时应轻击，在 900 ～ 1050℃时，应予重击，以打碎钢中大块的碳化物）并避免在同一处反复锤击；拔长低塑性钢材和铜合金时，可采用较大圆角的锤砧，降低变形的不均匀性和产生裂纹的可能性；对于圆截面采用型砧拔长可避免内部产生纵向裂纹；而空心件采用 V 形砧拔长可防止内孔壁产生裂纹和厚薄不均等缺陷。

④ 在大型锻件中采用宽砧、大送进量。在大型锻件的锻造中，为保证锻件中心部分能够锻透，一般采用宽砧、大送进量、走偏方的方法进行锻造，也可以采用表面降温锻造法来生产一些重要的轴类锻件。这时，变形主要集中在中心部分，且中心部分金属处于高温和高静水压的三向压应力状态，使疏松、气孔、微裂纹等得以焊合，使锻件内部质量有较大的提高。

另外，拔长时采用足够的端部压下长度和较大的压下量，以及轻锻倒角或在圆砧内倒角，都可以改善变形分布，减小裂纹的产生。

3.3.2 圆截面坯料的拔长

用平砧拔长圆截面坯料，当压下量较小时，接触面较窄较长，沿横向阻力最小，所以金属横向流动多，轴向流动少（图 3-27），显然，拔长的效率很低。

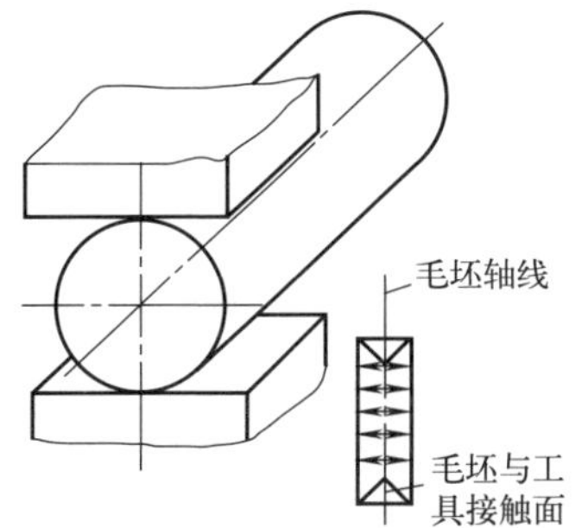

图 3-27　平砧、小压下量拔长圆截面坯料时金属流动情况

用平砧采用小压下量拔长圆截面坯料，且一边旋转一边锻打时，不仅生产效率低，而且易在锻件内部产生纵向裂纹（图 3-28），分析原因如下：

如图 3-29 所示，工具与金属接触时，首先是先接触，然后逐渐扩大，接触面附近的金属受到的压力大，故这个区（*ABC* 区）首先变形。但是 *ABC* 区很快成为难变形区，其原因是随着接触面的增加，工具的摩擦影响增大，而且温度降低较快，故变形抗力增加，因此，*ABC* 区就好像一个刚性楔子。继续压缩时（但 Δh 还不太大时），通过 *AB*、*BC* 面沿着与其垂直的方向，将应力 σ_b 传给坯料的其他部分，于是坯料中心部分便受到合力 σ_r 的作用。

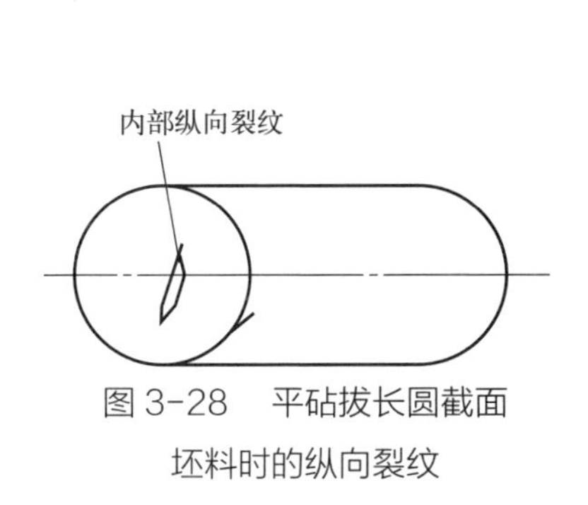

图 3-28　平砧拔长圆截面坯料时的纵向裂纹

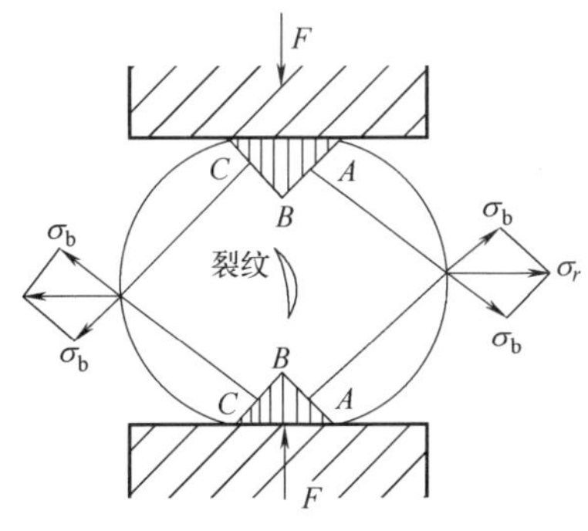

图 3-29　平砧、小压下量圆截面坯料的受力情况

从另一方面看，由于作用力在坯料中沿高度方向分散地分布，上、下端的压应力 $|\sigma_3|$ 大，于是变形主要集中在上、下部分，且金属主要沿横向流动，结果对轴心部分金属产生附加拉应力。

上述分析的附加拉应力和合力 σ_r 的方向是一致的，均对轴心部分生产拉应力。在此拉应力的作用下，坯料中心部分原有的孔隙、微裂纹继续发展和扩大。当拉应力的数值大于金属当时的强度极限时，金属就开始破坏，产生纵向裂纹。

拉应力的数值与相对压下量 $\Delta h/h$ 有关，当变形量较大时（$\Delta h/h$ > 30%），难变形区的形状也改变了，相当于矩形断面坯料在平砧下拔长，轴心部分处于三向压应力状态。

因此，圆截面坯料用平砧直接由大圆到小圆的拔长是不合适的。为保证锻件的质量和提高拔长的效率，应当限制金属的横向流动和防止径向拉应力的出现。生产中常采用下面两种方法:

① 在平砧下进行拔长。先将圆截面坯料压成矩形截面，再将矩形截面坯料拔长到接近锻件尺寸，然后再压成八边形，最后压成圆形（图 3-30），其主要变形阶段是矩形截面坯料的拔长。

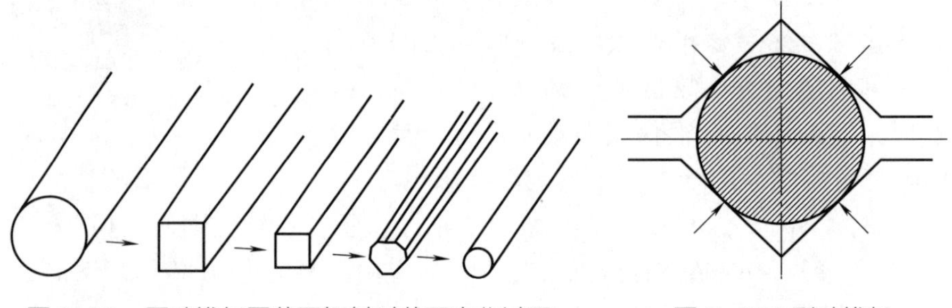

图 3-30　平砧拔长圆截面坯料时截面变化过程　　　图 3-31　型砧拔长

② 在型砧（或摔子）内进行拔长。它是利用工具的侧面压力限制金属的横向流动，迫使金属沿轴向伸长（图 3-31）。在型砧内拔长与平砧相比可提高生产率 20% ～ 40%，在型砧（或摔子）内拔长时的应力状态可以防止内部纵向裂纹的产生。

3.3.3　空心件拔长

空心件拔长时需要在孔中穿一根芯轴，因此叫作芯轴拔长。芯轴拔长是一种减小空心坯料外径（壁厚）而增加其长度的锻造工序，用于锻制长筒类锻件（图 3-32）。

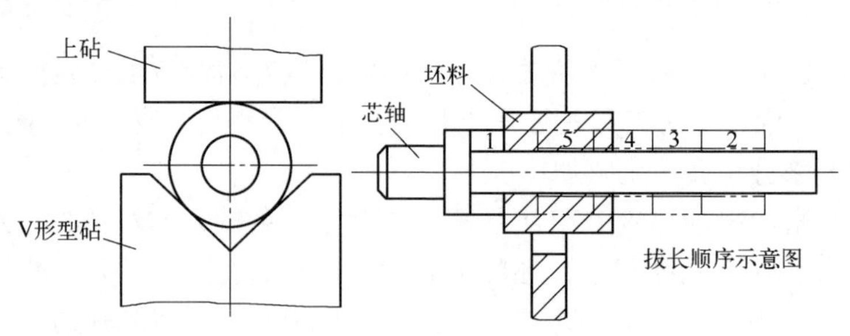

图 3-32　芯轴拔长

芯轴上拔长与矩形截面坯料拔长一样，被上、下砧压缩的那一段金属是变形区，其左右两侧金属为外端。变形区又可分为 A、B 区（图 3-33）。A 区是直接受力区，B 区是间接受力区。B 区的受力和变形主要是由 A 区的变形引起的。

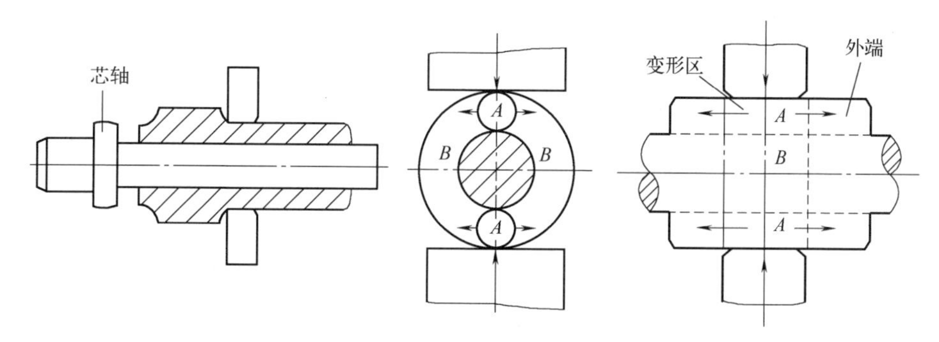

图 3-33　芯轴拔长时金属的变形情况

在平砧上进行芯轴拔长时，A 区金属沿轴向和切向流动（图 3-33）。A 区金属轴向流动时，借助于外端的作用拉着 B 区金属一起伸长；而 A 区金属沿切向流动时，则受到外端的限制。因此，芯轴拔长时，外端对 A 区金属切向流动的限制越强烈，越有利于变形区金属的轴向伸长；反之，则不利于变形区金属的轴向流动，影响拔长的效率。外端对变形区金属切向流动限制的能力与空心件的相对壁厚（即空心件壁厚与芯轴直径的比值 t/d）有关。相对壁厚 t/d 越大时，限制金属切向流动的能力越强。

当 t/d 较小时，即外端对变形区切向流动限制的能力较小时，金属会更多地沿着切向而不是轴向流动，拔长的效率较低。另外，由于芯轴拔长时坯料内外表面均与工具接触，温度下降较快，摩擦阻力较大，金属流动比较困难，因此，提高芯轴拔长效率的关键是，增强金属的轴向流动，减少金属的径向流动。具体措施如下：

① 为了减小坯料温度下降，提高金属塑性，降低变形抗力，可提高坯料的加热温度，拔长前将芯轴预热到 150 ～ 250℃。

② 芯轴做成 1/100 ～ 1/150 斜度，并要求芯轴表面光滑，在拔长时涂以润滑剂（石墨加油），以便减小轴向摩擦阻力。

③ 用型砧拔长，限制金属横向流动，提高轴向流动能力。可以将下平砧改为 V 形型砧，借助工具的横向压力限制 A 区金属的切向流动。若 t/d 很小，可以把上、下砧都采用 V 形型砧。

④ 尽可能采取较高的坯料，通常取 H_0=（0.6 ～ 1）D_0。H_0，D_0 分别为坯

料的高度与直径。

芯轴拔长过程中的主要质量问题是孔内壁裂纹（尤其是端部孔壁）和壁厚不均。

孔壁裂纹产生的原因：经一次压缩后内孔扩大，转一定角度再一次压缩时，由于孔壁与芯轴间有一定的间隙，在孔壁与芯轴上、下端压靠之前，内壁金属由于弯曲作用形成切向拉应力，如图 3-34 所示。另外，内孔壁长时间与芯轴接触，温度较低，塑性较差，当应力值或伸长率超过材料允许的指标时便产生裂纹。

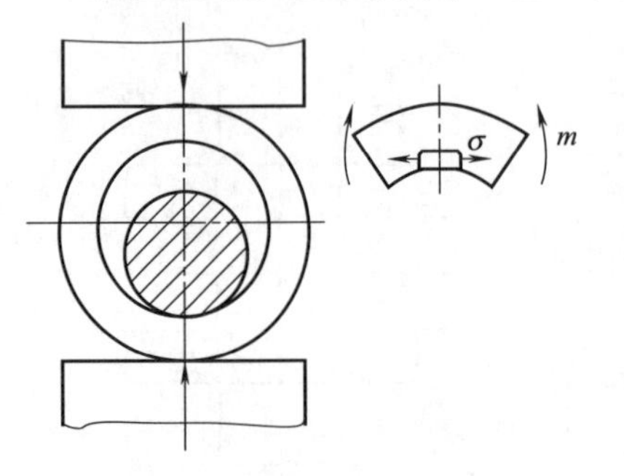

图 3-34　芯轴拔长内壁金属的受力情况

A 区金属切向流动得越多，内孔增加越大时，越易产生孔壁裂纹。因此在平砧上拔长时，t/d 越小（即孔壁越薄）则越易产生裂纹。

为改善芯轴拔长时的应力状态，可采用型砧进行拔长。对不同尺寸的锻件，可采用不同的型砧。薄壁筒形锻件（壁厚小于芯轴直径二分之一），应采用上、下 V 形型砧拔长。厚壁筒形锻件（壁厚大于芯轴直径二分之一），可采用上平、下 V 形型砧拔长。

在锤上锻造厚壁筒形锻件时，也可采用上下平砧进行拔长，但必须先锻成六角形，按此拔长到一定尺寸后，再倒角滚圆锻成圆形。为使锻件的壁厚均匀，除要求坯料加热均匀之外，拔长时每次转动角度和压下量也要均匀。为避免锻件两端产生裂纹，应适当提高端部终锻温度，芯轴预热，并应在高温下先锻坯料的两端，然后再拔长中间部分，以防止内壁裂纹的产生。

壁厚不均匀主要是由坯料各处变形、温度不均匀所致，一般可以通过均匀加热、操作时每次转动角度一致等措施解决。

3.4 冲孔

在坯料上锻制出通孔或不通孔的工序叫作冲孔，广泛用于孔径小于 400 ～ 500mm 的锻件。

一般规定：锤的落下部分质量在 0.15 ～ 5t 之间，最小冲孔直径相应为 30 ～ 100mm；孔径小于 100mm，孔深大于 300mm 的孔可不冲出；孔径小于 150mm，孔深大于 500mm 的孔也不冲出。

锻造各种带孔锻件和空心锻件时都需要冲孔，常用的冲孔方法，如图 3-35 所示，有实心冲子冲孔［图 3-35（a）］、在垫环上冲孔［图 3-35（b）］和空心冲子冲孔［图 3-35（c）］三种。

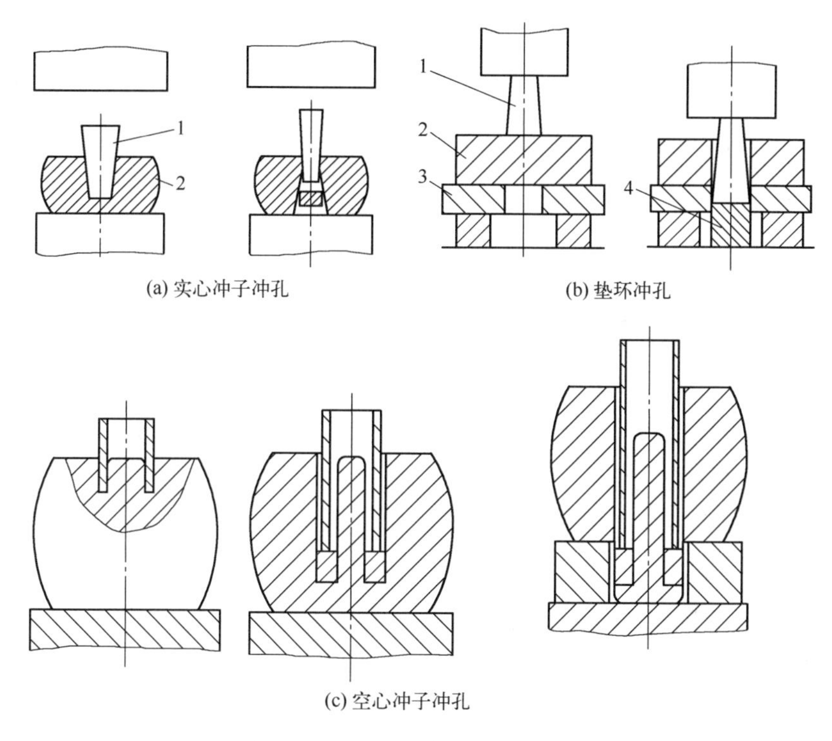

图 3-35　各种冲孔方式示意图

1—冲子；2—坯料；3—垫环；4—芯料

3.4.1　实心冲子冲孔

实心冲子冲孔过程如图 3-35（a）所示，将实心冲子从坯料的一端面冲入，冲到深为坯料高度的 70% ～ 80% 时，取出冲头，将坯料翻转 180°，再用冲子从坯料另一面把孔冲穿，因此又叫双面冲孔。

操作过程为：镦粗，试冲（找正中心冲孔痕），撒煤粉，冲孔，冲孔到锻件厚度的 2/3 ～ 3/4 后翻转 180°找正中心，冲除连皮，修整内孔，修整外圆。

3.4.1.1 受力变形分析

冲孔是局部加载、整体受力、整体变形。将坯料分为直接受力区（A 区）和间接受力区（B 区）两部分（图 3-36）。B 区的受力主要是由 A 区的变形引起的。

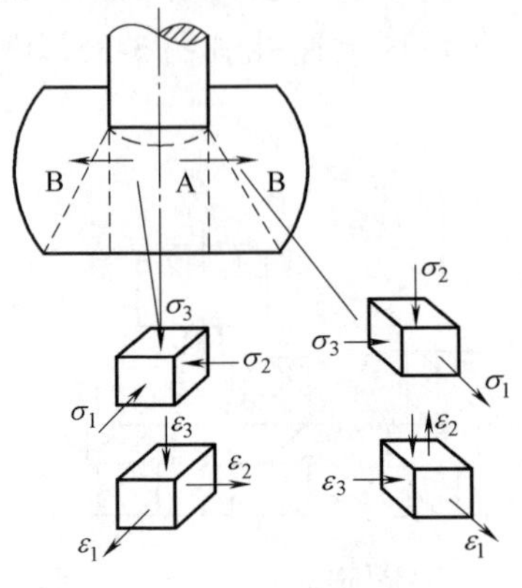

图 3-36 冲孔变形区分布

（1）直接受力区（A 区）

A 区金属的变形可看作是环形金属包围下的镦粗。A 区金属被压缩后高度减小，横截面积增大，沿径向外流，但受到环壁的限制，故处于三向受压的应力状态。通常 A 区内的金属不是同时进入塑性状态的。在冲头端部下面的金属由于摩擦力的作用成为难变形区，当坯料较高时，由于沿加载方向受力面积逐渐扩大，应力的绝对值逐渐减小，造成变形是由上往下逐渐发展的。随着冲头下降，变形区也逐渐下移。由于是环形金属包围下的镦粗，故冲孔时的单位压力比自由镦粗时要大，环壁越厚，单位冲孔力也越大。单位冲孔力的公式为

$$p=\sigma_{\mathrm{s}}\left(2+1.1\ln\frac{D}{d}\right) \tag{3-5}$$

可见 D/d 越大，即环壁越厚时，单位冲孔力 p 也越大。

（2）间接受力区（*B* 区）

B 区的受力和变形主要是由 *A* 区的变形引起的。由于作用力分散传递的影响，*B* 区金属在轴向也受到一定的压应力，越靠近 *A* 区其轴向压应力越大。同时，*A* 区的金属被镦粗挤向四周使 *B* 区的金属在径向受压的作用下引起直径的增大，在切向产生拉应力。在此应力状态下，径向产生压缩变形，切向伸长变形，至于轴向，则可能压缩变形，也可能伸长变形。

3.4.1.2 冲孔坯料形状的变化

冲孔时坯料的形状变化情况与 D/d 关系很大。如图 3-37 所示，一般有三种可能的情况；

$D/d \leqslant 2\sim3$ 时，拉缩现象严重，外径明显增大，冲孔后高度减小，见图 3-37（a）；

$D/d=3\sim5$ 时，几乎没有拉缩现象，而外径仍有所增大，冲孔后高度变

化不大，见图 3-37（b）；

$D/d > 5$ 时，由于环壁较厚，扩径困难，多余金属挤向端面形成凸台，冲孔后高度有所增加，见图 3-37（c）。

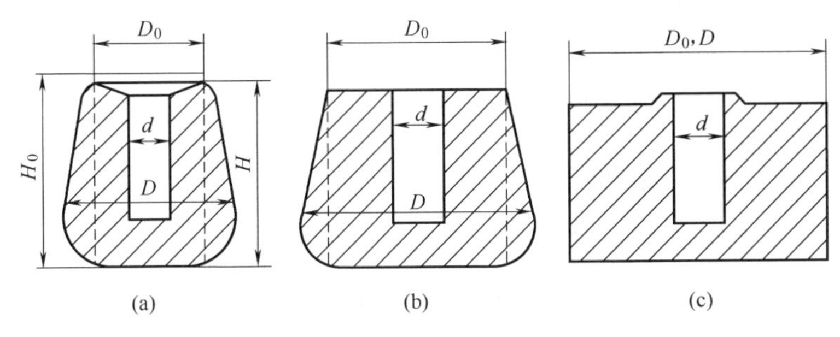

图 3-37　冲孔时坯料形状变化的情况

3.4.1.3　冲孔质量分析

实心冲子冲孔的主要质量问题是走样、裂纹和孔冲偏等，分别介绍如下：

（1）走样

冲孔时坯料高度减小，外径上小下大，上端面凹进，下端面凸出的现象（图 3-38），统称为“走样”。D/d 越小，拉缩现象越严重，走样越明显。

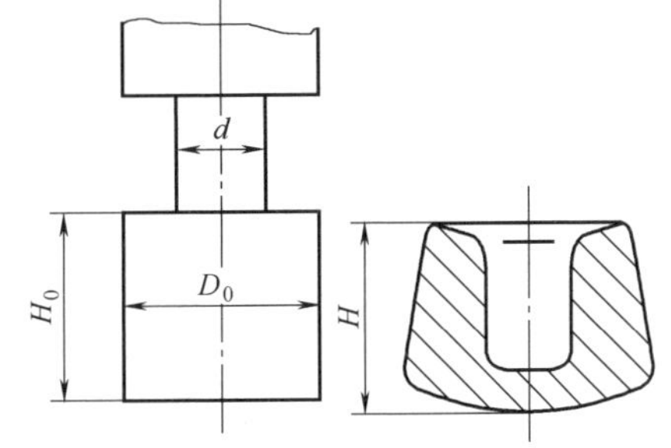

图 3-38　冲孔时的走样现象

（2）裂纹

低塑性材料冲孔时常在外侧表面和内孔表面处产生纵向裂纹。

外侧纵向裂纹系由于 A 区金属向外流动时 B 区的外径被迫增大，导致外层金属受到切向拉应力。当拉应力超过金属当时的强度极限时，便产生裂纹。D/d 越小，最外层金属的切向伸长越大，越易产生裂纹。

内孔圆角裂纹是由于此处温度降低较多，塑性较低，同时冲子一般都带有锥度，当冲子往下运动时，此处就会被胀裂。

（3）孔冲偏

引起孔冲偏的原因很多，比如冲子放偏，环形部分金属性质不均，冲头各处圆角、锥度不等，坯料过高等均可引起孔冲偏。原坯料高度越高，越容易出现孔冲偏。

改进冲孔质量的措施主要有：

① 增大 D_0/d 的比值，可以减小冲孔坯料的走样程度，一般可取 $D_0/d \approx 3$ 或 $D_0/d \geqslant 2.5 \sim 3$；

② 减小冲子锥度，冲子锥度不宜过大，低温材料应多次加热逐步冲孔，大锻件采用空心冲头；

③ 冲子放正，各处圆角、锥度应一致，坯料高度 $H_0 < D_0$（个别时，$H_0 < 1.5D_0$），自由锻采用圆角较小的平冲头。

3.4.1.4 坯料高度的确定

坯料冲孔后的高度，总是小于或等于坯料原高度 H_0。由图 3-39 可以看出，随着冲孔深度的增加，坯料高度将逐渐减小。但当超过某极限值后，坯料高度反而又增加，这是由于坯料底部产生翘底现象。当 D/d 的比值越小，拉缩现象越严重。这是由于 A 区的金属与 B 区的金属是同一连续整体，被压缩的 A 区金属必将拉着 B 区金属同时下移。这种作用的结果使上端面下凹，而高度减小。

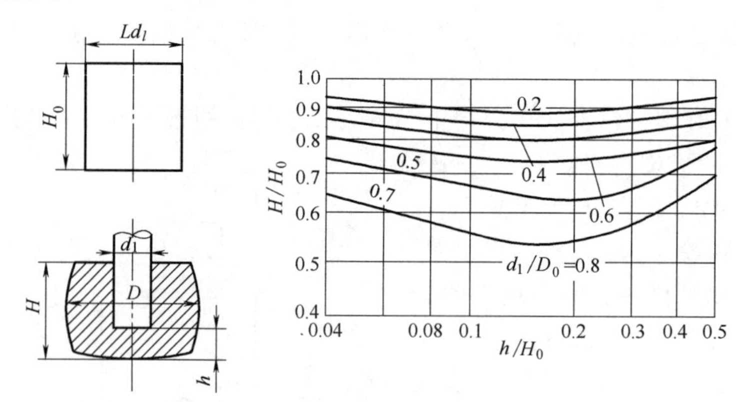

图 3-39 冲孔深度与坯料高度的关系

综上所述，实心冲子冲孔时。坯料直径 D 与孔径 d 之比应大于 2.5 ～ 3，坯料高度 H_0 要小于坯料直径 D，即 $H_0 < D_0$。坯料高度可按以下考虑：

当 $D/d \geqslant 5$ 时，取

$$H_0=H \tag{3-6}$$

当 $D/d < 5$ 时，取

$$H_0=(1.1 \sim 1.2)H \tag{3-7}$$

式中，H 为冲孔后要求的高度；H_0 为冲孔前坯料的高度。

实心冲子冲孔的优点是操作简单，心料损失较少。连皮高度为 $h=0.25H$。这种冲孔方法广泛用于孔径小于 400 ～ 500mm 的锻件。

3.4.2 垫环冲孔

在垫环上冲孔，也称为单面冲孔，如图 3-35（b）所示。冲孔时，将工件放在漏盘上，冲子大头朝下，漏盘的孔径和冲子的直径应有一定的间隙，冲孔时应仔细校正，冲孔后稍加平整。在垫环上冲孔时坯料形状变化小，但心料损失比较大，连皮高度为 $h=(0.7\sim0.25)H$。这种冲孔方法只适用于高径比 $H_0/D<0.125$ 的薄饼锻件。

3.4.3 空心冲子冲孔

空心冲子冲孔，如图 3-35（c）所示。冲头是圆筒形，冲孔时坯料形状变化较小，心料损失大。这在锻造大型锻件时，能将钢锭和质量差的部分冲掉，为此在冲孔时应把钢锭冒口端向下。这种冲孔方法主要用于孔径在 400mm 以上的大锻件，对于重要的锻件，将其有缺陷的中心部分冲掉，有利于改善锻件的力学性能。

3.5 扩孔

减小空心坯料壁厚而增加其内、外径的锻造工序叫扩孔。扩孔适用于锻造各种空心圈和空心环锻件。

常用的扩孔方法有冲子扩孔（图 3-40）、芯轴扩孔（图 3-41）、碾压扩孔（图 3-42）、楔扩孔、液压扩孔和爆炸扩孔等。

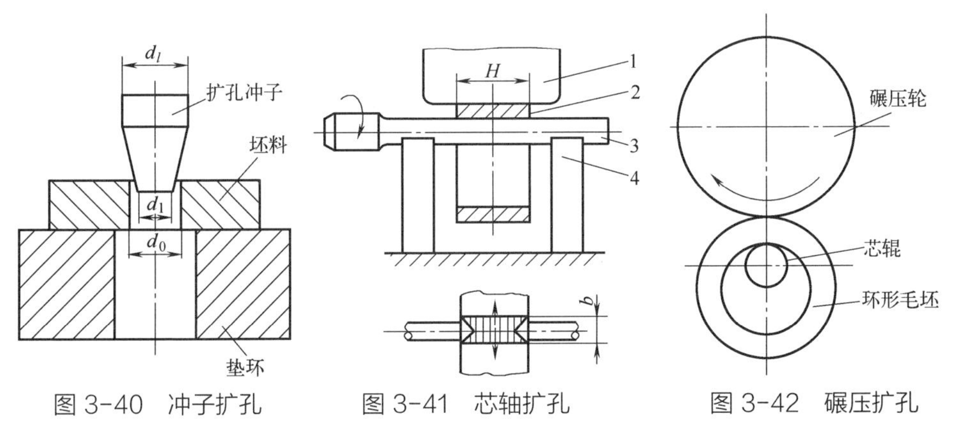

图 3-40 冲子扩孔　　图 3-41 芯轴扩孔　　图 3-42 碾压扩孔

从变形形式看，扩孔可以分为类似胀形和拔长两种变形方式。其中冲子扩孔、液压扩孔和爆炸扩孔等属于类似胀形的变形方式，而芯轴扩孔和碾压扩孔则类似于拔长。

本节仅介绍冲子扩孔、芯轴扩孔和碾压扩孔。

3.5.1 冲子扩孔

冲子扩孔是采用直径比空心坯料内孔大且带有锥度的冲子，穿过坯料内孔而使其内外径扩大的工序，如图 3-40 所示。

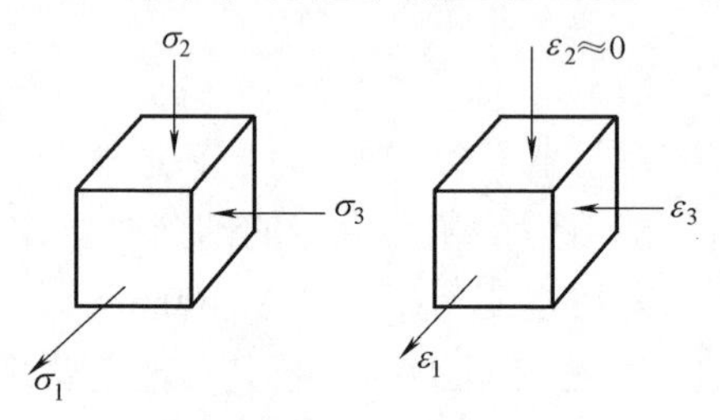

图 3-43　冲子扩孔坯料的应力应变简图

（1）变形分析

坯料的受力与实心冲子冲孔时的 B 区类似，坯料近似于胀形，径向受压应力、切向受拉应力、轴向受力很小。在此应力状态下，坯料径向产生压缩变形导致毛坯壁厚减薄，切向产生伸长变形导致坯料内、外径扩大，而轴向压缩变形较小，因此坯料的高度变化较小。

冲子扩孔所需的作用力较小，这是由于冲子的斜角较小，较小的轴向作用力可产生较大的径向分力，并在坯料内产生数值更大的切向拉应力。另外，坯料处于异号应力状态，较易满足塑性条件。

（2）冲子扩孔存在的质量问题

① 由于扩孔时坯料切向受拉应力，切向拉应力容易导致胀裂，如果坯料上某处有微裂纹等缺陷，则将在此处引起开裂；

② 若原始坯料的壁厚不均匀、温度不均匀，控制不当可能引起壁厚差较大导致扩孔后壁厚不均匀。

（3）改善质量的措施

① 控制每次的扩孔量，每次扩孔量不宜过大，一般可参考表 3-1。

表 3-1　每次允许的扩孔量

坯料预冲孔直径 /mm	允许的扩孔量 /mm
30 ～ 115	25
120 ～ 270	30

② 控制坯料的壁厚不均匀和加热不均匀，将坯料的薄壁处蘸水冷却一下，提高此处的变形抗力，有助于减小扩孔后的壁厚差。

（4）坯料高度的确定

扩孔前坯料的高度尺寸按式（3-8）计算：

$$H_0=1.05H \tag{3-8}$$

式中，H_0 为扩孔前坯料高度；H 为锻件高度。

冲子扩孔一般用于 $D/d > 1.7$ 和 $H > 1.125D$ 的壁不太薄的锻件（D 为锻件外径）。壁较薄的锻件可以在芯轴上扩孔。

3.5.2 芯轴扩孔

芯轴扩孔是将芯轴穿过空心坯料而放在“马架”上，坯料每转过一个角度压下一次，逐渐将坯料的壁厚压薄，使内、外径扩大的变形工序，也称为马架扩孔，如图 3-44 所示。

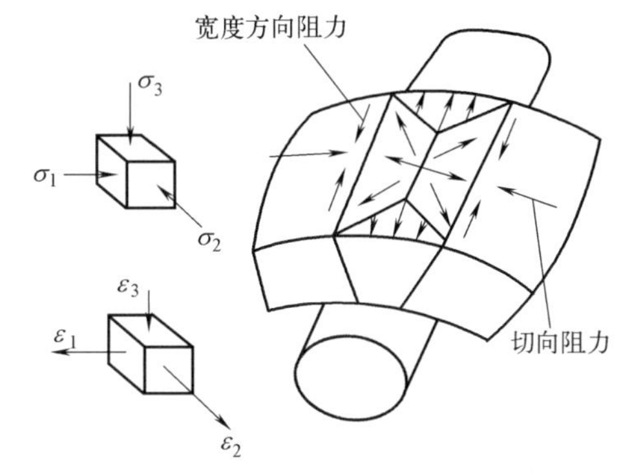

图 3-44 芯轴扩孔时金属的变形流动情况

（1）变形分析

芯轴扩孔，类似于芯轴拔长，不同的是环形坯料沿圆周方向拔长而非沿轴向拔长。

变形区金属沿切向和宽度（高度）方向流动。这时除宽度（高度）方向的流动受到外端的限制外，切向的流动也受到限制（图 3-41）。外端对变形区金属切向流动阻力的大小与相对壁厚（t/d）有关。t/d 越大时，阻力也越大。

芯轴扩孔时变形区金属主要沿切向流动，在扩孔的同时增大内、外径。其原因是:

① 变形区沿切向的长度远小于宽度（即锻件的高度），即沿切向流动的阻力较小;

② 芯轴扩孔的锻件一般比较薄，故外端对变形区金属切向流动的阻力远比宽度方向的小;

③ 芯轴与锻件的接触面呈弧形，有利于金属沿切向流动。

因此，芯轴扩孔时锻件尺寸的变化是壁厚减薄，内、外径扩大，宽度（高度）稍有增加。

（2）质量问题及改善

由于变形区金属受三向压应力，故不易产生裂纹破坏，因此，芯轴扩孔仅存在壁厚不均的现象，可以锻制薄壁的锻件。为保证壁厚均匀，锻件每次转动量和压缩量应尽可能一致。另外，为提高扩孔的效率，可以采用窄的上砧（b=100 ～ 150mm）。

（3）坯料尺寸的确定

① 坯料高度 H_0。由于扩孔后坯料的高度略有增加，因此坯料的高度 H_0 应比锻件高度略小。对于碳钢和合金钢，可按下式估算：

$$H_0 = \frac{H}{K} \tag{3-9}$$

式中，H 为锻件高度；K 为展宽系数，可按图 3-45 求出。

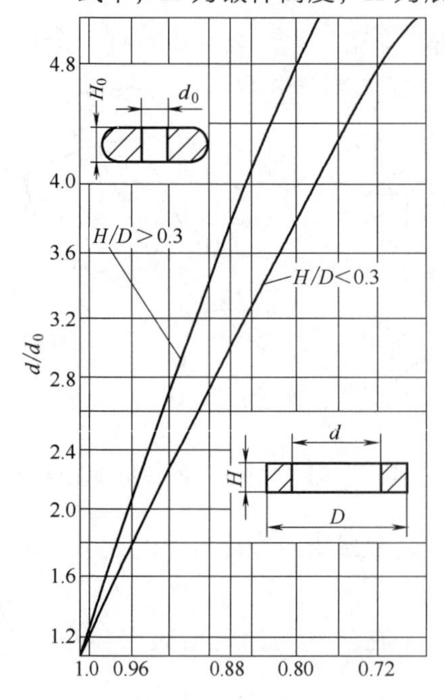

图 3-45　芯轴扩孔展宽系数选择曲线

② 坯料外径 D_0。坯料外径按照体积不变原则（不考虑展宽，但应考虑火耗）进行计算：

$$D_0 = 1.13\sqrt{\frac{V_{锻}}{H}} \tag{3-10}$$

式中，$V_{锻}$为锻件体积。

③ 冲孔直径 d_0。冲孔直径按式（3-11）确定：

$$d_0 = \frac{1.1}{3}D \tag{3-11}$$

式中，1.1 为考虑冲孔心料和金属烧损的系数。

若坯料孔径大于芯轴直径，便可直接在芯轴上扩孔，否则，需要先用冲子扩孔，再进行芯轴扩孔。

④ 芯轴直径。扩孔用的芯轴，相当于一根受均布载荷的梁，随着锻件壁厚的减薄，芯轴上所受的均布载荷变大。为保证芯轴的强度和刚度，芯轴的尺寸大小应合适，且“马架”间的距离也不宜太大。

锤上扩孔时，芯轴最小直径可参考表 3-2 选用。

表 3-2　锤上芯轴扩孔用芯轴最小直径

锻锤吨位 /kN	芯轴最小直径 /mm	锻锤吨位 /kN	芯轴最小直径 /mm
3 ～ 5	40	20	100
7.5	60	30	120
10	80	50	160

3.5.3　碾压扩孔

碾压扩孔的工作原理，如图 3-46 所示。环形坯料 1 套在芯辊 2 上，在气缸压力作用下，旋转的碾压轮压下，毛坯壁厚减薄，金属沿切线方向伸长（轴向也有少量展宽），环的内、外径尺寸增大。在摩擦力 F_f 的作用下，碾压轮带动毛坯和芯辊一起旋转，因此，毛坯的变形是一个连续的过程。当环的外径增大到与导向辊 4 接触时，环在外径增大的同时产生弯曲变形，环的几何中心向机床中心线的左方偏移。另外，导向辊在碾压过程中使环转动平稳，环的中心不致左右摆动。当环外圈与信号辊 5 接触时，碾压轮停止压下，并开始回程，卸料机构将锻件自动卸下。

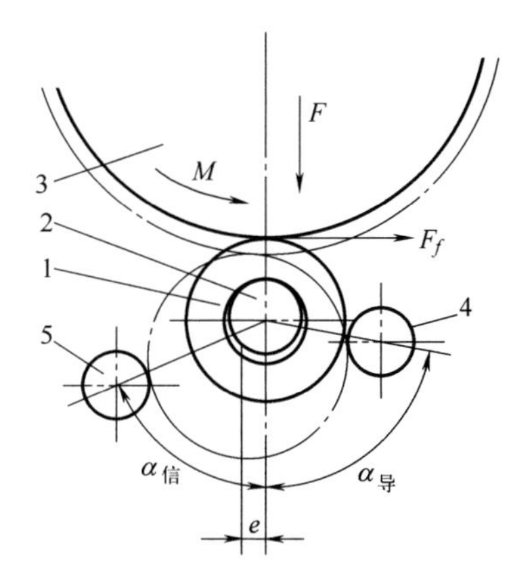

图 3-46　辗扩工作原理图

1—环形坯料；2—芯辊；3—辗压轮；4—导向轮；5—信号辊

碾压扩孔时的应力、变形、金属流动情况与芯轴扩孔相同。其特点是：工具是旋转的，变形是连续的，类似环形毛坯的轧制。碾压扩孔时一般压下量较小，故具有表面变形的特征。

碾压工艺有如下优点：

① 锻件精度较自由锻时高；

② 锻件断面形状接近于零件形状，金属流线分布合理，可提高零件的使用性能和寿命；

③ 材料利用率可提高 10% ～ 20%，切削加工时间可减少 15% ～ 25%；

④ 劳动条件好。

用碾压法可以生产火车轮箍、轴承套圈、齿圈和法兰等环形锻件，其尺寸范围很广，直径范围为 40mm ～ 5m，质量可达 6t 或更大。

3.6 弯曲

将坯料弯成所规定的角度或形状的锻造工序称为弯曲。这种方法可用于锻造各种弯曲类锻件，如起重吊钩、弯曲轴杆、链环、弯板等。

坯料在弯曲时，弯曲变形区的内侧金属受压应力，可能产生折叠，外侧金属受拉应力，容易引起裂纹。而且弯曲处坯料断面形状要发生畸变

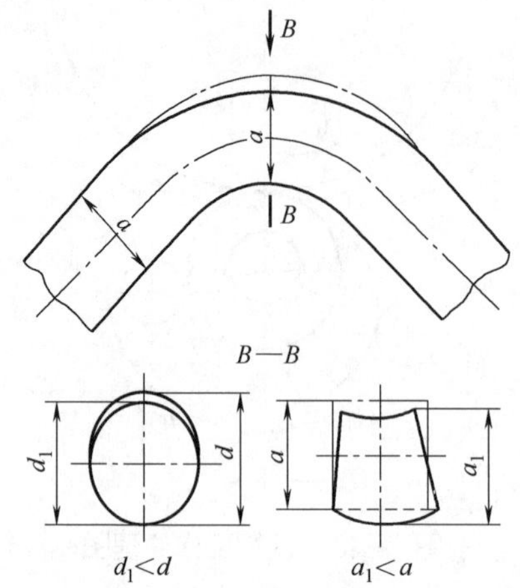

图 3-47　弯曲时坯料形状变化情况

(图 3-47)，断面面积减小，长度略有增加。弯曲半径越小，弯曲角度越大，上述现象则越严重。

由于弯曲具有上述变形特点，在确定坯料形状和尺寸时，考虑到弯曲变形区断面减小，一般坯料断面应比锻件断面稍大（增大 10% ～ 15%)，锻时先将不弯曲部分拔长到锻件尺寸，然后再进行弯曲成形。此外，要求坯料加热均匀，最好仅加热弯曲段。

当锻件有数处弯曲时，弯曲的次序一般是先弯端部及弯曲部分与直线部分交界的地方，然后再弯其余的圆弧部分（图 3-48)，图 3-49、图 3-50 分别给出了起重吊钩和卡瓦的锻造过程。

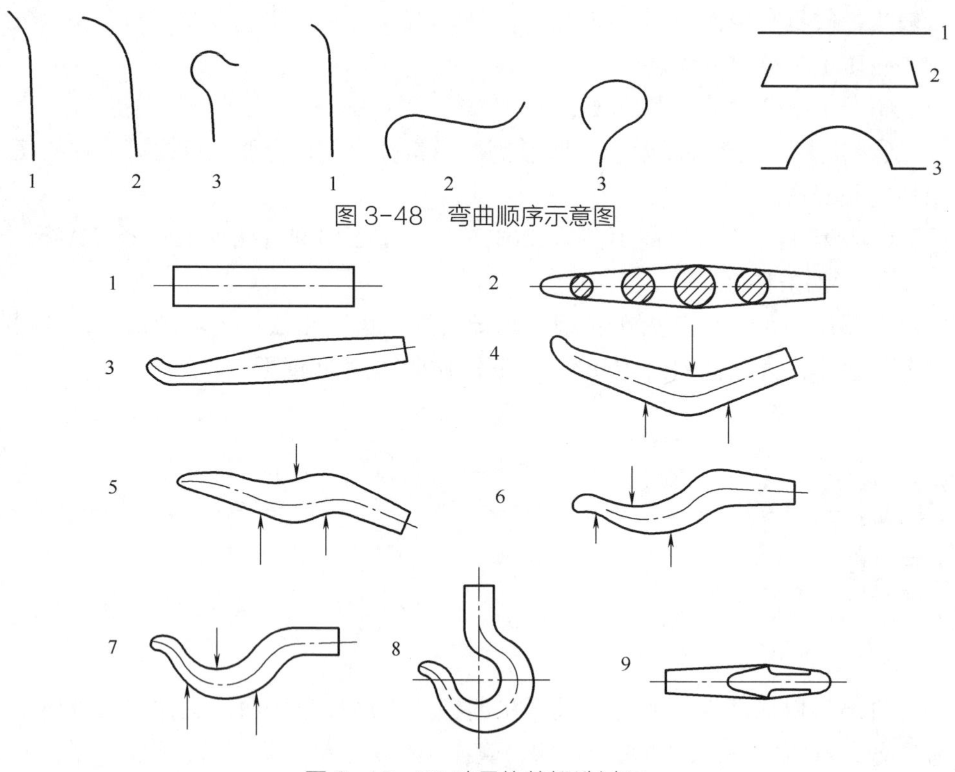

图 3-48　弯曲顺序示意图

图 3-49　20 吨吊钩的锻造过程

1—下料（105kg）；2—用摔子拔杆部并掉头拔头部；3—弯曲头部；4—弯曲根部；5—旋转180°弯曲根部；6—弯曲端部；7—弯曲中部；8—直立镦弯；9—锻出斜面

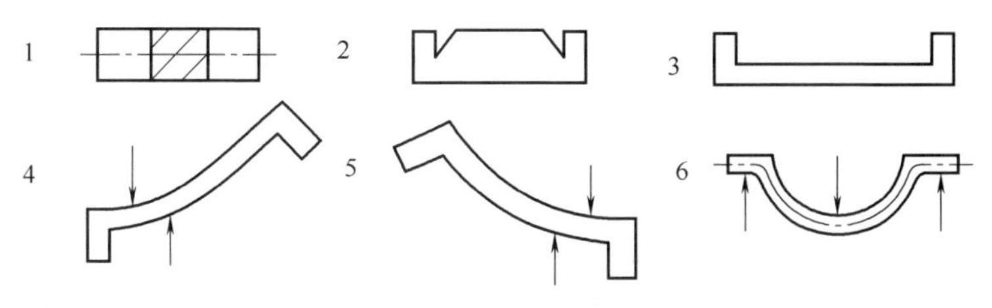

图 3-50　卡瓦的锻造过程

1—下料（120kg）；2—压槽卡出两端；3—拔长中间部分；4—弯曲左端圆弧；5—弯曲右端圆弧；6—弯曲中间圆弧

3.7 其他自由锻工序

3.7.1　错移

将毛坯的一部分相对另一部分上、下错开，但仍保持这两部分轴心线平行的锻造工序，称为错移。该工序常用来锻造曲轴，错移前，毛坯须先进行压肩工序，如图 3-51 所示。

3.7.2　扭转

将毛坯的一部分相对于另一部分绕其共同的轴线旋转一定角度的锻造工序，称为扭转（图 3-52），主要用于锻造曲轴、麻花钻、地脚螺栓等。扭转前，应将整个坯料先在一个平面内锻造成形，并使受扭曲部分表面光滑，然后进行扭转。扭转时，由于金属变形剧烈，要求受扭部分必须加热到始锻温度，且均匀热透。扭转后，要注意缓慢冷却，以防出现扭裂。

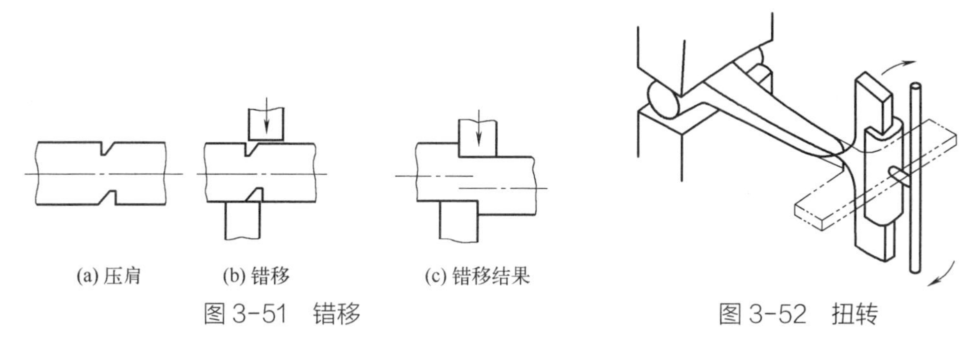

图 3-51　错移

图 3-52　扭转

3.7.3 切割

切割是将坯料分开的工序，可以把毛坯分为几部分，或者部分地隔开，或从毛坯的外部或内部割掉一部分材料制造出所需的锻件（曲轴、叉子）的形状。

切割的方法以单面切割 [图 3-53（a）] 应用较多。在小剁刀切割大坯料的情况下，常采用双面切割 [图 3-53（b）] 和四面切割 [图 3-53（c）]。在单面切割时，剁刀自单面切入，坯料翻转后，用克棍将连皮切断。双面切割时，可以用剁刀两面切入近 1/2，坯料翻转后，用刀背将连皮切断（此法切断面较平整，无毛刺）；也可以用剁刀单面切入近 2/3，坯料翻转后，再用剁刀切入直至切断（此法应注意将毛刺留在料头上）。四面切割时，剁刀自三个面切入，最后用克棍将连皮切断。

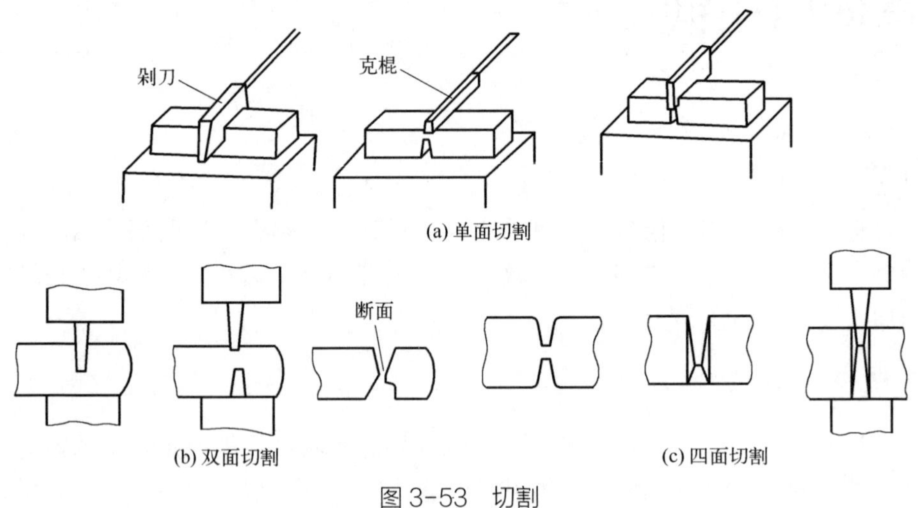

图 3-53 切割

3.7.4 压痕和压肩

压痕是在毛坯的表面上压出痕线，以便于以后压肩工序的进行，通常使用直径不大的圆压铁进行，见图 3-54。

压肩是把已压出的痕线扩大为一定厚度的肩部，用以制造台阶、凹挡和错肩等。常用的压肩工具如图 3-55 所示。

3.7.5 锻接

锻接是指将两段或几段坯料加热后，用锻造的方法连接成牢固整体的一种锻造工序，又称锻焊。锻接主要用于小件生产或修理工作，如锚链的锻焊，

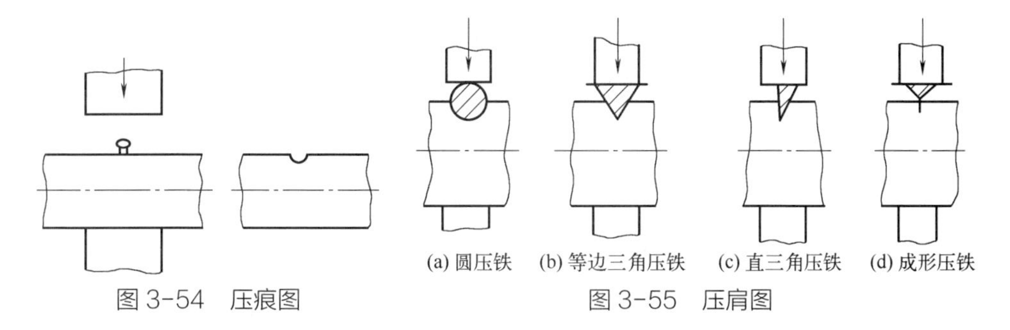

图 3-54 压痕图　　图 3-55 压肩图

刃具的夹钢和贴钢。它们是将两种成分不同的金属锻焊在一起。典型的锻接方法有搭接法、咬接法和对接法（图 3-56）。搭接法是最常用的，也易于保证锻件质量，而交错搭接法操作较困难，用于扁坯料。咬接法的缺点是锻接时接头中氧化熔渣不易挤出。对接法的锻接质量最差，只在被锻接的坯料很短时采用。锻接的质量不仅与锻接方法有关，还与金属的化学成分和加热温度有关，低碳钢易于锻接，而中、高碳钢则困难，合金钢更难以保证锻接质量。

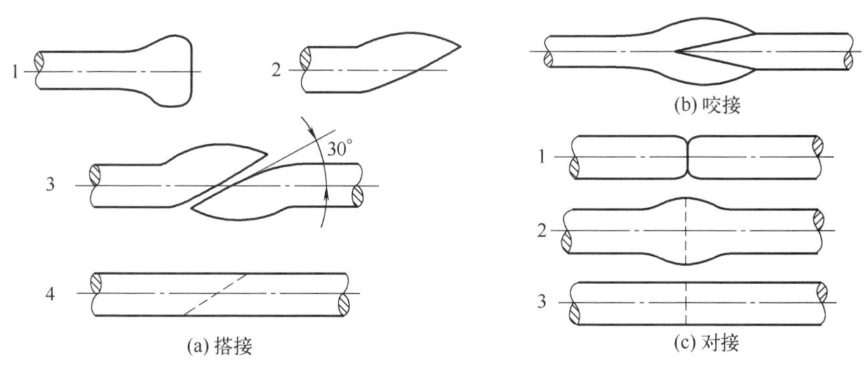

图 3-56 锻焊法示意图

3.8 自由锻工艺过程的制定

3.8.1 自由锻件的分类

自由锻是通用性很强的工艺方法，可以锻造多种多样的锻件，锻件的形状复杂程度相差很大。为便于安排生产和制定锻造工艺规程，可以按照锻造工艺特点将锻件分类，即把形状特征相同、变形过程类似的锻件归为一类。自由锻件可以分为六类，如表3-3所示。

表3-3　自由锻件的分类及锻造工序

锻件类型	图例	锻造工序	实例
盘类锻件	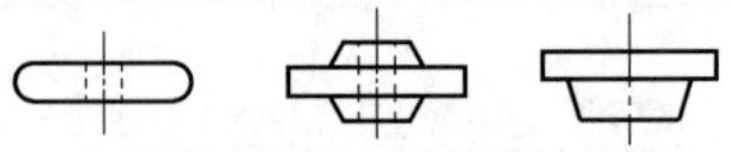	镦粗、冲孔	齿圈、法兰
轴类锻件	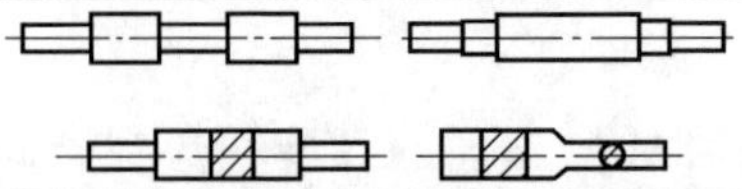	拔长、压肩、锻台阶	主轴、传动轴
筒类锻件	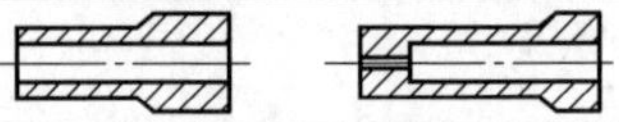	镦粗、冲孔、芯轴拔长	圆筒、套筒
环类锻件	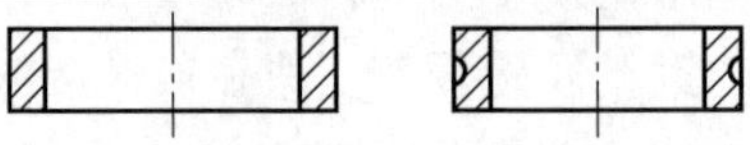	镦粗、冲孔、芯轴扩孔	套筒、圆环
曲轴类锻件	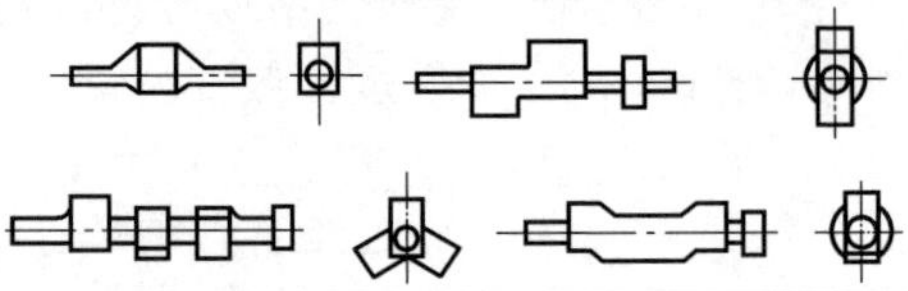	拔长、错移、压肩、锻台阶、扭转	曲轴、偏芯轴
弯曲类锻件	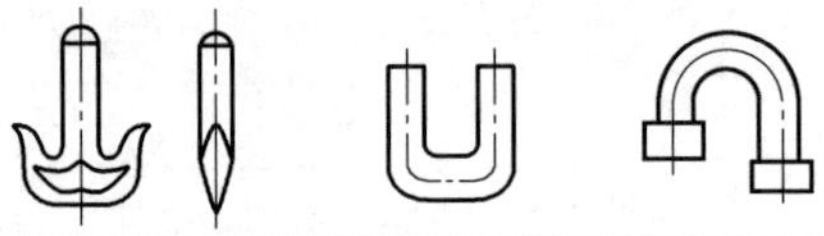	拔长、弯曲	吊钩、弯杆

（1）盘类锻件

这类锻件外形横向尺寸大于高度尺寸，或两者接近，包括各种圆盘、叶轮、齿轮、模块、锤头等，常用的基本工序有镦粗，带孔的锻件需要冲孔，随后的辅助工序和修整工序有倒棱、滚圆和平整等。图3-57所示为齿轮的锻造过程，图3-58所示为锤头的锻造过程。

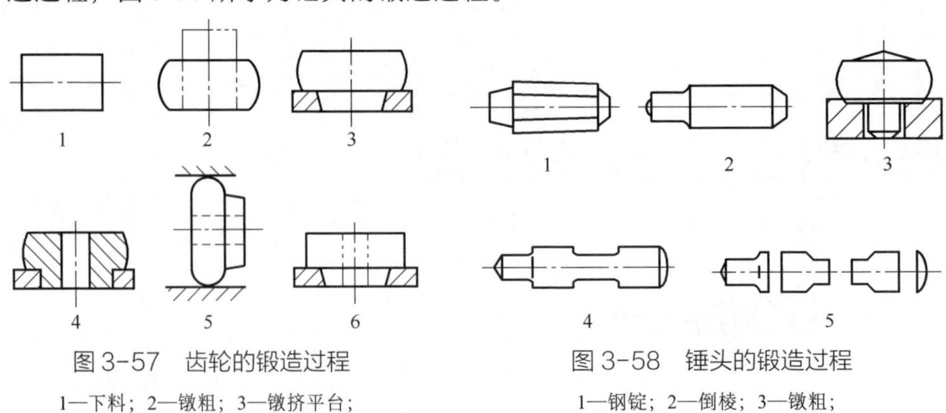

图3-57　齿轮的锻造过程

1—下料；2—镦粗；3—镦挤平台；4—冲孔；5—滚圆；6—平整

图3-58　锤头的锻造过程

1—钢锭；2—倒棱；3—镦粗；4—拔长；5—压肩

（2）轴类锻件

这类锻件的轴向尺寸远远大于横截面尺寸，可以是直轴或阶梯轴，包括工作轴、传动轴、车轴、轧辊、立柱、拉杆等，常用的基本工序有拔长或镦粗拔长反复进行，辅助工序和修整工序有倒棱、压肩和校正等。图 3-59 所示为传动轴的锻造过程，图 3-60 所示为摇杆的锻造过程。

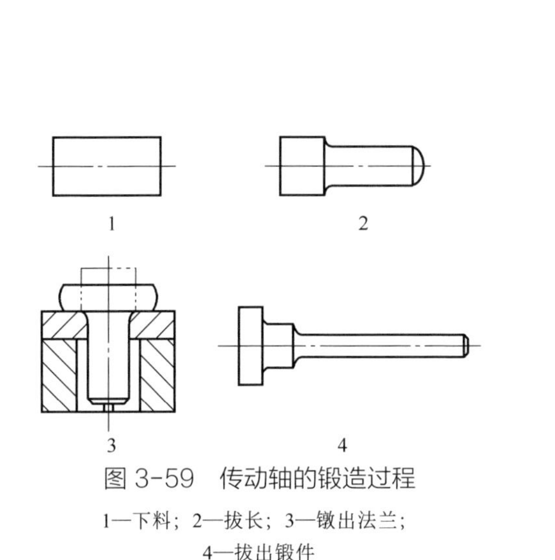

图 3-59　传动轴的锻造过程

1—下料；2—拔长；3—镦出法兰；4—拔出锻件

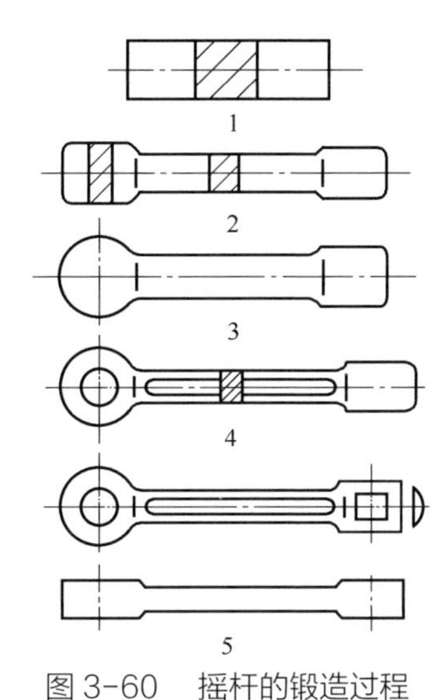

图 3-60　摇杆的锻造过程

1—下料；2—扁方拔长；3—切扣大头；4—大头冲孔杆部压槽；5—小头冲孔切头

（3）筒类锻件

这类锻件有中心孔，但是长度尺寸远大于径向尺寸，包括各种圆筒、缸体等。常用的基本工序有镦粗、冲孔和芯轴拔长，辅助工序和修整工序有滚圆、端面平整等。图 3-61 所示为圆筒的锻造过程。

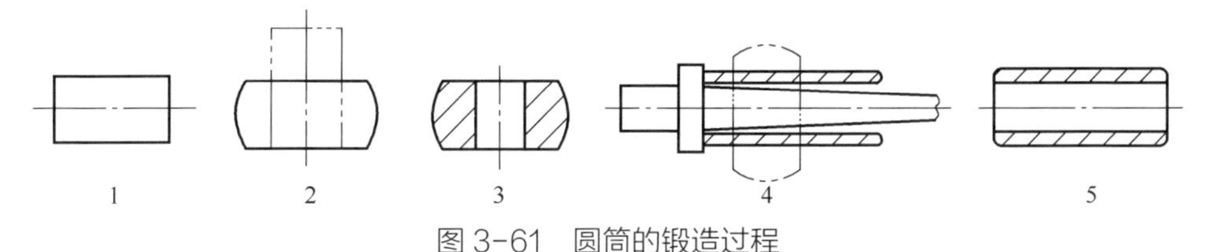

图 3-61　圆筒的锻造过程

1—下料；2—镦粗；3—冲孔；4—芯轴拔长；5—锻件

（4）环类锻件

这类锻件也有中心孔，但是轴向尺寸小于径向尺寸，包括各种圆环、齿圈、轴承环等。常用的基本工序有镦粗、冲孔和芯轴扩孔，辅助工序和修整工序有滚圆、端面平整等。图 3-62 所示为圆环的锻造过程。

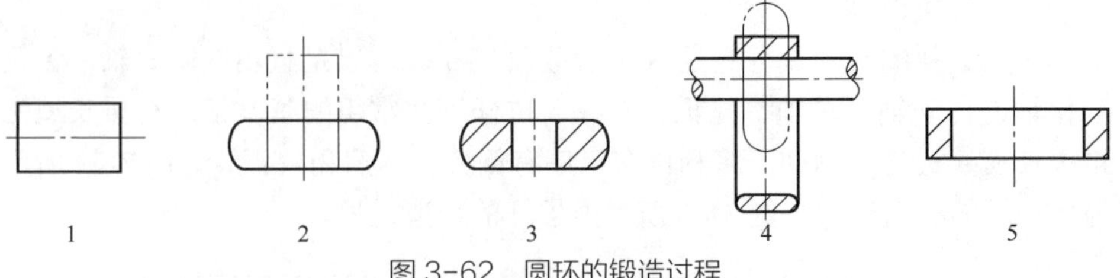

图 3-62　圆环的锻造过程

1—下料；2—镦粗；3—冲孔；4—芯轴扩孔；5—平整端面

（5）曲轴类锻件

这类锻件的轴向尺寸同样远大于横截面尺寸，但是轴线有多个方向的弯曲，包括各种形式的曲轴等。常用的基本工序有拔长、错移和扭转，辅助工序和修整工序有分段压痕、滚圆、校正等。图 3-63 和图 3-64 所示分别为三拐曲轴和单拐曲轴的锻造过程。

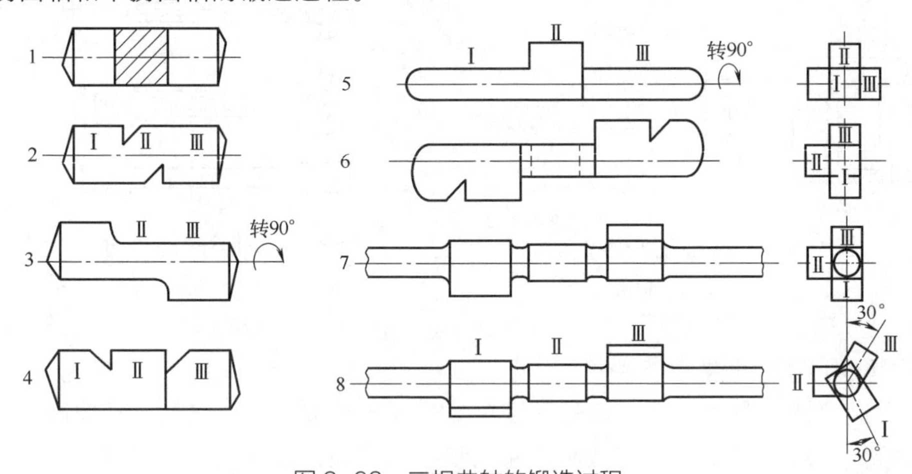

图 3-63　三拐曲轴的锻造过程

1—下料；2—压槽（卡出Ⅱ段）；3—错移、压出Ⅲ拐扁方；4—压槽（Ⅰ、Ⅲ分段）；5—压出Ⅰ、Ⅲ拐扁方；6—压槽（Ⅰ、Ⅲ与轴端分段）；7—锻出中间、两端轴颈；8—扭转（Ⅰ、Ⅲ拐各扭30°）

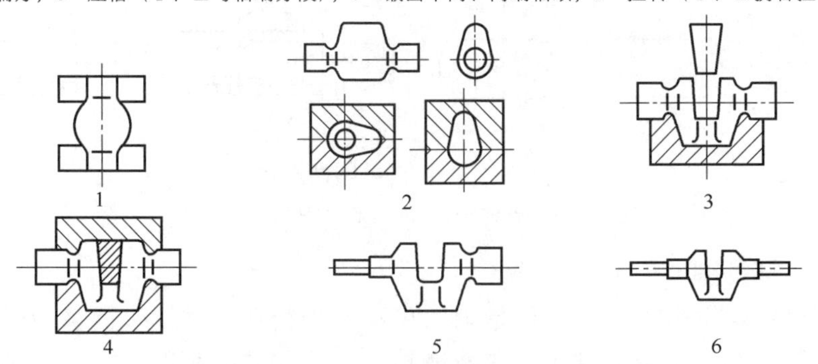

图 3-64　195 型单拐曲轴的锻造过程

1—镦粗曲拐；2—克桃形；3—开槽；4—成形曲拐；5—拔轴杆；6—调头拔轴杆、校直

（6）弯曲类锻件

这类锻件具有弯曲的轴线，一般为一处或多处弯曲，沿弯曲轴线，截面可以是等截面，也可以是变截面。常用的基本工序有拔长和弯曲，辅助工序和修整工序有分段压痕、滚圆和平整等。吊钩和卡瓦的锻造过程如图 3-49 和图 3-50 所示。

不归于以上各类的锻件，可以称为复杂类型的锻件，如阀体、叉杆、十字轴等，由于形状复杂，锻造难度大，没有统一的规律可遵循，需要具体问题具体分析。

3.8.2 自由锻变形方案的确定

变形方案的确定是自由锻工艺中最重要的部分，但由于自由锻工艺灵活，没有统一的规律，影响的因素很多，如锻件技术要求、工人操作经验、生产管理水平、车间设备条件、工具 / 辅具情况、坯料供应状态、生产批量大小等等。因此确定变形方案，不仅要掌握各基本工序的变形和流动特点、锻件的具体情况和技术要求，而且要充分考虑各因素的影响，应全面考虑实现工艺方案的可能性、锻件质量的可靠性和经济上的合理性。

经过长期实践经验的积累，对某些典型锻件的成形过程已渐趋一致，或者可能有的几个方案也大致已定。掌握这些基本知识，结合实际工作经验就可以掌握任何锻件变形方案的制定。

图 3-67 ～图 3-74 给出的是经验积累的一些典型锻件的工艺方案，可供参考使用。

3.8.3 自由锻工艺过程的制定

自由锻工艺过程的内容包括：

① 依据零件图绘制锻件图；

② 确定坯料重量和尺寸；

③ 确定变形工艺和锻造比，选用工具；

④ 选择锻压设备；

⑤ 确定锻造温度范围、加热和冷却规范；

⑥ 确定热处理规范，提出技术条件和检验要求；

⑦ 填写工艺卡片。

在制定自由锻工艺过程时，应结合生产要素、设备能力和技术水平等实际情况，力求经济上合理、技术上先进，以确保正确指导生产。

3.8.3.1 自由锻锻件图的制定

锻件图是编制锻造工艺、设计工具、指导生产和验收锻件的主要依据，也是与后续机械加工工艺有关的技术资料。它是在零件图的基础上考虑了加工余量、锻件公差、锻造余块、检验试样及工艺夹头等因素绘制而成。锻件的各种尺寸和余量公差关系，如图 3-65 所示。

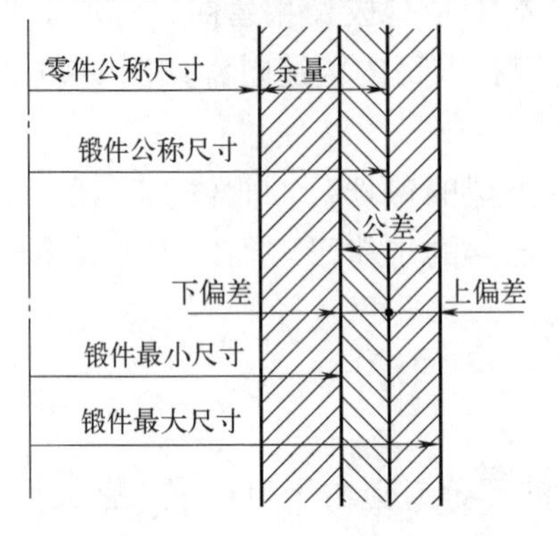

图 3-65　锻件的各种尺寸和公差余量

（1）加工余量

一般锻件的尺寸精度和表面粗糙度均达不到零件图的要求，因此，锻件表面应留有供机械加工用的金属层，这层金属称为机械加工余量（以下简称余量）。

余量大小的确定与零件的形状尺寸、加工精度、表面要求、锻造加热质量、设备工具精度和操作技术水平等有关。对于非加工面，则无须加放余量。零件公称尺寸加上余量，即为锻件公称尺寸。

（2）锻件公差

锻造生产中，由于各种因素的影响（始锻、终锻温度的差异，锻压设备、工具的精度和工人操作技术水平的差异），锻件实际尺寸不可能达到公称尺寸，允许有一定的偏差，这种偏差被称为锻造公差。锻件尺寸大于其公称尺寸的部分称为上偏差（正偏差），小于其公称尺寸的部分称为下偏差（负偏差）。锻件上各部位不论是否机械加工，都应注明锻造公差。通常锻造公差约为余量的 1/4 ～ 1/3。

锻件的余量和公差具体数值可查阅有关手册，或按工厂标准确定。

（3）锻造余块

为了简化锻件外形或根据锻造工艺需要，零件上较小的孔、狭窄的凹槽、直径差较小而长度不大的台阶等（如图 3-66 所示）难锻造的地方，通常用金属填满。这部分附加的金属叫作锻造余块。

（4）检验试样及工艺夹头

对于某些有特殊要求的锻件，须在锻件的适当位置添加试样余块，以供锻后检验锻件内部组织及测试力学性能。另外，为了锻后热处理的吊挂、夹持和机械加工的夹持定位，常在锻件的适当位置增加部分工艺余块和夹头，如图 3-66 所示。

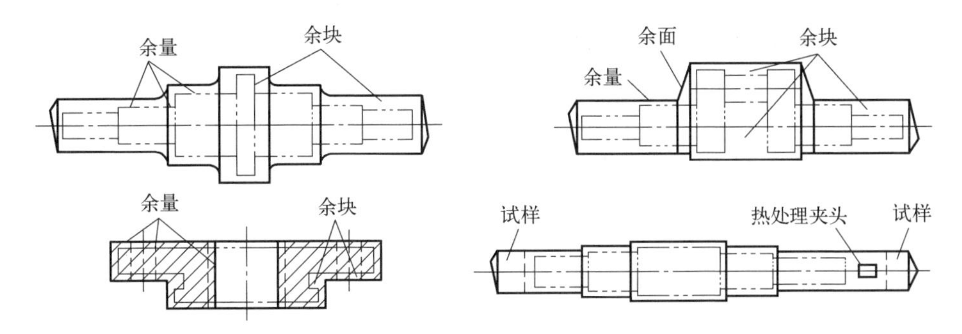

图 3-66　锻件的各种余块

（5）绘制锻件图

在余量、公差和各种余块确定后，便可绘制锻件图。

锻件图中，锻件形状用粗实线描绘。为了便于了解零件的形状和检验锻后的实际余量，在锻件图内，用假想线画出零件简单形状（零件的外轮廓，见图 3-67）。锻件的尺寸、公差标注在尺寸线上面，零件的公称尺寸加括号后，标注在相应尺寸线下面。若锻件带有检验试样和热处理夹头，在锻件图上应注明其尺寸和位置。在图上无法表示的条件可在技术条件中说明。

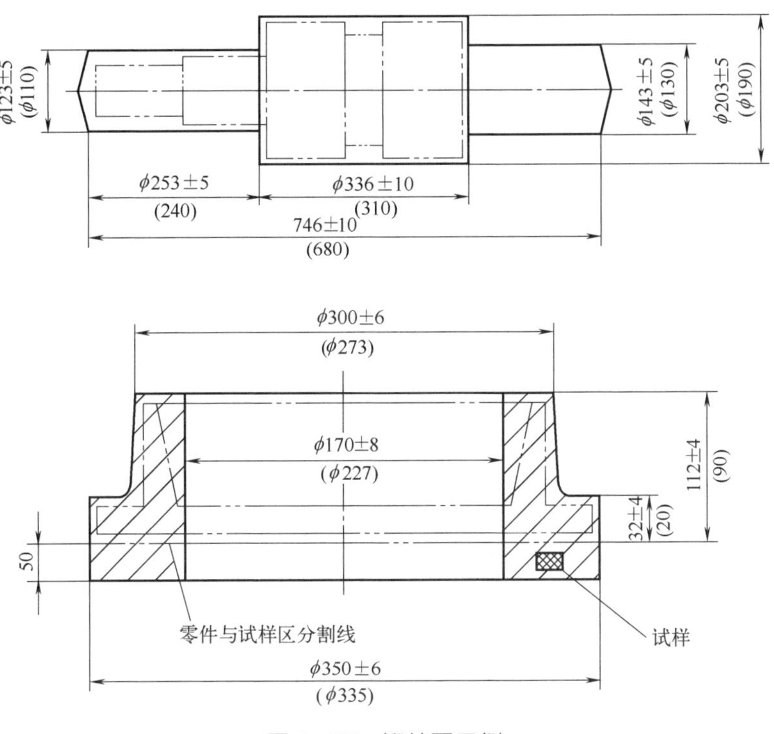

图 3-67　锻件图示例

3.8.3.2 确定坯料的重量和尺寸

自由锻用原材料有两种：一种是钢材、钢坯，多用于中小型锻件；另一种是钢锭，主要用于大中型锻件。

（1）锻件坯料质量及尺寸计算

坯料质量应包括锻件质量和各种损耗质量，其计算公式为

$$m_{坯}=(m_{锻}+m_{心}+m_{切})(1+\delta) \tag{3-12}$$

式中，$m_{坯}$为坯料质量，kg；$m_{锻}$为锻件质量，kg，等于锻件体积乘金属的密度，计算锻件的尺寸应为其基本尺寸再加一半上偏差；$m_{心}$为冲孔时的心料损失，kg，主要取决于冲孔方式、孔径d与坯料高度H，$m_{心}=Kd^2H\rho$，实心冲子冲孔K=1.18～1.57，空心冲子冲孔K=6.16，垫环冲孔K=4.32～4.71；$m_{切}$为在锻造过程中被切除的端头部分的质量，与切除部位的直径、截面宽度和高度有关，锻件端部为圆截面$m_{切}$=（1.65～1.8）$D^3\rho$，锻件端部为矩形$m_{切}$=（2.2～2.36）$B^2H\rho$；δ为金属的加热烧损率，与所选用的加热设备类型有关，可按表3-4选取。

表3-4　不同加热炉中加热钢的一次火耗率 δ

加热炉类型	δ	加热炉类型	δ
室式油炉	3%～2.5%	电阻炉	1.5%～1.0%
连续式油炉	3%～2.5%	高频加热炉	1.0%～0.5%
室式煤气炉	2.5%～2.0%	电接触加热	1.0%～0.5%
连续式煤气炉	2.5%～1.5%	室式煤炉	4.0%～2.5%

（2）坯料尺寸的确定

根据求出的$m_{坯}$，除以金属的密度ρ，即能得到坯料的体积$V_{坯}$，坯料的尺寸根据锻件变形工序、形状以及锻造比的要求计算如下。

① 采用镦粗法锻制的锻件。镦粗时，为避免产生弯曲和便于下料，坯料的高度H_0不应超过坯料直径D_0或边长A_0的2.5倍，高度不应小于直径或边长的1.25倍，所以：

圆坯料直径D_0的计算公式为

$$D_0=(0.8\sim1.0)\sqrt[3]{V_{坯}} \tag{3-13}$$

方坯料边长A_0的计算公式为

$$A_0=(0.75\sim0.9)\sqrt[3]{V_{坯}} \tag{3-14}$$

② 采用拔长法锻制的锻件。原坯料直径应按锻件最大截面积$F_{锻}$，并考

虑锻造比 K_L 和修整量等要求来确定。从满足锻造比要求的角度出发，原坯料截面积 $F_{坯}$的计算公式为

$$F_{坯}=K_L F_{锻} \tag{3-15}$$

由此可得：

圆坯料的直径 D_0 的计算公式为

$$D_0=1.13\sqrt{K_L F_{锻}} \tag{3-16}$$

方坯料边长 A_0 的计算公式为

$$A_0=\sqrt{K_L F_{锻}} \tag{3-17}$$

初步估算出坯料直径长度 D_0 或边长 A_0 后，应按照国家材料规格标准，选择标准直径或标准边长，再根据选定的直径或边长计算坯料的高度（即下料长度）：

圆坯料

$$H_0=V_{坯}\Big/\left(\frac{\pi}{4}D_0^2\right) \tag{3-18}$$

方坯料

$$L_0=V_{坯}/A_0^2 \tag{3-19}$$

对于第一道工序采用镦粗的毛坯，有时还需要进行进一步的检验，即满足镦粗对设备的要求，比如锤上镦粗时要求 $H_0 < 0.75H$ 行程（H 为锤头的行程），另外毛坯高度还应小于加热炉底的有效长度。

3.8.3.3 钢锭规格的选择

当选用钢锭为原材料时，选择钢锭规格的方法有两种：

（1）第一种方法

首先确定各种损耗，求出钢锭的利用率 η：

$$\eta=[1-(\delta_{冒口}+\delta_{锭底}+\delta_{烧损})]\times 100\% \tag{3-20}$$

式中，$\delta_{冒口}$，$\delta_{锭底}$为保证锻件质量必须切除的冒口和锭底所占钢锭质量的百分比；$\delta_{烧损}$为加热烧损率。

碳素钢钢锭：$\delta_{冒口}$=18%～25%，$\delta_{锭底}$=5%～7%。

合金钢钢锭：$\delta_{冒口}$=25%～30%，$\delta_{锭底}$=7%～10%。

然后计算钢锭的计算质量 $m_{锭}$：

$$m_{锭}=\frac{m_{锻}+m_{损}}{\eta} \tag{3-21}$$

式中，$m_{锻}$为锻件质量；$m_{损}$为除冒口、锭底及烧损外的损耗量。

根据钢锭计算质量$m_{锭}$，参照有关钢锭规格表，选取相应规格的钢锭即可。

（2）第二种方法

根据锻件类型，参照经验资料先定出概略的钢锭利用率η，然后求出钢锭的计算质量$m_{锭}=m_{锻}/\eta$，再从有关钢锭规格表中，选取所需的钢锭规格。

3.8.3.4 确定变形工艺和锻造比

变形工艺的主要内容包括锻件成形必须采用的基本工序、辅助工序和修整工序，以及各变形工序的顺序和中间坯料尺寸等。

制订变形工艺是编制自由锻工艺过程最重要的部分。对于同一锻件，不同的工艺过程会产生不同的效果。有的能使变形过程工序少、时间短，并能保证锻件的各部分尺寸；而有的则相反，不仅工序多、耗时多，而且锻件尺寸也较难以保证。

各类锻件变形工序的选择，应根据锻件的形状、尺寸和技术要求，结合各锻造工序的变形特点，参考有关典型工艺具体确定。例如锤上或水压机上锻造空心锻件的工艺方案，可参考图3-68和图3-69确定。

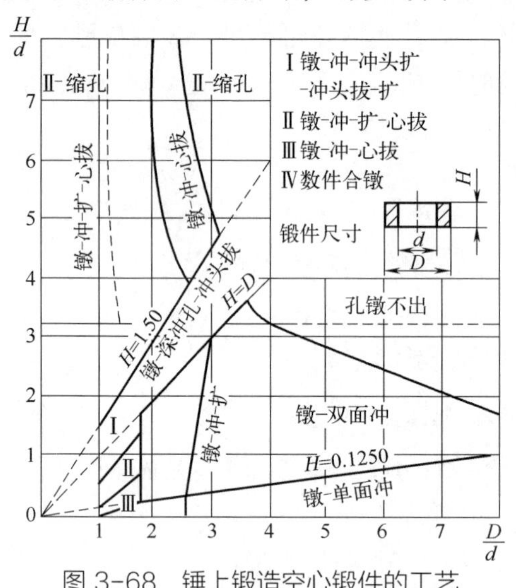

图3-68　锤上锻造空心锻件的工艺方案选择图线

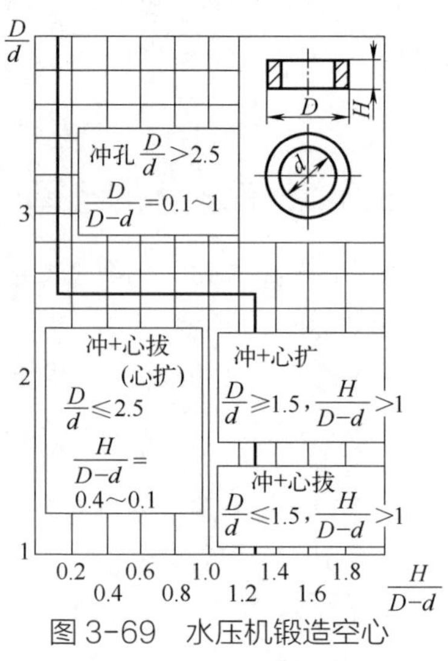

图3-69　水压机锻造空心锻件的工艺方案选择图线

各工序坯料尺寸设计和工序选择是同时进行的，在确定各工序毛坯尺寸时应遵循以下的设计原则：

① 工序尺寸必须符合各工步的规则，例如镦粗时坯料的高径比应小于2.5～3；

② 必须估计到各工序变形时毛坯尺寸的变化，例如冲孔时坯料高度有所减小，扩孔时坯料高度有所增加等；

③ 应保证锻件各部分有足够的体积，如台阶尺寸相差较大的轧辊型锻件的辊身，可按其公称长度下料，或按其计算质量（直径应加正公差）下料；

④ 多火次锻打时，必须注意中间各火次加热的可能性；

⑤ 在锻造最后进行精整时要有足够的修整余量，如在压痕、压肩、错移、冲孔等工序，坯料产生拉缩现象，因此在中间工序应留有适当的修整余量；

⑥ 有些长轴类零件长度方向尺寸要求很准确，但沿长度方向又不允许进行镦粗（例如曲轴等），设计工步尺寸时，必须估计到长度方向的尺寸在修整时会略有延伸。

锻造比（简称锻比）是表示锻件变形程度的一种参数，也是保证锻件质量的一个重要指标。锻造过程锻造比的计算方法是按拔长或镦粗前后锻件的截面比或高度比来计算，即 $K_L=S_0/S=D_0^2/D_1^2$ 或 $K_L=H_0/H$。

锻造比的大小能反应锻造对锻件组织和力学性能的影响。一般规律是：随着锻造比的增大，由于锻件内部孔隙的焊合，铸态树枝晶被打碎，锻件的纵向和横向力学性能均得到明显提高；但当锻造比超过一定数值时，由于形成纤维组织，其垂直方向（横向）的力学性能（塑性、韧性）急剧下降，导致锻件出现各向异性。因此，在制定锻造工艺过程中，应合理地选择锻造比。

用钢材锻制锻件（莱氏体钢锻件除外），由于钢材经过了大变形的锻造或轧制，其组织与性能均已得到改善，一般无须考虑锻造比。用钢锭（包括有色金属铸锭）锻制大型锻件时，就必须考虑锻造比。

为了能合理地选择锻造比，表 3-5 列出了各类常见锻件的总锻造比要求，可作为参考。

表 3-5　典型锻件的锻造比

锻件名称	计算部位	总锻造比	锻件名称	计算部位	总锻造比
碳素钢轴类锻件	最大截面	2.0 ～ 2.5	曲轴	曲拐	≥ 2.0
合金钢轴类锻件	最大截面	2.5 ～ 3.0		轴颈	≥ 3.0
热轧辊	辊身	2.5 ～ 3.0	锤头	最大截面	≥ 2.5
冷轧辊	辊身	3.5 ～ 5.0	模块	最大截面	≥ 3.0
齿轮轴	最大截面	2.5 ～ 3.0	高压封头	最大截面	3.0 ～ 5.0
船用尾轴、中间轴、推力轴	法兰	＞ 1.5	汽轮机转子	轴身	3.5 ～ 6.0
	轴身	≥ 3.0	发电机转子	轴身	3.5 ～ 6.0
水轮机主轴	法兰	最好≥ 1.5	汽轮机叶轮	轮毂	4.0 ～ 6.0
	轴身	≥ 2.5	旋翼轴、涡轮轴	法兰	6.0 ～ 8.0
水压机立柱	最大截面	≥ 3.0	航空用大型锻件	最大截面	6.0 ～ 8.0

3.8.3.5 锻造设备选择

自由锻常用设备为锻锤和水压机。这些设备虽无过载损坏问题，但若设备吨位选得过小则锻件内部锻不透，而且生产率低，反之，若设备吨位选得过大，不仅浪费动力，而且由于大设备工作速度低，同样也影响生产率和锻件成本。因此，正确确定设备吨位是编制工艺过程的重要环节之一。

锻造所需设备吨位，主要与变形面积、锻件材质、变形温度等因素有关。在自由锻中，变形面积由锻件大小和变形工序的性质确定。镦粗时锻件与工具的接触面积相对于其他变形工序要大得多，而很多锻造过程均与镦粗有关，因此，常以镦粗力的大小来选择设备。

确定设备吨位的方法主要有理论计算法和经验类比法两种。

(1) 理论计算法

理论计算法是根据塑性成形理论建立的公式来计算设备的吨位。尽管目前这些计算公式还不够精确，但仍能给设备确定吨位提供一定的参考依据。

用水压机锻造时，由于压力变化比较平稳，故可根据锻件成形所需的最大变形力来选择设备吨位。

水压机锻造时，锻件成形所需最大变形力可按以下公式计算:

$$F=pA \tag{3-22}$$

式中，A 为锻件与工具的接触面在水平方向上的投影面积；p 为锻件与工具接触面上的单位流动压力（即平均单位压力），需根据不同情况分别计算。

用锻锤锻造，由于其打击力是不定的，所以应根据锻件成形所需的变形功来选择设备的打击能量或吨位。

(2) 经验类比法

经验类比法是在统计分析生产试验数据的基础上，整理出经验公式、表格或图线，根据锻件某些主要参数（质量、尺寸、接触面积等），直接通过公式、表格或图线选定所需的设备吨位。

锻锤吨位可按下式计算:

① 镦粗时:

$$G=(0.002 \sim 0.003)kF \tag{3-23}$$

式中，k 为与钢材强度极限有关的系数，按表 3-6 选取；F 为坯料横截面积，cm^2。

表 3-6　系数 k

σ_b/MPa	k	σ_b/MPa	k
400	3 ～ 5	800	8 ～ 13
600	5 ～ 8		

② 拔长时:

$$G=2.5F \tag{3-24}$$

式中，F 为坯料横截面积，cm^2。

锻锤吨位也可以查表 3-7 确定。

表 3-7　自由锻锤的锻造能力

设备吨位 /t			0.25	0.5	0.75	1.0	2.0	3.0	5.0
锻件类型	圆饼	D/mm	< 200	< 250	< 300	≤ 400	≤ 500	≤ 600	≤ 750
		H/mm	< 35	< 50	< 100	< 150	< 250	≤ 300	≤ 300
	圆环	D/mm	< 150	< 350	< 400	≤ 500	≤ 600	≤ 1000	≤ 1200
		H/mm	< 60	< 75	< 100	< 150	≤ 200	≤ 250	≤ 300
	圆筒	D/mm	< 150	< 175	< 250	< 275	< 300	< 350	≤ 700
		d/mm	≥ 100	≥ 125	> 125	> 125	> 125	> 150	> 500
		H/mm	≤ 150	≤ 200	≤ 275	≤ 300	≤ 350	≤ 400	≤ 550
	圆轴	D/mm	< 80	< 125	< 150	≤ 175	≤ 225	≤ 275	≤ 350
		G/kg	< 100	< 200	< 300	< 500	≤ 750	≤ 1000	≤ 1500
	方块	H/mm	≤ 80	≤ 150	≤ 175	≤ 200	≤ 250	≤ 300	≤ 450
		G/kg	< 25	< 50	< 70	≤ 100	≤ 350	≤ 800	≤ 1000
	偏方	B/mm	≤ 100	≤ 160	< 175	≤ 200	< 250	≤ 300	≤ 450
		H/mm	≥ 7	≥ 15	≥ 20	≥ 25	≥ 40	≥ 50	≥ 70
	锻件成形	G/kg	5	20	35	50	70	100	300
	吊钩	起吊质量 /t	3	5	10	20	30	50	75
	钢锭	直径 /mm	125	200	250	300	400	450	600
	钢坯	边长 /mm	100	175	225	275	350	400	550

3.8.3.6　制定自由锻工艺过程举例

下面以齿轮零件为例，如图 3-70 所示，制定自由锻工艺过程。

该零件材料为 45 钢，生产数量 20 件，由于生产批量小，故采取自由锻锻制齿轮坯。

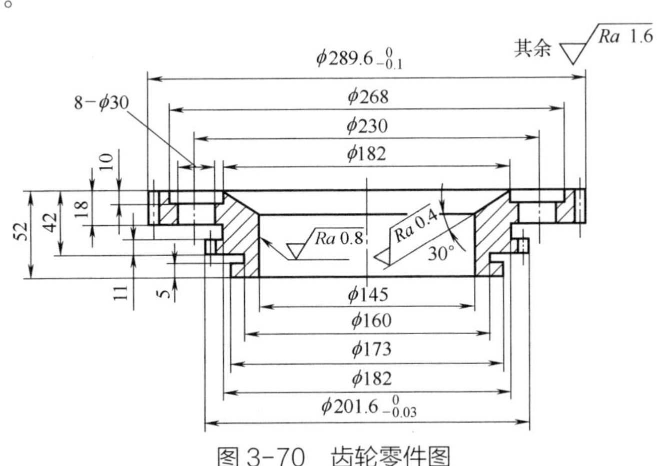

图 3-70　齿轮零件图

（1）设计锻件图

由于采用自由锻，要锻出零件的齿形如圆周上的狭窄凹槽，技术上是不可能的，应加上余块，简化锻件外形以便锻造。

根据《锤上钢质自由锻件机械加工余量与公差 圆环类》（GB/T 15826.4—1995）查得，锻件水平方向的双边余量和公差为（12±5）mm，锻件高度方向双边余量和公差为（10±4）mm，内孔双边余量和公差为（14±6）mm，于是，就可以绘制出齿轮的锻件图，如图 3-71 所示。

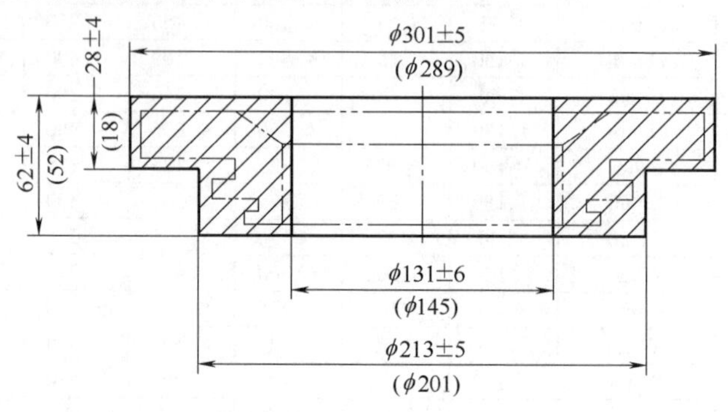

图 3-71　齿轮锻件图

（2）确定变形工序及中间坯料尺寸

由锻件图 3-71 可知 D=301mm，凸肩部分 $D_{肩}$=213mm，内孔直径 d=131mm，高度 H=62mm，凸肩部分高度 $H_{肩}$=34mm，得到 $D_{肩}/d$=1.63，H/d=1.63，参照图 3-72 变形工序为：镦粗→冲孔→冲子扩孔。根据锻件形状特点，各工序坯料尺寸确定如下：

① 镦粗：由于锻件带有单面凸肩，需采用垫环镦粗，如图 3-72 所示。

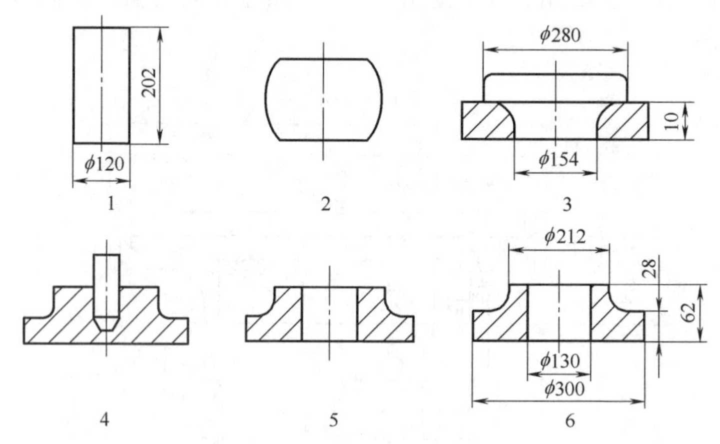

图 3-72　齿轮锻造工艺过程

1—下料；2—镦粗；3—垫环局部镦粗；4—冲孔；5—冲子扩孔（三次）；6—修整

垫环尺寸的确定：

垫环孔腔体积 $V_{垫}$应比锻件凸肩体积 $V_{肩}$大 10% ～ 15%（厚壁取小值，薄壁取大值），本例取 12%，经计算 $V_{肩}=753253mm^3$，于是

$$V_{垫}=1.12V_{肩}=843643mm^3 \tag{3-25}$$

考虑到冲孔时会产生拉缩，垫环高度 $H_{垫}$应比锻件凸肩高度 $H_{肩}$增大 15% ～ 35%（厚壁取小值，薄壁取大值），本例取 20%。

$$H_{垫}=1.2H_{肩}=1.2\times34=40.8mm，取 40mm。 \tag{3-26}$$

垫环内径 $d_{垫}$根据体积不变条件求得，即

$$d_{垫}=1.13\sqrt{V_{垫}/H_{垫}}=1.13\sqrt{843643/40}\approx164\,mm \tag{3-27}$$

垫环内壁应有斜度（7°），上端孔径定为 $\phi163mm$，下端孔径 $\phi154mm$。

为去除氧化皮，在垫环上镦粗之前应进行自由镦粗，工艺过程如图 3-81 所示。自由镦粗后坯料的直径应略小于垫环内径，而经垫环镦粗后上端法兰部分直径应比锻件最大直径小些。

② 冲孔：冲孔应考虑两个问题，即冲孔心料损失要小，同时又要照顾到扩孔次数不能太多，冲孔直径 $d_{冲}$应小于 $D/3$，即 $d_{冲}\leqslant\dfrac{D}{3}=\dfrac{213}{3}=71mm$，实际选用 $d_{冲}=60mm$。

③ 扩孔：总扩孔量为锻件孔径减去冲孔直径，即 131-60=71mm。按表 3-2 每次扩孔量为 25 ～ 30mm，分配各次扩孔量。现分三次扩孔，三次扩孔量分别为 21mm、25mm、25mm。

④ 修整锻件：按锻件图进行最后修整。

（3）计算原坯料尺寸

原坯料体积 V_0 包括锻件体积 $V_{锻}$和冲孔心料体积 $V_{心}$，并计算烧损体积，即

$$V_0=(V_{锻}+V_{心})\times(1+\delta) \tag{3-28}$$

锻件体积按锻件图公称尺寸计算，$V_{锻}=2368283mm^3$。

冲孔心料体积：冲孔心料厚度与毛坯高度有关。因为冲孔毛坯高度 $H_{孔径}=1.05H_{锻}=1.05\times62=65mm$，$H_{心}=(0.2～0.3)H_{孔径}$，此例系数取 0.2，则 $H_{心}=0.2\times65=13mm$。于是 $V_{心}=\dfrac{\pi}{4}d_{冲}^2H_{心}=\dfrac{\pi}{4}\times60^2\times13=36757mm^3$。

烧损率 δ 取 3.5%，代入得到 $V_0=2489216mm^3$。

由于第一道工序是镦粗，坯料直径按以下公式计算

$$D_0=(0.8\sim1.0)\sqrt[3]{V_0}108\approx135.8 \tag{3-29}$$

取 $D_0=120mm$，得

$$H_0=\frac{V_0}{\frac{\pi}{4}D_0^2}=220\,\mathrm{mm} \tag{3-30}$$

（4）选择设备吨位

根据锻件形状尺寸查表 3-8，选用 0.5t 自由锻锤。

（5）确定锻造温度范围

45 钢的始锻温度为 1200℃，终锻温度为 800℃。

（6）填写工艺卡片（略）

图 3-73 给出了齿轮坯和齿轮轴坯的锻造工艺简图，可作为类似形状锻件工艺方案确定的参考。

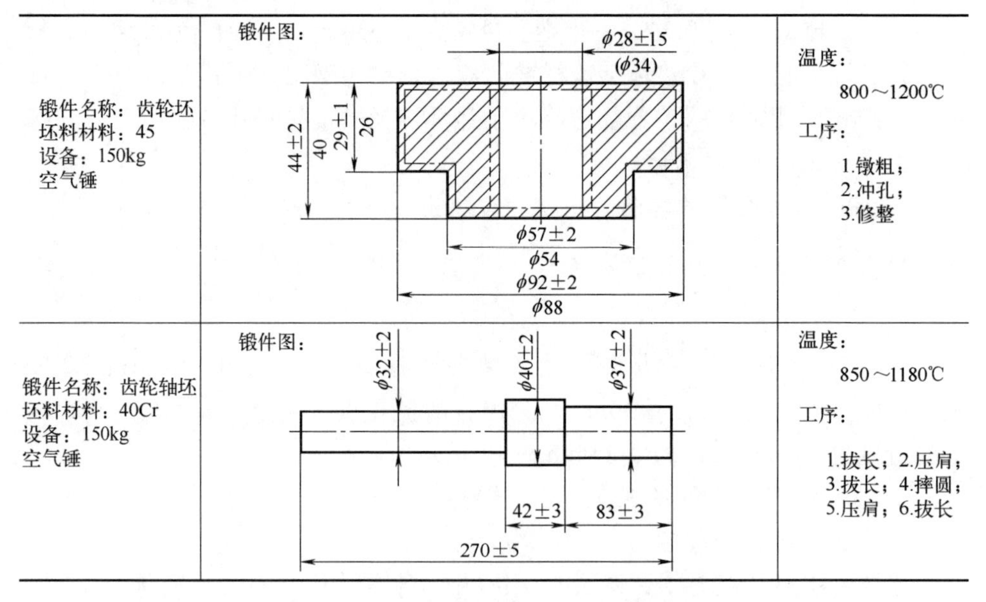

图 3-73 齿轮坯及齿轮轴坯的自由锻工艺

3.9 模锻

3.9.1 概述

模锻是把热态金属坯料放在具有一定形状和尺寸的锻模模膛内承受冲击

力或静压力以产生变形而获得锻件的加工方法。由于毛坯是在锻模模膛中被迫塑性流动成形，从而可以获得比自由锻质量更高的锻件。一般来说，模锻有以下优点：

① 可以锻造形状比较复杂的锻件，尺寸精度较高，表面粗糙度较低；

② 锻件的加工余量较小，材料利用率高；

③ 流线分布更合理，从而进一步提高零件的使用寿命；

④ 生产过程操作简便，劳动强度比自由锻小；

⑤ 生产率较高，锻件成本低。

但是模锻也有其缺点：

① 设备投资大、模具成本高，且寿命较短；

② 生产准备周期长，尤其是锻模制造周期较长，只适用于大批量生产；

③ 工艺灵活性不如自由锻。

由于模锻时工件是整体变形，受设备能力限制，一般仅用于锻造450kg以下的中小型锻件。

模锻工艺可按不同方法分类：

① 按所用设备不同，模锻工艺可分为锤上模锻、热模锻压力机上模锻、螺旋压力机上模锻、平锻机上模锻等。

② 按终锻模膛的结构不同，模锻工艺可分为开式模锻和闭式模锻。开式模锻上、下模间间隙的方向与设备运动的方向垂直，闭式模锻上、下模间间隙的方向与设备运动的方向平行。

③ 按所用模膛数目不同，模锻可分为单模膛模锻和多模膛模锻。

④ 按生产锻件精度不同，模锻可分为普通模锻和精密模锻。普通模锻所生产的锻件符合对锻件普通级精度的要求，精密模锻所生产的锻件应符合锻件精密级的要求。

3.9.2 模具形状对金属变形和流动的影响

（1）控制锻件的最终形状和尺寸

模锻用的终锻模膛是为了控制锻件最终的形状和尺寸。为保证锻件的形状和尺寸精度，设计模具时应注意以下两点：

① 热锻时应考虑锻件和模具的热收缩；

② 精密成形时还应考虑模具的弹性变形。

（2）控制金属的流动方向

塑性变形时金属主要是向着最小阻力（增大）的方向流动。因此，工具对金属流动方向的控制就是对不同的毛坯依靠不同的工具，采取不同的加载方式，在变形体内建立不同的应力场来实现的，即通过改变变形体内的应力状态和应力顺序来得到不同的变形和流动情况。例如为获得图 3-74（a）所示的锻件，若将毛坯放在孔板间镦挤，使金属挤入孔内，由于各区的应力状态和应力顺序不同 [图 3-74（b）]，金属有两个流动方向，即沿径向流入两垫环的空隙处和沿轴向流入垫环的孔内。在坯料内每一瞬间都有一个流动的分界面，分界面的位置取决于沿两个方向流动的阻力大小。当沿前一个流动方向的阻力较大、沿后一个方向流动的阻力较小时，金属便较多地向两垫环间的空隙处流动，于是锻件便不能很好地成形。为得到合格锻件，将垫环改成开式锻模 [图 3-74（c）]，由于模膛的侧壁阻力和桥口部分的摩擦阻力作用，分界面的位置向外移动，因此更多的金属流入模孔，从而保证了锻件的成形，最后，多余的金属由飞边处流出，即是开式模锻。

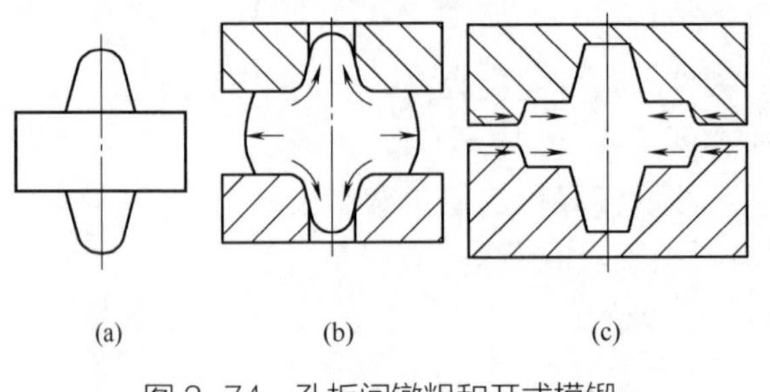

图 3-74　孔板间镦粗和开式模锻

（3）控制塑性变形区

控制塑性变形区主要是利用不同工具在坯料内产生不同的应力状态，使部分金属满足屈服准则，而另一部分金属不满足屈服准则，从而达到控制变形区的目的。例如拉拔时，利用工具的作用，在变形区形成异号应力状态（图 3-75），使此处优先于杆部（单向拉伸应力状态）满足屈服准则而变形。又例如缩口时，利用工具的作用，在变形区沿切向造成很大的压应力（图 3-76），使此处优先于其他部分满足屈服准则而变形。

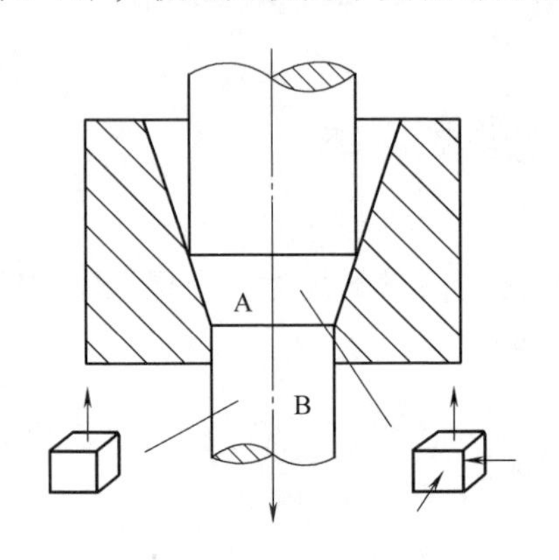

图 3-75　拉拔时的主应力简图

A—变形区；B—传力区

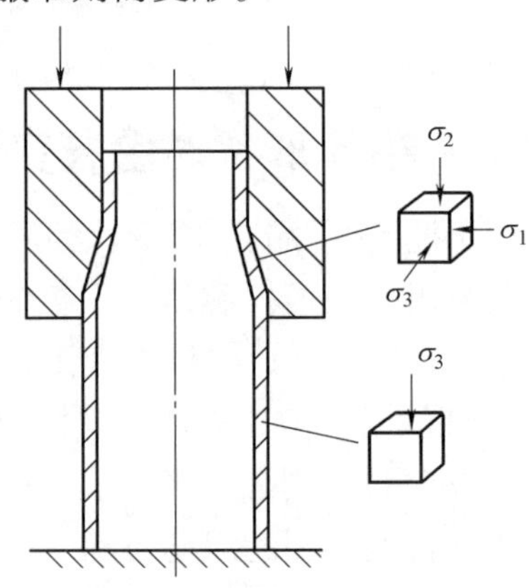

图 3-76　缩口时的主应力简图

（4）提高金属的塑性

金属的塑性与应力状态有很大关系，静水压力越大，材料的塑性越高。而各种应力状态是通过相应的工具在坯料中建立的。例如拉拔时（图 3-75）变形区为两向压应力、单向拉应力状态，传力区是单向拉应力状态，材料的塑性较低，而挤压时变形区是三向压应力状态，材料塑性较高；又如扩孔时，用冲头扩孔或楔扩孔，由于切向受拉应力，材料塑性较低，而在芯轴上扩孔或碾压扩孔时，则具有较高的塑性。

（5）控制坯料失稳提高成形极限

长杆料顶镦时容易失稳，从而弯曲，并可能发展成折叠。为防止顶镦时失稳，要求模孔直径 D 小于 1.25 倍坯料直径 d_0（即 $D < 1.25d_0$），这样，则可依靠模壁限制弯曲的发展，避免折叠的产生。又如弯曲管子时，变形区较易失稳，先变成椭圆形，随后在内侧产生褶皱，但如用适当形状的模具（图 3-77）或芯轴（图 3-78），让管坯从其内（或其外）强制通过，则变形区的失稳将受到模具（或芯轴）的限制，从而获得理想的制品。

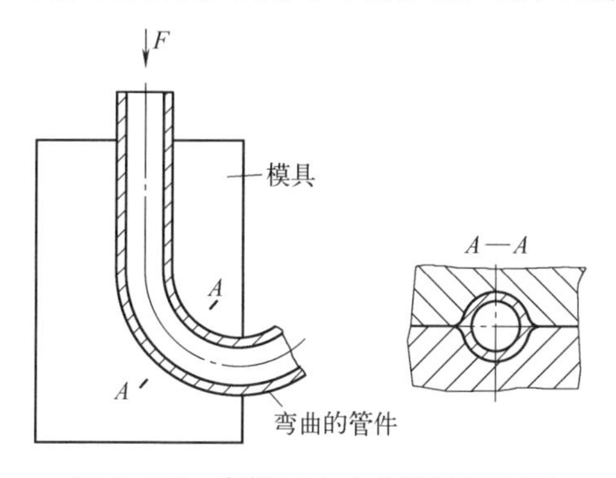

图 3-77　在模具内弯曲管坯示意图

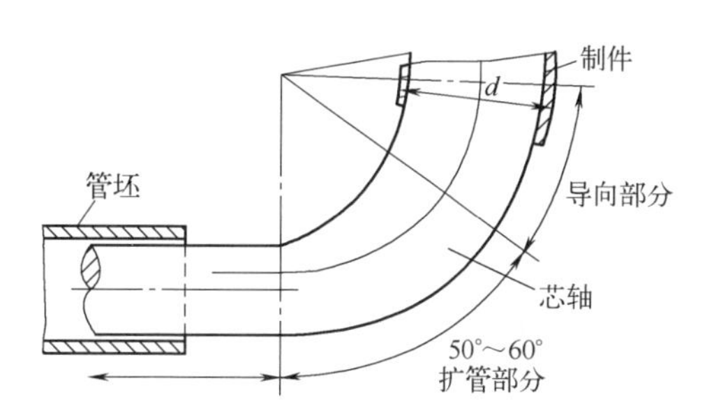

图 3-78　锥形芯轴扩管弯曲法所用的芯轴

3.9.3　开式模锻

为获得图 3-74（a）所示的锻件，为使较多的金属流入孔内，将孔板改为模具［图 3-74（c）］。这样，除了垂直方向的模壁引起阻力外，由于飞边部分减薄，径向阻力增大，保证了金属流入孔内充满模膛。最后，多余的金属由飞边处流出，形成飞边。随着作用力的增大，飞边减薄，温度降低，金属由飞边向外流动受阻，最终迫使金属充满型槽，即是开式模锻。

开式模锻时，金属变形流动过程见图 3-79，由图中可看出模锻变形过程可以分为三个阶段：第Ⅰ阶段［图 3-79（a）］是由开始模压到金属与模具侧壁接触为止；第Ⅰ阶段结束到金属充满模膛为止是第Ⅱ阶段［图 3-79（b）］；

金属充满模膛后，多余金属由桥口流出，此为第Ⅲ阶段［图 3-79（c）］。下面分析各阶段的应力应变和金属变形流动的特点，并讨论各因素对金属充填模膛的影响。

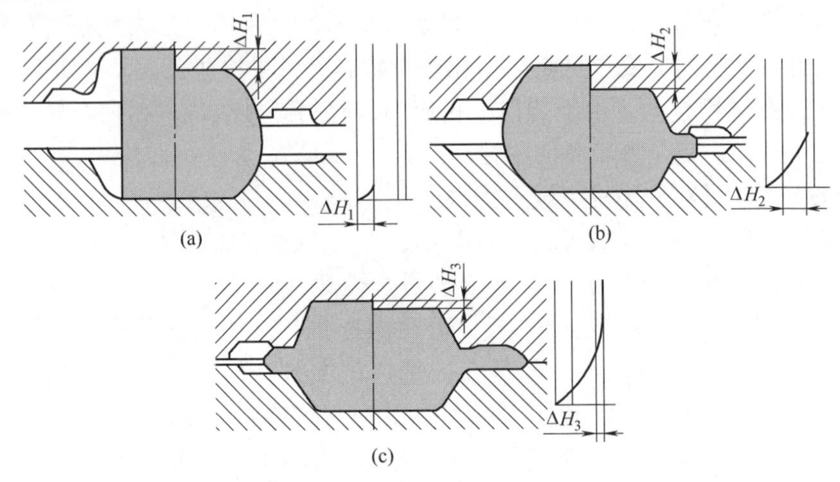

图 3-79　开式模锻时金属流动的三个阶段

3.9.3.1　开式模锻各阶段的应力应变分析

（1）第Ⅰ阶段

第Ⅰ阶段是由开始模压到金属与模具侧壁接触为止，这阶段如同孔板间镦粗（在没有孔腔时相当于自由镦粗）。假设模孔无斜度（图 3-80），第Ⅰ阶段变形金属可分为 A、B 两区。A 区为直接受力区，B 区的受力主要是由 A 区的变形引起的。A 区的受力情况类似环形件镦粗，故又可分为内外两区，即 $A_{内}$和 $A_{外}$，其间有一个流动分界面。应当指出，这是由于 B 区金属的存在使 $A_{内}$区金属向内流动的阻力增大，故与单纯的环形件镦粗相比流动分界面的位置要向内移动。B 区内金属的变形犹如在圆形砧内拔长。各区的应力应变情况如图 3-81 所示。各区金属主要沿最大主应力的增大方向流动（如图中箭头所示），即 $A_{内}$区和 B 区的金属向内流动，流入模孔内；$A_{外}$区的金属向外流动。

由于金属流动没有受到模壁的阻碍，此阶段变形力最小。

（2）第Ⅱ阶段

第Ⅱ阶段，金属有两个流动方向，金属一方面充填模膛，一方面由桥口处流出形成飞边，并逐渐减薄。这是由于模壁阻力，特别是飞边桥口部分的阻力（当阻力足够大时）作用，迫使金属充满模膛。由于这一阶段金属向两个方向流动的阻力都很大，处于明显的三向压应力状态，变形抗力迅速增大。

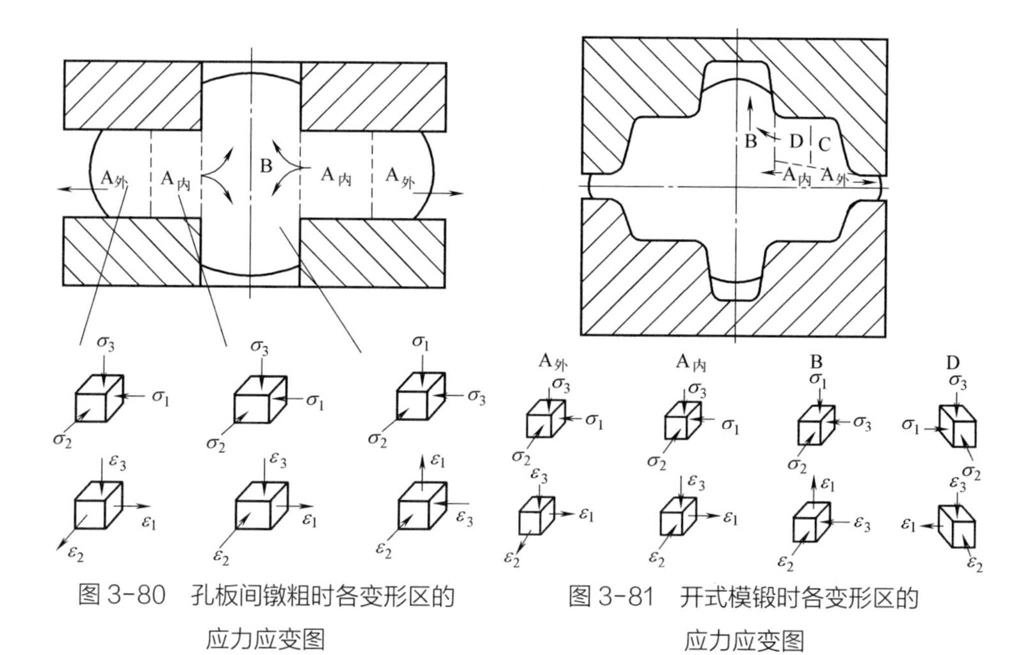

图 3-80　孔板间镦粗时各变形区的应力应变图

图 3-81　开式模锻时各变形区的应力应变图

这一阶段凹圆角充满后变形金属可分为五个区（图 3-81）。A 区内金属的变形件犹如一般环形件镦粗，$A_{外}$为外区，$A_{内}$为内区。B 区内金属的变形犹如在圆形砧内摔圆。C 区为弹性变形区。D 区内金属的变形犹如外径受限制的环形件镦粗。各区的应力应变简图和金属流动方向如图 3-81 所示。

在凹圆角未充满之前，金属的变形和分区情况还要更复杂，这里不做介绍。

（3）第Ⅲ阶段

第Ⅲ阶段主要是将多余金属排入飞边。此时变形仅发生在分模面附近的一个碟形区域内（图 3-82），其他部位则处于弹性状态。变形区的应力应变状态如图 3-83 所示，与薄件镦粗类似。此阶段由于飞边厚度进一步减薄和冷却等，多余金属由桥口流出时的阻力很大，使变形抗力急剧增大。

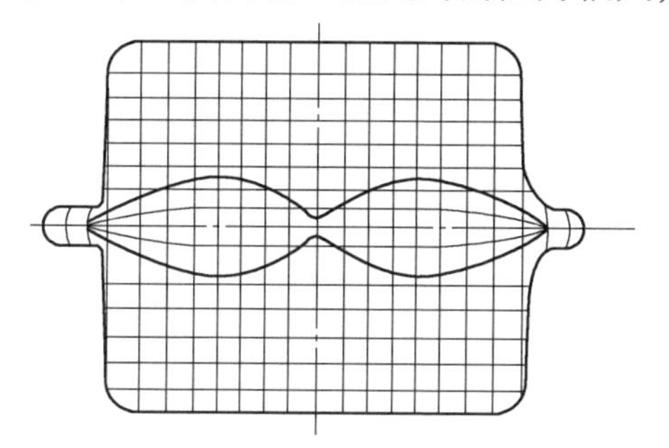

图 3-82　模锻第Ⅲ阶段子午面的网格变化

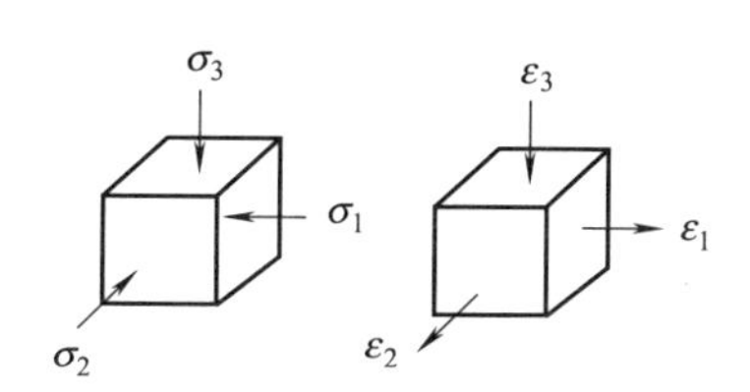

图 3-83　模锻第Ⅲ阶段变形区的应力应变简图

第Ⅲ阶段是锻件成形的关键阶段，也是模锻变形力最大的阶段，从减小模锻所需的能量来看，希望第Ⅲ阶段尽可能短些。因此研究锻件的成形问题，主要研究第Ⅱ阶段，而计算变形力时，则应按第Ⅲ阶段。

3.9.3.2 开式模锻时影响金属成形的主要因素

从开式模锻变形金属流动过程可以看出，变形金属的具体流动情况主要取决于各流动方向上阻力间的关系，此外，载荷性质（即设备工作速度）等也有一定的影响。

开式模锻时影响金属变形流动的主要因素有：模膛的结构、飞边槽的尺寸和位置、终锻前坯料的具体形状和尺寸、坯料本身的温度不均引起的各部分金属变形抗力的差异以及设备工作速度等。

（1）模膛结构的影响

从模膛结构看，镦粗方式比挤入方式更容易使金属充填模膛。除此之外，模膛的阻力与下列因素有关：

① 变形金属与模壁的摩擦系数；

② 模壁斜度；

③ 孔口圆角半径；

④ 模膛的宽度与深度；

⑤ 模具温度。

孔壁加工的表面光滑，润滑较好时，摩擦阻力小，有利于金属充满模膛。

模膛制成一定的斜度是为了模锻后锻件易于从模膛内取出，如图3-84所示。但是模壁斜度对金属充填模膛是不利的。因为金属充填模膛的过程实质上是一个变截面的挤压过程，当模壁斜度越大时，所需的挤压力F也越大。

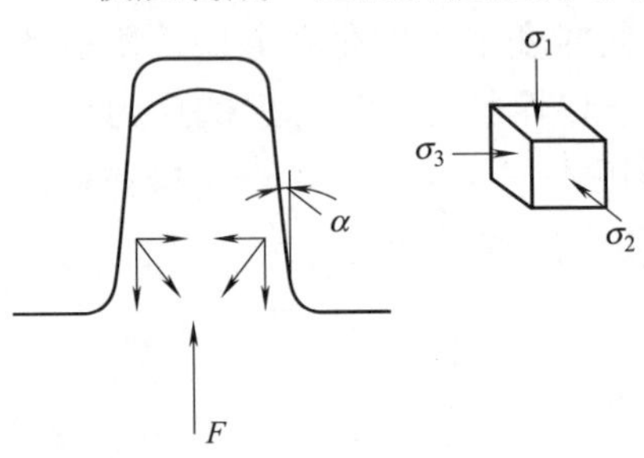

图3-84 模壁斜度对金属充填模膛的影响

模具孔口的圆角半径对金属流动的影响很大，当R很小时，金属质点要拐一个很大的角度再流入孔内，需消耗较多的能量，故不易充满模膛；而且R很小时，还可能产生折叠和切断金属纤维。同时此处温度升高较快，模具容易被压塌。R太大，增加金属消耗和机械加工量。总的看来，从保证锻件质量出发，圆角半径R应适当。

模膛窄和深时，使金属以挤入方式成形，金属向孔内流动时的阻力增大，孔内金属温度容易降低，充满模膛困难，因而应尽量使金属以镦粗的方式成形。

模具温度较低时，金属流入孔部后，温度很快降低，变形抗力增大，使充填模膛困难，尤其当孔口窄（小）时更为严重。但是模具温度过高会降低模具的寿命。

（2）飞边槽的影响

常见的飞边槽形式如图 3-85 所示。它包括桥口和仓部两部分。桥口的主要作用是造成足够大的横向阻力，阻止金属外流，迫使金属充满模膛。另外，使飞边厚度减薄，以便于切除。仓部的作用是容纳多余的金属，起补偿和调节的作用，以免金属流到分模面上，影响上、下模打靠。对于锤类设备上模锻，可缓冲模具撞击，提高锻模寿命。

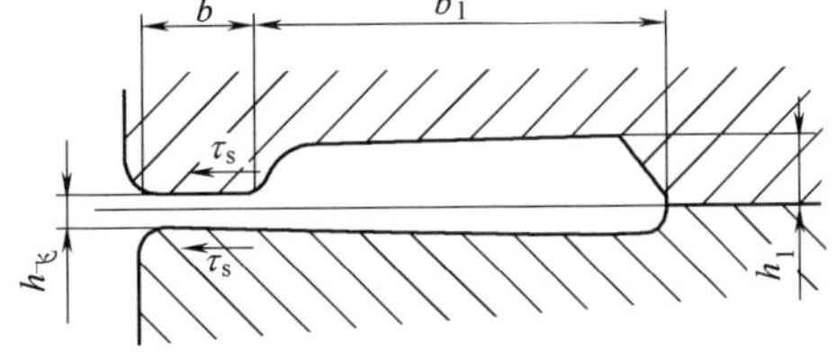

图 3-85　飞边槽结构

设计飞边槽，主要是确定桥口的高度和宽度。桥口阻止金属外流的作用是沿上、下接触面摩擦阻力作用的结果。这一摩擦阻力的大小为 $2b\tau_s$（设摩擦力达最大值，等于 τ_s），如图 3-86 所示，由该摩擦力在桥口处引起的径向压应力（或称桥口阻力）为

$$\sigma=2b\tau_s/h_{飞}=b\sigma_s/h_{飞} \tag{3-31}$$

即桥口阻力的大小与b和$h_飞$有关。桥口越宽、高度越小，亦即$b/h_飞$越大时，阻力也越大。

从保证金属充满模膛出发，希望桥口阻力大一些。但是若过大，变形抗力将会很大，可能造成上、下模不能打开等。因此阻力的大小应取得适当，应当根据模膛充满的难易程度来确定，当模膛较易充满时，$b/h_飞$取小一些，反之取大一些。如对镦粗成形的锻件［图 3-87（a）］，因金属容易充满模膛，$b/h_飞$应取小一些。对挤入成形的锻件［图 3-87（b）］，金属较难充满模膛，$b/h_飞$应取大一些。

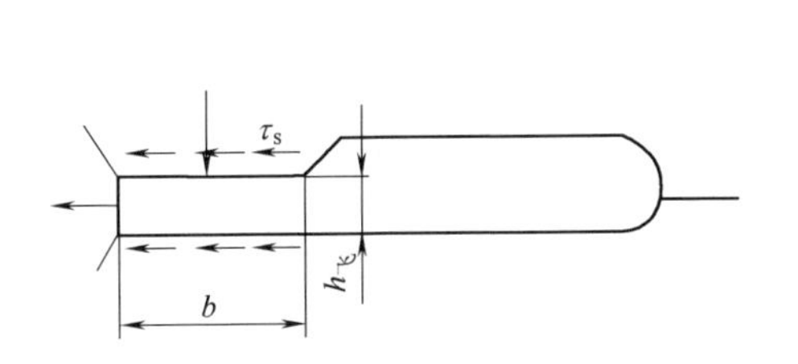

图 3-86　飞边槽桥口处的摩擦阻力

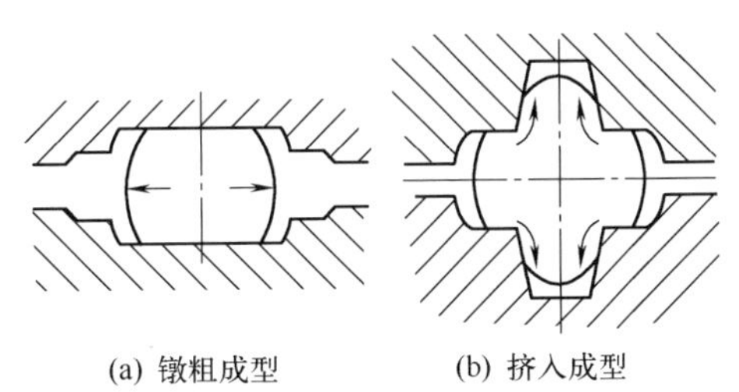

图 3-87　金属充满模膛的形式

桥口部分的阻力除了与 $b/h_{飞}$有关外，还与飞边部分的变形金属的温度有关。变形过程中，如果此处金属的温度降低很快，则此处金属的变形抗力高，从而使桥口处的阻力增大。

飞边槽的形状与锻件的形状尺寸有关，甚至与终锻前坯料的体积及形状也有关系。合适的飞边槽形状及尺寸大小，既要保证锻件充满成形和能容纳多余金属，还应当使锻模有较长的工作寿命。目前，常用的飞边槽形式有以下几种。

① 标准型：一般采用此种形式，如图 3-88（a）所示。其优点是桥口在上模，桥口受热时间短，温升较低，不易压塌和磨损。

② 倒置型：如图 3-88（b）所示，飞边槽桥部设置在下模，主要用于高度方向形状不对称的锻件。当锻件的上模部分形状较复杂，为了便于充填成形和简化切边模的冲头形状，飞边槽的桥部只好设置在下模，但切边时要求锻件出模后翻转 180°。当上模无模膛，整个锻件模膛完全位于下模时，采用此形式的飞边可以简化锻模的制造。

③ 双仓型：如图 3-88（c）所示，适用于形状复杂和坯料体积难免偏多的锻件。在这样的条件下，不得不增大仓部的容积，以便容纳更多的金属。

④ 不对称型：如图 3-88（d）所示，适用范围与双仓型相同，但由于下模的飞边槽桥部加宽，因而其强度得以提高，有利于避免过早地磨损或压塌，容纳较多的多余金属，提高下模寿命。

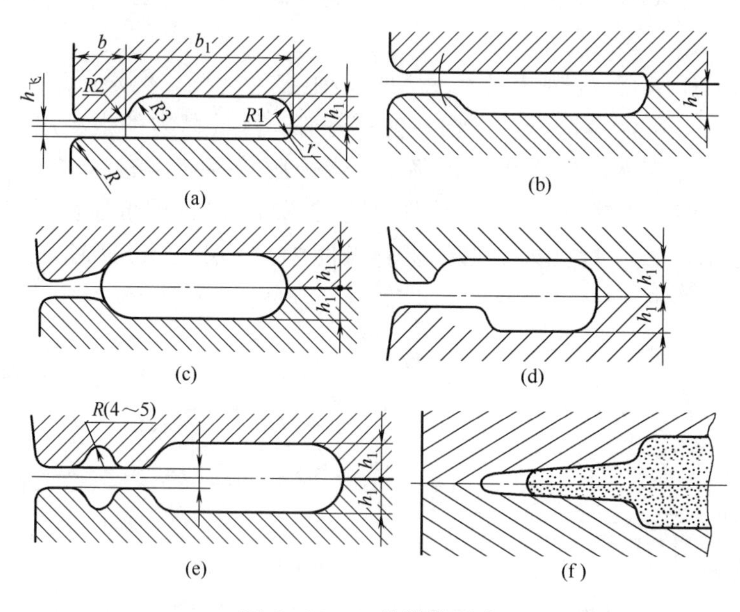

图 3-88　飞边槽的形式

⑤ 阻力沟（制动槽）型：如图 3-88（e）所示，在双仓型的基础上，在桥部增设阻力沟，以更大地增加金属向外流动的阻力，迫使金属充满深而复杂的模膛。多用于锻件形状复杂、难以充满的部位，如高肋、岔口与枝芽等处。

⑥ 楔形飞边槽：如图 3-88（f）所示，其特点是终锻时水平面方向的阻力越来越大。因而适用于形状更为复杂的锻件。缺点主要在于切除飞边较困难，一般用于圆形锻件。

有些锻件形状简单，比较容易充满成形，但由于某些原因变形力较大，常易产生模锻不足（欠压），模具也易磨损。为减小变形力，消除模锻不足等缺陷，可以采用如图 3-89 所示的扩张型飞边槽。这种飞边槽的特点是：在模锻的第Ⅰ和第Ⅱ阶段，桥口部分对金属外流有一定的阻碍作用（但比前几种飞边槽的作用小），而最后阶段，对多余金属的外流则没有任何阻碍作用，因而可以较大程度地减小变形力，使上、下模压靠。

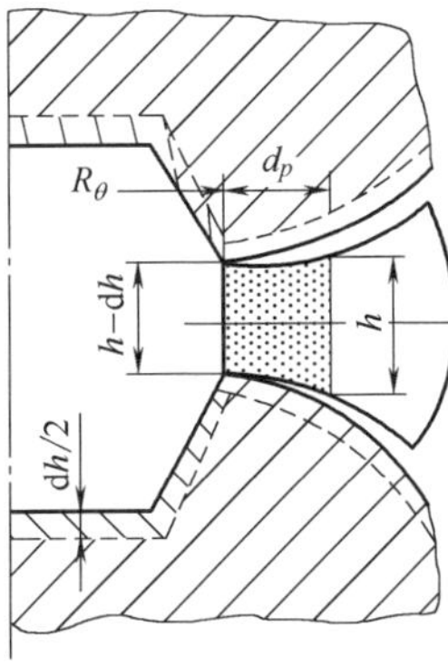

图 3-89　扩张型飞边槽

3.9.3.3　设备工作速度的影响

设备工作速度高时，金属变形流动的速度也快。这将使摩擦系数有所降低。同时，金属流动的惯性和变形热效应等增大，在模具停止运动的瞬时，变形金属仍可依靠变形惯性继续充填模膛，有助于充填模膛。

同时，由于温度较高，氧化皮软化，摩擦系数有所降低，这时的氧化皮在某种程度上具有润滑剂的功能，都有助于充填模膛。各种设备的充填能力，如表 3-8 所示。例如，在高速锤上模锻时，由于变形金属具有很高的流动速度，变形金属容易充填模膛，可以锻出厚度为 1.0 ～ 1.5mm 的薄肋；相比而言，在模锻锤上一般是 1.5 ～ 2mm；而压力机上，则是 2 ～ 4mm。

表 3-8　设备工作速度对金属充填模膛的影响

毛坯尺寸	锻压设备类型		
	高速锤	模锻锤、螺旋压力机	曲柄压力机
最小壁厚 /mm	1.5	2.0	3.0 ～ 4.0
最小肋厚 /mm	1.0 ～ 1.5	1.5 ～ 2.0	2.0 ～ 4.0
最小幅板厚 /mm	1.0	1.5 ～ 2.0	2.0 ～ 3.0
最小圆角半径 /mm	0 ～ 1.0	2.0 ～ 3.0	3.0 ～ 5.0

3.9.4 闭式模锻

闭式模锻亦称无飞边模锻，即在成形过程中模膛是封闭的，分模面间隙是常数。

3.9.4.1 闭式模锻的变形过程分析

闭式模锻的变形过程如图 3-89 所示，变形可分为三个阶段：①基本成形阶段；②充满阶段；③形成纵向飞边阶段。各阶段模压力的变化情况如图 3-90 所示。

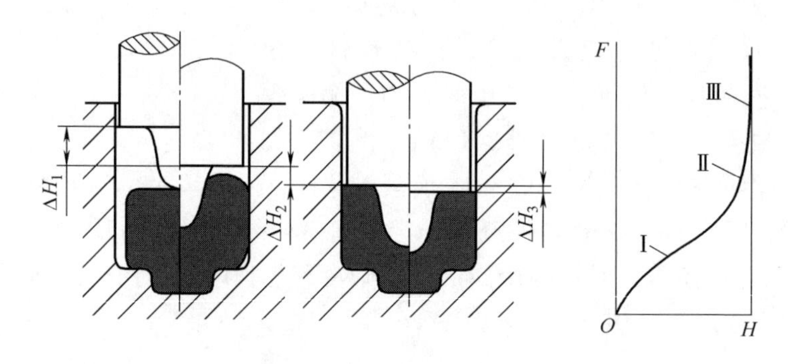

图 3-90 闭式模锻变形过程

（1）第Ⅰ阶段基本成形阶段

第Ⅰ阶段由开始变形至金属基本充满模膛，此阶段变形量最大，但变形力的增加相对较慢。根据锻件和坯料的情况，金属在此阶段的变形流动可能是镦粗成形、挤入成形或者是挤压成形。

（2）第Ⅱ阶段充满阶段

第Ⅱ阶段是由第Ⅰ阶段结束到金属完全充满模膛为止。此阶段结束时的变形力比第Ⅰ阶段末可增大 2 ～ 3 倍，但变形量 ΔH_2 却很小。

无论在第Ⅰ阶段以什么方式成形，在第Ⅱ阶段的变形情况都是类似的。此阶段开始时，坯料端部的锥形区和坯料中心区都处于三向（或接近三向）等压应力状态（图 3-91），不发生塑性变形。坯料的变形区位于未充满处附近的两个刚性区之间（图中阴影处），并且随着变形过程的进行逐渐缩小，最后消失。

此阶段作用于上模和模膛侧壁的正应力 σ_z 和 σ_c 的分布情况如图 3-91 所示。

锻件的高径比 H/D 对 F_Q/F 的影响如图 3-92 所示。

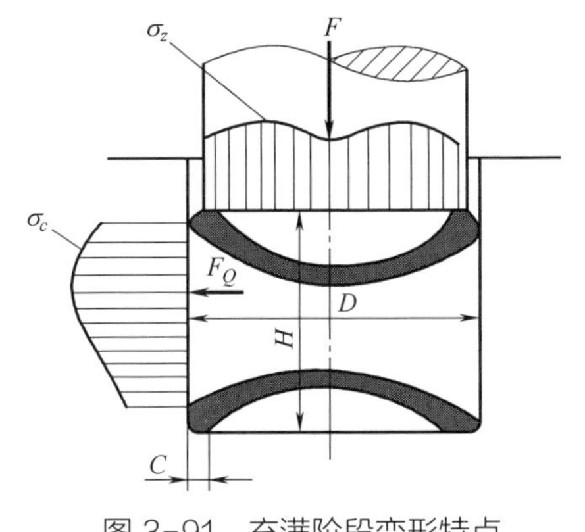

图 3-91　充满阶段变形特点

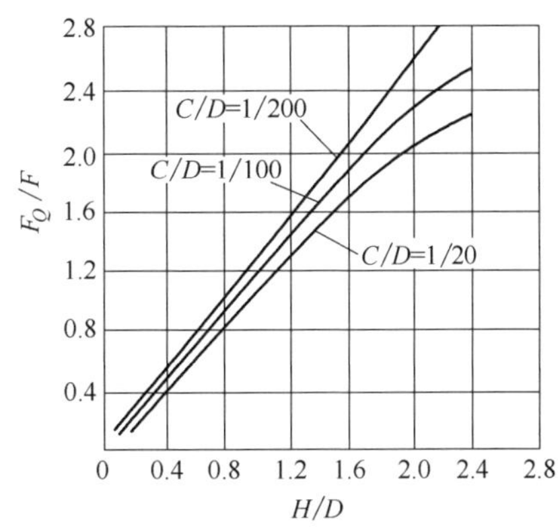

图 3-92　锻件高径比 H/D 对 F_Q/F 的影响

（3）第 Ⅲ 阶段形成纵向飞边阶段

此时坯料基本上已成为不变形的刚性体，只有在极大的模压力作用下，或在足够的打击能量作用下，才能使端部的金属产生变形流动，形成纵向飞边。飞边的厚度越薄、高度越大，模膛侧壁的压应力也越大。这样大的压应力容易使模膛迅速损坏。

这个阶段的变形对闭式模锻有害无益，是不希望出现的。它不仅影响模具寿命，而且容易产生过大的纵向飞边，清除比较困难。

由上述分析可以看出；

① 闭式模锻变形过程宜在第 Ⅱ 阶段末结束，即在形成纵向飞边之前结束，允许在分模面处有少量充不满或变形或很矮的纵向飞边。

② 模壁的受力情况与锻件的 H/D 有关，H/D 越小，模壁受力状况越好。

③ 坯料体积的精确性对锻件尺寸和是否出现纵向飞边有重要影响。

④ 打击能量或模压力是否合适影响闭式模锻的成形情况。

⑤ 坯料形状尺寸和在模膛中的位置对金属分布的均匀性有重要影响。坯料形状不合适和定位不正确，将可能使锻件一边已产生飞边而另一边尚未充满。生产中，整体都变形的坯料，一般以外形定位，而仅局部变形的坯料则以不变形部位定位。为防止模锻过程中产生纵向弯曲引起“偏心”流动，对于局部镦粗成形的坯料，应使变形部分的高径比 $H_0/D_0 < 1.4$；对于冲孔成形的坯料，一般使 $H_0/D_0 < 0.9 \sim 1.1$。

闭式模锻的优点是：①减少飞边材料损耗（飞边金属约为锻件重量的 10% ～ 50%，平均约为 30%）；②节省切边设备；③有利于金属充满模膛，有利于进行精密模锻；④闭式模锻时金属处于明显的三向压应力状态，有利于低塑性材料的成形。

闭式模锻能够正常进行的必要条件主要是：①坯料体积准确，使坯料体积和模膛容积相等；②坯料形状尺寸合理并能在模膛内准确定位；③能够较准确地控制打击能量或模压力；④有简便的取料措施或顶料机构。由于以上条件，闭式模锻一般只适用于形状对称的回转体锻件，使闭式模锻的应用受到一定限制。

3.9.4.2　坯料体积和模膛体积变化对锻件尺寸的影响

闭式模锻时，坯料体积和模膛体积的变化主要反映在锻件的高度尺寸上，锻件高度尺寸偏差值 ΔH 与坯料体积和模膛体积偏差值 ΔV 的关系如下：

$$\Delta H=\frac{4\Delta V}{\pi D^2} \tag{3-32}$$

式中，D 为锻件最大外径。

由式（3-32）可以看出，锻件的最大外径对高度偏差值有很大影响。影响 ΔV 值的因素有两方面；一方面是影响坯料实际体积的因素，其中主要是坯料直径和下料长度的公差、烧损量的变化、实际锻造温度的变化等；另一方面是影响模膛实际体积的因素，其中主要是模膛的磨损、压机的弹性变形量的变化、锻模温度的变化等。

对于液压机和锤类设备，在正确操作的条件下，ΔH 可以只表现为锻件高度尺寸的变化，但对于行程一定的机械压机类设备，ΔH 则表现为模膛充满程度或产生飞边。当飞边过大时将造成设备超载（锻压机闷车和平锻机夹紧滑块保险机构松脱）。

为了保证锻件高度尺寸公差（或限制 ΔH 的允许值），可以在考虑其他因素影响的条件下，确定坯料允许的质量公差。

3.9.4.3　打击能量和模压力对成形质量的影响

打击能量和模压力对成形质量的影响如表 3-9 所示。由该表可以看出：

① 在不加限程装置的情况下，打击能量（或模压力）合适时，成形良好，而过大时则产生飞边，过小时则充不满。

表 3-9　打击能量和模压力对成形质量的影响

载荷情况	载荷大小	坯料体积大小	成形情况	
			不加限程装置	加限程装置
冲击性载荷	打击能量合适	大	成形良好，但锻件偏高	
		小	成形良好，但锻件偏低	充不满
		正好	成形良好，锻件高度合乎要求	

续表

<table>
<tr><th rowspan="2">载荷情况</th><th rowspan="2">载荷大小</th><th rowspan="2">坯料体积大小</th><th colspan="2">成形情况</th></tr>
<tr><th>不加限程装置</th><th>加限程装置</th></tr>
<tr><td rowspan="6">冲击性载荷</td><td rowspan="3">打击能量过小</td><td>大</td><td colspan="2" rowspan="3">充不满</td></tr>
<tr><td>小</td></tr>
<tr><td>正好</td></tr>
<tr><td rowspan="3">打击能量过大</td><td>大</td><td rowspan="3">产生飞刺</td><td>产生飞刺</td></tr>
<tr><td>小</td><td>充不满</td></tr>
<tr><td>正好</td><td>成形良好</td></tr>
<tr><td rowspan="9">可控制的静载荷（如液压机）</td><td rowspan="3">模压力合适</td><td>大</td><td colspan="2">成形良好，但锻件偏高</td></tr>
<tr><td>小</td><td>成形良好，但锻件偏低</td><td>充不满</td></tr>
<tr><td>正好</td><td colspan="2">成形良好，锻件高度合乎要求</td></tr>
<tr><td rowspan="3">模压力过小</td><td>大</td><td colspan="2" rowspan="3">充不满</td></tr>
<tr><td>小</td></tr>
<tr><td>正好</td></tr>
<tr><td rowspan="3">模压力过大</td><td>大</td><td rowspan="3">产生飞刺</td><td>产生飞刺</td></tr>
<tr><td>小</td><td>充不满</td></tr>
<tr><td>正好</td><td>成形良好</td></tr>
<tr><td rowspan="3">不可控制的静载荷（如曲轴压力机）</td><td>模压力合适</td><td>正好</td><td colspan="2">成形良好，且高度合乎要求</td></tr>
<tr><td>模压力过小</td><td>小</td><td colspan="2">充不满</td></tr>
<tr><td>模压力过大</td><td>大</td><td colspan="2">产生飞刺</td></tr>
</table>

② 闭式模锻时，对体积准确的坯料，增加限程装置，可以改善因打击能量（或模压力）过大而产生飞边的情况，以获得成形良好的锻件。

③ 对机械压力机，由于行程一定，模压力大小和成形情况取决于坯料体积的大小。应当指出，闭式模锻时采取有效措施吸收剩余打击能量和容纳多余金属是保证成形质量、改善模具受力情况、提高模具寿命的重要途径。

3.9.4.4 各类锻压设备闭式模锻的特点

（1）液压机

液压机闭式模锻一般不产生飞边，在合理选用设备吨位的条件下，可以靠控制压力大小使变形过程在产生飞边之前结束。

（2）平锻机

平锻机上闭式模锻，由于采用较高精度的冷拉棒料，坯料长度可以准确调节，靠坯料的不变形部分定位，以及行程一定等，保证了较小的 ΔV 值，因而可以不产生或只产生很小的飞边。当因意外情况产生很大的飞边时，由于侧向力急剧增大，夹紧滑块保险机构使阴模张开，自行卸载，而当工作载荷消除后，保险机构自行恢复，又可立即工作。另外，凹模是分开式，便于取件，这些条件保证了平锻机上闭式模锻工艺的稳定性。

（3）锻压机

锻压机虽具有和平锻机类似的工作特性，但不具有保证闭式模锻工艺稳定性的条件，超载“闷车”也不能自行卸载和自行恢复。因此，只在具有保证工艺稳定性的条件下，才能采用闭式模锻。

（4）模锻锤

模锻锤上闭式模锻在生产中存在的主要问题是锻模寿命低，常产生较大的纵向飞边和锻件不易脱模等。产生纵向飞边和锻模寿命低的重要原因之一是模锻锤的打击强度大和打击能量不易准确控制，常常有较大的剩余能量。

（5）螺旋压力机

螺旋压力机由于其系统刚度的限制，最大打击力（即冷击力）有一定的限度，对产生纵向飞边也有一定的限制作用，同时顶出机构也有助于锻件出模。

（6）高速锤

高速锤的打击能量可以比较准确地控制，也有顶出机构，这都有利于在该设备上进行闭式模锻。高速锤上闭式模锻的主要问题是模具寿命低，解决这一问题的关键是严格控制打击能量和坯料体积，以及解决剩余能量的吸收问题。

综合以上分析可以看出，闭式模锻除了在模锻锤和锻压机上应用受到一定限制外，在液压机、平锻机、螺旋压力机、高速锤生产中都是可行的，特别适用于平锻机、胎模锻和螺旋压力机生产短轴线类锻件。

3.9.5 模锻件的分类

模锻工艺和模锻方法与锻件外形密切相关。形状相似的锻件，模锻工艺流程、锻模结构基本相同。为了便于拟定工艺规程和锻模设计，应将各种形状的模锻件进行分类。目前比较一致的分类方法是，按照锻件的外形和模锻时毛坯的轴线方向，把模锻件分为圆饼类、长轴类、顶镦类和复合类，如表 3-10 所示。

表 3-10　模锻件的分类

类别	组别	锻件简图
圆饼类锻件	简单形状	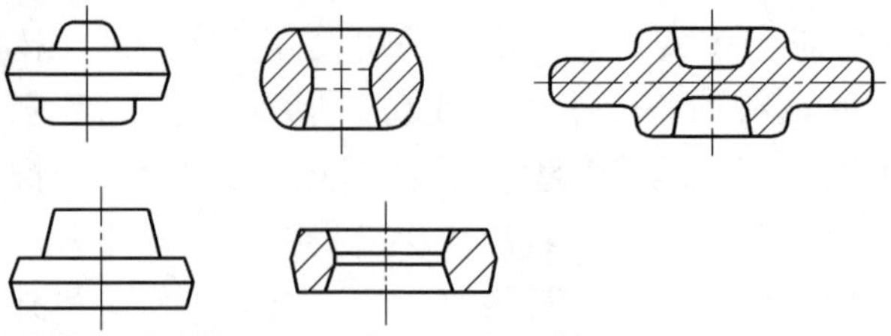

续表

类别	组别	锻件简图
圆饼类锻件	较复杂形状	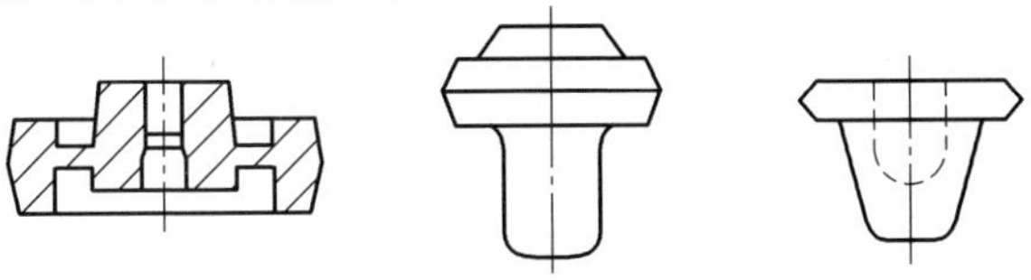
	复杂形状	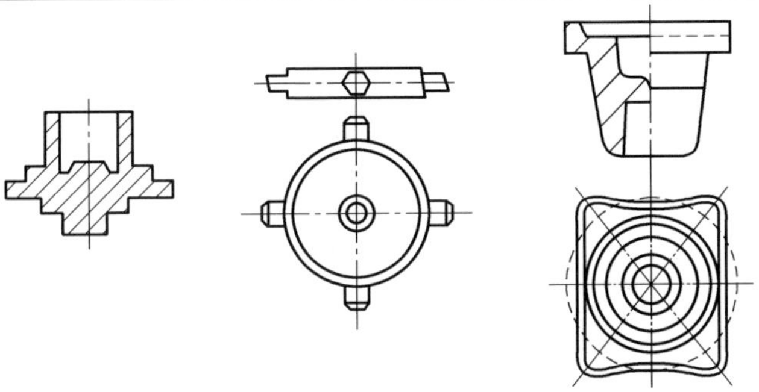
长轴类锻件	直长轴线类	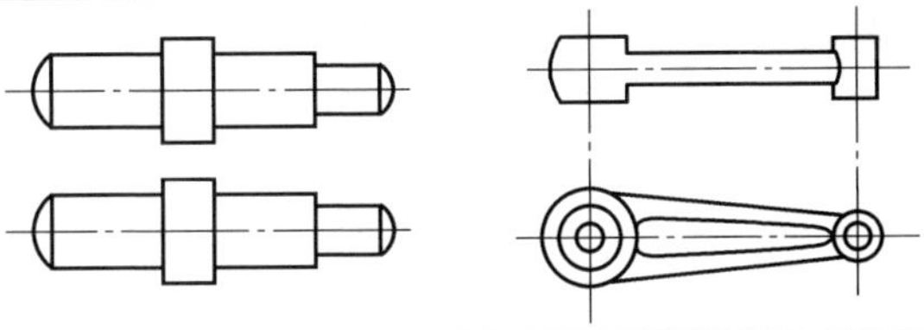
	弯曲轴线类	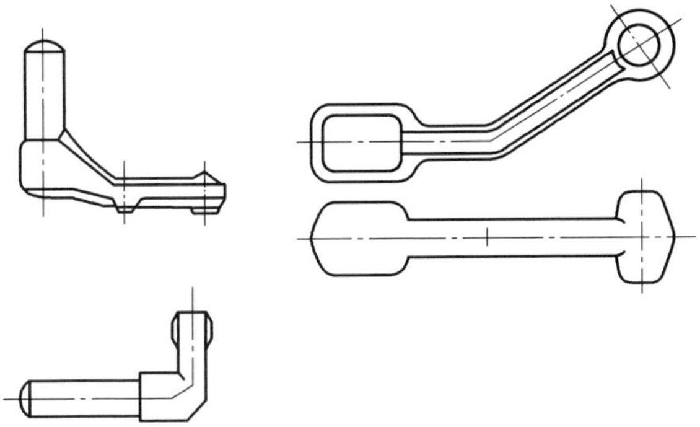
	枝芽类	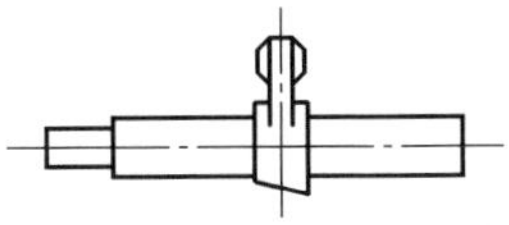
	叉类	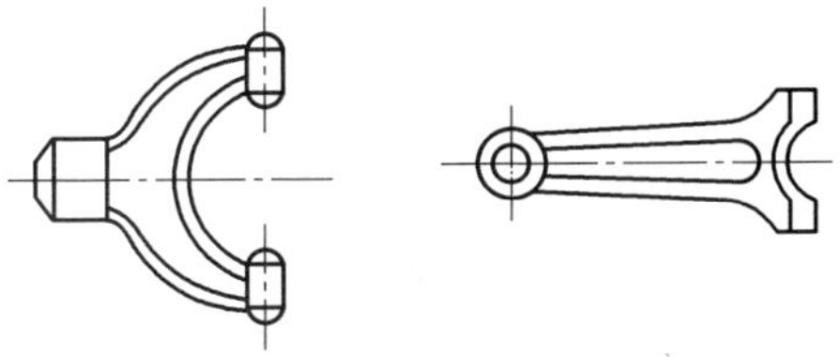

续表

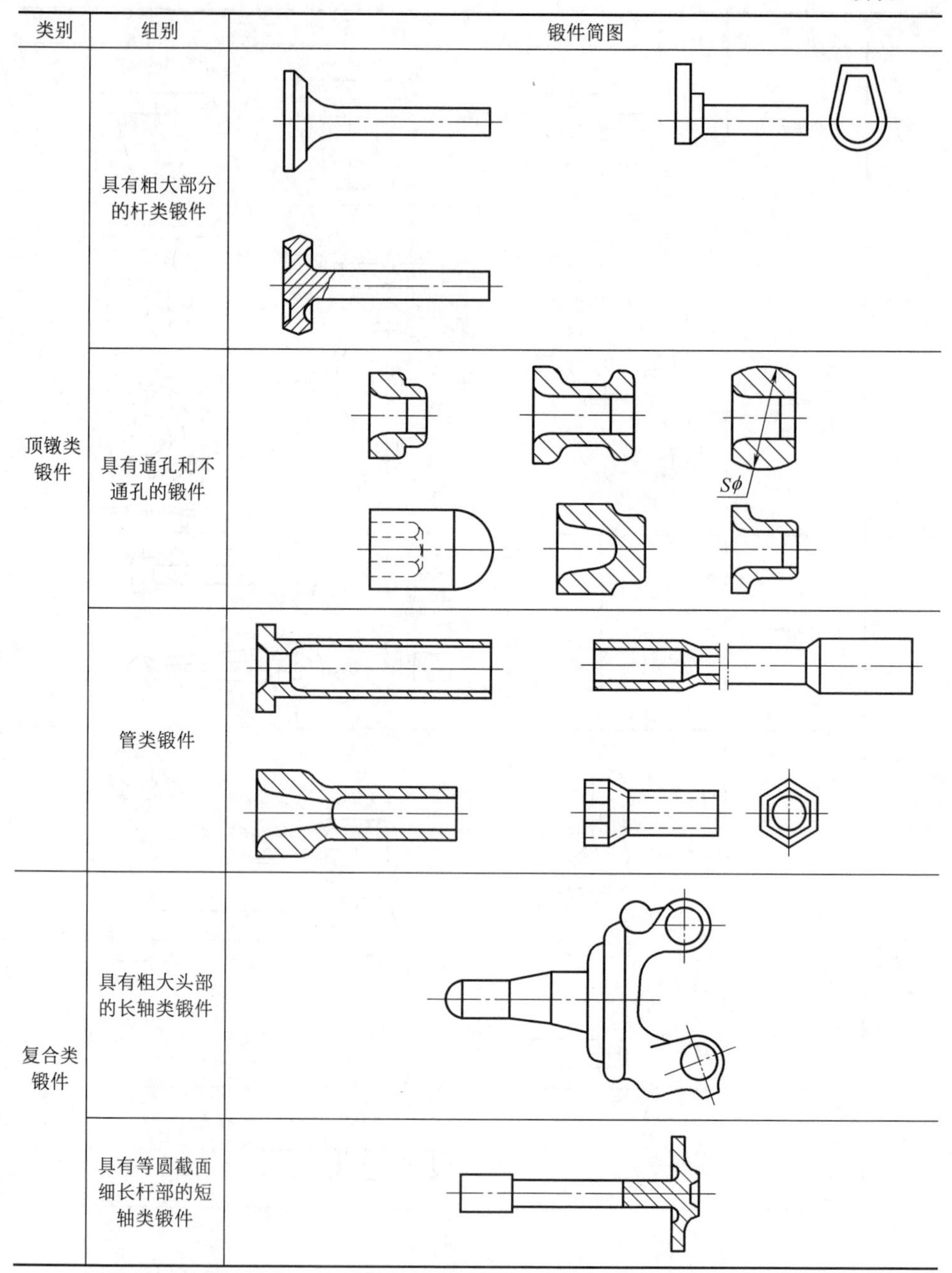

类别	组别	锻件简图
顶镦类锻件	具有粗大部分的杆类锻件	
	具有通孔和不通孔的锻件	Sϕ
	管类锻件	
复合类锻件	具有粗大头部的长轴类锻件	
	具有等圆截面细长杆部的短轴类锻件	

（1）圆饼类锻件

圆饼类或称短轴类锻件的特点是锻件高度方向的尺寸通常比其平面图中的长、宽尺寸小，锻件平面图呈圆形、方形或近似圆形和方形。这类锻件模锻时，毛坯的轴线与打击方向相同。可以近似认为，在模锻过程中，金属只在它所在径向平面（称为流动平面）内沿高度和径向同时流动。终锻前常采用镦粗或压扁制坯，以保证锻件成形质量。

（2）长轴类锻件

长轴类锻件的特点是锻件的长度与宽度或高度的尺寸比例较大。这类锻件在模锻时，毛坯的轴线与打击方向垂直。可以近似地认为，金属基本上只在它所在的垂直于轴线的平面（流动平面）内沿高度和宽度方向流动，而沿轴线方向的流动很小，这是由于金属在流动平面内的流动阻力比沿轴线方向的流动阻力小。

按锻件外形、主轴线、分模特征，长轴类锻件可分成直长轴类、弯曲轴类和枝芽类和叉类锻件。

① 直长轴类锻件。锻件的主轴线和分模线为直线状的属于这一类。制坯工步的选择要依据锻件沿长度方向截面积变化情况而定，工艺上通常采用拔长或滚挤工步。

② 弯曲轴类锻件。这类锻件的主轴线与分模线，或二者之一呈曲（折）线状。工艺措施上除要求采用拔长或拔长加滚挤制坯外，还要加上弯曲或成形弯曲制坯。

③ 枝芽类锻件。这种锻件上通常带有突出的枝芽状部分。终锻前除可能需要拔长或拔长加滚挤制坯外，为便于锻出枝芽，还应进行成形制坯或预锻。

④ 叉类锻件。锻件头部呈叉状，杆部或长或短。杆部较短的叉形锻件，除需要拔长或拔长加滚挤制坯外，还得进行弯曲制坯。而杆部较长的叉形锻件，则不必弯曲制坯，只需采用带有劈开台的预锻工步。

（3）顶镦类锻件。

顶镦类锻件一端或两端具有粗大部分，杆部有实心和空心两种，这类锻件常采用顶镦工艺实现成形。可选用平锻机、螺旋压力机或热模锻曲柄压力机。该类锻件可分为三组。

第 1 组：具有粗大头部的杆类锻件。这类锻件头部无孔或带有不通孔，坯料直径按杆部选定。模锻工步为聚料、预锻和终锻，头部粗大部分可采用开式模锻或闭式模锻。

第 2 组：具有通孔或不通孔的锻件。通孔类锻件所用坯料，其直径尽量按孔径选用；而非通孔类锻件常用长棒料连续锻造，主要工步为聚料、预锻、终锻、冲孔、切断等。

第 3 组：管类锻件。原材料直径按锻件杆部的管子规格选用，采用单件后定料模锻，主要工步为聚料、预锻和终锻。

（4）复合类锻件

某些锻件兼有上述三类锻件组合的特征，制坯工步应根据锻件的具体形状特点及尺寸情况确定。对于有粗大头部的长轴类锻件，例如汽车转向节，一般是采用复合模锻工艺，即先按长轴类锻件进行模锻，然后再局部模锻头部。另一种是带等圆断面细长杆部的短轴类锻件，如汽车半轴，宜于平锻机上模锻。

3.9.6　模锻工艺过程制定的内容和模锻工艺方案选择

模锻工艺过程系指坯料经过一系列加工工序制成模锻件的整个生产过程。模锻工艺过程由以下几个工序组成，如图 3-93 所示。

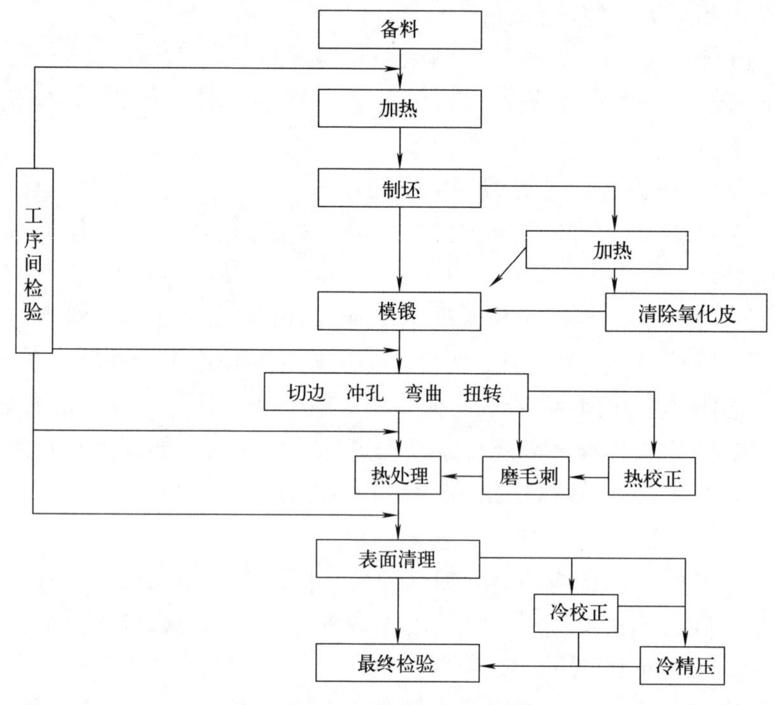

图 3-93　模锻工艺的一般流程

① 备料工序：按锻件所要求的坯料规格尺寸下料，必要时还需对坯料表面进行除锈、防氧化和润滑处理等。

② 加热工序：按变形工序所要求的加热温度和生产节拍对坯料进行加热。

③ 锻造工序：可分为制坯和模锻两种工序（步）。制坯的方法较多，模锻工步有预锻和终锻，终锻是必不可少的工步。变形工序是根据锻件类型和

选用的模锻设备确定的。

④ 锻后工序：该类工序的作用是弥补模锻工序和其他前期工序的不足，使锻件最后能完全符合锻件图的要求。锻后工序包括有：切边、冲孔、热处理、校正、表面清理、磨残余毛刺、精压等。

⑤ 检验工序：包括工序间检验和最终检验。工序间检验一般为抽检。检验项目包括几何形状尺寸、表面质量、金相组织和力学性能等，具体检验项目根据锻件的要求确定。

制定模锻工艺过程的内容包括设计锻件图、合理选择工艺方案、确定坯料尺寸和质量、确定所需工序并选择所用设备、确定模锻工艺流程并填写模锻工艺卡片等。本节主要介绍锻件图的设计及合理选择工艺方案，其他部分可参考自由锻工艺过程制定的相应内容。

3.9.6.1 模锻件图

模锻件图是制定模锻生产过程和工艺规范的基础，也是设计和制造锻模、检验锻件的依据。模锻件图分成冷锻件图和热锻件图两种。冷锻件图用于检验最终锻件、制定机加工工艺、设计加工夹等，简称“锻件图”。热锻件图用于锻模的设计和制作，又称“制模用锻件图”，依据冷锻件图设计。锻件图设计主要包括以下内容：

① 选择分模面的位置与形状；

② 确定机械加工余量、余块、锻件公差；

③ 确定模锻斜度、圆角半径；

④ 确定冲孔连皮的形式和尺寸；

⑤ 制定锻件技术条件，绘制锻件图。

下面针对以上内容分别介绍。

（1）确定分模面

分模面是上、下模的分界线，表现在锻件分模位置上是一条封闭的锻件外轮廓线。确定分模面位置的最基本原则是：保证锻件形状尽可能与零件形状相同，容易从模腔中取出；此外，应争取获得镦粗成形，由此，锻件分模面位置应选在具有最大水平投影尺寸的位置上，如图 3-94 所示，应选择在 *A-A* 线上。

为了提高锻件质量和生产过程的稳定性，除满足上述分模原则外，确定开式模锻件的分模位置还应考虑下列要求：

① 为易于发现上下模腔的相对错移［图 3-95（a）］，应选在锻件侧面的中部；

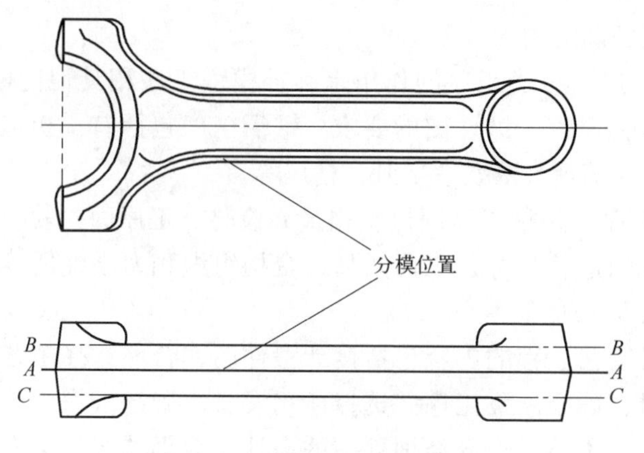

图 3-94　连杆锻件分模面位置

② 尽可能选用直线分模，使锻模加工简单［图 3-95 (b)］。但对于头部尺寸较大，且上下不对称的锻件，则宜用折线分模，以利充满成形［图 3-95 (c)］。

③ 对圆饼类锻件，当 $H \leqslant D$ 时，为便于锻件切边模和锻模的加工制造，也为了节约金属材料，宜取径向分模，而不取轴向分模［图 3-95 (d)］。

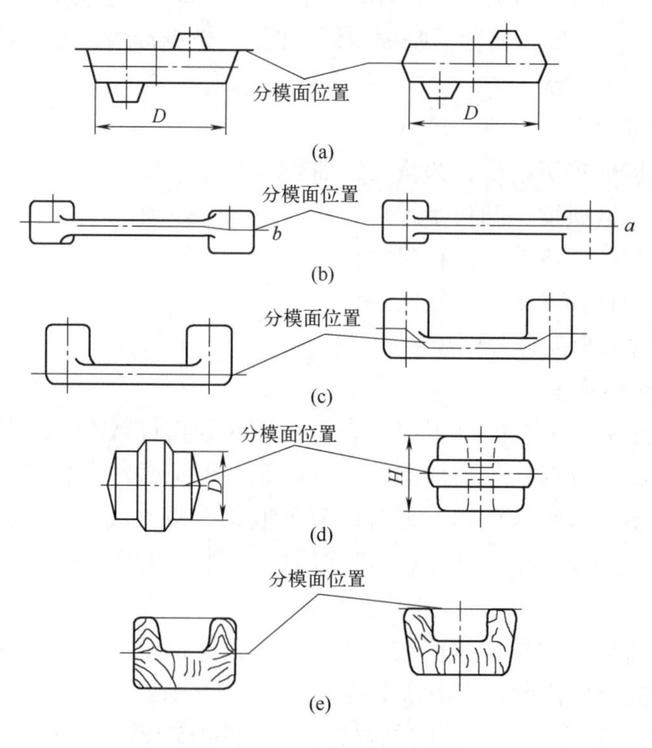

图 3-95　分模面位置选择

④ 对金属流线方向有要求的锻件，为避免纤维组织被切断，应尽可能沿锻件截面外形分模［图 3-95（e）］，保证锻件有合理的金属流线分布，还应考虑锻件工作时的受力情况，应使纤维组织与剪应力方向相垂直。

（2）确定机械加工余量和公差

普通模锻件均经机械加工才能成为零件。在模锻过程中，必须考虑机械加工余量是由于以下原因：

① 毛坯在高温下产生氧化和脱碳；

② 毛坯体积变化及终锻温度波动；

③ 由于锻件出模的需要，模膛壁带有斜度，锻件侧壁需添加敷料；

④ 模膛磨损和上、下模难免的错移现象；

⑤ 锻件形状复杂，需适当简化，添加适当的金属余块，保证模锻成形。

锻件尺寸不仅要加上机械加工余量，还要规定适当的尺寸公差。简单地说，锻件上凡是要机械加工的部位，都应加上加工余量。确定锻件加工余量和公差时，既可用部颁标准，也可采用厂标。

锻件尺寸公差具有非对称性，即正偏差大于负偏差。这是因为高度方向影响尺寸发生偏差的根本原因是锻不足，而模膛底部磨损及分模面压陷引起的尺寸变化是次要的。水平方向的尺寸公差也是正偏差大于负偏差，这是因为模锻中模膛磨损和锻件错移是不可避免的现象，而且均属于增大锻件尺寸的影响因素。此外，正偏差的大小不会导致锻件报废，正偏差大些对稳定工艺、提高锻模使用寿命有好处，因此正偏差值有所放宽。

确定锻件机械加工余量和锻件公差的方法较多，各工厂采用的方法不同，但可归纳为按锻件形状和按设备吨位两种方法。国家已颁布了 GB/T 12362—2016《钢质模锻件　公差及机械加工余量》标准。模锻件的加工余量，根据估算锻件质量、加工精度及锻件复杂系数查表确定。锻件公差可根据锻件的尺寸、质量、精度级别、形状复杂系数以及锻件材质系数等因素查表确定。主要公差项目有：长度、宽度、高度公差，错差，残留飞边公差，直线度和平面度公差，中心距公差，表面缺陷等。各影响因素的确定方法如下：

① 锻件质量和尺寸。锻件质量根据锻件图的名义尺寸进行计算，在锻件图未设计前可根据锻件大小初定余量进行计算，并可按此质量查表确定公差和余量。

② 锻件形状复杂系数。锻件形状复杂系数（S）是锻件质量 $G_{锻}$ 或体积 $V_{锻}$ 与其外廓包容体的质量 $G_{包}$ 或体积 $V_{包}$ 的比值，如图 3-96、图 3-97 所示，即

$$S = \frac{G_{锻}}{G_{包}} = \frac{V_{锻}}{V_{包}} V / V_b \tag{3-33}$$

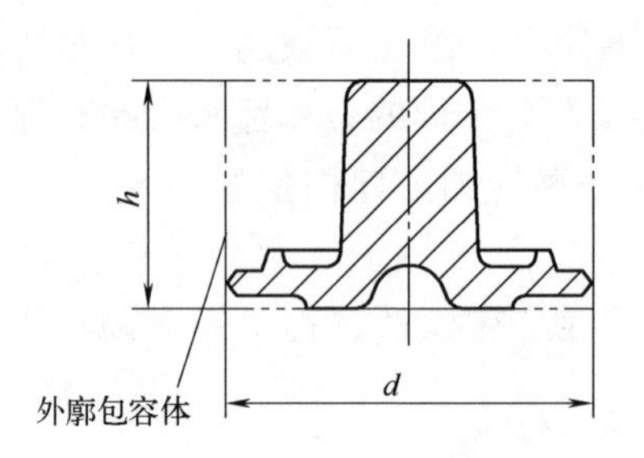

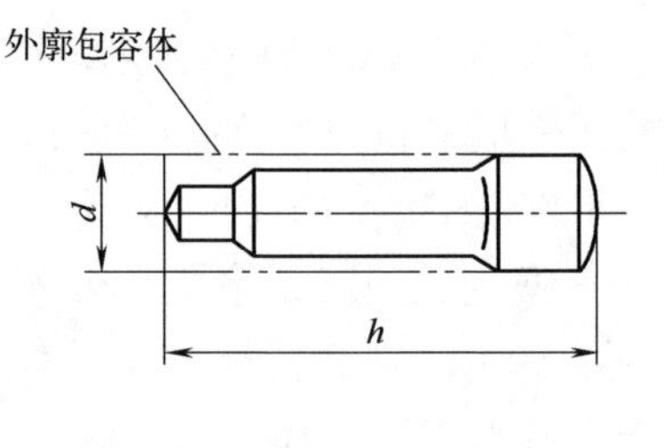

图 3-96 圆形锻件的外廓包容体

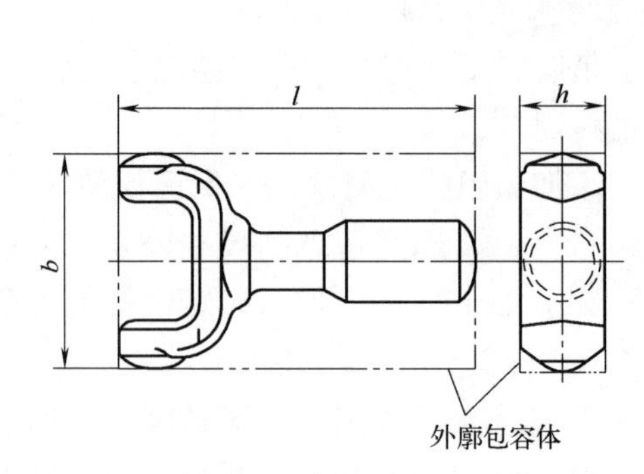

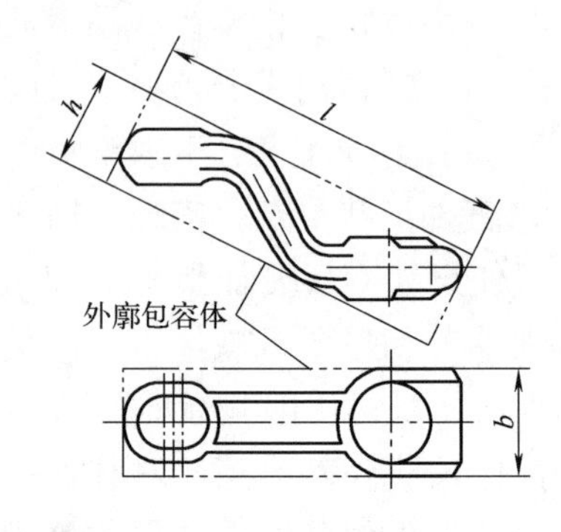

图 3-97 方形锻件的外廓包容体

锻件形状复杂系数可以分为四个等级：当 S=0.63 ～ 1 时，形状复杂程度为较低的Ⅰ级，锻件形状简单；S=0.32 ～ 0.63 时，形状复杂程度为Ⅱ级，为普通形状锻件；S=0.16 ～ 0.32 时，形状复杂程度为Ⅲ级，锻件形状较复杂；$S \leqslant 0.16$ 时，形状复杂程度为Ⅳ级，锻件形状复杂。

提特斯（Teteies）提出的轴对称锻件的形状复杂系数为

$$S=\alpha\beta \tag{3-34}$$

式中，α、β 分别是纵、横截面形状系数。

纵截面形状系数为

$$\alpha=x_f/x_c \quad (x_f=L^2/A,\ x_c=L_c^2/A_c) \tag{3-35}$$

式中，L 为锻件纵截面的周界长度；A 为锻件纵截面的面积；L_c 为锻件外接圆柱体的纵截面周界长度；A_c 为锻件外接圆柱体的纵截面面积。

横截面形状系数为

$$\beta=2R_g/R_c \tag{3-36}$$

式中，R_g 为从对称轴至半个纵截面重心的径向距离；R_c 为锻件外接圆柱体的半径。

③ 锻件材质系数。按材料可锻性难易程度划分等级。材质系数不同，公差不同。钢质模锻件可分为 M1 和 M2 两级。

M1：碳含量小于0.65%的碳钢或合金元素总含量小于3.0%的合金钢。

M2：碳含量大于或等于0.65%的碳钢或合金元素总含量大于或等于3.0%的合金钢。

④ 锻件精度等级。钢质模锻件公差一般分为两级：普通级和精密级。普通级公差系指用一般模锻方法能达到的精度公差。精密级公差有较高的精度，适用于精密锻件。

⑤ 锻压设备类型。各类设备（如锻锤、曲柄压力机、平锻机、螺旋压力机等）的导向精度、运动特性不同，因而模锻工艺有所差异，导致余量和公差不同。

⑥ 分模形式和模具状况。平直分模及弯曲对称分模较不对称的弯曲分模产生的错移程度低。此外模具材质、强度不同，磨损程度不同。在设计锻件图时也应考虑余量和公差有所差别。

除上述因素外，模锻件机械加工余量和锻件公差还与锻造加热等工艺条件、热处理变形量、校正的难易程度、机械加工的工序设计等因素有关。因此，在确定机加工余量和锻件公差时，除应根据主要影响因素查表确定外，尚应考虑到其他因素的影响。

(3) 模锻斜度

为了能顺利地从模膛中取出锻件，锻件上与分模面垂直的平面或曲面必须带有斜度，称为模锻斜度。模锻斜度可以是附加的斜度，也可以是自然的斜度。锻件外壁（在冷却收缩过程中，趋向于离开模壁的部分）上的斜度称为外模锻斜度α。反之，锻件内壁（将模膛中凸起部分夹得更紧的部分）上的斜度称为内模锻斜度β，如图3-98所示。

模锻时，金属被压入模膛后，锻模也受到弹性压缩。外力去除后，模壁要弹性恢复而加紧锻件。同时，由于金属与模壁间存在摩擦，为取出锻件所需的力（图3-99）可以计算如下：

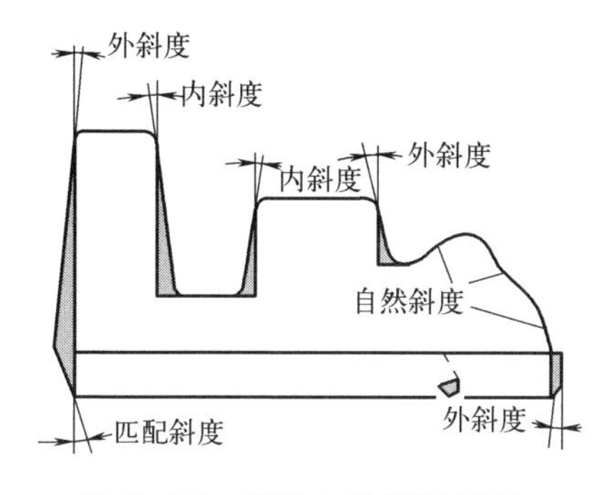

图3-98　锻件上的模锻斜度

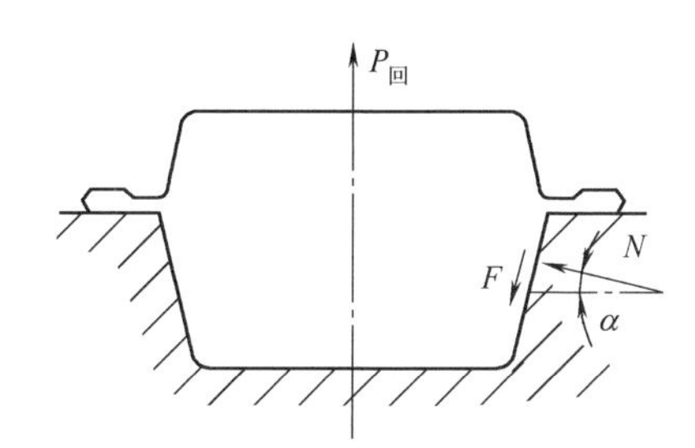

图3-99　锻件出模受力分析

$$F_{取}=F_T\cos\alpha-F\sin\alpha=F(\mu\cos\alpha-\sin\alpha) \quad (3-37)$$

从式（3-37）可以看出，模锻斜度 α 值越大，取出力 $F_{取}$就越小。α 达到一定值后，锻件会自行从模膛中脱开。但由于 α 的加大，会增加金属的消耗和机械加工余量，同时金属所受到的模膛阻力也大，使金属充填困难，因此，在保证锻件能顺利取出的前提下，模锻斜度应尽量取小一些。

为了制造模具时采用标准刀具，模锻斜度应按以下数值选用：0°15′、0° 30′、1°、1° 30′、3°、5°、7°、10°、12°、15°。

（4）圆角半径

为了使金属易于流动和充满模膛，提高锻件的成形质量并延长锻模的使用寿命，模锻件上所有的转接处都要用圆弧连接，使尖角、棱边呈圆弧过渡，此过渡处称为锻件的圆角（图 3-100）。

锻件上的凸圆角半径称为外圆角半径 r，凹圆角半径称为内圆角半径 R。锻件上的外圆角对应模膛的内圆角，其作用是避免锻模在热处理和模锻过程中因应力集中而导致模具开裂，并保证金属能充满此处。若外圆角半径 R 过小，金属充填模膛相应处十分困难，而且易在此处引起应力集中使模具过早开裂；若外圆角半径过大，会使锻件凸圆处余量减少。锻件上内圆角对应模膛上的外圆角，其作用是使金属易于流动充填深腔，防止产生腹板薄、筋既窄又高这类在筋部出现折叠的锻件，同时也防止模膛中较窄的凸出部分被压塌（图 3-101）。若锻件内圆角过小，则金属流动时形成的纤维容易被割断，导致力学性能下降；或是产生回流形成折叠，使锻件报废（图 3-102）；或使模具中凸出部分被压塌而影响锻件出模。若内圆角半径过大，将增加机械加工余量和金属损耗，对于某些复杂锻件，内圆角半径过大，会使金属过早流失，造成局部充不满。

圆角半径的大小与锻件的形状尺寸有关，锻件高度尺寸大，圆角半径应加大。

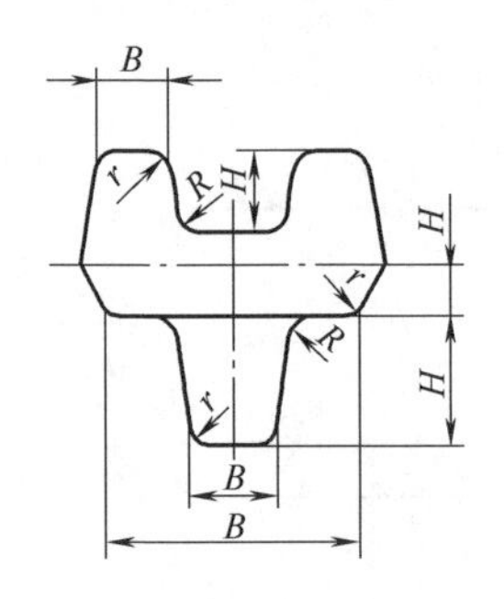

图 3-100　模锻件的圆角半径

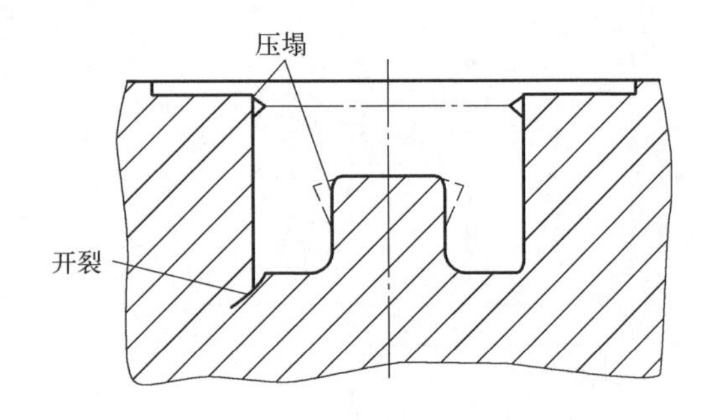

图 3-101　圆角半径过小对模具的影响

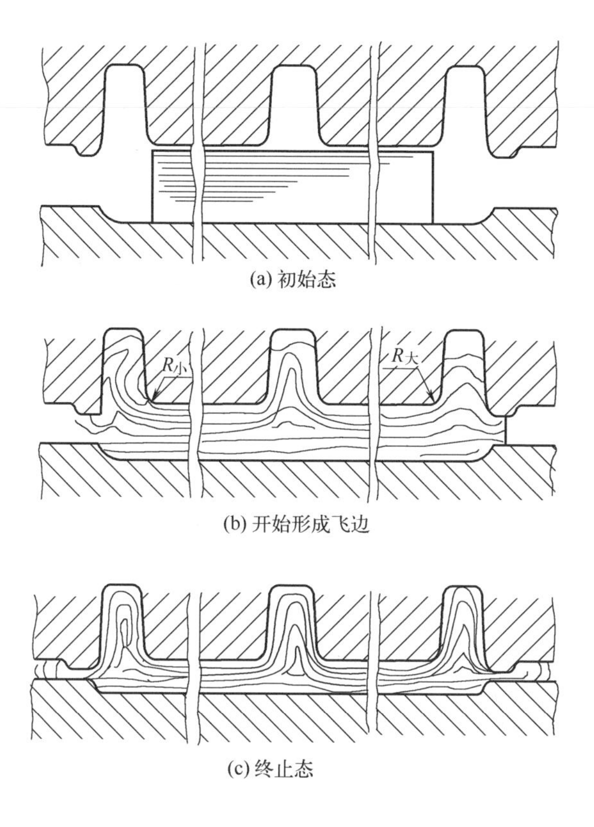

(a) 初始态

(b) 开始形成飞边

(c) 终止态

图 3-102　圆角半径与折叠的关系

为保证锻件外圆角处有必要的加工余量，可按 r= 余量 + 零件相应处半径（或倒角）确定。锻件上的内圆角半径 R 应比外圆角半径 r 大，一般取 R=（2 ～ 3）r。

为便于选用标准刀具，圆角半径应按下列标准选定（单位 mm）：1、1.5、2、3、4、5、6、8、10、12、15、20、25、30。

（5）冲孔连皮

模锻不能直接锻出通孔，因此，在设计热锻件图时必须在孔内保留一层连皮（图 3-103），然后在切边压力机上冲除掉。一般情况下，当锻件内孔直径大于 30mm 时要考虑设冲孔连皮。连皮厚度应适当，若过薄，锻件容易发生锻不足并要求较大的打击力，从而导致模具凸出部分加速磨损或打塌；若连皮太厚，虽然有助于克服上述现象，但是冲除连皮困难，容易使锻件形状走样，而且浪费金属。所以在设计有内孔的锻件时，必须正确选择连皮形式及其尺寸。常用的冲孔连皮形式及尺寸见图 3-103 和表 3-11。

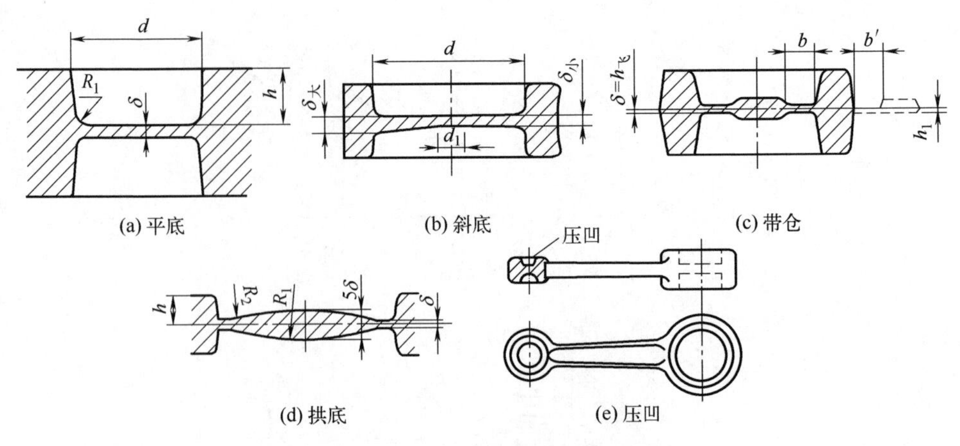

图 3-103　冲孔连皮的形式

表 3-11　冲孔连皮及其尺寸

连皮形式	适用范围	连皮尺寸 /mm	符号说明
平底	最为常用	$\delta=0.45\sqrt{d-0.25h-5}+0.6\sqrt{h}$ $R_1=R+0.1h+2$	R—内圆角半径，其余见图3-103（a）
斜底	常用干预锻模膛（$d>2.5h$或$d>60$mm）	$\delta_{大}=1.35$ $\delta_{小}=0.65$ $d_1=(0.25\sim0.30)\ d$	δ—平底连皮的计算值，其余见图3-103（b）
带仓	用于预锻时采用斜底连皮的终锻模膛	厚度δ和宽度b分别与飞边桥部高度$h_{飞}$和桥部宽度b相同	见图3-103（c）
拱底	用于内孔很大、高度很小的锻件（$d>15h$）	$\delta=0.4\sqrt{d}$ R_1——做图决定 $R_2=5h$	见图3-103（d）
压凹	内孔小于25mm的锻件		见图3-103（e）

（6）技术条件

上述各参数确定后，便可绘制锻件图。带连皮的锻件，不需绘出连皮的形状和尺寸，因为在检验用的锻件图上连皮已经切除。零件图的主要轮廓线应用点划线在锻件图上表示出来，便于了解各部分的加工余量是否满足要求。凡在锻件图上无法表示的有关锻件质量及其他检验要求，均列于技术条件的说明中。

图 3-104 是齿轮的锻件图（冷锻件图），括号内的数字是零件尺寸，双点画线是零件外形。

一般技术条件包含如下内容：

① 未注明的模锻斜度和圆角半径；

② 允许的错移量和残余飞边的宽度；

③ 允许的表面缺陷深度；

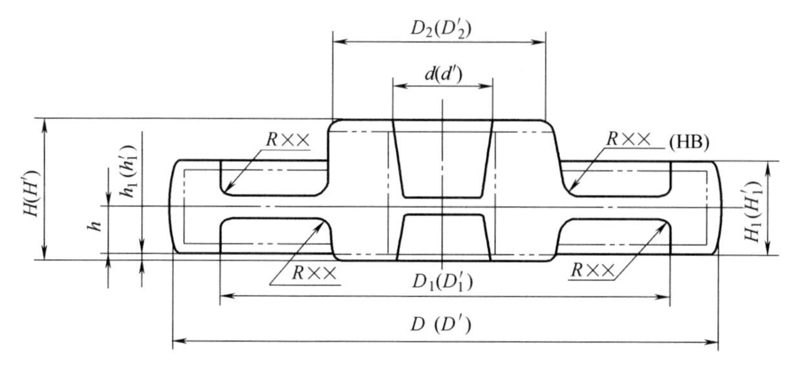

图 3-104　齿轮锻件图（冷锻件图）

④ 表面清理方法；

⑤ 锻后热处理方法及硬度要求；

⑥ 需要取样进行金相组织检验和力学性能检测时，应在锻件上注明取样位置。

3.9.6.2　模锻工艺方案的选择

选择合理的模锻工艺方案是锻造工艺设计的关键。选择模锻工艺方案时，应从具体生产条件出发，并综合考虑技术和经济两方面的问题。工艺方案选择的基本原则是保证锻件生产的技术可能性和经济合理性。在工艺上应满足对锻件质量和数量的要求，在经济上应使锻件生产成本低，有较好的经济效益。这里主要从技术角度说明模锻工艺方案的选择。

（1）模锻工艺的选择

同一锻件可以在不同设备上采用不同的工艺制造。不同的工艺方案所用的工艺装备（设备和模具等）不同，其经济效益也不同。当生产批量较大时，可采用模锻锤或热模锻压力机；若批量不太大，可采用螺旋压力机或在自由锻锤上进行胎模锻及固定模锻。无论采用哪种工艺必须保证锻件的质量要求，工艺方案的选择还必须考虑工厂的具体条件，尽量根据工厂目前的设备状况选择合理的工艺方案。

（2）模锻方法的选择

模锻方法即在某种设备上生产锻件可采用的不同方法，如单件模锻、调头模锻、一火多件、一模多件、合锻等。合理选择模锻方法可以提高模锻生产率，简化模锻工步和降低材料消耗。

① 单件模锻：对于模锻锤、热模锻压力机、螺旋压力机上模锻的锻件，通常一个坯料只锻一个锻件，尤其是较大的锻件都采用单件模锻。

② 调头模锻：毛坯下料长度可供锻两个锻件，坯料整体加热，在第一个锻件锻完后，调转 180°，用钳子夹住锻件，余下的坯料锻另一个锻件。采用这种方法可省去钳夹头，提高生产率，如图 3-105 所示。此种方法适用于单个锻件质量为 2 ～ 3kg，长度不超过 350mm 的中、小锻件，否则锻打、切边操作不便，劳动强度大。对于细长、扁薄或带落差的锻件，不宜采用调头模锻，因为锻第二件时会使夹持着的第一个锻件变形。

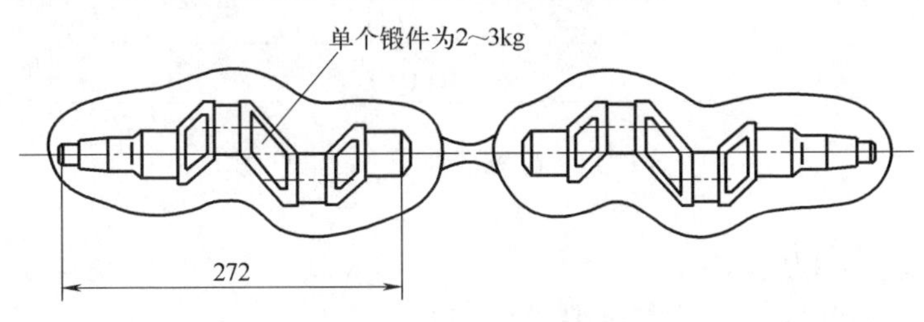

图 3-105　调头模锻

③ 一火多件：用一根加热好的棒料连续锻几个锻件，每锻完一个锻件从棒料上分离下来，再锻另一个锻件。一火多件是平锻机上模锻常用的锻造方法，带杆锻件采用切断、空心锻件采用穿孔的方法使锻件分离。锤上一火多件模锻法利用切断模膛将锻件切下。

锤上模锻适用于单件质量小于 2.5kg 的小锻件，连续锻打的锻件数为 4 ～ 6 件，件数太多时棒料过长操作不便，而且由于最后锻造的温度过低，影响锻模寿命和锻件质量。

④ 一模多件：在同一模块上一次模锻数个锻件，适用于质量在 0.5kg 以下、长度不超过 80mm 的小型锻件。同时模锻的件数一般为 2 ～ 3 件 [图 3-105（a）]。一模多件有时结合采用一火多件，这时一根棒料所能锻造出的锻件为 4 ～ 10 件。

对于截面差较大的某些锻件，通过合理的布排，能使金属分布均匀，减少截面差，简化模锻工步，使锻件容易成形并节省金属，如图 3-106（b）所示。

一模多件可以大大提高生产率，但对几个终锻模膛之间的位置精度应有更加严格的要求。

⑤ 合锻：将两个不同的锻件组合在一起同时锻出，然后再分开的锻造方法称为合锻。合锻可以使锻件易成形，节省金属，减少模具品种，提高生产效率。

图 3-107 所示是连杆和连杆盖、曲轴左拐和右拐合锻的例子。图 3-108 所示是两种大小不同的圆形锻件组合在一起锻造的实例。大锻件的内孔连皮用来生产小锻件，这样可节省金属，同时模锻出两个锻件，提高了生产率。此种方法也可称为套锻。

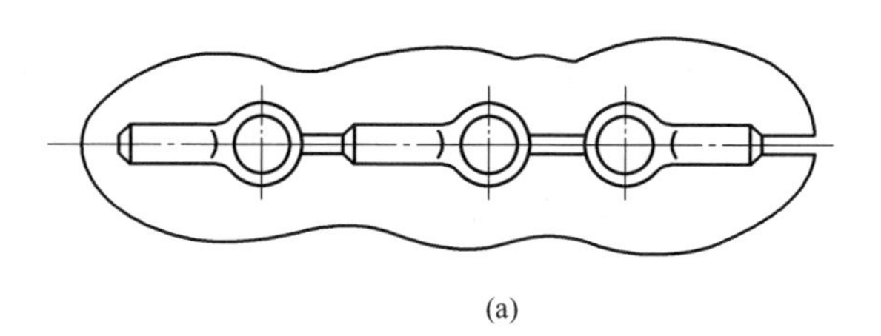

(a)

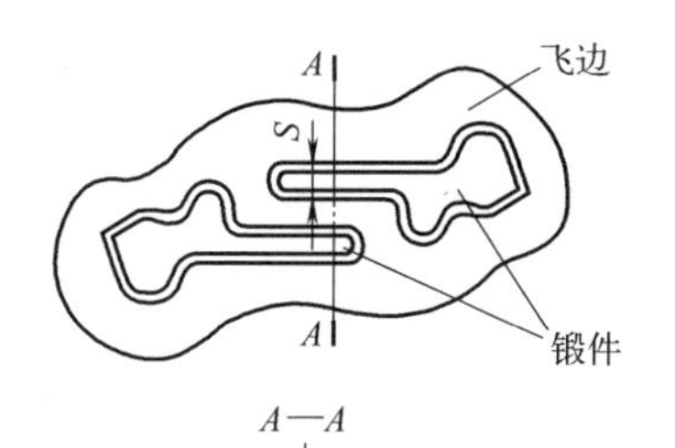

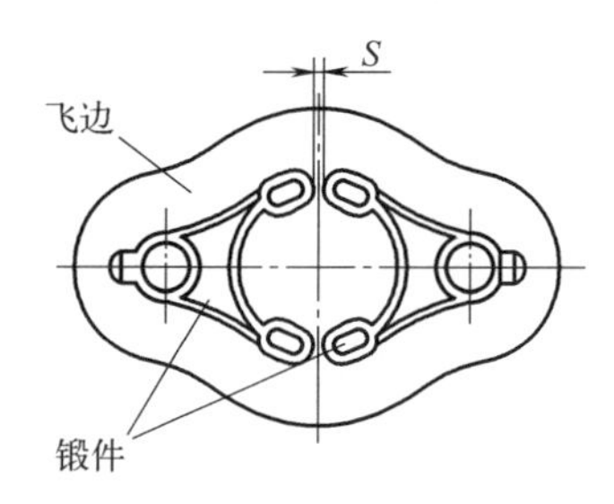

(b)

图 3-106　一模多件模锻

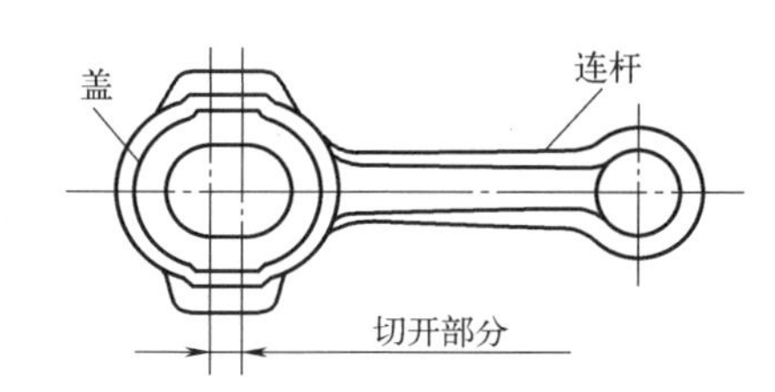

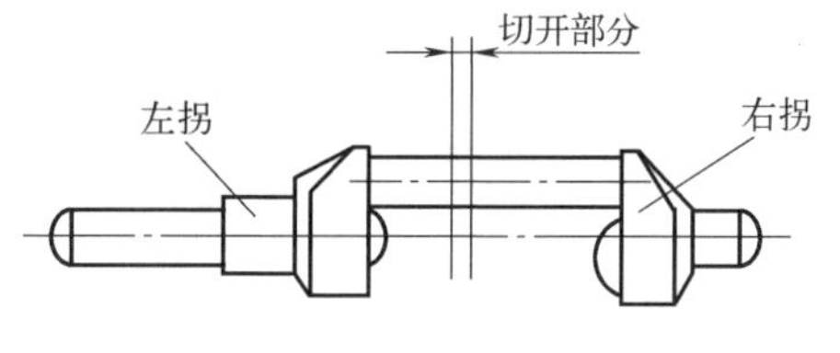

图 3-107　锻件的合锻

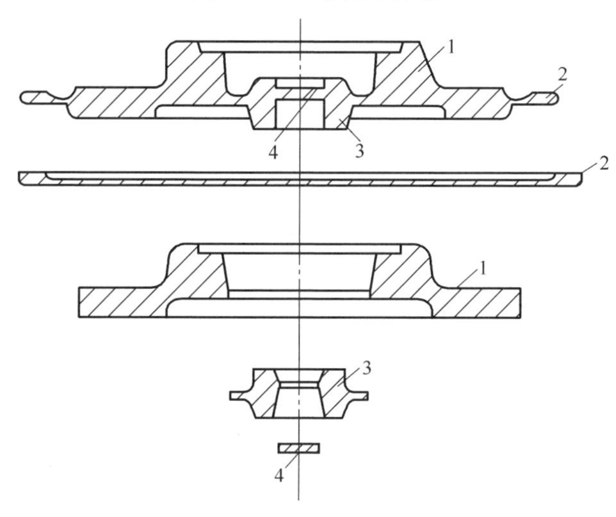

图 3-108　锻件的合锻

1—大锻件；2—飞边；3—小锻件；4—冲孔连皮

3.9.6.3 模锻变形工步的确定

模锻时，坯料在锻模的一系列模膛中变形，坯料在每一模膛中的变形过程称为工步。工步的名称和所用的模膛的名称一致。例如拔长工步所用的模膛叫拔长模膛。

模锻变形工步根据其作用不同可分为模锻工步、制坯工步、切断工步三类。

模锻工步包括预锻工步和终锻工步，其作用是使经制坯的坯料得到最终锻件所要求的形状和尺寸。每类锻件都需要终锻工步，而预锻工步应根据具体情况决定是否采用。例如模锻时容易产生折叠和不易充满的锻件常采用预锻工步。

制坯工步的作用是改变原毛坯的形状，合理地分配坯料，以适应锻件横截面形状的要求，使金属能较好地充满模膛。

（1）每类锻件所需的制坯工步

① 长轴类锻件制坯工步选择：多采用第一类制坯工步，即拔长、滚压、卡压工步。

选择步骤：绘制计算毛坯图，得到计算毛坯→确定金属流动繁重系数→根据繁重系数，参考相关图表或按经验类比法进行选择。

不同类型的轴类锻件的变形工步，如图 3-109 所示。

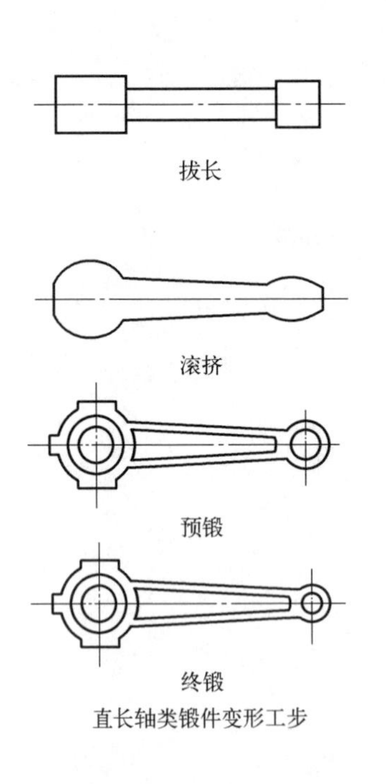

直长轴类锻件变形工步

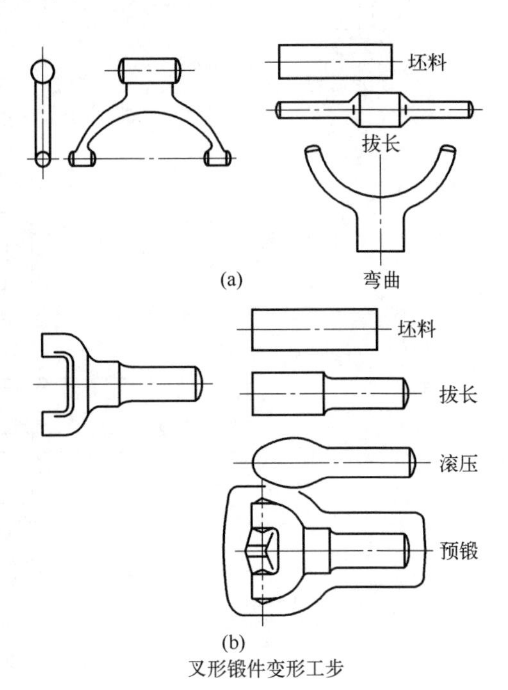

叉形锻件变形工步

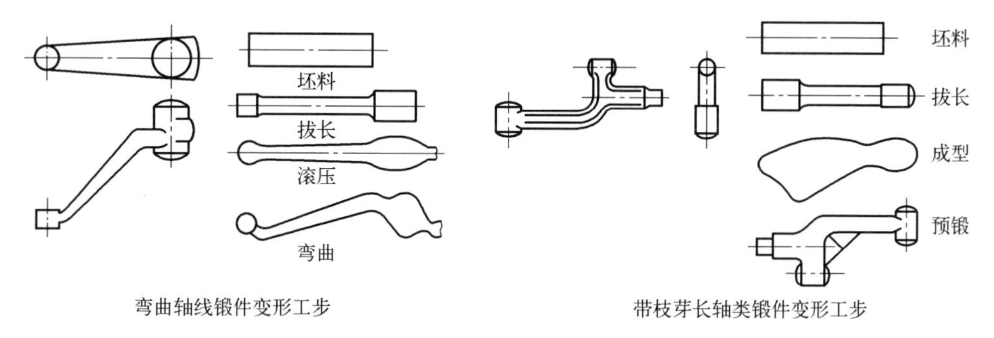

图 3-109　轴类零件的变形工步

② 短轴类锻件制坯工步选择：一般采用镦粗制坯（图 3-110），形状较复杂的锻件宜采用成形镦粗，特殊情况下采用拔长、滚压或压扁制坯工步。

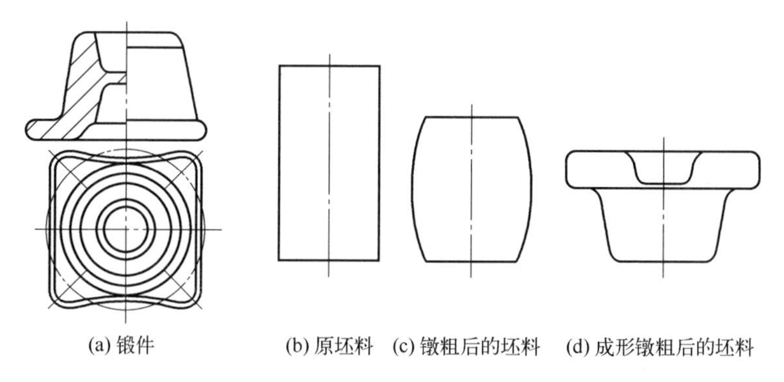

图 3-110　高轮毂深孔锻件制坯过程

镦粗后坯料尺寸确定的几条原则依据锻件轮毂高低而制定。

③ 顶镦类锻件制坯工步确定：多在平锻机和螺旋压力机上模锻，聚集是其基本制坯工步。一次行程金属聚集量大小受到顶镦规则的限制。

（2）锻模的各类模膛

模锻模膛一般由上模和下模组成，下模固定在砧座（或工作台）上，上模固定在锤头（或压力机的滑块）上，并随同一起做上下运动。

① 制坯模膛。使坯料具有与锻件和中间坯料相适应的截面变化和形状的各制坯工步模膛。包括镦粗模膛、拔长模膛、滚压模膛、弯曲模膛、切断模膛等。

② 模锻模膛。

a. 预锻模膛：为保证终锻成形饱满及其模膛寿命延长而对形状复杂锻件进行预锻的模膛。其形状和尺寸与终锻模膛相近，但具有较大的斜度和圆角，可以没有飞边槽。

b. 终锻模膛：锻件最终成形的模膛。模膛尺寸应为模锻件图的相应尺寸加上收缩量（钢件约为 1% ～ 1.5%），且分模面有飞边槽。

连杆的锻造变形过程及各类模膛，如图 3-111 所示。

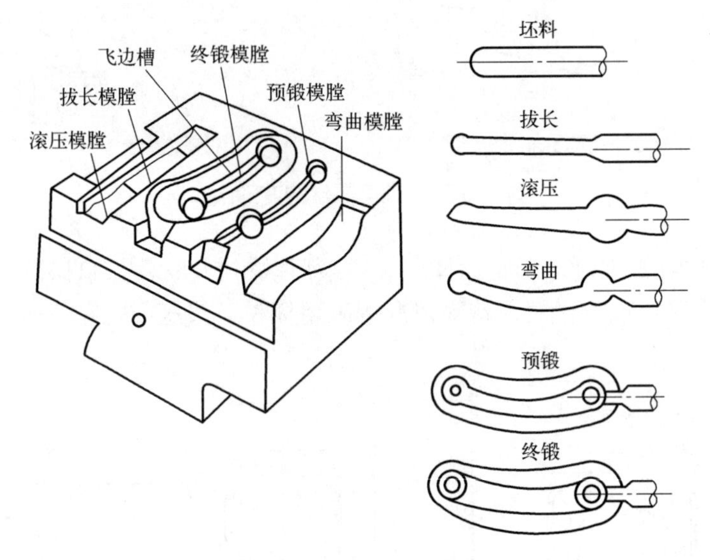

图 3-111　连杆锻件与模锻工序

思　考　题

1. 各种自由锻工艺有何特点和用途?

2. 导致镦粗过程中金属塑性变形不均匀的原因是什么?

3. 镦粗工序主要存在哪些质量问题? 试分析它们产生的原因及其预防措施。

4. 拔长工序主要存在哪些质量问题? 试分析它们产生的原因及其预防措施。

5. 为什么采用平砧小压缩量拔长圆截面坯料时效率低且质量差? 应怎样解决?

6. 空心件拔长时孔内壁产生裂纹的原因是什么? 应采取哪些措施加以解决?

7. 试阐述冲子扩孔时金属变形和流动特点。

8. 芯轴扩孔时金属主要沿切向流动的原因是什么? 此时锻件尺寸变化特点是什么? 应怎样防止壁厚不均匀?

9. 碾压扩孔的工艺特点是什么?

10. 弯曲时坯料易产生哪些缺陷? 它们产生的原因是什么?

11. 自由锻工艺的特点及其主要用途是什么? 不同材料自由锻面临的主要问题是什么? 为什么?

12. 试简述自由锻件的分类及其采用的基本工序。

13. 自由锻工艺过程的制定包括哪些内容?

14. 开式模锻时影响金属成形主要有哪些因素?

15. 飞边槽由几部分组成? 它们各自的作用是什么?

16. 桥口阻力与哪些因素有关? 怎样依据模膛充满的难易程度或设备类型来确定桥口尺寸?

17. 闭式模锻有哪些优点? 它的正常生产条件及其用途是什么?

18. 试简述闭式模锻三个变形阶段的变形情况。

19. 闭式模锻时坯料和体积的变化反映在锻件的哪些尺寸上? 影响它们变化的因素有哪些?

20. 模锻工艺过程主要由哪些工序组成? 它的制定包括哪些内容?

21. 模锻工艺方案选择主要涉及哪些方面? 基本原则是什么?

22. 长轴类锻件通常采用的主要制坯工步有哪些? 如何确定?

23. 短轴类和顶镦类锻件通常采用的主要制坯工步各有哪些?

第 4 章

冲压

4.1 冲压概述

冲压是通过模具对板料施加压力或拉力使其塑性成形，或对板料施加剪切力使板料分离，从而获得一定尺寸、形状和性能的一种零件加工方法。由于冲压加工经常是在材料冷态下进行的，所用其原材料一般为板材或带材，因此也称为冷冲压或板料冲压。

板料冲压的原材料是具有较高塑性的金属材料，如低碳钢、铜合金、铝合金、镁合金及塑性好的合金钢等。用于加工的板料厚度一般小于 6mm。只有当板料厚度为 8 ～ 10mm 时超过 10mm，才使用热冲压。

4.1.1 冲压加工的特点及其应用

冲压加工与其他加工方法相比，在技术和经济方面有如下特点:

① 冲压件的尺寸精度由模具来保证，所以制品质量稳定，互换性好，在一般情况下可以直接满足装配和使用要求。

② 在冲压加工过程中由于材料经过塑性变形，金属内部组织得到改善，机械强度有所提高，所以，冲压件具有质量轻、刚度好、精度高，以及外表光滑、美观等特点。

③ 由于利用模具加工，可获得其他加工方法所不能或难以制造的壁薄、质量轻、刚性好、表面质量高、形状复杂的零件。

④ 冲压加工一般不需要加热毛坯，也不像切削加工那样大量切削金属，所以它不但节能，而且节约金属。冲压加工的材料利用率一般可达70% ~ 85%，所以冲压件成批量生产时其成本比较低，经济效益较高。

⑤ 冲压操作简单，生产率高，对于普通压力机每分钟可生产几十件制品，而高速压力机每分钟可生产几百上千件，所以它是一种高效率的加工方法。如汽车车身等大型零件每分钟可生产几件，而小零件的高速冲压则每分钟可生产千件以上。由于冲压加工的毛坯是板材或卷材，一般又在冷状态下加工，因此较易实现机械化和自动化，比较适宜配置机器人来实现无人化生产。

冲压加工也存在一些缺点，比如制模周期长、费用高、不适宜小批试制生产、手工操作不安全、工作环境差、噪声严重等。

冲压加工作为一个行业，在国民经济的加工工业中占有重要的地位。在一切有关制造金属或非金属薄板成品的工业部门中都可采用冲压生产，从精细的电子元件、仪表指针，到重型汽车的覆盖件和大梁、高压容器封头，以及航空航天器的蒙皮、机身等均需冲压加工。根据统计，冲压件在各个行业中均占相当大的比例，尤其在汽车、电机、仪表、军工、家用电器等方面占比更大。例如在交通运输方面，冲压件约占汽车零件数量的60% ~ 80%；在电气设备中，冲压件的比例占60% ~ 80%；日用品工业的冲压件占95%；飞机制造中，冲压件占零件总数的70% ~ 80%；导弹和卫星壳体中的结构件也采用冲压加工而成。可以说冲压生产的能力和技术水平在某种意义上代表了一个国家的工业化水平。

4.1.2 冲压工艺的分类

生产中为满足冲压零件的形状、尺寸、精度、批量大小、原材料性能的要求，冲压加工的方法也是多种多样的，但是，概括起来可以分为分离工序与成形工序两大类。

材料在外力作用下因剪切而发生分离，从而形成具有一定形状和尺寸零件的工序称为分离工序。分离工序主要包括落料、冲孔、切断、切边等，目的是在冲压过程中使冲压件与板料沿一定的轮廓线相互分离。其工序简图及特点见表4-1。成形工序是使坯料的一部分相对于另一部分产生位移而不破裂的工序，如拉深、弯曲、翻边、成形等，目的是使冲压毛坯在不被破坏的条件下发生塑性变形，并转化成所要求的制件形状。其工序简图及特点见表4-2。

表 4-1 分离工序

工序名称	简图	工序特征
落料	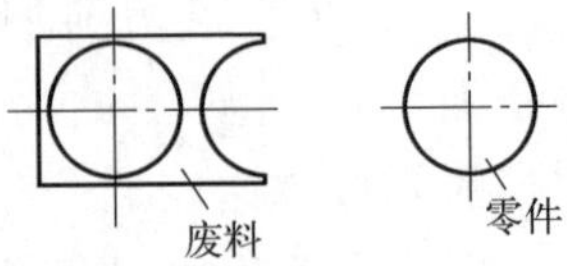 废料 零件	用模具沿封闭轮廓线冲切板料，冲下的部分是零件，多用于制造各种形状的平板零件
冲孔	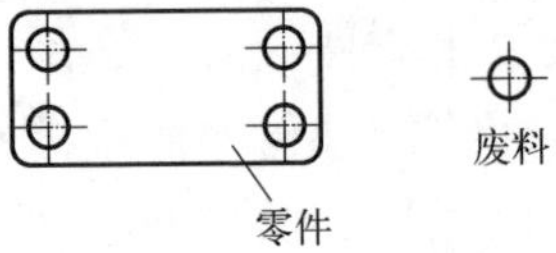 零件 废料	用模具沿封闭轮廓线冲切板料，冲下的部分是废料，多用于冲平板件或成形件上的孔
切断	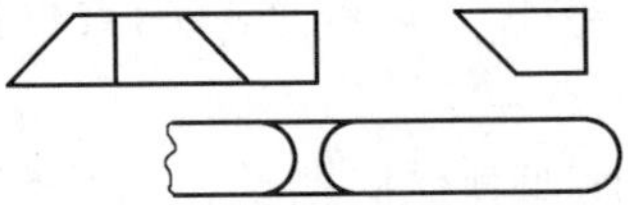	将板料沿不封闭的轮廓分离，被分离的材料称为工件或工序件，多用于加工形状简单的平板零件
切边	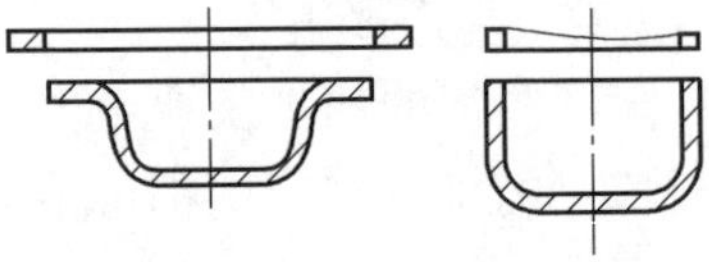	将已加工工件边缘多余的废料切除，使之具有一定直径、一定高度或一定形状，主要用于立体成形件
剖切	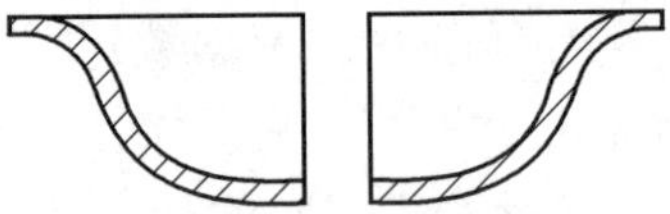	将冲压成形的半成品切开成两个或两个以上的工件，多用于不对称的成双或成组冲压之后
切口	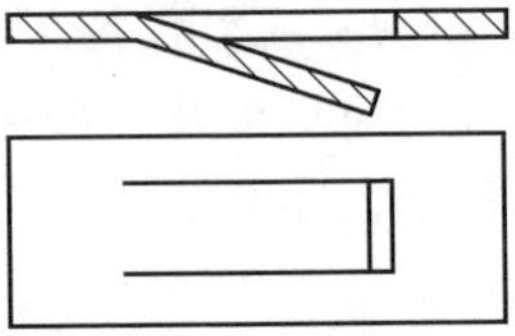	将材料沿敞开轮廓局部而不是完全分离，并使被分离的部分达到工件所要求的一定位置，不再位于分离前所处的平面上
切角冲缺	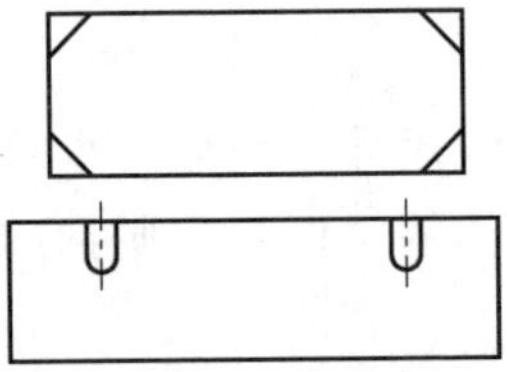	将工件上的一个不大的部分分离下来
整修	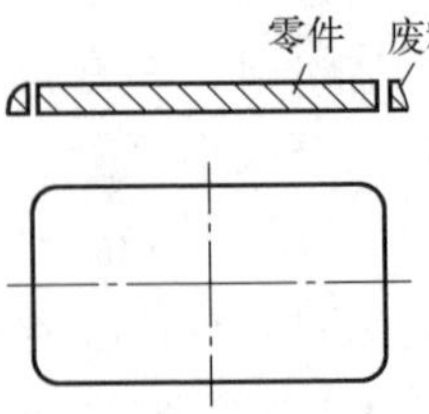 零件 废料	沿外形或内形轮廓切去材料，从而降低断面粗糙度，提高端面垂直度和工件尺寸精度

表 4-2　成形工序

工序名称	简图	工序特征
弯曲	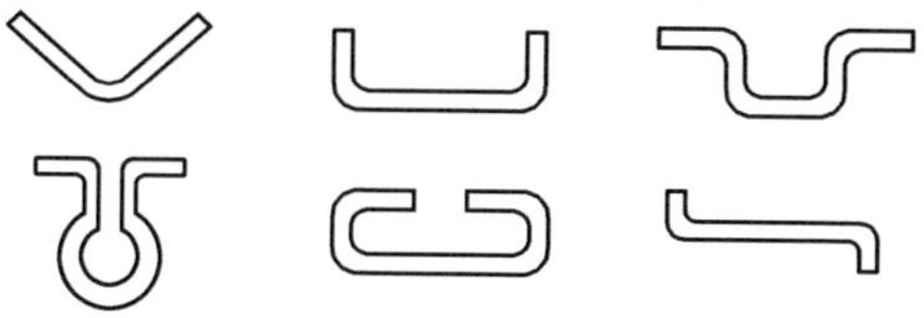	用模具使板料沿直线弯曲成一定角度或一定形状，多用于加工各种复杂的弯曲件
拉深	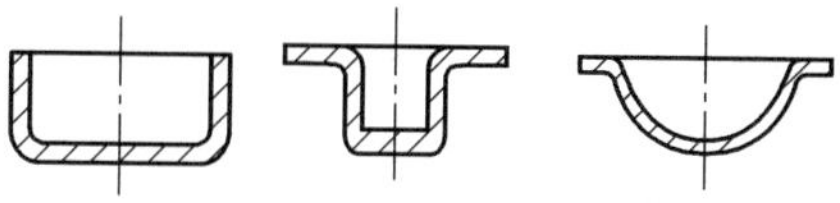	用模具将板料拉成各种开口空心零件，还可以加工覆盖件
翻边	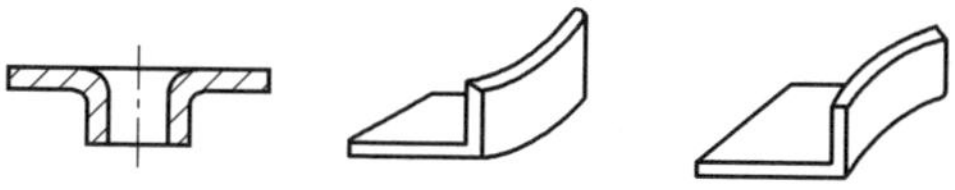	用模具将板料上的孔边缘或外边缘翻成直壁或一定角度的直边
胀形	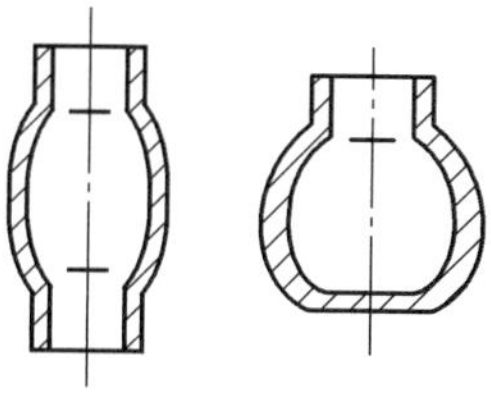	用模具对空心件施加向外的径向力，使局部直径扩张，可形成各种空间曲面形状的零件
缩口	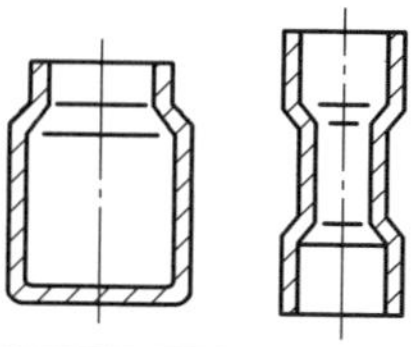	用模具对空心件口部施加由外向内的径向压力，使局部直径缩小
扩口		在空心毛坯或管状毛坯的某个部位上使其径向尺寸扩大
校形	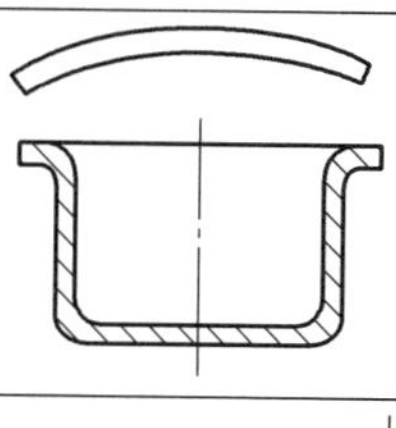	将工件有拱弯或翘曲的表面压平，将已弯曲或拉深的工件压成正确的形状
变薄拉深	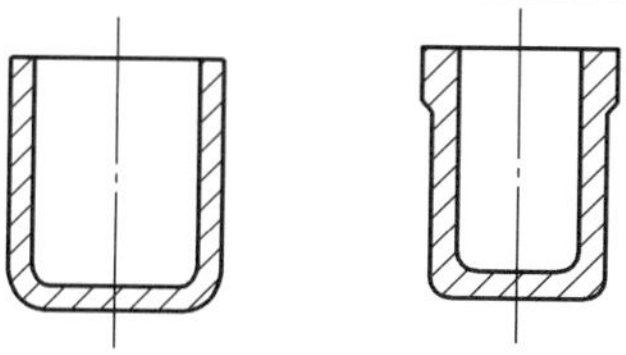	把拉深加工后的开口空心半成品进一步加工成为底部厚度大于侧壁厚度的零件

续表

工序名称	简图	工序特征
卷圆		将板材端部卷成接近封闭的圆头，多用于加工类似铰链的零件
扭弯		将平直或局部平直工序件的一部分，相对于另一部分扭转一定角度
拉弯		在拉力与弯矩共同作用下实现弯曲变形，可得到精度较好的零件
起伏		在板材毛坯或零件的表面上用局部成形的方法制成各种形状的凸起或凹陷

4.1.3 板料冲压用材料

4.1.3.1 冲压对板料的基本要求

冲压对板料的要求有：首先要满足产品的技术要求，如强度、刚度等力学性能指标要求，还有一些物理化学等方面的特殊要求，如电磁性、防腐性等；其次还必须满足冲压工艺的要求，即应具有良好的冲压成形性能。为满足上述两方面的要求，冲压工艺对板料的基本要求如下。

（1）力学性能

一般来说，材料的伸长率大、屈强比小、弹性模量大、硬化指数高和塑性应变比大，有利于各种冲压成形工序。

（2）化学成分

板材的化学成分对冲压成形性能影响很大，如在钢中的碳、硅、锰、磷、硫等元素的含量增加，就会使材料的塑性降低、脆性增加，导致材料冲压成形性能变坏。

（3）金相组织

根据对产品的强度要求与对材料成形性能的要求，材料可处于退火状态（或软态），也可处于淬火状态或硬态。若板料晶粒大小合适、金相组织均匀，则拉深性能好。晶粒大小不均易引起裂纹，过大的晶粒在拉深时还容易产生粗糙的表面。此外，钢板中的带状组织与游离碳化物和非金属夹杂物，也会降低材料的冲压成形性能。

（4）表面质量

材料表面应光滑，无氧化皮、裂纹、划伤等缺陷。表面质量高的材料，成形时不易破裂，不易擦伤模具，零件表面质量好。

4.1.3.2 板料力学性能与冲压成形性能的关系

板料对冲压成形工艺的适应能力称为板料的冲压成形性能。板料在成形过程中可能出现两种失稳现象：一种称为拉伸失稳，即板料在拉应力作用下局部出现缩颈或断裂；另外一种称为压缩失稳，即板料在压应力作用下出现起皱。板料在失稳之前可以达到的最大变形程度叫作成形极限。成形极限分为总体成形极限和局部成形极限。总体成形极限反映板料失稳前总体尺寸可以达到的最大变形程度，如极限拉深系数、极限胀形高度和极限翻孔系数等。这些极限系数通常作为规则形状板料零件工艺设计的重要依据。而局部成形极限反映板料失稳前局部尺寸可以达到的最大变形程度，如复杂零件成形时，局部极限应变即属于局部成形极限。成形极限越高，说明板料的冲压成形性能越好。

板料的冲压成形性能，包括抗破裂性、贴模性和定形性等几个方面。其中板料的贴模性是指板料在冲压过程中取得与模具一致形状的能力，成形过程中发生的起皱、塌陷等缺陷，均会降低零件的贴模性。而定形性是指零件脱模后保持其在模内既得形状的能力。影响定形性的主要因素是回弹，零件脱模后的回弹会造成零件形状与尺寸的误差。板料的贴模性和定形性是决定零件形状和尺寸精度的重要因素。但由于材料抗破裂性差会导致零件严重破坏，且难以修复，因此在目前冲压生产中，主要用抗破裂性作为评定板料冲压成形性能的塑性成形工艺与模具设计指标。

板料力学性能指标与板料冲压性能有密切关系。一般来说，板料的强度指标越高，产生相同变形量所需的力就越大；塑性指标越高，成形时所能承受的极限变形量就越大；刚性指标越高，成形时抗失稳起皱的能力就越大。

对板料冲压成形性能影响较大的力学性能指标有以下几项。

（1）屈服强度 σ_s

屈服强度 σ_s 小，材料容易屈服，则变形抗力小，产生相同变形所需变形力就小，并且屈服强度小，当压缩变形时，因易于变形而不易出现起皱，对于弯曲变形则回弹小，即贴模性与定形性均好。

（2）屈强比 σ_s/σ_b

屈强比小说明 σ_s 值小而 σ_b 值大，即容易产生塑性变形而不易产生拉裂，也就是说，从产生屈服至拉裂有较大的塑性变形区间。尤其是对于压缩类变形中的拉深变形而言，具有重大影响，当变形抗力小而强度高时，变形区的材料易于变形而不易出现起皱，而传力区的材料又有较高强度而不易出现拉裂，有利于提高拉深变形的变形程度。

（3）伸长率

拉伸实验中，试样拉断时的伸长率称总伸长率或简称伸长率δ。而试样开始产生局部集中变形（缩颈）时的伸长率称为均匀伸长率δ_u。

δ_u表示板料产生均匀的或稳定的塑性变形的能力，它直接决定板料在伸长类变形中的冲压成形性能。从实验中得到验证，大多数材料的翻孔变形程度都与均匀伸长率成正比。可以得出结论：伸长率（或均匀伸长率）是影响翻孔或扩孔成形性能的最主要参数。

（4）硬化指数n

单向拉伸硬化曲线可写成$\sigma=c\varepsilon^n$，其中指数n即为硬化指数，表示在塑性变形中材料的硬化程度。n大时，说明在变形中材料加工硬化严重，真实应力增加大。板料拉伸时，整个变形过程是不均匀的，先是产生均匀变形，然后出现集中变形，接着形成缩颈，最后被拉断。在拉伸过程中，一方面材料断面尺寸不断减小使承载能力降低，另一方面由于加工硬化使变形抗力提高，又提高了材料的承载能力。在变形的初始阶段，硬化的作用是主要的，因此材料上某处的承载能力，在变形中得到加强。变形总是遵循阻力最小定律，即“弱区先变形”的原则，变形总是在最弱面处进行，这样变形区就会不断转移。因而，变形不是集中在某一个局部断面上进行，在宏观上就表现为均匀变形，承载能力不断提高。但是根据材料的特性，板料的硬化是随变形程度的增加而逐渐减弱，当变形进行到一定时刻，硬化与断面减小对承载能力的影响恰好相等，此时最弱断面的承载能力不再得到提高，于是变形开始集中在这一局部区域进行，不能转移出去，进而发展成为缩颈，直至拉断。可以看出，当n值大时，材料加工硬化严重，硬化使材料强度的提高得到加强，于是扩大了均匀变形的范围。对伸长类变形如胀形，n值大的材料变薄减小，使变形均匀、厚度分布均匀，表面质量好，增大了极限变形程度，零件不易产生裂纹。

（5）塑性应变比γ

由于板料轧制时出现的纤维组织等因素，板料的塑性会因方向不同而出现差异，这种现象称为塑性各向异性。塑性应变比（又叫厚向异性系数）是指单向拉伸试样宽度应变和厚度应变的比值，即

$$\gamma=\varepsilon_b/\varepsilon_t$$

式中，γ为塑性应变比；ε_b，ε_t为宽度、厚度方向的应变。

塑性应变比表示板料在厚度方向上的变形能力，γ值越大，表示板料越不

易在厚度方向上产生变形，即不易出现变薄或增厚。γ 值对压缩类变形的拉深影响较大，当 γ 值增大时，板料易于在宽度方向变形，可减小起皱的可能性，而板料受拉处厚度不易变薄，又使拉深不易出现裂纹，因此 γ 值大时，有助于提高拉深变形程度。

板料在轧制时形成纤维组织，各向力学性能不均匀，所以 γ 值在不同方位也不一样。因此常取板料方向（板料轧制方向）、横向和 45°方向的试件所得数据的平均值作为厚向异性指标，用 γ 表示：

$$\gamma=(\gamma_0+\gamma_{90}+2\gamma_{45})/4$$

式中，γ_0，γ_{90}，γ_{45} 为纵向试样、横向试样、与轧制方向成 45°的试样的塑性应变比。

（6）板平面各向异性指数 Δγ

板料在不同方位上塑性应变比不同，造成板平面内各向异性。板平面各向异性指数用 $\Delta\gamma$ 表示：

$$\Delta\gamma=(\gamma_0+\gamma_{90}-2\gamma_{45})/2$$

$\Delta\gamma$ 越大，表示板平面内各向异性越严重。拉深时在零件端部出现不平整的凸耳现象，就是材料的各向异性造成的，它既浪费材料又要增加一道修边工序。

4.1.3.3 常用冲压材料及其力学性能

冲压最常用的材料是金属板料，有时也用非金属板料。金属板料分黑色金属和有色金属两种。表 4-3 列出了部分常用金属板料的力学性能。

表 4-3 部分常用金属板料的力学性能

材料名称	牌号	材料状态	抗剪强度 /MPa	抗拉强度 /MPa	伸长率 /%	屈服强度 /MPa
普通碳素钢	Q195	未退火	260 ～ 320	320 ～ 400	28 ～ 33	200
	Q235		310 ～ 380	380 ～ 470	21 ～ 25	240
	Q275		400 ～ 500	500 ～ 620	15 ～ 19	280
优质碳素钢	08F	已退火	220 ～ 310	280 ～ 390	32	180
	08		260 ～ 360	330 ～ 450	32	200
	10		260 ～ 340	300 ～ 440	29	210
	20		280 ～ 400	360 ～ 510	25	250
	45		440 ～ 560	550 ～ 700	16	360
	65Mn		600	750	12	400
不锈钢	1Cr13	已退火	320 ～ 380	400 ～ 470	21	—
	1Cr18Ni9Ti	热处理退火	430 ～ 550	540 ～ 700	400	200

续表

材料名称	牌号	材料状态	抗剪强度 /MPa	抗拉强度 /MPa	伸长率 /%	屈服强度 /MPa
铝	1060、1050A、1200	已退火	80	75 ～ 110	25	50 ～ 80
		冷作硬化	100	120 ～ 150	4	—
硬铝	2A21	已退火	105 ～ 150	150 ～ 215	12	—
		淬硬后冷作硬化	280 ～ 320	400 ～ 600	10	340
纯铜	T1、T2、T3	软态	160	200	30	7
		硬态	240	300	3	
黄铜	H62	软态	260	300	35	—
		半硬态	300	380	20	200
	H68	软态	240	300	40	100
		半硬态	280	350	25	—

黑色金属板料按性质可分为:

① 普通碳素钢钢板，如 Q195、Q235 等。

② 优质碳素结构钢钢板。这类钢板的化学成分和力学性能都有保证。其中碳钢以低碳钢使用较多，常用牌号有 08 钢、08F 钢、10 钢、20 钢等，冲压性能和焊接性能均较好，用以制造受力不大的冲压件。

③ 低合金结构钢板，常用的如 Q345（16Mn）、Q295（09Mn2），用以制造有强度要求的重要冲压件。

④ 电工硅钢板，如 DT1、DT2。

⑤ 不锈钢板，如 1Cr18Ni9Ti、1Cr13 等，用以制造有防腐蚀、防锈要求的零件。

常用的有色金属有铜及铜合金，如纯铜、黄铜等，牌号有 T1、T2、H62、H68 等，其塑性、导电性与导热性均很好；还有铝及铝合金，常用的牌号有 1060、1050A、3A21、2A12 等，有较好塑性，变形抗力小且轻。

非金属材料有胶木板、橡胶、塑料板等。

冲压用材料最常用的是板料，常见规格如 710mm×1420mm 和 1000mm×2000mm 等。大量生产可采用专门规格的带料（卷料）。特殊情况可采用块料，它适用于单件小批量生产和价值昂贵的有色金属的冲压。

4.1.4 板料冲压设备

板料冲压设备是指板料冲压加工所用的工艺设备。常用的冲压设备如图 4-1 所示。

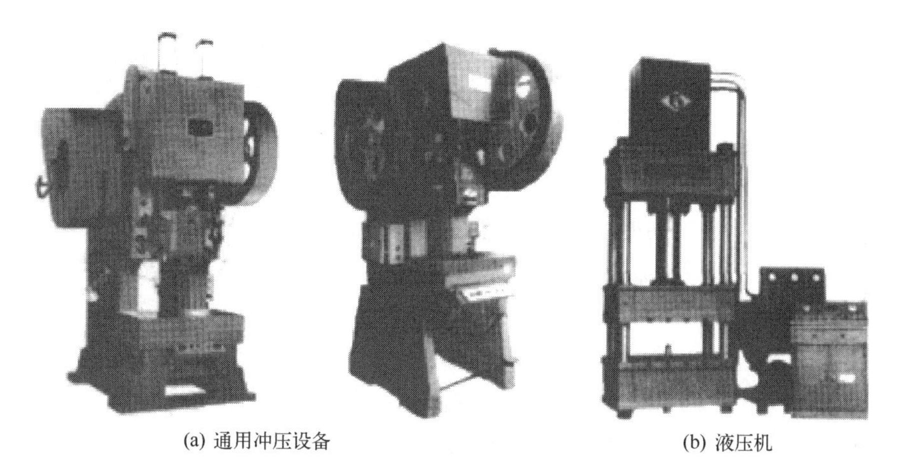

(a) 通用冲压设备　　(b) 液压机

图 4-1　常用的冲压设备

4.1.4.1　通用压力机

通用压力机是采用曲柄滑块机构的锻压机械，因此也称为通用曲柄压力机。下面以 JB23-63 型通用压力机为例说明它的工作原理和结构组成。

（1）工作原理

如图 4-2 所示，JB23-63 型压力机的工作原理为电动机通过小带轮和传

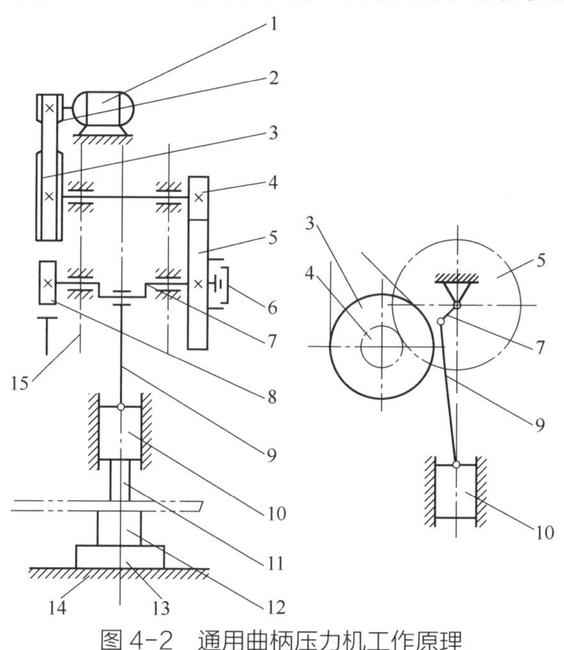

图 4-2　通用曲柄压力机工作原理

1—电动机；2—小带轮；3—大带轮；4—小齿轮；5—大齿轮；6—离合器；7—曲轴；8—制动器；9—连杆；10—滑块；11—上模；12—下模；13—垫板；14—工作台；15—机身

动带把能量和速度传给大带轮，再经过传动轴和小齿轮、大齿轮传给曲轴。连杆上端装在曲轴上，下端与滑块连接，通过曲轴上的曲柄把旋转运动变为滑块的往复直线运动。滑块运动的最高位置称为上止点位置，而最低位置称为下止点位置。冲压模具的上模装在滑块上，下模装在垫板上。因此，当板料放在上模、下模之间时，即可以进行冲裁或成形加工。

曲轴上装有离合器和制动器，只有当离合器和大齿轮啮合时，曲轴才开始转动。曲轴停止转动可通过离合器与齿轮脱开啮合和制动器制动实现，当制动器制动时，曲轴停止转动，但大齿轮仍在曲轴上旋转。压力机在一个工作周期内有负荷的工作时间很短，大部分时间为无负荷的空程运转。为了使电动机的负荷均匀，有效地利用能量，大带轮起着储存能量的（类似飞轮）作用。

（2）压力机的组成

通用压力机一般由以下部分组成。

① 动力传动系统：从电动机至曲轴组成通用压力机的动力传动系统，作用是能量传递和速度转换，包括能量机构，如电动机和飞轮；传动机构，如齿轮传动、带传动等机构。

② 工作机构：由曲轴、连杆、滑块等零件组成，称为曲柄滑块机构或称曲柄连杆机构。其作用是将曲柄的旋转运动转变为滑块的往复直线运动，由滑块带动模具工作。

③ 操纵系统：包括离合器、制动器和操纵机构等部件，以及控制工作机构工作、停止和工作方式的由电动、气动、液压等部分组成的整个操纵系统。

④ 支撑部件：如机身，是压力机的支撑部分，把压力机所有的零部件连接成一个整体。

⑤ 辅助系统和装置：如润滑系统、过载保护装置以及气垫等。

（3）压力机的分类

① 按机身结构形式，压力机分为开式压力机和闭式压力机。开式压力机的机身呈“C”形，如图 4-3（a）、（b）所示，机身前面和左右面敞开，冲压操作空间大，操作比较方便，但机身刚度较差，受载后易变形，对模具寿命有影响，因此多用于 4000kN 以下的中小型压力机。开式机身背部无开口的称为开式单柱压力机，如图 4-3（b）所示。开式机身背部有开口的称为开式双柱压力机，如图 4-3（a）所示。双柱机身除左右方向便于送料、卸料外，还可进行前后方向的送料、卸料。开式机身按机身能否倾斜分为可倾机身［图 4-3（a）］和不可倾机身［图 4-3（b）］；按机身工作台是否可以上下移动分为固定台机身［图 4-3（b）］和活动台机身（工作台可上下移动）。

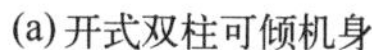

(a) 开式双柱可倾机身

(b) 开式单柱固定台机身

(c) 闭式整体机身

图 4-3　不同机身的压力机

闭式压力机机身为框架结构，如图 4-3（c）所示。其机身前后敞开、两侧封闭，只能从前后方向接近模具，且装模距离远，操作不太方便。但其机身形状对称、刚度大、压力机精度好，适用于大中型压力机。闭式压力机按机身结构不同又分成整体式压力机［图 4-3（c）］和组合式压力机。组合式机身由上横梁、立柱、工作台和拉紧螺柱等组合而成。

② 按压力机连杆数量不同，压力机分为单点压力机、双点压力机和四点压力机。单点压力机的滑块由一个连杆带动，一般均为小型压力机。双点压力机的滑块由两个连杆带动，运动平稳、精度高，一般为中型压力机。四点压力机的滑块由两对连杆带动，运动平稳，承受偏心负荷的能力大，一般为大型压力机。图 4-4 所示为单点、双点、四点通用压力机示意图。

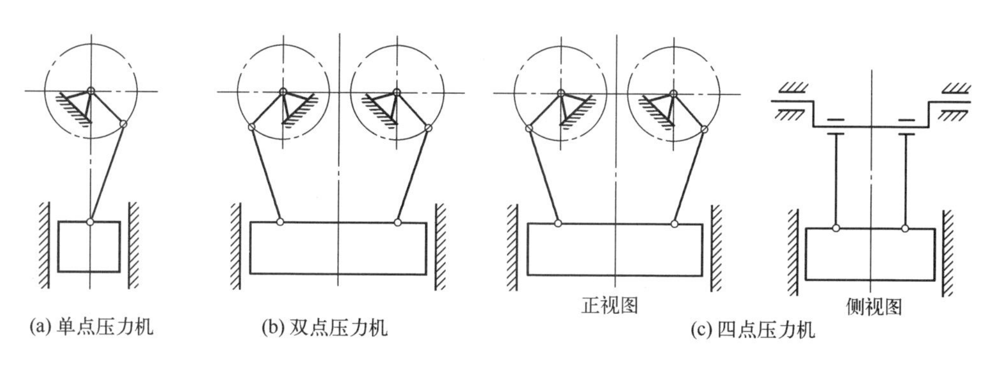

图 4-4　压力机按连杆数分类示意图

③ 按压力机工作台特点，压力机分为固定工作台压力机［图 4-3（b）］、可倾工作台压力机［图 4-3（a）］、升降工作台压力机、可移动工作台压力机和回转工作台压力机。

④ 按压力机的滑块个数，压力机可以分为单动、双动和三动压力机。目前使用最多的是单动压力机，双动和三动压力机则主要用于拉深工艺，如图 4-5 所示。

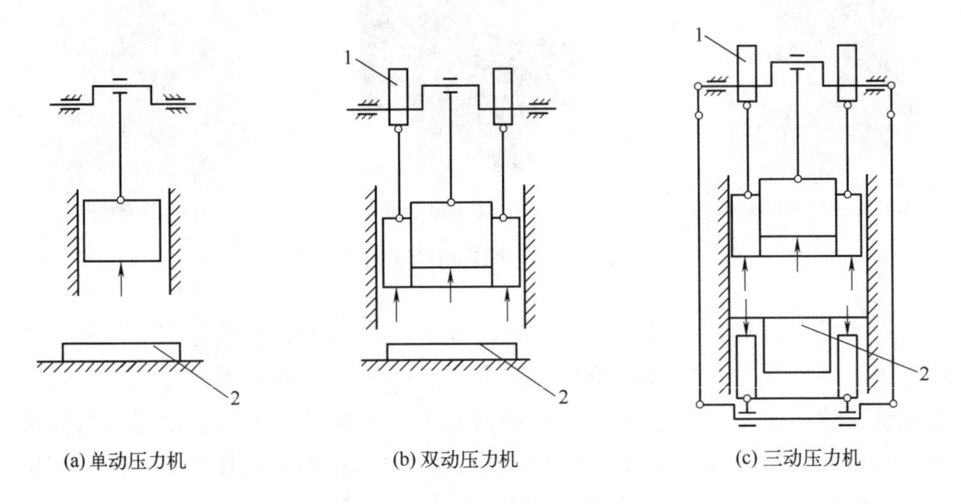

图 4-5　按运动滑块分类的压力机

1—凸轮；2—工作台

4.1.4.2　液压机

液压机是一种以液体为介质，根据帕斯卡原理制成的，以实现多种锻压工艺的机器。液压机与其他压力机相比，具有压力和速度可在较大范围内无级调节、动作灵活、各执行机构动作可方便地达到所希望的配合关系等优点。

液压机由上横梁、下横梁、四个立柱和螺母组成一个封闭框架，框架承受全部工作载荷。工作缸固定在上横梁上，工作缸内装有工作柱塞，与活动横梁相连接。活动横梁以四根立柱为导向，在上、下横梁之间往复运动。上模固定在活动横梁上，下模固定在下横梁工作台上。当高压油进入工作缸上腔时，对柱塞产生很大的压力，推动柱塞、活动横梁及上模向下进行冲压。当高压油进入工作缸下腔时，活动横梁快速上升，同时顶出器将工件从下模中顶出。

各种规格的液压机如图 4-6 所示。

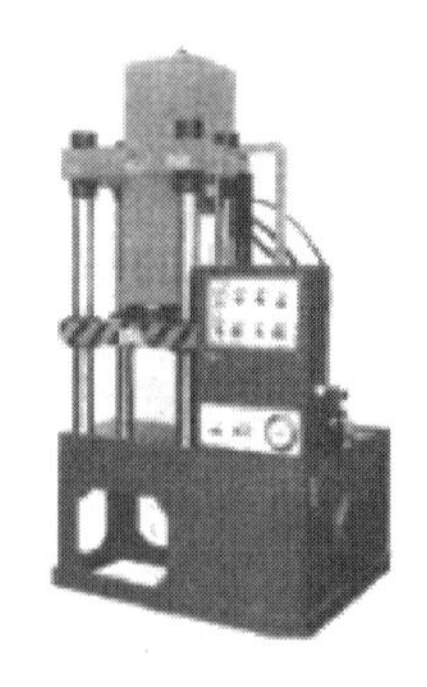

图 4-6　各种规格的液压机

4.2 冲裁变形过程

冲裁是利用模具使材料分离的一种冲压工序，它主要是指落料和冲孔工序。冲裁既可以加工出成品零件，又可以为其他成形工序制备毛坯。

冲裁加工之后，材料分成两个部分，即冲孔和落料。冲孔是指在板料或者工件上冲出所需形状的孔，冲去的为废料。而落料是指从板料上冲下所需形状的零件或者毛坯。图 4-7 所示垫圈零件，制取外形（ϕ22mm）的冲裁工序称为落料，制取内孔（ϕ10.5mm）的冲裁工序称为冲孔。根据分离机理不同，冲裁可以分为普通冲裁和精密冲裁。

简易冲裁模如图 4-8 所示。冲裁前，板料放在凹模端面上，凸模、凹模形状与工件的外形轮廓一样，并都有锋利的刃口，凸、凹模间存在一定的间隙。当凸模下降至与板料接触时，板料就受到凸、凹模的作用力，凸模继续下压，板料受剪切而分离。

冲裁过程包括弹性变形阶段、塑性变形阶段和断裂分离阶段三个阶段，如图 4-9 所示。

（1）弹性变形阶段

凸模与材料接触后，开始对板料加压，由于力矩 M 的存在，材料压缩并产生拉伸和弯曲弹性变形，且稍微压入凹模腔口。此时，材料内应力没有超过材料的弹性极限。若卸去载荷，材料则恢复原状。

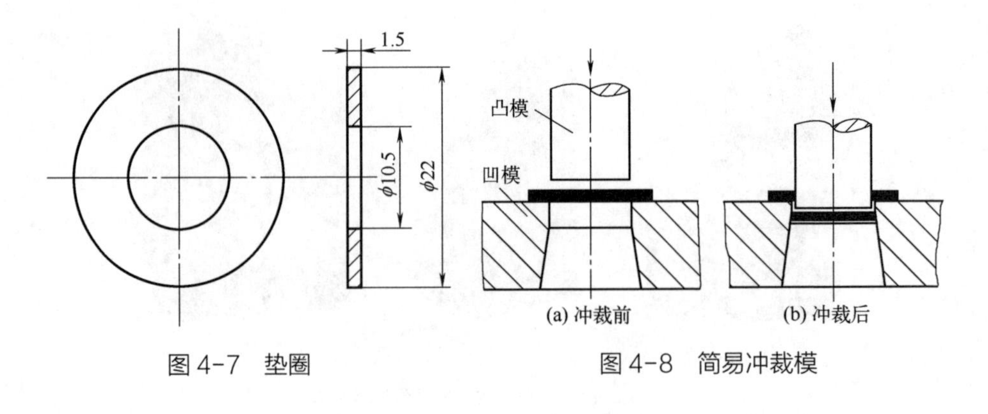

图 4-7　垫圈　　　　图 4-8　简易冲裁模

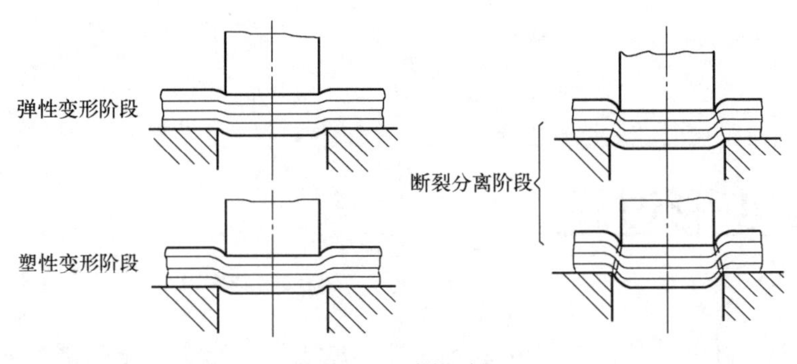

图 4-9　冲裁过程

（2）塑性变形阶段

当凸模继续下压，模具刃口压入板料，当应力状态满足塑性条件时，材料内部的应力值达到屈服点后开始产生塑性流动、剪切变形，同时还伴随有金属的拉抻和弯曲。随着凸模挤入材料的深度增大，塑性变形程度逐渐增大，变形区材料硬化加剧，直到刃口附近的材料内应力达到材料强度极限，冲裁力达到最大值，便在凸、凹模刃口侧面产生微裂纹，开始破坏，塑性变形阶段结束。

（3）断裂分离阶段

随着凸模继续压入材料，已经出现的上、下裂纹，沿最大剪应力方向向材料内部发展，逐渐向金属内层扩展延伸，当裂纹相遇重合时，材料即被剪断完成分离过程。凸模继续下行，冲落的部分克服摩擦阻力从板料中推出，全部挤入凹模洞口，冲裁过程结束。

4.2.1　剪切区应力状态分析

图 4-10 所示是模具对板料进行冲裁时板料的受力情况。当凸模下降至与

板料接触时，板料就受到凸、凹模端面的作用力。图中 F_1、F_2 分别是凸、凹模对板料的垂直作用力；F_3、F_4 分别是凸、凹模对板料的侧压力；μF_1，μF_2 为凸、凹模端面作用于板料的摩擦力；μF_3，μF_4 为凸、凹模侧面作用于板料的摩擦力。其中摩擦力 μF_1 和 μF_2，随凸、凹模间隙值大小的不同而方向发生改变。

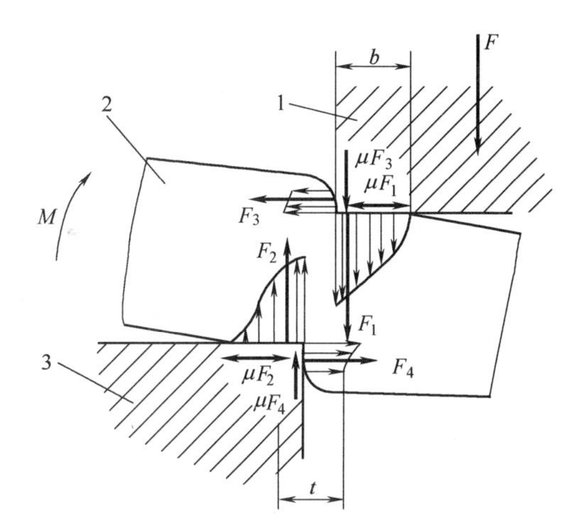

图 4-10 冲裁时作用于板料上的力

1—凹模；2—板料；3—凸模

由这种作用力产生的力矩使板料发生弯曲。由于板料与模具接触区域狭小，凸、凹模作用于板料的垂直压力分布不均匀，向模具刃口方向急剧增大。从受力情况分析，侧向压力 F_3、F_4 一定小于垂直压力 F_1、F_2；而在压力小的地方裂纹更容易产生和扩展。因此，冲裁分离时的初始裂纹是从模具刃口侧面产生的，随之上、下微裂纹迅速扩展延伸并相遇而完成分离。

冲裁时，由于板料弯曲的影响，模具和板材的接触面积仅局限在刃口附近的狭小区域，宽度约为板厚的 20% ～ 40%。接触面间相互作用的垂直压力分布并不均匀，随着向模具刃口的逼近而急剧增大。

冲裁过程中，板材变形在如图 4-11 所示的凸、凹模刃口连线为中心而形成的纺锤形区域内最大，即从模具刃口向板料中心变形区逐步扩大。凸模挤入材料一定深度后，变形区也同样按纺锤形区域来考虑，但变形区被在此以前已经变形且加工硬化的区域所包围。

其剪切区的应力状态复杂，且与变形过程有关。对于无卸料板压紧板料的冲裁，其剪切区应力状态如图 4-12 所示。其中 σ_1 为径向应力，σ_2 为切向应力，σ_3 为轴向应力。

A 点：凸模侧面。

σ_1：由于板料弯曲与凸模侧压力引起的压应力。

σ_2：板料弯曲引起的压应力。

σ_3：凸模下压引起的拉应力。

B 点：凸模端面。

凸模下压与板料弯曲引起的三向压缩应力。

C 点：切割区中部。

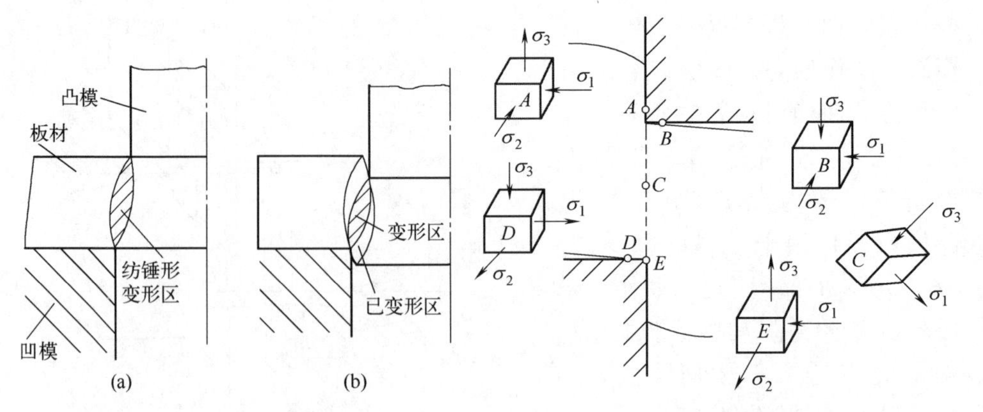

图 4-11　冲裁变形区域　　　　　　　　图 4-12　冲裁应力状态图

σ_1：沿纤维方向受拉伸引起的拉应力。

σ_3：板料受挤压产生的压应力

D 点：凹模端面。

σ_1、σ_2：板料弯曲引起的拉应力。

σ_3：凹模挤压板料产生的压应力。

E 点：凹模侧面。

σ_1、σ_2：板料弯曲引起的拉应力与凹模侧压力的合力，可能是压应力也可能是拉应力。

σ_3：凸模下压引起轴向拉应力。

从 *A*，*B*，*C*，*D*，*E* 各点的应力状态可以看出，凸模与凹模端面（*B* 点与 *D* 点处）的静水压应力高于侧面（*A* 点，*E* 点）。又因材料弯曲使凸模一侧的板料受到双向压缩，凹模一侧板料受到双向拉伸，故凸模刃口附近的静水压应力又比凹模刃口附近的静水压应力高。因此，冲裁裂纹首先在静水压应力最低的凹模刃口侧壁 *E* 点产生，继而在凸模刃口侧面 *A* 点产生。所以裂纹形成时，就在冲裁件上留下了毛刺。

根据冲裁时板料的受力情况可知，材料的变形区在以凸模与凹模刃口连线为中心而形成的狭小区域内。在与刃口连线大约呈 45°的方向上，金属材料受拉伸而伸长，在其垂直方向，金属材料由于受到压挤作用而缩短，在切线方向的应力和应变较小，可忽略不计。在这种应力状态下，其刃口连线就是最大剪应变方向，因而上、下裂纹必然会重合（在合理间隙时）。

4.2.2　冲裁件断面情况

由于冲裁变形的特点，冲出的断面与板材平面并不完全垂直，粗糙且不光滑。由图 4-13 可以看出，冲裁件的断面明显地区分为四个部分：光亮带、断裂带、圆角、毛刺。

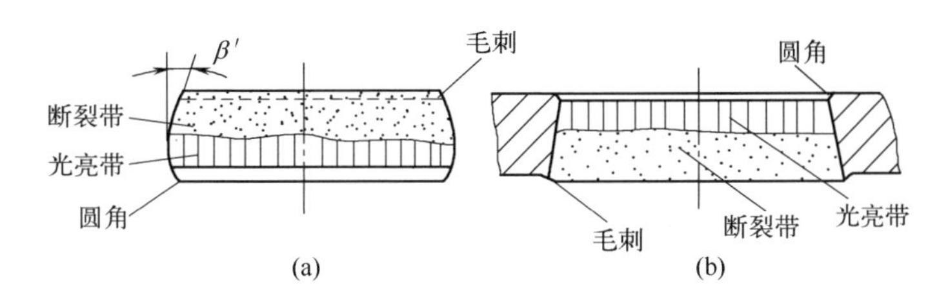

图 4-13　冲裁件的断面

① 光亮带的形成，是在冲裁过程中模具刃口切入材料后，材料与模具刃口侧面挤压而产生塑性变形的结果。光亮带部分由于具有挤压特征，表面光洁垂直，是冲裁件切断面上精度最高、质量最好的部分。光亮带所占比例通常是冲裁件断面厚度的 1/2 ～ 1/3。

② 断裂带是在冲裁过程的最后阶段，即断裂阶段形成的。刃口处的微裂纹在拉应力的作用下不断扩展而形成撕裂面，其断面粗糙，具有金属本色，且带有斜度。

③ 圆角形成，是当凸模下降，刃口刚压入板料时，刃口附近产生弯曲和伸长变形，刃口附近的材料被带进模具间隙的结果。材料塑性越好，则圆角越大。

④ 毛刺的形成是由于在塑性变形阶段后期，凸模、凹模的刃口切入板料一定深度时，刃口正面材料被压缩。刃尖部分为高的静水压应力状态，使裂纹起点不会在刃尖处发生，而是在模具侧面距刃尖不远的地方发生，在拉应力作用下，裂纹加长，材料断裂而产生毛刺。裂纹的产生点和刃尖的距离称为毛刺的高度。

需要注意，在普通冲裁中毛刺是不可避免的。

影响冲裁件切断面质量的因素很多，切断面上的光亮带、断裂带、圆角、毛刺四个部分，所占断面厚度的比例也不是一成不变的，而是随着制件材料、模具和设备等各种冲裁条件不同而变化的。

影响表面质量的主要因素如图 4-14 所示，影响冲件尺寸精度的主要因素如图 4-15 所示。通过实际的研究分析表明，凸、凹模刃口之间的间隙值是最主要的影响因素，提高冲裁件质量，重要的是必须清楚凸、凹模间隙的影响规律，并寻求获得合理间隙的确定方法。

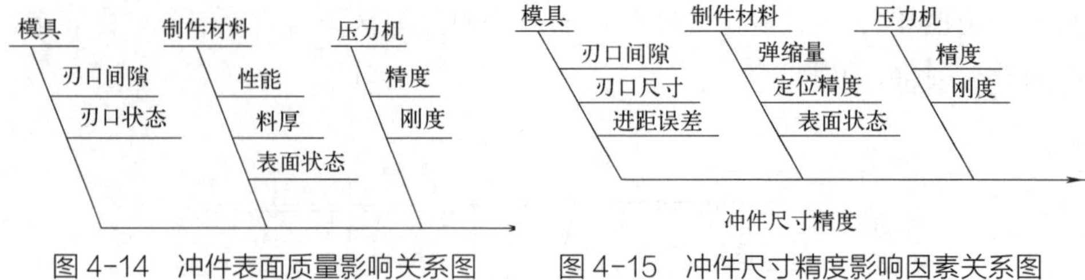

图 4-14 冲件表面质量影响关系图　　图 4-15 冲件尺寸精度影响因素关系图

4.3 冲裁间隙

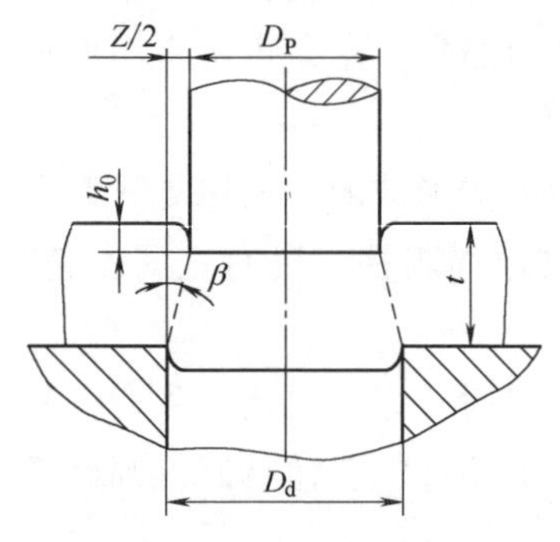

图 4-16 冲裁间隙

冲裁间隙是指凸、凹模刃口间缝隙的大小，分单边间隙和双边间隙，单边间隙用 C 表示、双边间隙用 Z 表示，如图 4-16 所示。

间隙大小对冲裁件质量、模具寿命、冲裁力的影响很大，是冲裁工艺及其模具设计中的一个极其重要的工艺参数。

4.3.1 间隙对冲裁件质量的影响

冲裁件质量是指断面质量、尺寸精度及形状误差。断面应平直、光洁，尺寸应保证不超过图纸规定的公差范围，表面要尽可能平整。

（1）凸、凹模间隙与断面质量的关系

冲裁时，断裂面上下裂纹是否重合与凸、凹模间隙大小有关。

间隙合理时，凸、凹模刃口处产生的裂纹在冲裁过程中将相互重合成一条直线。此时冲出的制件断面虽有一定的斜度，但比较平直、光洁，毛刺很小，如图 4-17（b）所示，断面质量较好且冲裁力小。

间隙过小时，最初从凹模刃口和凸模刃口附近产生的裂纹分别指向凸模下面和凹模上面的高压应力区，裂纹成长受到抑制；当凸模继续下压时，在上、下裂纹中间将产生二次剪切，导致光亮带中部夹有残留的撕裂带，部分材料被挤出端面形成高而薄的毛刺。此时断面无斜度，只存在毛刺和中间撕裂带，断面质量稍差。但毛刺容易去除，且只要制件中间撕裂不是很深，仍可应用［图 4-17（a）］。

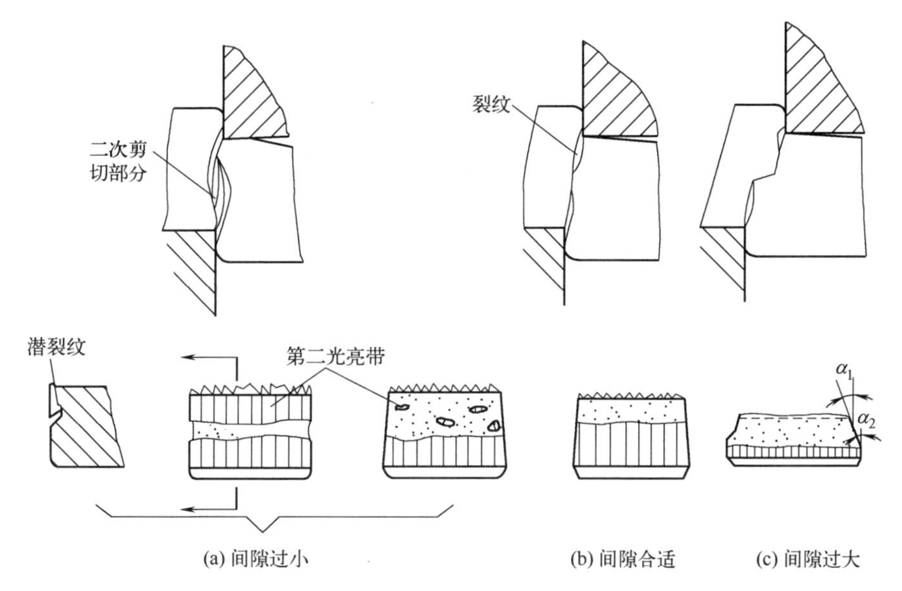

图 4-17　间隙大小对冲裁件断面质量的影响

间隙过大时，材料的弯曲与拉伸增大，接近胀形破裂状态，拉应力增大，材料容易产生裂纹，使光亮带所占比例减小，且在光亮带形成以前，材料已产生较大的圆角。材料在凸、凹模刃口处产生的裂纹会错开一段距离而产生二次拉裂，使撕裂层斜度增大。此时断面斜度大，毛刺大而厚，难以去除，断面质量下降，见图 4-17（c）。

普通冲裁断面的近似粗糙度值和允许的毛刺高度见表 4-4、表 4-5。

表 4-4　普通冲裁断面的近似粗糙度值

板料厚度 t/mm	＜1	＞1～2	＞2～3	＞3～4	＞4～5
表面粗糙度 Ra/μm	3.2	6.3	12.5	25	50

表 4-5　普通冲裁断面允许的毛刺高度

板料厚度 /mm		≤ 0.3	＞ 0.3 ～ 0.5	＞ 0.5 ～ 1.0	＞ 1.0 ～ 1.5	＞ 1.5 ～ 2.0
毛刺高度 /mm	新模式冲时	≤ 0.015	≤ 0.02	≤ 0.03	≤ 0.04	≤ 0.05
	正常生产时	≤ 0.05	≤ 0.08	≤ 0.010	≤ 0.13	≤ 0.15

除了冲裁间隙之外，其他影响断面质量的主要因素如下。

① 材料力学性能：材料塑性好，冲裁时裂纹出现较迟，材料被剪切深度较大，断面光亮带所占比例和圆角较大，断面质量好；材料塑性差，冲裁时裂纹出现较早，材料被剪切深度较小，断面光亮带所占比例和圆角较小，断面质量差。

② 模具刃口状态的影响：刃口越锋利，拉力越集中，毛刺越小，断面质量越好；刃口磨损后，压力增大，毛刺也增大，断面质量差。

若要改善断面质量，可以采取如下两个方面的措施：

① 增加光亮带的高度（延长塑性变形，推迟裂纹产生）或采用整修工序来实现。

② 模具间隙合理、材料塑性好、刃口锋利、断面部位与板材轧向垂直。

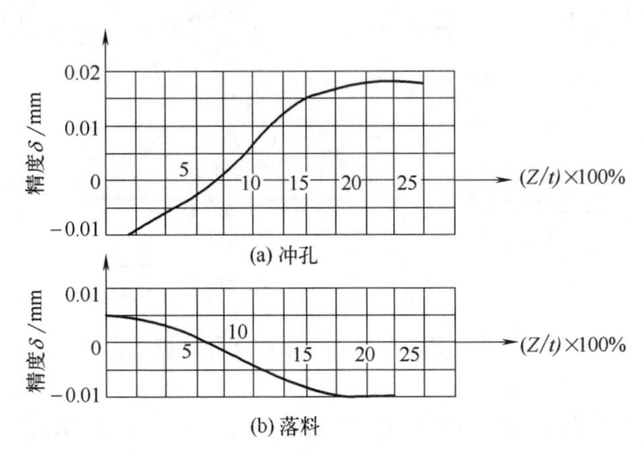

图 4-18　间隙对冲裁件精度的影响

材料：黄铜 料厚：4mm

（2）间隙对尺寸精度的影响

冲裁件的尺寸精度指冲裁件的实际尺寸与公称尺寸的差值 δ。差值越小，则精度越高。

这个差值包括两方面的偏差，即冲裁件相对于模具尺寸的偏差和模具本身的制造偏差。冲裁件相对于模具尺寸的偏差主要是由板料冲裁过程中伴随挤压变形、纤维伸长和穹弯发生的弹性变形，在零件脱离模具时消失所造成的。偏差值可能是正的，也可能是负的。影响这一偏差的主要因素是模具间隙（图 4-18）。零件的材料性质、形状及尺寸对此也有一定影响。

当间隙较大时，材料受拉伸作用大，冲裁完毕后，因材料弹性恢复，冲裁件尺寸向实体方向收缩，使落料件尺寸小于凹模尺寸，而冲孔件孔径则大于凸模尺寸。

随着间隙减小，材料受拉伸作用减弱而接近于挤压状态，压缩变形增强，冲裁完毕后，材料的弹性恢复使落料件尺寸增大，而冲孔件孔径则减小。

上述讨论是在模具制造精度一定的前提下进行的，间隙对冲裁件精度的影响比模具本身制造精度的影响要小得多，若模具刃口制造精度低，冲裁出的工件精度也就无法得到保证。模具的制造精度与冲裁件精度之间的关系见表 4-6。

表 4-6　模具制造精度与冲裁件精度之间的关系

冲模制造精度	材料厚度 t/mm											
	0.5	0.8	1.0	1.5	2	3	4	5	6	8	10	12
IT6 ～ IT7	IT8	IT8	IT9	IT10	—	—	—	—	—	—	—	—
IT7 ～ IT8	—	IT9	IT10	IT11	IT12	IT12	IT12	—	—	—	—	—
IT9	—	—	—	IT12	IT12	IT12	IT12	IT12	IT14	IT14	IT14	IT14

模具制造精度一般比工件高 2 ～ 3 级。

另外，模具磨损及模具刃口在压力作用下产生的弹性变形也会影响到间隙及冲裁件应力状态的改变，对冲裁件的质量会产生综合性影响。

4.3.2　间隙对冲裁力的影响

由图 4-19 可以看出，随着模具间隙的减小，冲裁力增大；增大间隙，冲裁力减小；但继续增大间隙值，冲裁力下降变缓。

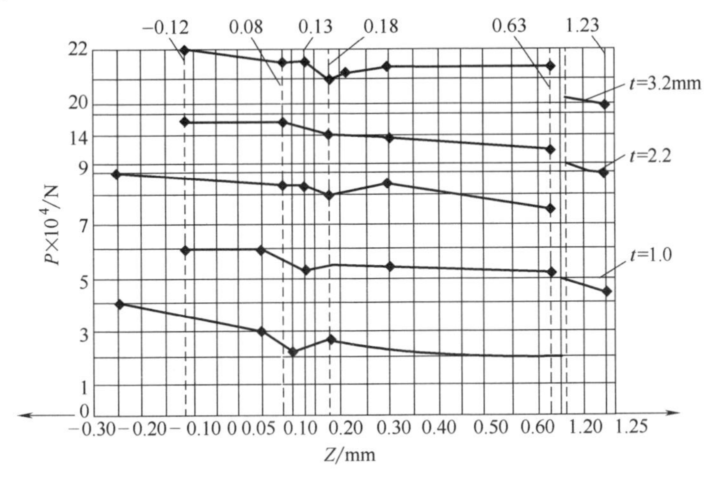

图 4-19　间隙 Z 对冲裁力 P 的影响

间隙对冲裁力影响的机理分析如下：

① 冲裁间隙减小，凸模压入板材接近于挤压状态，使得弯矩减小，材料所受拉应力减小、压应力增大，板料不易产生裂纹，因此冲裁力增大；

② 间隙增大时，材料所受拉应力增大，容易产生裂纹，因此冲裁力减小；

③ 间隙增大至一定值后继续增大时，凸、凹模刃口产生的裂纹不重合，

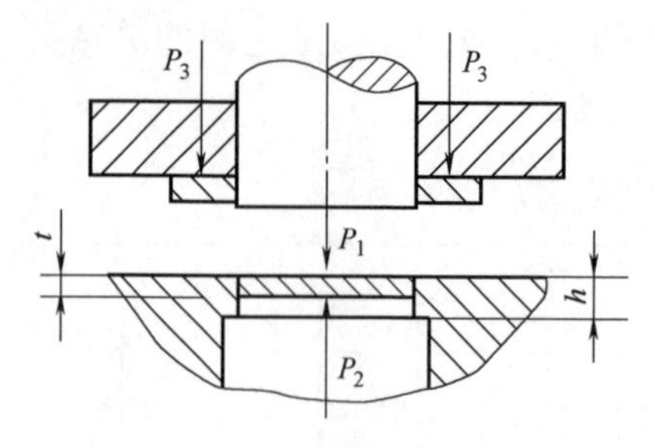

图 4-20　冲裁辅助工艺力

会发生二次断裂，冲裁力下降变缓。

要顺利完成一个冲裁工序，有时还需要一些其他的辅助工艺力，如卸料力、推件力和顶件力等，如图 4-20 所示。

从凸模上将材料卸下来所需的力称为卸料力 P_3，顺着冲裁方向将材料从凹模腔推出的力称为推件力 P_1，逆着冲裁方向将材料从凹模腔顶出的力称为顶件力 P_2。

当冲裁间隙增大时，冲裁件光亮带窄，落料件尺寸偏差为负，冲孔件尺寸偏差为正，导致板料和模具相对分离，因而使卸料力、推件力或顶件力减小；然而间隙继续增大时，制件毛刺增大，卸料力、顶件力反而迅速增大。

4.3.3　间隙对模具寿命的影响

冲裁模具的寿命通常以保证获得合格产品的冲裁次数表示，可分为两次刃磨间的寿命与全部磨损后总的寿命。

冲裁模具破坏的主要形式有：刃口磨钝、崩刃、凹模刃口胀裂和小凸模折断、凸模与凹模相互啃刃等。

冲裁模具寿命的主要影响因素包括模具间隙；模具材料及其制造精度和表面粗糙度；被加工材料特性；冲裁件轮廓形状和润滑条件等。

冲裁过程中模具的损坏是磨钝、崩刃和凹模刃口胀裂。凸、凹模的磨损形式如图 4-21 所示。

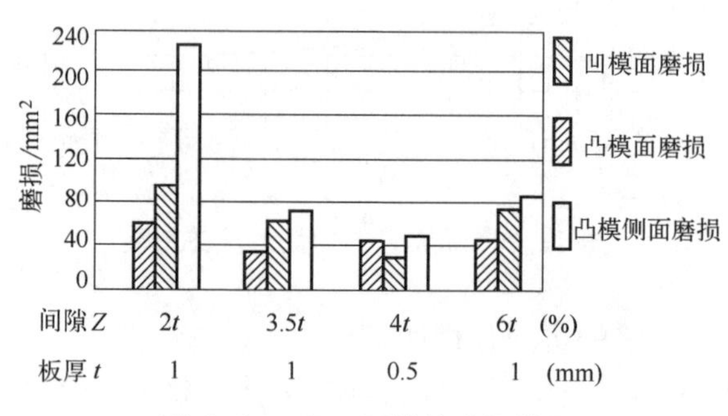

图 4-21　凸、凹模的磨损性质

增大冲裁间隙，接触压力随之减小，可使冲裁力减小，因而模具的磨损也减小。但间隙取得太大，卸料力随之增大，也会增加模具的磨损。当间隙过小时，落料件容易卡在凹模洞口，可能引起模具开裂、小凸模折断等。

为了提高模具寿命，一般采用较大的间隙，大约为材料厚度的10%～15%，可使凸、凹模侧面与材料间摩擦减小，并减缓间隙不均匀的不利因素，从而提高模具寿命。若采用较小的间隙，就必须提高模具硬度和模具制造精度，改善润滑条件，以减小磨损。

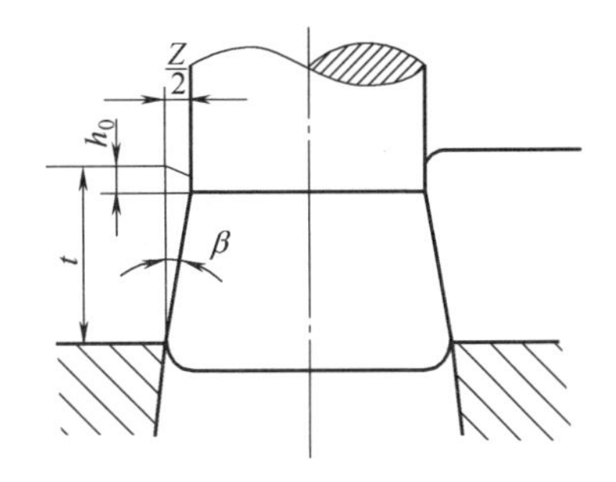

图 4-22　合理间隙值的确定

4.3.4　合理间隙值的确定

由以上分析可知，凸、凹模间隙对冲裁件质量、冲裁力、模具寿命等都有很大影响。因此，在设计和制造模具时必须选择一个合理的间隙值，使冲裁件质量好、尺寸精度高，所需冲裁力小，模具寿命高。但是，从这些方面分别确定的合理间隙值并不是同一个数值，只是彼此接近。考虑到模具制造中的偏差及使用中的磨损，生产中通常选择一个适当的范围作为合理间隙。在此范围内选用间隙值可以获得合格的零件。这个范围的最小值称为最小合理间隙，最大值称为最大合理间隙值。由于模具在使用过程中的磨损会使间隙增大，设计与制造新模具时采用最小合理间隙值。

（1）理论方法

确定合理间隙值的理论方法的依据是保证凸、凹模刃口处产生的裂纹重合。由图 4-22 所示中可以得到合理间隙的计算公式如下；

$$C = t\left(1 - h_0 / t\right)\tan\beta \tag{4-1}$$

式中，C 为单边间隙；t 为板料厚度；h_0 为凸模压入深度；β 为破裂时的倾角。

式（4-1）表明，冲裁间隙与板料厚度、相对压入深度 h_0/t、裂纹方向角 β 有关。

常用材料的 h_0/t 与 β 近似值可以查表 4-7 确定。

表 4-7　常用材料的 h_0/t 与 β 近似值

材料	h_0/t				β
	t＜1mm	t=1～2mm	t=2～4mm	t＞4mm	
软钢	75%～70%	70%～65%	65%～55%	50%～40%	5°～6°
中硬钢	65%～60%	60%～55%	55%～48%	45%～35%	4°～5°
硬钢	54%～47%	47%～45%	44%～38%	35%～25%	4°

由式（4-1）可以得出，影响间隙值的主要因素是板料的力学性能和厚度。板料越厚、越硬或塑性越差，h_0/t 值越小，合理间隙值越大；反之 h_0/t 值

越大，合理间隙值越小；材料硬化后 h_0/t 值较之表 4-7 中的值要小 10% 左右。

（2）经验方法

经验方法也是根据材料的性质与厚度，来确定最小合理间隙值。建议按下列数据确定双面间隙值：

软材料： $t < 1mm$ $Z=(6\% \sim 8\%)t$

$t=1 \sim 3mm$ $Z=(10\% \sim 15\%)t$

$t=3 \sim 5mm$ $Z=(15\% \sim 20\%)t$

硬材料： $t < 1mm$ $Z=(8\% \sim 10\%)t$

$t=1 \sim 3mm$ $Z=(11\% \sim 17\%)t$

$t=3 \sim 5mm$ $Z=(17\% \sim 25\%)t$

（3）查表法

冲裁间隙值也可按表 4-8、表 4-9 确定。试验研究结果与实践经验表明，对于尺寸精度和断面垂直度要求高的零件，应选用较小的间隙值。对于精度要求不高的工件，应尽可能采用大间隙，以利于提高模具寿命、降低冲裁力。

表 4-8 冲裁模初始双边间隙（一）

材料厚度/mm	软钢		紫铜、黄铜、碳含量 0.08% ～ 0.2% 的软钢		杜拉铝、碳含量 0.3% ～ 0.4% 的中等硬钢		碳含量 0.5% ～ 0.6% 的硬钢	
	Z_{min}/mm	Z_{max}/mm	Z_{min}/mm	Z_{max}/mm	Z_{min}/mm	Z_{max}/mm	Z_{min}/mm	Z_{max}/mm
0.2	0.008	0.012	0.010	0.014	0.012	0.016	0.014	0.018
0.3	0.012	0.013	0.015	0.021	0.018	0.024	0.021	0.027
0.4	0.016	0.024	0.020	0.028	0.0020	0.032	0.028	0.036
0.5	0.020	0.030	0.025	0.035	0.030	0.040	0.035	0.045
0.6	0.024	0.036	0.030	0.042	0.036	0.048	0.042	0.054
0.7	0.028	0.042	0.035	0.049	0.042	0.056	0.049	0.063
0.8	0.032	0.048	0.040	0.056	0.048	0.064	0.056	0.072
0.9	0.036	0.054	0.045	0.063	00054	0.072	0.063	0.081
1.0	0.040	0.060	0.050	0.070	0.060	0.080	0.070	0.090
1.2	0.050	0.084	0.072	0.096	0.084	0.108	0.096	0.120
1.5	0.075	0.105	0.090	0.120	0.105	0.135	0.120	0.150
1.8	0.090	0.126	0.108	0.144	0.126	0.162	0.144	0.180
2.0	0.100	0.140	0.120	0.160	0.140	0.180	0.160	0.200
2.2	0.132	0.176	0.154	0.193	0.176	0.220	0.198	0.242
2.5	0.150	0.200	0.175	0.225	0.200	0.250	0.225	0.275
2.8	0.168	0.224	0.196	0.252	0.224	0.280	0.252	0.308
3.0	0.180	0.240	0.210	0.270	0.240	0.300	0.270	0.330
3.5	0.245	0.315	0.280	0.350	0.315	0.382	0.350	0.420
4.0	0.280	0.360	0.320	0.400	0.360	0.440	0.400	0.480

续表

材料厚度/mm	软钢		紫铜、黄铜、碳含量0.08%～0.2%的软钢		杜拉铝、碳含量0.3%～0.4%的中等硬钢		碳含量0.5%～0.6%的硬钢	
	Z_{min}/mm	Z_{max}/mm	Z_{min}/mm	Z_{max}/mm	Z_{min}/mm	Z_{max}/mm	Z_{min}/mm	Z_{max}/mm
4.5	0.315	0.405	0.360	0.450	0.405	0.490	0.450	0.540
5.0	0.350	0.450	0.400	0.500	0.450	0.550	0.500	0.600
6.0	0.480	0.600	0.540	0.660	0.600	0.720	0.660	0.780
7.0	0.560	0.700	0.630	0.770	0.700	0.840	0.770	0.910
8.0	0.720	0.880	0.800	0.960	0.880	1.040	0.960	1.120
9.0	0.870	0.990	0.900	1.080	0.990	1.170	1.080	1.260
10.0	0.900	1.100	1.000	1.200	1.100	1.300	1.200	1.400

注：1. 初始间隙的最小值相当于间隙的公称数值。

2. 初始间隙的最大值是考虑到凸模和凹模的制造公差所增加的数值。

3. 在使用过程中，由于模具工作部分的磨损，间隙将有所增加，因而超过表列数值。

表 4-9　冲裁模初始双边间隙（二）

材料厚度/mm	08，10，35，09Mn，A3，B3		16Mn		40，50		65Mn	
	Z_{min}/mm	Z_{max}/mm	Z_{min}/mm	Z_{max}/mm	Z_{min}/mm	Z_{max}/mm	Z_{min}/mm	Z_{max}/mm
0.9	0.09	0.126	0.09	0.126	0.09	0.126	0.09	0.126
1.0	0.1	0.14	0.1	0.14	0.1	0.14	0.1	0.14
1.2	0.126	0.18	0.132	0.18	0.132	0.18		
1.5	0.132	0.24	0.17	0.24	0.17	0.23		
1.75	0.22	0.32	0.22	0.32	0.22	0.32		
2.0	0.246	0.36	0.26	0.38	0.26	0.38		
2.1	0.26	0.38	0.28	0.4	0.28	0.4		
2.5	0.36	0.5	0.38	0.54	0.36	0.54		
3.0	0.46	0.64	0.48	0.66	0.48	0.66		
3.5	0.54	0.74	0.58	0.78	0.54	0.78		
4.0	0.64	0.88	0.68	0.92	0.68	0.92		
4.5	0.72	1.0	0.68	0.96	0.78	0.104		
5.5	0.94	1.28	0.78	1.1	0.98	1.32		
6.0	1.08	1.44	0.84	1.2	1.14	1.15		
6.5			0.94	1.3				
8.0			1.2	1.68				

确定冲裁间隙时，还应根据具体情况，考虑以下选用原则：

① 冲小孔而凸模导向又较差时，凸模易折断，间隙可取大些。

② 凹模刃口为斜壁时，间隙应比直壁小。

③ 高速冲裁时，模具易发热，间隙应增大。

④ 热冲时材料强度低，间隙应比冷冲时减小。

⑤ 硬质合金冲模，间隙可比钢模大。

⑥ 电火花加工凹模型腔时，间隙可比磨削加工小。

⑦ 同样条件下，非圆形比圆形的间隙大，冲孔间隙比落料略大。

⑧ 当采用大间隙时，废料易带出凹模表面，应在凸模上开通气孔或装弹性顶销；为保证制件平整，要有压料与顶件装置。

4.4 凸、凹模刃口尺寸的计算

4.4.1 尺寸计算原则

模具刃口尺寸精度是影响冲裁件尺寸精度的首要因素。模具的合理间隙值也要靠模具刃口部分尺寸及其公差来保证。因此，在确定凸、凹模刃口部分尺寸及其制造公差时，必须考虑到冲裁变形规律、冲裁公差等级、模具磨损和制造工艺等方面。

实践证明，由于存在着模具间隙，实际冲裁时出现以下现象：①落料件和冲孔件的切断面都带有斜度，即在同一切断面有大端尺寸和小端尺寸；②落料件的大端尺寸与凹模尺寸接近，冲孔件小端尺寸与凸模尺寸接近，在测量和使用冲裁件时，落料件是以大端为基准，冲孔件以小端为基准；③在冲裁生产过程中，凸模越磨越小，凹模越磨越大，凸、凹模磨损的结果是使间隙增大。

因此，在设计和制造模具时，需遵循下述原则；

① 设计落料模时，以凹模为基准，按落料件先确定凹模刃口尺寸，然后根据选取的间隙值确定凸模刃口尺寸，间隙取在凸模上。

② 设计冲孔模时，以凸模为基准，按冲孔件先确定凸模刃口尺寸，然后根据选取的间隙值确定凹模刃口尺寸，间隙取在凹模上。

③ 由于冲模在使用过程中有磨损，磨损的结果使落料件尺寸增大，冲孔件尺寸减小。为了保证模具的使用寿命，落料凹模公称尺寸应取零件尺寸公差范围内的较小尺寸；冲孔凸模公称尺寸应取零件孔的尺寸范围内的较大尺寸。

④ 考虑到磨损，凸、凹模间隙均应采用最小合理间隙。

凸、凹模刃口部分尺寸的制造公差要按零件的尺寸要求决定，一般模具的制造精度比冲裁件的精度高 2 ～ 3 级。若零件未注公差，对于非圆形件，冲模按 IT9 精度制造；对于圆形件，一般按 IT6 ～ IT7 级精度制造。

应注意，工件的尺寸公差应按照入体原则进行标注。

“入体”原则是指标注工件尺寸公差时应向材料实体方向单向标注；落料件正公差为零，只标注负公差；冲孔件负公差为零，只标注正公差。

4.4.2 刃口尺寸计算方法

由于模具加工和测量方法不同，凸、凹模刃口尺寸的计算方法和标注方法也不同。

（1）凸模与凹模分开加工

这种方法适用于圆形或形状简单的冲裁件。采用这种方法时，要分别标注凸、凹模刃口尺寸与制造公差。为了保证凸、凹模间隙值，模具的制造公差应当满足下列条件：

$$\delta_p+\delta_d \leqslant Z_{max}-Z_{min}$$

或 $\delta_p=0.4\ (Z_{max}-Z_{min})$，$\delta_d=0.6\ (Z_{max}-Z_{min})$

式中，δ_p、δ_d 分别为凸模和凹模的制造公差，mm，可查表 4-10 确定。

表 4-10　规则形状（圆形、方形）冲裁时凸模、凹模制造公差

基本尺寸 /mm	凸模偏差 δ_p/mm	凹模偏差 δ_d/mm	基本尺寸 /mm	凸模偏差 δ_p/mm	凹模偏差 δ_d/mm
≤ 18	0.02	0.02	＞ 180 ～ 260	0.03	0.045
＞ 18 ～ 30	0.02	0.025	＞ 260 ～ 360	0.035	0.05
＞ 30 ～ 80	0.02	0.03	＞ 360 ～ 500	0.04	0.06
＞ 120 ～ 180	0.03	0.04			

下面对冲孔和落料两种情况进行讨论：

① 冲孔。设零件孔的尺寸为 $d^{+\Delta}$，冲孔模的允许偏差位置如图 4-23 所示，其凸、凹模工作部分的计算公式如下：

$$d_p=(d+x\Delta)^{-\delta_p} \tag{4-2}$$

$$d_d=(d_p+Z_{min})^{+\delta_d}=(d+x\Delta+Z_{min})^{+\delta_d} \tag{4-3}$$

式中，d_p 为凸模尺寸，mm；d_d 为凹模尺寸，mm；x 为考虑磨损的系数，按零件公差等级选取（零件精度在 IT10 以上时，x=1；零件精度为 IT11 ～ IT13 时，x=0.75；零件精度为 IT14 时，x=0.5），也可查表 4-11 确定。

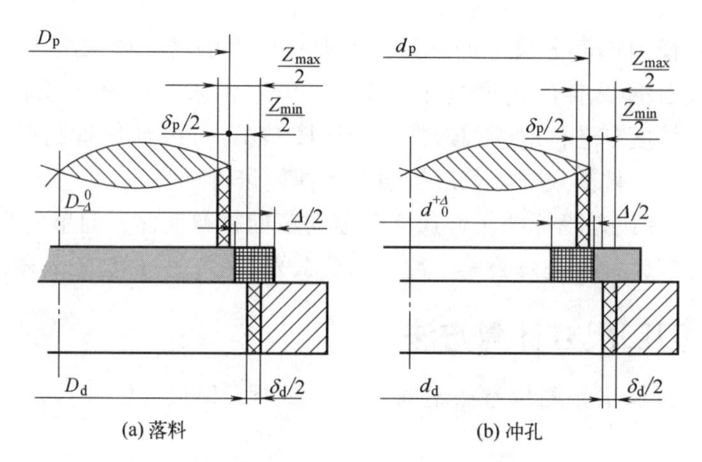

图 4-23　冲裁模的尺寸公差

表 4-11　磨损系数 x

材料厚度 /mm	非圆形			圆形	
	x=1	x=0.75	x=0.5	x=0.75	x=0.5
	零件公差 Δ/mm				
≤ 1	＜ 0.16	0.17 ～ 0.35	≥ 0.36	＜ 0.16	≥ 0.16
1 ～ 2	＜ 0.20	0.21 ～ 0.41	≥ 0.42	＜ 0.20	≥ 0.20
2 ～ 4	＜ 0.24	0.25 ～ 0.49	≥ 0.50	＜ 0.24	≥ 0.24
＞ 4	＜ 0.30	0.31 ～ 0.59	≥ 0.60	＜ 0.30	≥ 0.30

②落料。设零件尺寸为 $D_{-\Delta}$，落料模的允许偏差位置如图 4-23（b）所示，其凸、凹模工作部分尺寸的计算公式如下：

$$D_d=(D-x\Delta)^{+\delta_d} \tag{4-4}$$

$$D_p=(D_d-Z_{min})_{-\delta_p}=(D-x\Delta-Z_{min})_{-\delta_p} \tag{4-5}$$

式中，D_d 为凹模尺寸，mm；D_p 为凸模尺寸，mm。

若零件上有中心距，可直接按下式计算：

$$L_d=L\pm\frac{\Delta}{8} \tag{4-6}$$

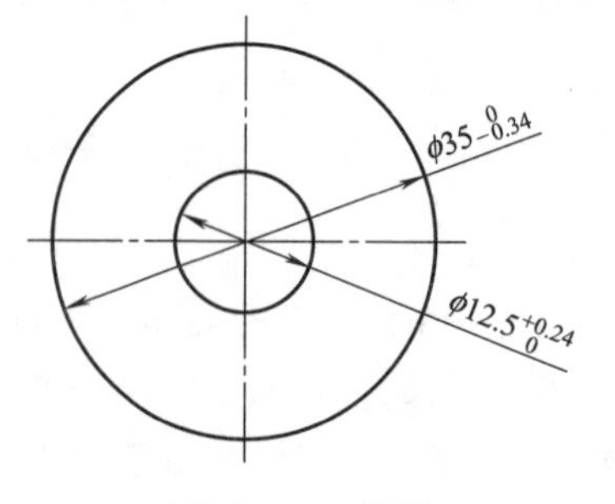

图 4-24　垫圈

【例 1】 如图 4-24 所示垫片，材料为 Q235，料厚 2mm，试分别计算落料和冲孔的凸、凹模刃口尺寸。

解： 由图可知，该零件属于一般冲裁零件，可通过冲孔和落料获得。

a. 落料：

由表 4-8 查得，Z_{max}=0.36mm，Z_{min}=0.246mm，则 $Z_{max}-Z_{min}$=0.36−0.246=0.114mm。

$$\delta_p=0.4(Z_{max}-Z_{min})=0.4\times(0.114)=0.0456\approx0.05\text{mm}$$

$$\delta_d=0.6(Z_{max}-Z_{min})=0.6\times(0.114)=0.0684\approx0.07\text{mm}$$

落料尺寸是 ϕ35mm，查表 4-11 可得 x=0.5，则

$$D_d=(D-x\Delta)^{+\delta_d}=(35-0.5\times0.34)^{+0.07}=34.83^{+0.07}\text{mm}$$

$$D_p=(D_d-Z_{min})_{-\delta_p}=(34.83-0.0246)_{-0.05}=34.53_{-0.05}\text{mm}$$

b. 冲孔：

由表 4-8 查得，Z_{max}=0.36mm，Z_{min}=0.246mm，则 $Z_{max}-Z_{min}$=0.36−0.246=0.114mm。

$$\delta_p=0.4(Z_{max}-Z_{min})=0.4\times(0.114)=0.0456\approx0.05\text{mm}$$

$$\delta_d=0.6(Z_{max}-Z_{min})=0.6\times(0.114)=0.0684\approx0.07\text{mm}$$

冲孔尺寸是 ϕ12.5mm，查表 4-11 可得 x=0.5，则

$$d_p=(d+x\Delta)_{-\delta_p}=(12.5+0.5\times0.24)_{-0.05}=12.62_{-0.05}\text{mm}$$

$$d_d=(d_p+Z_{min})^{+\delta_d}=(12.62+0.246)^{+0.07}=12.87^{+0.07}\text{mm}$$

（2）凸、凹模配合加工

凸、凹模分开加工法的缺点是，为了保证间隙在合理范围内，需要采用较小的凸、凹模制造公差才能满足 $\delta_p+\delta_d\leqslant Z_{max}-Z_{min}$ 的要求，模具制造公差小，造成模具制造困难，成本提高，特别是单件小批量生产时，采用这种方法更不经济。因此，对于形状复杂的零件，为了保证模具间隙，必须采用配合加工。这种加工方法是以凸模或凹模为基准，配合凹模或凸模。因此，只在基准件上标注尺寸和制造公差，配合件仅标注公称尺寸并注明配合时应留有的间隙值［注明："×× 尺寸按凸模（凹模）配合，保证双面间隙 ××"］。这样 δ_p（或 δ_d）不再受间隙限制。一般取 δ_p（或 δ_d）为 $\Delta/4$。

采用配合加工时，需要对冲裁件各部分尺寸进行具体分析，然后决定模具刃口各部分尺寸的计算方法。下面分别介绍落料和冲孔时的计算。

① 落料时应以凹模为基准，配做凸模，并按照凹模磨损后尺寸变大、变小或不变的规律分别进行计算。

磨损后变大的尺寸，即图 4-25 中的 A 类尺寸，在冲裁过程中磨损后会变大，可以按照一般落料凹模的尺寸计算公式计算，即

$$A_d=(A-x\Delta)^{+\delta_d} \tag{4-7}$$

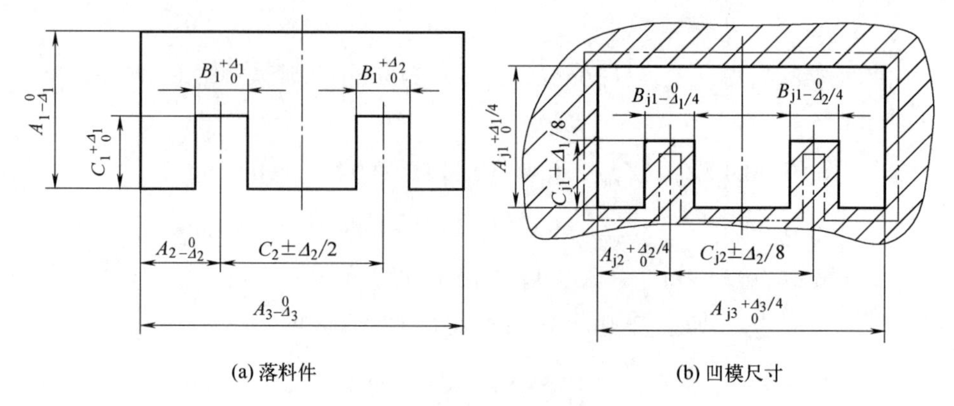

(a) 落料件　　(b) 凹模尺寸

图 4-25　落料件和凹模尺寸

磨损后变小的尺寸，即图 4-25 中的 B 类尺寸，在冲裁过程中磨损后会变小，可以按照一般冲孔凸模的尺寸计算公式计算，即

$$B_d=(B+x\Delta)_{-\delta_d} \tag{4-8}$$

磨损后不变的尺寸，即图 4-25 中的 C 类尺寸，在冲裁过程中磨损后基本保持不变，根据零件尺寸标注不同，可以分为三种情况，具体计算如下:

• 冲裁件尺寸标注为 $C^{+\Delta}$:

$$C_d=(C+0.5\Delta)\pm\delta_d \tag{4-9}$$

• 冲裁件尺寸标注为 $C_{-\Delta}$:

$$C_d=(C-0.5\Delta)\pm\delta_d \tag{4-10}$$

• 冲裁件尺寸标注为 $C\pm\Delta'$:

$$C_d=C\pm\delta_d \tag{4-11}$$

式中，A_d，B_d，C_d 为凹模刃口尺寸，mm；A，B，C 为与 A_d，B_d，C_d 相对应的冲裁件基本尺寸，mm；Δ 为零件的公差，mm；Δ' 为零件的偏差，mm，$\Delta'=\Delta/2$；δ_d 为凹模制造公差，当标注为 $+\delta_d$ 或 $-\delta_d$ 时，$\delta_d=\Delta/4$，当标注为 $\pm\delta_d$ 时，$\delta_d=\Delta'/8=\Delta'/4$。

以上是落料凹模的刃口尺寸计算方法，相应的凸模尺寸按凹模实际尺寸配置，并保证最小间隙 Z_{min}。在图纸的技术要求中应注明：凸模尺寸按凹模尺寸配置，保证最小间隙 ***。

② 冲孔时应以凸模为基准件配做凹模，凸模刃口尺寸的确定，同样需要根据凸模各部分磨损后的变化，分三种情况进行计算。

冲裁过程中，凸模各部分的尺寸同样有磨损后变大、变小和基本不变三种情况。通过分析图 4-26 中凸模的形状可以发现，A 类尺寸属于磨损后变小的尺寸，B 类尺寸属于磨损后变大的尺寸，C 类尺寸则属于磨损后保持不变的尺寸，具体计算同落料。

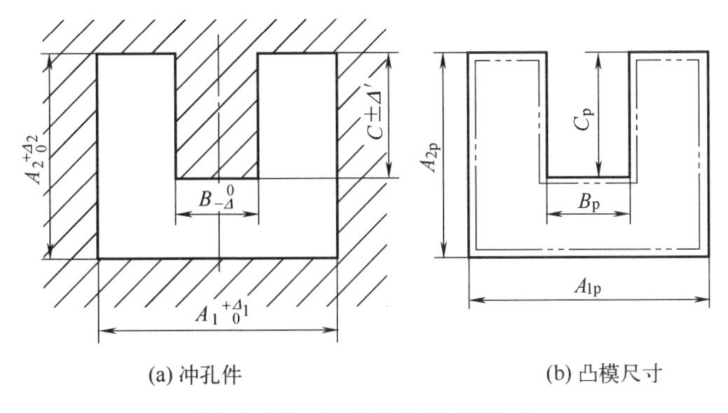

(a) 冲孔件　　(b) 凸模尺寸

图 4-26　冲孔件和凸模尺寸

【例 2】 某厂生产的变压器硅钢片（图 4-27），材料为 D42 硅钢板，料厚 0.35mm，凸、凹模配合加工，试计算落料凸、凹模刃口尺寸及制造公差。

解： 此零件属于落料件，因此应先计算凹模，再配做凸模。

凹模各尺寸磨损后的变化情况如图 4-28 所示：

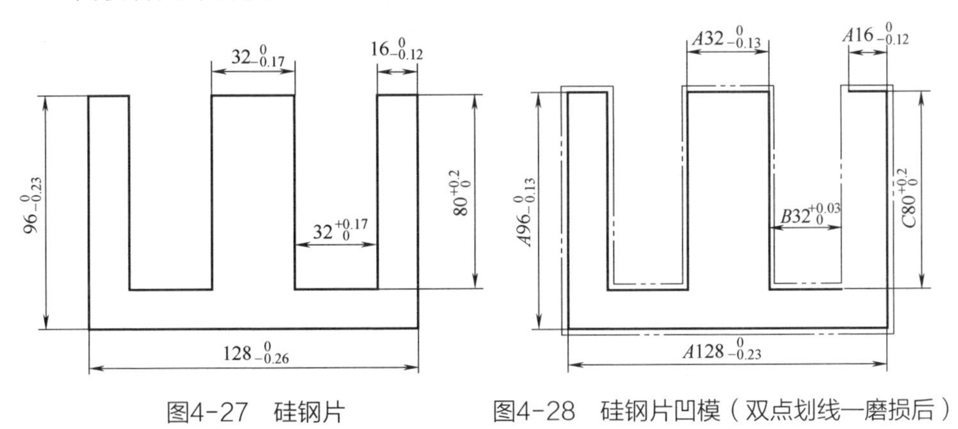

图4-27　硅钢片　　图4-28　硅钢片凹模（双点划线—磨损后）

由图 4-28 可知，图中标 A 的尺寸是磨损后变大的尺寸，标 B 的尺寸是磨损后变小的尺寸，标 C 的尺寸是基本保持不变的尺寸。查表 4-8 确定各尺寸的磨损系数 x 后，各尺寸计算如下：

a. 变大的尺寸：

$$A_d = (A - x\Delta)^{+\delta_d}$$

尺寸 128mm：$(128-0.75\times0.26)^{\frac{1}{4}\times0.26} = 127.81^{0.07}$mm

尺寸 96mm：$(96-0.75\times0.23)^{\frac{1}{4}\times0.23}=95.838^{0.07}$mm

尺寸 32mm：$(32-0.75\times0.17)^{\frac{1}{4}\times0.17}=31.87^{0.04}$mm

尺寸 16mm：$(16-1\times0.12)^{\frac{1}{4}\times0.12}=15.88^{0.03}$mm

b. 变小的尺寸：

$$B_d=(B+x\Delta)_{-\delta_d}$$

尺寸 32mm：$(32+0.75\times0.17)_{-\frac{1}{4}\times0.17}=32.13_{-0.04}$mm

c. 基本不变的尺寸：

$$C_d=(C+0.5\Delta)\pm\delta_d$$

尺寸 80mm：$(80+0.5\times0.2)\pm\dfrac{0.2}{4}=80.1\pm0.05$mm

4.5 冲裁力的计算及降低冲裁力的方法

4.5.1 冲裁力的计算

计算冲裁力的目的是合理地选用冲压设备、设计模具以及校核模具强度。冲压设备的吨位必须大于所计算的冲裁力。

压力机吨位必须大于所计算的冲裁力，以适应冲裁要求。

冲裁力大小主要与材料力学性能、厚度及工件轮廓长度有关。

平刃口模具冲裁时，其冲裁力可按式（4-12）计算：

$$F=kA\tau=kLt\tau \tag{4-12}$$

式中，F 为冲裁力，N；A 为冲切断面积，mm^2；L 为冲裁周边长度，mm；τ 为材料抗剪强度，MPa；k 为考虑到模具刃口磨损、模具间隙波动、材料力学性能变化及材料厚度偏差等因素的系数，一般取 k=1.3。

冲裁过程中，冲裁力 - 凸模行程变化曲线如图 4-29 所示。

弹性变形阶段（*AB* 段），随凸模行程增加，冲裁力急剧上升；塑性变形阶段（*BC* 段），凸模刃口挤入材料，材料加工硬化影响超过受剪面积减小的影响，冲裁力继续上升但速度减慢，当两者达到相等时，冲裁力达最大值（C 点），产生裂纹；断裂阶段（CD 段），材料内部产生裂纹并迅速扩张，受剪面积减少的影响超过加工硬化，冲裁力随凸模行程增加而急剧下降；凸模继续下压至 E 点后，剪切面分离，仅需克服摩擦阻力以推出分离料，冲裁力继续下降。

4.5.2 降低冲裁力的方法

在冲裁高强度材料或厚度大、周边长的零件时，所需冲裁力如果超过车间现有冲压设备吨位，就必须采取措施降低冲裁力。一般采用以下几种方法。

（1）加热冲裁（红冲）

材料加热后，抗剪强度或抗拉强度大大降低，从而可降低冲裁力，但因加热冲裁时形成氧化皮，会直接影响零件表面质量和尺寸精度，所以此法只适用于厚板或零件表面质量及公差等级要求不高的零件。

（2）阶梯凸模冲裁

在多凸模冲裁中，将凸模做成不同的高度，将凸模刃口底平面呈阶梯形布置，使各凸模冲裁力的最大值不同时出现，以降低总的冲裁力，见图 4-30。特别是在几个凸模直径相差悬殊、彼此距离又很近的情况下，采用阶梯形布置还能避免小直径凸模在挤压力作用下发生折断或倾斜的现象（为了保证模具刚度，尺寸小的凸模应做短些）。

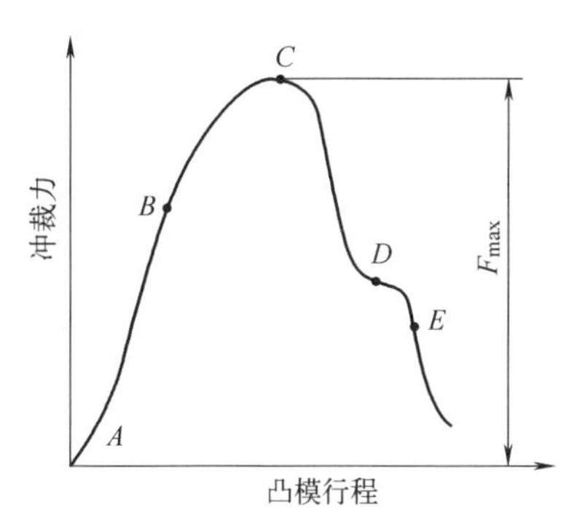

图4-29 冲裁力-凸模行程变化曲线

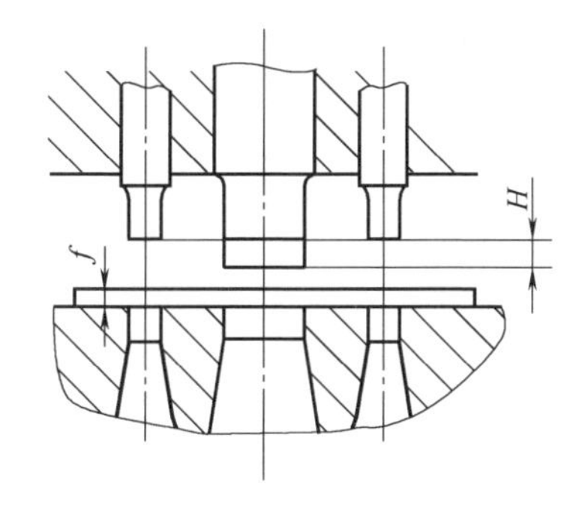

图4-30 阶梯凸模冲裁

在将多个凸模进行阶梯形布置时，需要注意以下几方面要求：①阶梯形布置要对称分布，防止偏载；②为了避免冲大孔时材料流动的挤压力对小孔冲头的影响，阶梯形应安排先冲大孔、后冲小孔，这样也有利于减少小孔冲头的长度；③多凸模之间的高度差取决于材料厚度，h 一般取为 t（$t < 3$mm）或 $0.5t$（$t > 3$mm）。

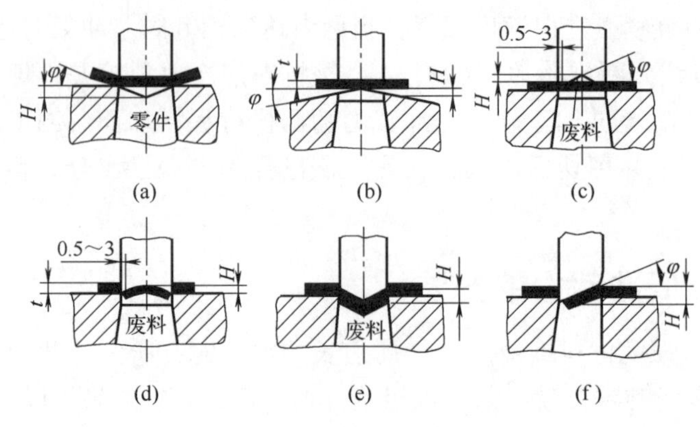

图 4-31　斜刃口冲裁模

（3）斜刃模具冲裁

普通模具刃口都采用与模具轴线相垂直的平面形式，而将凸模（或凹模）刃口平面设计成与轴线倾斜一定的角度进行冲裁时，刃口可逐步冲切材料［图 4-31（a）］，减少了每一瞬时的剪切面积 A，从而降低了冲裁力。与平刃冲裁相比，其冲裁力可以降低 50% ～ 75%，斜刃冲模的减力程度由斜刃峰波高度 H 和角度 f 决定，H 和 f 可参考下列数值选取：$t < 3$mm，H=2t，$f < 5°$；t=3 ～ 10mm，H=t，$f < 8°$。一般情况下 f 角不大于 12°。

为获得平整的零件，落料时，应将凹模制成斜刃、凸模制成平口；冲孔时，则相反。设计刃口时，斜刃应对称布置以免承受偏载。

斜刃冲模的制造和修磨比较复杂，刃口也容易磨损，所以尽量不采用，因而只适用于大型零件或厚板冲裁。

（4）增大冲裁间隙

在保证冲裁件断面质量的前提下，也可通过适当增大冲裁间隙等方法来降低冲裁力。

4.5.3　冲裁工艺力的计算

冲裁工艺力包括冲裁力、推件力、顶件力和卸料力，因此，在选择压力机吨位时，应根据模具结构进行冲裁工艺力的计算。

影响这些力的因素较多，主要有材料力学性能、板料厚度、零件形状、零件尺寸、模具间隙、搭边大小及润滑条件等。在生产中，一般采用下列经验公式计算：

$$P_1=nk_1P，P_2=k_2P，P_3=k_3P \tag{4-13}$$

式中，P_1，P_2，P_3 为推件力、顶件力、卸料力；n 为卡在凹模孔内的零件数；k_1，k_2，k_3 为推件力系数、顶件力系数和卸料力系数，可按表 4-12 确定。

表 4-12　推件力系数、顶件力系数和卸料力系数

料厚 /mm		k_1	k_2	k_3
钢	≤ 0.1	0.1	0.14	0.065 ~ 0.075
	0.1 ~ 0.5	0.063	0.08	0.045 ~ 0.055
	0.5 ~ 2.5	0.055	0.06	0.04 ~ 0.05
	2.5 ~ 6.5	0.045	0.05	0.03 ~ 0.04
	6.5	0.025	0.03	0.02 ~ 0.03
铝、铝合金		0.03 ~ 0.07		0.025 ~ 0.08
紫铜、黄铜		0.03 ~ 0.09		0.02 ~ 0.06

注：卸料力系数 k_3 在冲多孔、大搭边和轮廓复杂零件时取上限。

采用弹性卸料及上出料方式，总冲裁力为

$$P_0=P+P_2+P_3$$

采用刚性卸料及下出料方式，总冲裁力为

$$P_0=P+P_1$$

采用弹性卸料及下出料方式，总冲裁力为

$$P_0=P+P_1+P_3$$

4.6 其他冲裁方法

普通冲裁获得的工件尺寸精度在 IT11 以下，表面粗糙度一般为 Ra=12.5 ~ 25μm，光亮带所占断面比例不大，断面具有斜度，只能满足一般产品的普通要求。当对冲裁件的断面质量、尺寸精度及断面垂直度要求很高时，普通冲裁无法满足，通常是采用整修、光洁冲裁、齿圈压板冲裁（精冲）等方法来提高零件精度和表面质量。

4.6.1　强力压边冲裁

普通冲裁所得零件尺寸精度在 IT11 以下。切断面表面粗糙度 Ra 值为 12.5 ~ 6.3μm，且有锥度。采用强力压边冲裁的零件 Ra 值为 1.6 ~ 0.2μm，

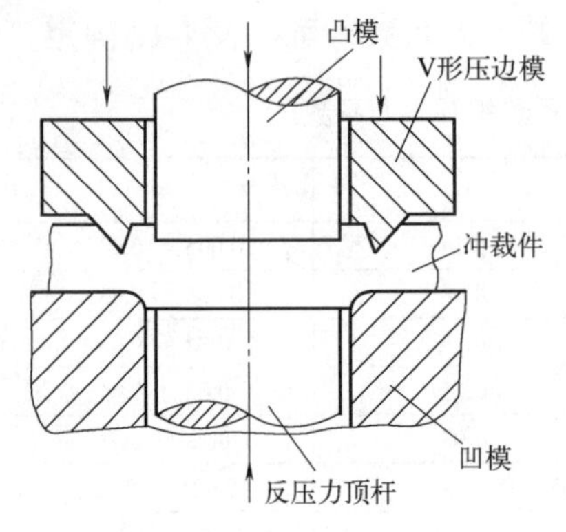

图 4-32　强力压边冲裁

尺寸精度为 IT6 ~ IT9。强力压边冲裁模的结构如图 4-32 所示。

在强力压边冲裁过程中，由于采用齿圈压板、极小的冲裁间隙和反压力顶件，以及刃口为圆角的凹模，板料处于三向压应力状态，使变形区的静水压力提高，从而提高材料的塑性，避免冲裁过程中发生撕裂，使其以塑性变形的方式完成分离。因此，该法所获得的零件切断面，其光亮带可达材料厚度的 100%，断面垂直、表面平整，零件尺寸精度达 IT6 ~ IT9 级，表面粗糙度为 Ra=3.2 ~ 0.2μm。

强力压边冲裁时，单面间隙一般取料厚的 0.5% ~ 2.5%。圆角的大小根据材料的性能和厚度确定。一般取 R 为 0.01 ~ 0.03mm。当 $t < 3$mm 时，可取 R 为 0.05 ~ 0.1mm。搭边一般取（1.5 ~ 2）t，但不能小于 1mm。

强力压边冲裁时的冲裁力、压边力和反压力可按式（4-14）计算：

$$P_1=(1.3 \sim 1.5)Lt\tau，P_t=(0.3 \sim 0.6)P_1，P_c=(0.1 \sim 0.15)P_1 \quad (4-14)$$

式中，P_1、P_t、P_c 分别为冲裁力、压边力和反压力；τ 为材料抗剪强度。

4.6.2　整修

整修是利用整修模沿冲裁件外缘或内孔刮削掉一薄层金属，去除普通冲裁时在冲件断面留下的圆角、断裂带、毛刺等，以获得高精度、低粗糙度制件的工艺方法（图 4-33）。整修后零件的尺寸精度可达 IT7 ~ IT8，表面粗糙度值 Ra=1.6 ~ 0.8μm。

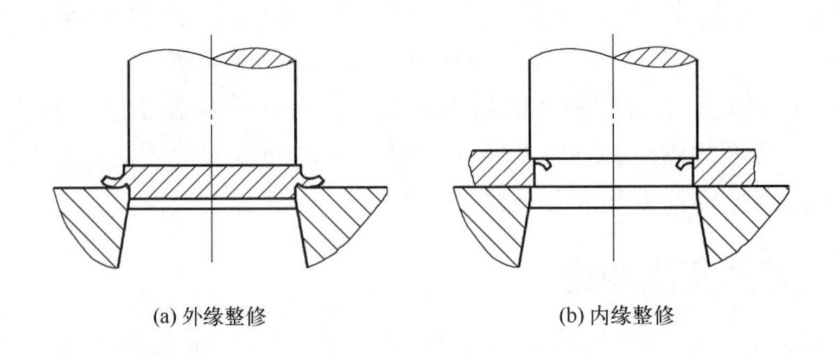

图 4-33　整修

整修冲裁件的外形为外缘整修，整修冲裁件孔的内形称为内缘整修。整修与切削加工类似，整修质量受整修次数、整修余量以及整修模具结构等因素的影响。整修时应合理确定整修余量，其值取决于整修次数。对于材料厚度小于 3mm、外形简单的零件，一次单边整修量可以为料厚的 10%，一般只需一次整修。材料厚度大于 3mm 或带有尖角的零件，一般均采用多次整修。

外缘整修模的凸、凹模单边间隙约为 0.006 ～ 0.01mm，最大不超过 0.025mm。

除上述切削整修外，还有激光整修（图 4-34）。这种方法是利用表面塑性变形的办法来提高零件精度和表面质量的。挤光整修的余量较小，一般不超过 0.06mm，挤光整修效果低于普通整修。这种整修方法一般用于塑性好的软材料。

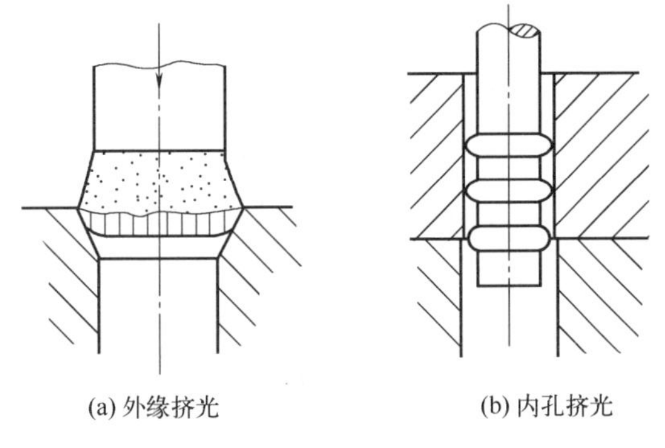

图 4-34　挤光整修

4.6.3　光洁冲裁

整修工艺所整修的毛坯是冲裁件，还需要增加设备和模具以及大量加工工时，从经济性和生产效率来说都适应不了大量生产的要求。光洁冲裁就是在这种生产需求条件下经常采用的半精冲工艺，它与普通冲裁的差别在于模具刃口的圆角半径小、冲模间隙很小。使用这样的模具进行冲裁时，材料分离区的静水压值增强，抑制了裂纹的发展，冲裁件断面质量得到明显的提高。

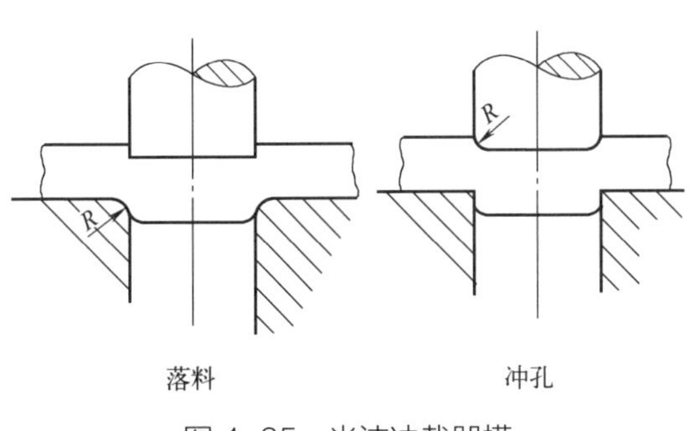

图 4-35　光洁冲裁凹模

落料时，凹模刃口带椭圆角或小的圆角，如图 4-35 所示，凸模仍为普通形式。凸、凹模双面间隙小于 0.01 ～ 0.02mm。常用的小圆角凹模，圆角半径一般取料厚的 10% ～ 20%，见表 4-13。光洁冲裁适用于塑性好的材料。用此法所得到的零件，粗糙度 *Ra* 值为 0.8 ～ 3.2μm，公差等级为 IT9 ～ IT11。冲孔时，凸模刃口带有圆角，而凹模刃口为普通形式。光洁冲裁所需冲裁力比普通冲裁大 50% 左右。

表 4-13　光洁冲裁的凹模圆角半径（mm）

材料厚度 /mm	1	2	3	5
铝	0.25	—	0.25	0.50
铜（T2）	0.25	—	0.50	(1.00)
软钢	0.25	0.05	(1.00)	—
黄铜（H70）	(0.25)	—	(1.00)	—
不锈钢（0Cr18Ni9）	(0.25)	(0.05)	(1.00)	—

4.6.4　负间隙冲裁

负间隙是指落料凸模直径大于凹模直径，见图 4-36，一般负间隙 c 为（0.05 ～ 0.3）t，圆形件约为（0.1 ～ 0.2）t。这种设计方式与普通冲裁时凸模直径小于凹模直径正好相反，也只能适用于落料工序。负间隙冲裁的凹模刃口设计成圆角，圆角半径一般取料厚的 5% ～ 10%，凸模刃口则越锋利越好。

在负间隙冲裁过程中，毛坯出现的裂纹方向与普通冲裁时相反，形成倒锥形裂纹后继续下压，冲裁结束时，凸模应与凹模表面保持 0.1 ～ 0.2mm 距离，待冲裁下一次时，再将前一工件完全挤入模腔。所获得的落料件具有挤压特征，断面质量好，零件精度可达 IT9 ～ IT11 级，表面粗糙度 Ra=1.6 ～ 0.8mm。负间隙冲裁力比普通冲裁时增大 1.3 ～ 3 倍，凹模承受的压力较大，容易引起开裂，所以这种方法只适用于软钢、软铝、铜等塑性好的材料。

4.6.5　聚氨酯橡胶冲裁

聚氨酯橡胶冲裁是普通橡胶冲裁的发展。它采用聚氨酯橡胶代替钢制冲模中的凸模、凹模或凸凹模，如图 4-37 所示。

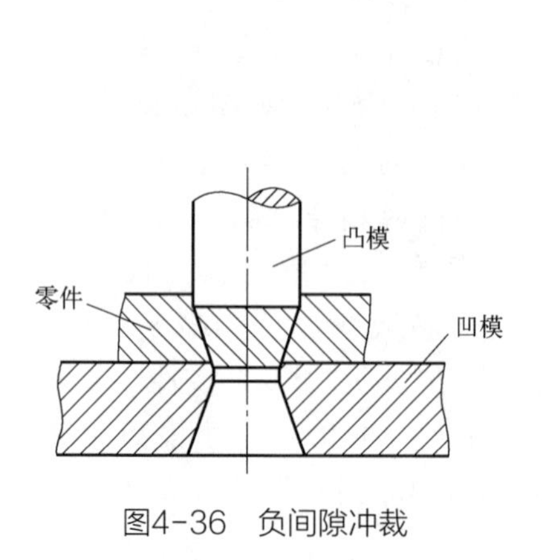

图4-36　负间隙冲裁

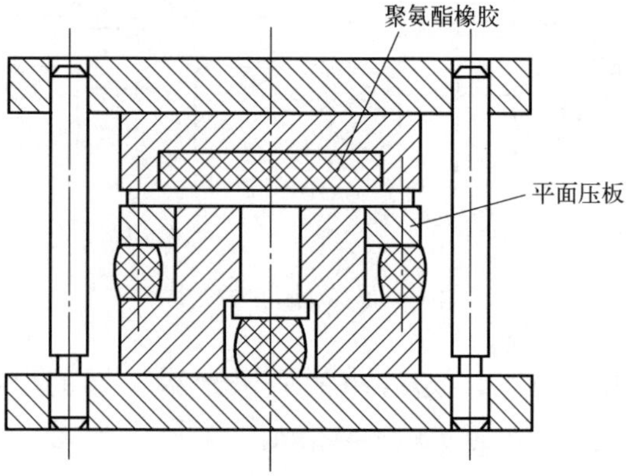

图4-37　聚氨酯橡胶冲裁模

聚氨酯橡胶是一种高分子弹性材料，它具有强度高、弹性好、抗撕裂性好、耐磨、耐油、耐老化等优点。聚氨酯橡胶冲裁适用于冲裁大而薄的材料，其厚度为：铝、黄铜小于 1.5mm，钢小于 1.2mm。

聚氨酯橡胶冲裁所需材料的搭边宽度大（3 ～ 5mm），生产率不高，被冲材料表面要擦拭干净，不能冲小孔。

4.6.6 锌基合金模冲裁

锌基合金冲模是采用以锌为基体的锌、铝、铜三元合金，通过铸造方法制成的。锌基合金冲模具有结构简单、制造容易、制模周期短、成本低等优点。落料时用锌基合金做凹模，用工具钢做凸模；冲孔时则相反。

冲裁时，只有锌基合金做成的模具磨损，而钢模几乎不磨损，冲裁间隙是由合金模具磨损自动形成的，因此初始间隙值取零。由于只有一个锋利刃口，为避免划伤合金模具，所以搭边值一般取 2 ～ 3mm。由于锌基合金的强度较低，所以设计凹模时要保证模具有足够的强度，一般取凹模高度为 30mm，最小厚度为 40mm，刃口工作高度为料厚的 5 倍左右。

4.7 材料的经济利用

在大批量冲压件的生产成本中，材料费约占 60% 以上，因此材料利用率是关系到冲压技术发展的一个重要问题，而材料利用率主要涉及工件的排样。

4.7.1 排样方法

冲裁件在条料或板料上的布置方法叫排样。排样的合理与否，会影响到材料的经济利用率，还会影响到模具结构、生产率、制件质量、生产操作方便与安全等。因此，排样是制订冲裁工艺和模具设计中一项很重要的工作。

衡量排样经济性的标准是材料利用率。材料利用率分为一个进距内的利用率和整张板料的利用率：

一个进距内的材料利用率为

$$\eta = \frac{nA}{Bh} \times 100\% \tag{4-15}$$

式中，A 为冲裁件面积；n 为一个进距内冲件数目；B 为条料宽度；h 为进距。

一张板料的材料利用率为

$$\eta_{\Sigma}=\frac{NA}{BL}\times 100\% \tag{4-16}$$

式中，N 为一张板料上冲件总数目；L 为板材长度；B 为板材宽度。

通常情况下，条料、带料和板料的利用率比其一个进距内的材料利用率要低，即 $\eta > \eta_{\Sigma}$。这主要是因为是条料和带料受到料头和料尾的影响；另外，板材剪成条料还受料边的影响。

从式（4-16）中可以看到，减少废料面积可以提高材料利用率。冲裁废料一般由工艺废料和结构废料组成。结构废料是由工件形状决定的；工艺废料是由排样形式及冲压方式决定的（图 4-38）

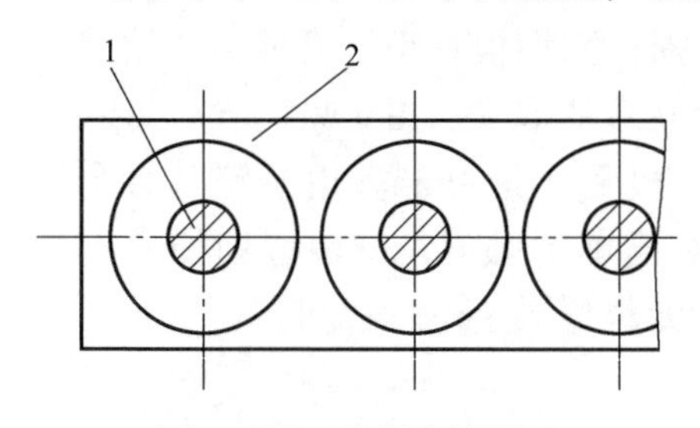

图 4-38　冲裁废料类型

1—结构废料；2—工艺废料

① 结构废料：由于工件结构形状的需要，如工件存在内孔而产生的废料称为结构废料。它决定于工件形状，一般不能改变。

② 工艺废料：工件之间和工件与条料边缘之间存在的搭边、定位需要切去的料边与定位孔、不可避免的料头和料尾废料统称为工艺废料。它取决于冲压方式和排样方式。

排样方法按有无废料可分为三种：

a. 有废料排样。在零件与零件之间，零件周边都有搭边［图 4-39（a)］。这种排样方法能保证零件质量，提高模具寿命，但材料利用率低。

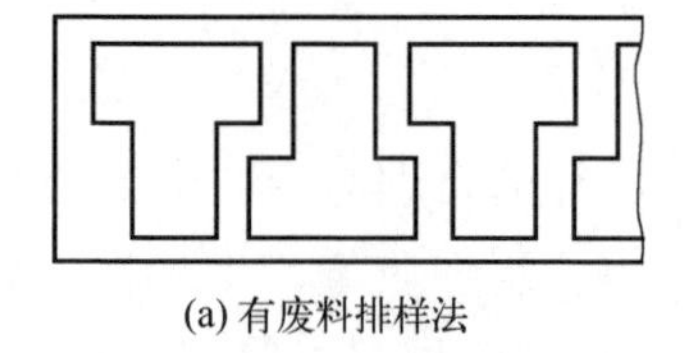

(a) 有废料排样法

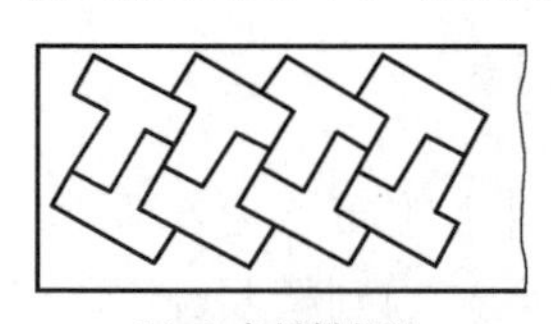

(b) 少废料排样法

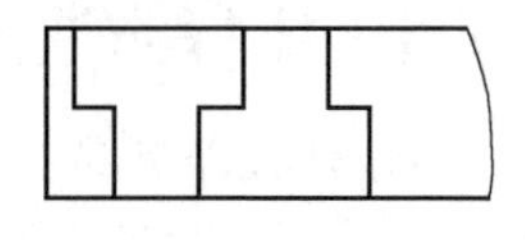

(c) 无废料排样法

图 4-39　排样方法

b. 少废料排样。沿零件部分外形轮廓切断或冲裁。一般情况下，只有在零件与零件之间或只有在零件与侧边缘之间有搭边，如图 4-39（b）所示。

c. 无废料排样。零件沿条料被顺次切下，零件与零件之间、零件与条料边缘之间均无搭边存在，如图 4-39（c）所示。

上述三类排样方法，按照工件的外形特征又可分为直排、斜排、直对排、斜对排、混合排、多行排等多种形式。各种抽样形式如表 4-14 所示。

表 4-14　排样形式的分类

排样形式	有废料排样	少、无废料排样
直排	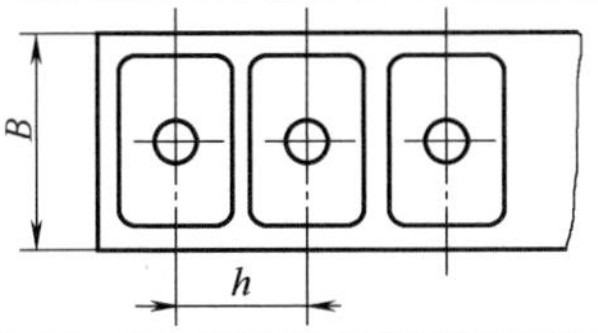	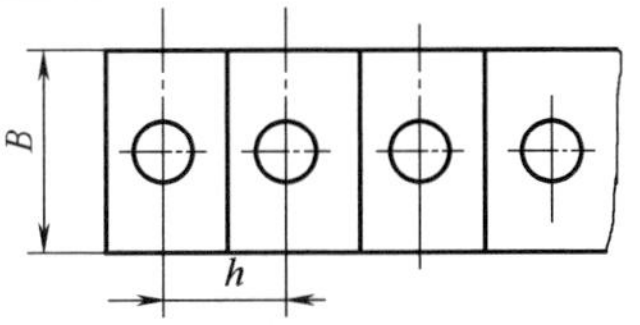
斜排	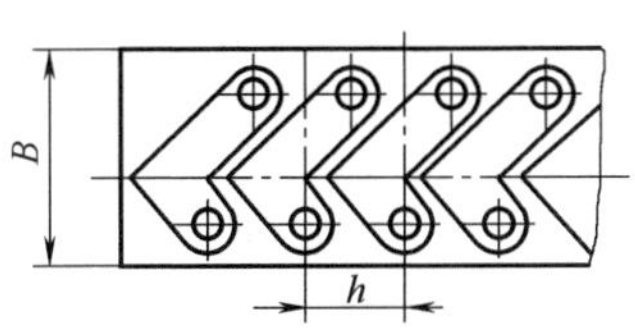	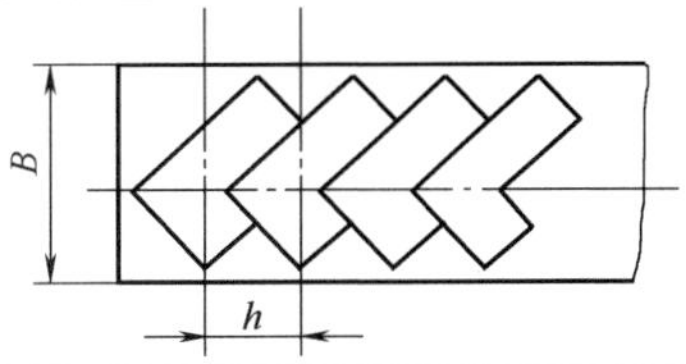
直对排	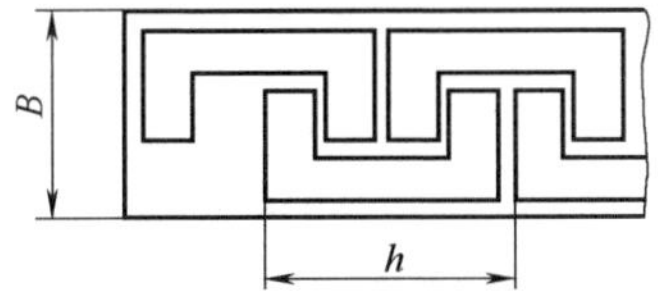	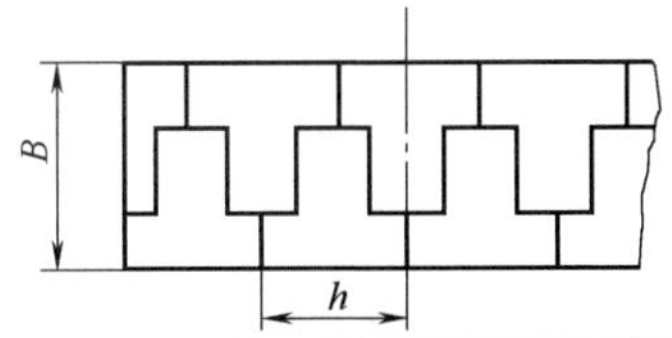
斜对排	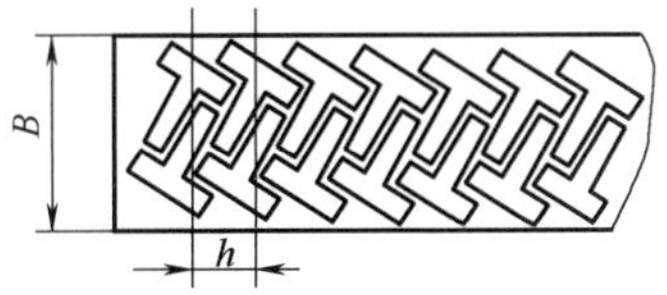	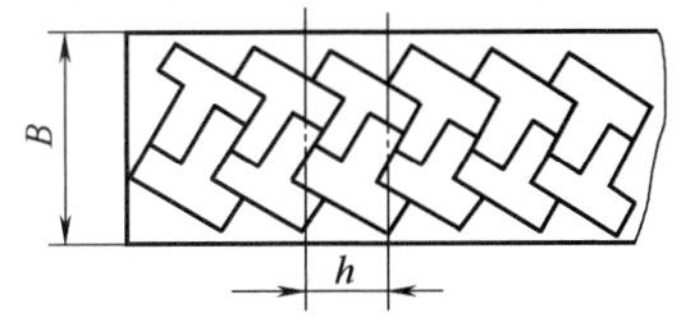
混合排	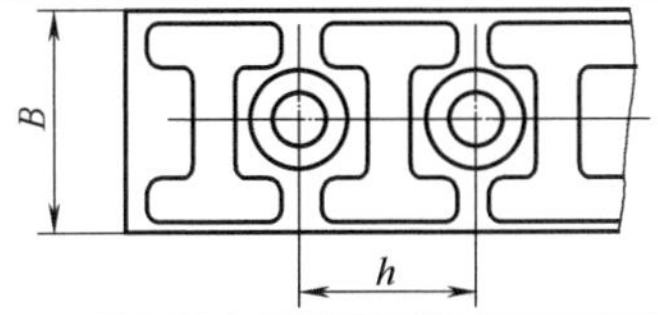	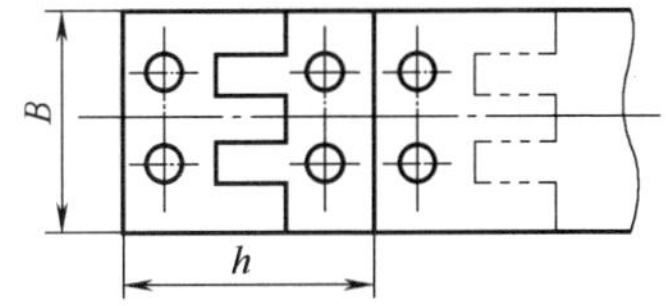
多行排	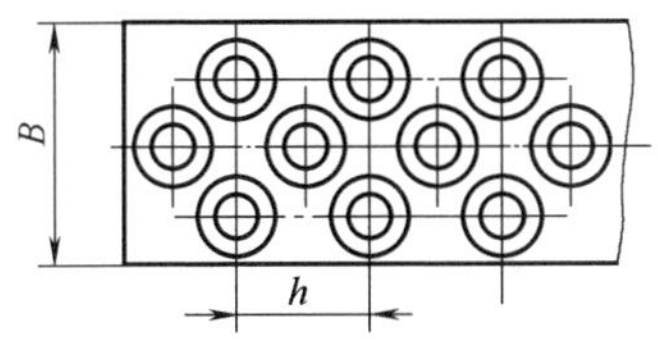	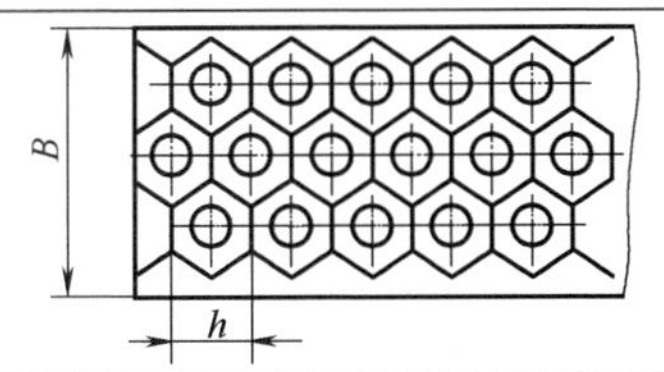

排样时，除了考虑材料利用率外，还要考虑模具结构是否复杂、生产率的高低以及操作是否安全和方便等因素。

如图 4-40（a）所示的零件，若采用第一种排样法［如图 4-40（b）所示］，单个零件的材料利用率（下同）为 53.7%；若采用第二种排样法［如图 4-40(c) 所示］，材料利用率可提高到 63.5%，但送料需调头，操作不方便，如果一次冲两件，则模具结构复杂，对于大量生产可以考虑采用。如果在不影响零件使用的条件下，可将零件修改成（必须征得产品零件设计师的同意）如图 4-40（d）所示的形状。这时采用如图 4-40（e）所示的第三种排样，材料利用率可提高到 78.4%，与前两种排样方案相比较，第三种排样方案的材料利用率最高，而且模具结构不复杂，送料操作也方便。

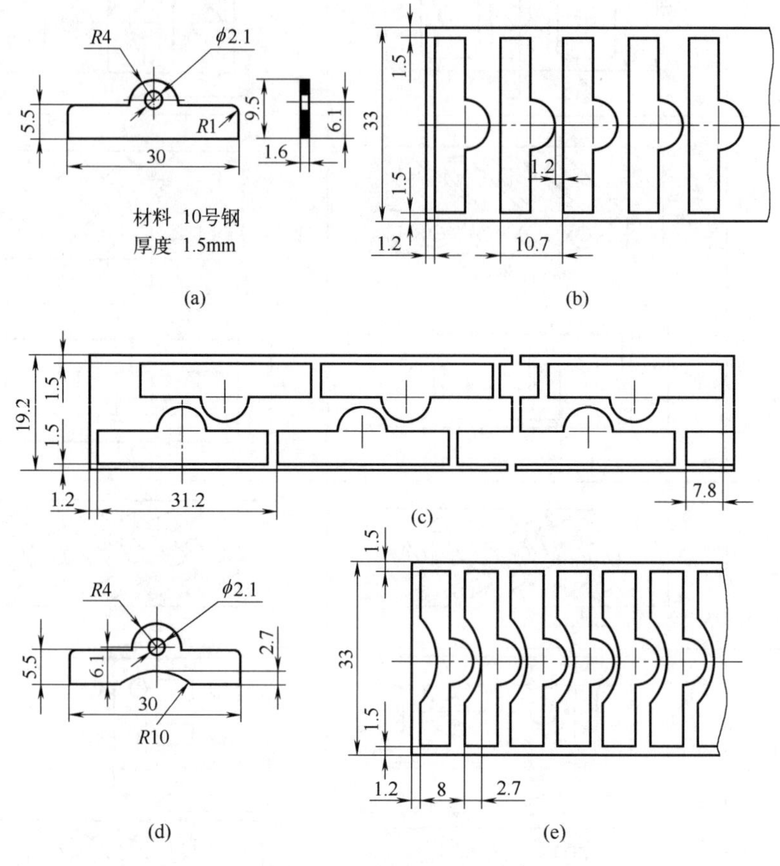

图 4-40　排样方案的比较

4.7.2　搭边

排样时零件与零件之间以及零件与条料侧边之间留下的余料叫搭边。搭边的作用是补偿定位误差及材料尺寸误差，还可以保持条料有一定的强度和刚度，便于送进，从而保证冲出合格的零件。

搭边值的大小与下列因素有关：

① 材料的力学性能：硬材料的搭边值可小些，软材料、脆性材料的搭边

值要大些。

② 材料的厚度：厚材料的搭边值应取大些。

③ 零件的形状与尺寸：零件的形状复杂，且有尖突以及尺寸大时，搭边值取大些。

④ 送料与挡料方式：有侧压板导向的手工送料，搭边值可取小些。

另外，排样方式、有无压料机构，对搭边值都有影响。

一般搭边值由经验确定，也可以查阅有关资料和手册，参见表 4-15。

表 4-15　搭边值的确定

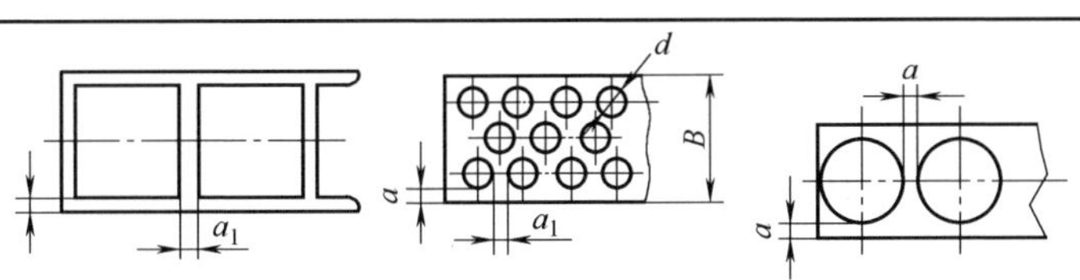

材料厚度/mm	手工送料						自动送料	
	圆形		非圆形		往复送料			
	a/mm	a_1/mm	a/mm	a_1/mm	a/mm	a_1/mm	a/mm	a_1/mm
≤ 1	1.5	1.5	2	1.5	3	2	3	2
1 ～ 2	2	1.5	2.5	2	3.5	2.5	3	2
2 ～ 3	2.5	2	3	2.5	4	3	3	2
3 ～ 4	3	2.5	3.5	3	5	4	4	3
4 ～ 5	4	3	5	4	6	5	5	4
5 ～ 6	5	4	6	5	7	6	6	5
6 ～ 8	6	5	7	6	8	7	7	6
＞ 8	7	6	8	7	5	8	8	7

注：冲制皮革、纸板、石棉等非金属材料时，搭边值应乘以 1.5 ～ 2。

4.8 冲压工艺性分析

4.8.1　冲压件的形状和尺寸

对于冲裁件，要求其外形简单、对称、圆角过度；应避免过长的悬臂和窄槽，其宽度要大于料厚的两倍；最小孔间距应不小于料厚的 1.5 倍，最小孔边距应不小于料厚。冲孔尺寸不能太小，否则冲裁时，凸模易折断或压弯。

对于弯曲件，直边长度要大于料厚的 2 倍［图 4-41（a)］。弯曲处的最小圆角半径不能小于规定数值。弯曲时，为了防止孔变形，要求孔壁与弯曲处距离 $L \geqslant t$（$t < 2$mm）或 $L \geqslant 2t$（$t > 2$mm），如图 4-41（b）所示。否则，要先压弯后再冲孔。弯曲件形状应尽量对称，否则应添加工艺孔定位，以防止材料在弯曲过程中发生移动。

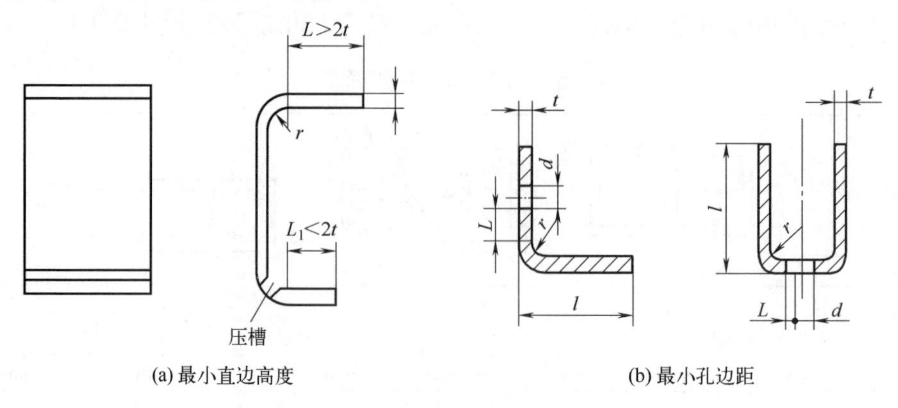

(a) 最小直边高度　　(b) 最小孔边距

图 4-41　弯曲件极限尺寸的确定

对于拉深件，底部与壁部间的圆角半径，一般取料厚的 3 ～ 5 倍。壁部与凸缘间的圆角半径，取料厚的 5 ～ 10 倍。否则，须增加整形工序。拉深件形状应尽可能对称，避免急剧转角或凸台。拉深高度应尽可能小，以减少拉深次数，提高冲压件质量。

4.8.2　冲压件精度

一般冲裁件精度分别见表 4-16 和表 4-17。弯曲件精度示于表 4-18。圆筒形拉深件精度示于表 4-19。

表 4-16　冲裁件内外形所能达到的经济精度

材料厚度 /mm	基本尺寸 /mm				
	≤ 3	3 ～ 6	6 ～ 10	10 ～ 18	18 ～ 500
≤ 1	IT12 ～ IT13			IT11	
1 ～ 2	IT14	IT12 ～ IT13			IT11
2 ～ 3	IT14			IT12 ～ IT13	
3 ～ 5	—	IT14			IT12 ～ IT13

注：1. 表中所列孔距公差，适用于两孔同时冲出的情况。

2. 一般精度指模具工作部分达 IT8，凹模后角为 15′～ 30′的情况。较高精度指模具工作部分达 IT7 以上的角不超过 15′。

3. 本表适用在于预先落料再进行冲孔的情况。

表 4-17　一般冲裁件剪断面粗糙度

材料厚度 t/mm	≤ 1	1 ～ 2	2 ～ 3	3 ～ 4	4 ～ 5
粗糙度 Ra/μm	3.2	6.3	12.5	25	50

注：如果冲压件剪断面粗糙度要求高于本表所列，则需要另加整修工序。各种材料通过整修后的粗糙度：黄铜 Ra=0.4μm、软钢 Ra=0.8 ～ 0.4μm、硬钢 Ra=1.6 ～ 0.8μm。

表 4-18　弯曲件角度公差

角短边长度 /mm	非配合角度偏差	最小的角度偏差	角短边长度 /mm	非配合角度偏差	最小的角度偏差
＜ 1	±7°	±4°	80 ～ 120	±1°	±25′
1 ～ 3	±6°	±3°	120 ～ 180	±50′	±20′
3 ～ 6	±5°	±2°	180 ～ 260	±40′	±18′
6 ～ 10	±4°	±1° 45′	260 ～ 360	±30′	±15′
10 ～ 18	±3°	±1° 30′	360 ～ 500	±25′	±12′
18 ～ 30	±2° 30′	±1°	500 ～ 630	±22′	±10′
30 ～ 50	±2°	±45′	630 ～ 800	±20′	±10′
50 ～ 80	±1° 30′	±30′	800 ～ 1000	±20′	±8′

表 4-19　圆筒形拉深件径向尺寸偏差值

材料厚度 /mm	拉深件直径 /mm			材料厚度 /mm	拉深件直径 /mm		
	＜ 50	50 ～ 100	＞ 100 ～ 300		＜ 50	50 ～ 100	＞ 100 ～ 300
0.5	±0.12	—	—	2.0	±0.40	±0.50	±0.70
0.6	±0.15	±0.20	—	2.5	±0.45	±0.60	±0.80
0.8	±0.20	±0.25	±0.30	3.0	±0.50	±0.70	±0.50
1.0	±0.25	±0.30	±0.40	4.0	±0.60	±0.80	±1.00
1.2	±0.30	±0.35	±0.50	5.0	±0.70	±0.50	±1.10
1.5	±0.55	±0.40	±0.60	6.0	±0.80	±1.00	±1.20

4.8.3 其他

冲压件的尺寸标注应符合冲压工艺的要求。图 4-42 为合理的冲压件尺寸标注的范例。标注不合理，会导致冲压件的加工精度降低、工序安排复杂化和增加工序数量。

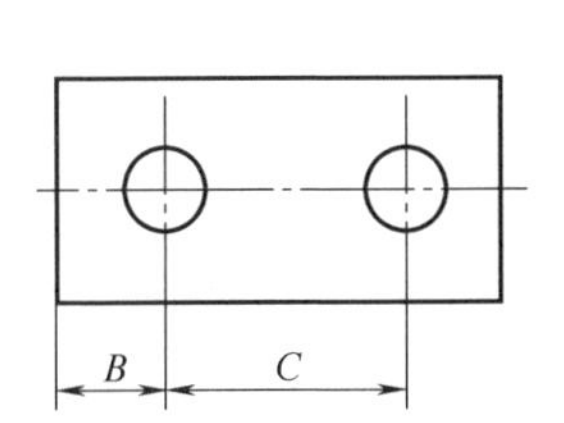

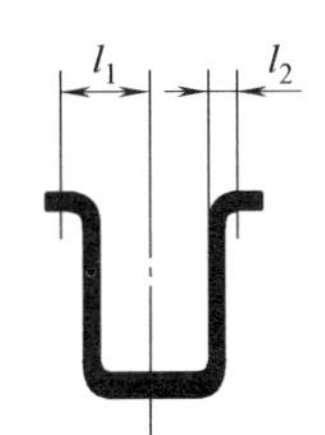

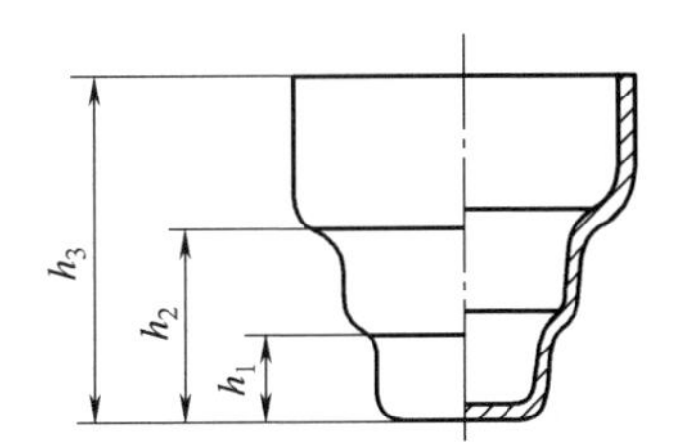

图 4-42　冲压件尺寸标注

冲压模具的制造费用很高，一般为冲压件总成本的10%～30%。因此，生产批量小时，可考虑采用其他加工方法。一般说来，大批量生产，可选用连续模和高速冲压设备，以提高生产率；中小批量生产，通常选用单工序模或复合模，以降低模具制造费用。

4.9 冲模典型结构

模具是冲压生产的主要工艺装备。冲压件的表面质量、尺寸精度、生产率以及经济效益等与模具结构及其设计是否合理的关系很大。因此，了解模具结构，研究和提高模具的各项技术指标，对模具设计和发展冲压技术是十分必要的。

4.9.1 冲模的分类

冲模的结构形式很多，可以按以下方法进行分类：

① 按冲压工序性质分，有落料模、冲孔模、弯曲模、拉深模等；

② 按冲压工序的组合程度分，有单工序模、连续模、复合模和连续复合模等；

③ 按模具的结构形式分，有无导向模、导柱模、导板模、固定卸料板和弹性卸料板冲模等；

④ 按采用的凸凹模材料分，有工具钢冲模、硬质合金冲模、钢结硬质合金冲模、聚氨酯冲模等；

⑤ 按挡料和定位方式分，有固定挡料销、活动挡料销、导正销和侧刃的冲模等；

⑥ 按模具轮廓尺寸分，有大型模、中型模和小型模。

4.9.2 冲模零件的分类

一般来说，冲模都是由固定部分和活动部分两部分组成的。固定部分用压板、螺栓等紧固在压力机的工作台上，称为下模；活动部分一般紧固在压力机的滑块上，称为上模。上模随着滑块做上下往复运动，从而进行冲压工作。

任何一副冲模都是由各种不同的零件组成的，根据其作用都可以分成五种类型的零件。

（1）工作零件

工作零件是直接完成冲裁工作的零件，如凸模、凹模、凸凹模等，主要作用是使被加工材料变形、分离，从而加工成工件，是模具中不可缺少的重要零件。

（2）定位零件

定位零件是确定条料或坯料在模具中正确位置的零件，有挡料销、导正销、导尺、定位销、定位板、侧压板和侧刃等，其主要作用是控制条料的送进方向和送料进距。

（3）压料、卸料与顶料零件

压料、卸料与顶料零件是保证下一次冲裁顺利进行的零件，包括冲裁模的卸料板、顶出器、废料切刀、拉深模中的压边圈等。其主要作用是保证在冲裁完毕后，将工件或废料从模具中排出，以使下次冲裁顺利进行。而拉深模中的压边圈主要作用是防止板料毛坯发生失稳起皱。

（4）导向零件

导向零件是保证上、下模之间有准确相对位置的零件，主要作用是保证上模对下模相对运动有精确的导向，使凸模与凹模之间保持均匀的间隙。如导柱、导套、导板、导筒等即属于这类零件。

（5）固定零件

固定零件是将凸、凹模固定于上、下模座以及将上、下模固定在压力机上的零件，包括上模板、下模板、模柄、凸模和凹模的固定板、垫板、限位器、弹性元件、螺钉、销钉等。主要作用是使上述四类零件连接和固定在一起，构成上、下模两部分，并使冲模能安装在压力机上。

当然，并非所有的冲模都必须具备上述五类零件。在试制或小批量生产时，为了缩短试制周期和降低成本，可把冲模简化成只有工作零件、卸料零件和几个固定零件的简单模具；而在大批量生产时，为了确保工件的质量和模具寿命以及提高劳动生产率，冲模上除了包括上述五类零件外，甚至还附加自动送、出料装置。

根据零部件在模具中的不同作用，又可以将它们分成工艺零件和结构零件两大类。

① 工艺零件：直接完成冲压工艺过程并和坯料直接发生作用的零件，包括工作零件、定位零件，以及压料、卸料和顶件零件。

② 结构零件：不直接参与完成工艺过程，也不和坯料直接发生作用，只

对模具完成工艺过程起保证作用或对模具的功能起完善作用的零件，包括导向零件、支撑零件和连接件。

总之，模具的结构取决于工件的要求、生产批量、生产条件和制模条件等因素。组成模具的零件，当作用相同时，其形式也不一定相同，因此模具的结构是多种多样的。作用相同的零件，其形式也不一定相同。

4.9.3 冲模的典型结构

4.9.3.1 单工序模

单工序模是指在压力机的一次行程中，只完成单一工序的模具，如落料模、冲孔模、弯曲模和拉深模等。根据模具导向装置的不同，常用的单工序冲裁模又可以分为导板模与导柱模两种。

（1）导柱式冲裁模

图 4-43 所示为导柱式落料模的典型结构，模具由上、下模两部分构成。上模由上模座、模柄、垫板、凸模固定板、凸模、卸料板、导套和螺钉、销钉等零件组成。下模由凹模、顶件块、下模座、顶杆、托板、橡胶、导柱、

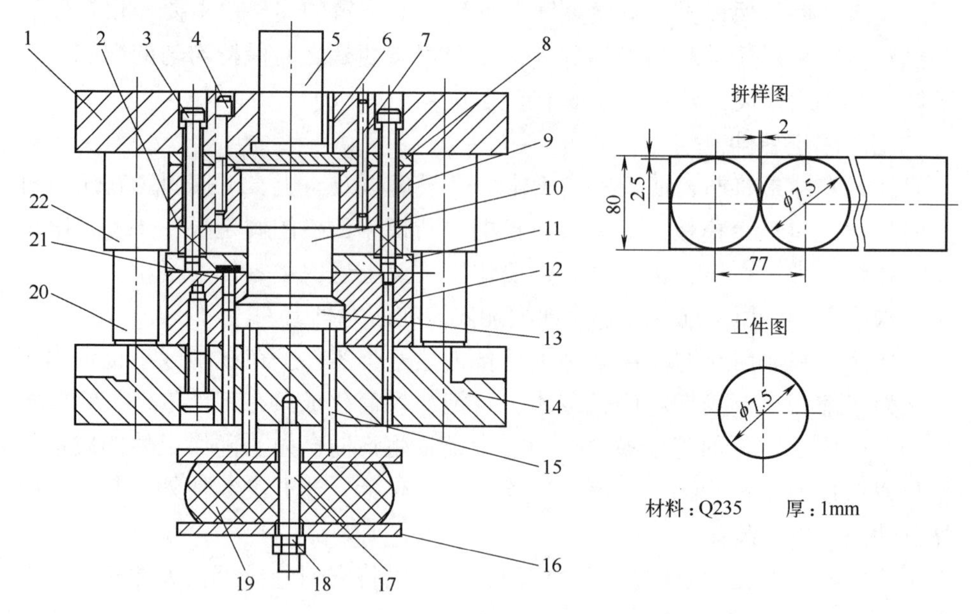

图 4-43 导柱式落料模

1—上模座；2—弹簧；3—卸料螺钉；4—内六角螺钉；5—模柄；6—止转销；7—圆柱销；8—垫板；9—凸模固定板；10—凸模；11—卸料板；12—凹模；13—顶件块；14—下模座；15—顶杆；16—托板；17—螺栓；18—螺母；19—橡胶；20—导柱；21—挡料销；22—导套

挡料销和螺钉、销钉等零件组成。上模通过模柄安装在压力机滑块上，随滑块做上下往复运动，因此称为活动部分。下模通过下模座固定在压力机工作台上，所以又称为固定部分。

模具开始工作时，将条料放在凹模上，并由挡料销定位。冲裁开始时，凸模和顶件块首先接触条料。当压力机滑块下行时，凸模与凹模共同作用冲出制件。冲裁变形完成后，滑块回升时，卸料板在弹簧反弹力作用下，将条料从凸模上刮下，同时，在橡胶反弹力作用下，通过顶杆推动顶件块将制件从凹模中顶出，从而完成冲裁全部过程。然后，抬起条料向前送进，由挡料销进行定位，进行下一次的冲裁。

（2）导板式冲裁模

图 4-44 所示为导板式落料模。模具的上模部分由模柄、上模座、垫板、凸模固定板、凸模及止动销组成。模具的下模部分由导板、导料板、固定挡料销、凹模、下模座、承料板及始用挡料装置（始用挡料销、限位销、下模座）组成。其中导板与凸模为滑动配合，冲裁时对上模起导向作用，保证凸、凹模间隙均匀，同时导板还起卸料作用。

导板与凸模的配合间隙必须小于凸、凹模间隙。一般来说，对于薄料（$t < 0.8$mm），导板与凸模的配合为 H6/h5；对于厚料（$t > 3$mm），其配合为 H8/h7。

导板式冲裁模结构简单，但由于导板与凸模的配合精度要求高，特别是模具间隙小时，导板的加工非常困难，导向精度也不容易保证，所以，此类模具主要用于材料较厚、工件精度不太高的场合。冲裁时要求凸模与导板不脱开。

4.9.3.2 复合模

复合模是在压力机的一次行程内，在模具的同一个位置（工位）上完成两道以上冲压工序的模具，因而是种多工序冲压模。常见的有落料冲孔复合模和落料拉深复合模。

按照凹模位置的不同，复合冲裁模有倒装式与正装式两种。正装式复合冲裁模如图 4-45（a）所示，冲裁时冲孔的废料落在下模或条料上，不易清除，一般很少采用。倒装式复合冲裁模结构如图 4-45（b）所示，冲孔废料由凸凹模孔直接漏下，零件被凸凹模顶入凹模孔内，待冲压结束时由推件板推出。

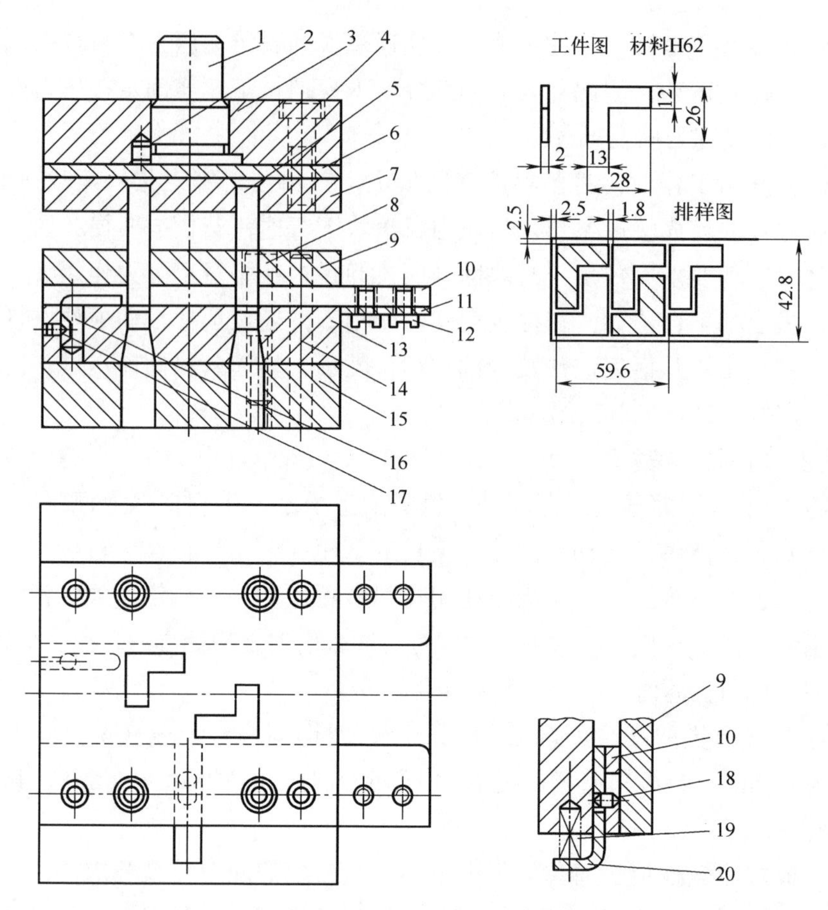

图 4-44　导板式单工序落料模

1—模柄；2—止动销；3—上模座；4，8—内六角螺钉；5—凸模；6—垫板；7—凸模固定板；9—导板；10—导料板；11—承料板；12—螺钉；13—凹模；14—圆柱销；15—下模座；16—固定挡料销；17—止动销；18—限位销；19—弹簧；20—始用挡料销

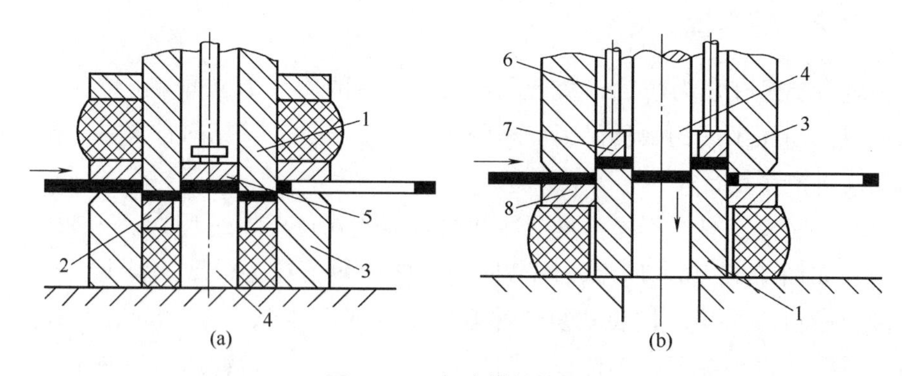

图 4-45　复合模的结构

1—凸凹模；2—顶料板；3—落料凹模；4—冲孔凸模；5，7—推件板；6—打料杆；8—卸料板

图 4-46 所示为一副典型的落料冲孔复合模，冲模开始工作时，将条料放在卸料板上，并由 3 个定位销定位。冲裁开始时，落料凹模和推件块首先接触条料。当压力机滑块下行时，凸凹模的外形与落料凹模共同作用冲出制件外形。与此同时，冲孔凸模与凸凹模的内孔共同作用冲出制件内孔。冲裁变形完成后，滑块回升时，在打杆作用下，打下推件块，将制件排出落料凹模外。而卸料板在橡胶反弹力作用下，将条料刮出凸凹模，从而完成冲裁全部过程。

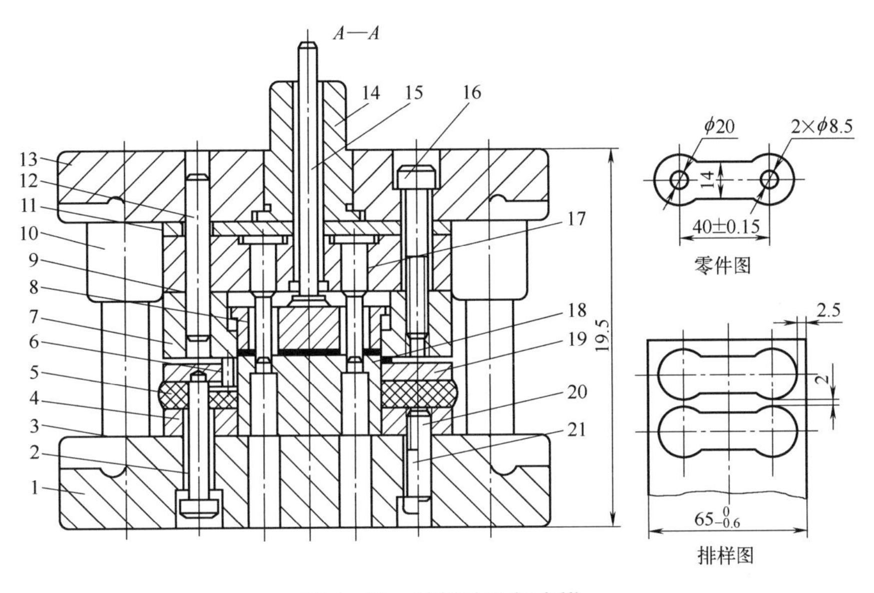

图 4-46　落料冲孔复合模

1—下模板；2—卸料螺钉；3—导柱；4—固定板；5—橡胶；6—导料销；7—落料凹模；8—推件块；9—固定板；10—导套；11—垫板；12，20—销钉；13—上模板；14—模柄；15—打杆；16，21—螺钉；17—冲孔凸模；18—凸凹模；19—卸料板

复合冲裁模结构紧凑，生产效率高，工件精度高，特别是容易保证工件内孔对外形的位置精度。这类模具对条料的要求低，边角余料也可以进行冲压。但复合模结构复杂，制造精度要求高，成本高，主要用于生产批量大、精度要求高的冲裁件。

4.9.3.3　连续模

连续模是在压力机的一次行程内，在模具的不同工位上完成两个或两个以上冲压工序，因而是多工序模具。连续模是一种工位多、效率高的冲模。整个冲件的成形是在连续过程中逐步完成的。连续成形是工序集中的工艺方法，可使切边、切口、切槽、冲孔、塑性成形、落料等多种工序在一副模具上完成，根据冲压件实际需要，按一定顺序安排多个冲压工序（在级进模中称为工位）进行连续冲压。它不但可以完成冲裁工序，还可以完成成形工序，甚至装配工序。许多需要多工序冲压的复杂冲压件可以在一副模具上完全成形，为高速自动冲压提供了有利条件。

图4-47所示为用导正销定距的冲孔落料连续模。其上、下模用导板导向。冲孔凸模与落料凸模之间的距离就是送料步距 s。送料时由固定挡料销进行初步定位，由两个装在落料凸模上的导正销进行精准定位。导正销与落料凸模的配合为H7/r6，其连接应保证在修磨凸模时装拆方便，因此，落料凹模安装导正销的孔是个通孔。导正销头部的形状应有利于在导正时插入已冲好的孔，

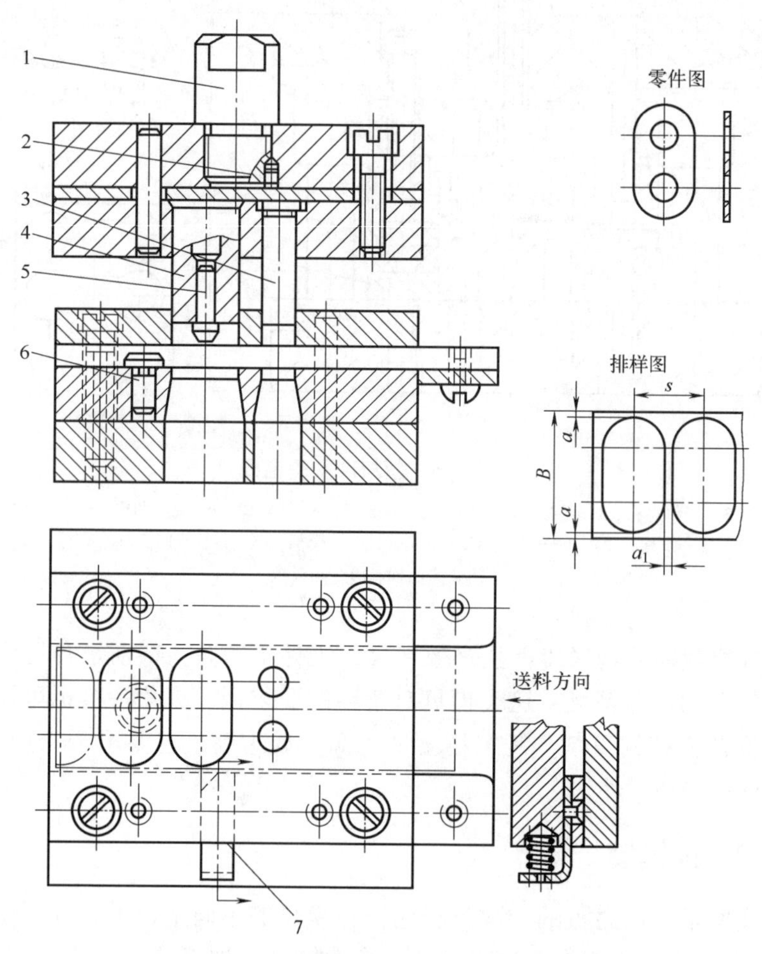

图4-47　用导正销定距的冲孔落料级进模

1—模柄；2—螺钉；3—冲孔凸模；4—落料凸模；5—导正销；6—固定挡料销；7—始用挡料销

它与孔的配合应略有间隙。为了保证首件的正确定距，在带导正销的级进模中，常采用始用挡料装置。它安装在导板下的导料板中间。在条料上冲制首件时，用手推始用挡料销，使它从导料板中伸出来抵住条料的前端，即可冲第一个件上的两个孔。以后各次冲裁时就都由固定挡料销控制送料步距做粗定位。

级进模比单工序模生产率高，减少了模具和设备的数量，工件精度较高，便于操作和实现生产自动化。对于特别复杂或孔边距较小的冲压件，用简单模或复合模冲制有困难时，可用级进模逐步冲出。但级进模轮廓尺寸较大，制造较复杂，成本较高，一般适用于大批量生产小型冲压件。

思 考 题

1. 冲压工艺的特点是什么？分为哪两种类型？

2. 试进行冲裁变形剪切区应力状态分析和冲裁变形过程分析。

3. 冲裁件断面有何特征？指出它们的形成机理。

4. 冲裁间隙对于断面质量、尺寸精度、冲裁力和模具寿命的影响规律有哪些？

5. 为什么要确定合理的间隙值？如何确定？

6. 计算冲裁力的目的何在？降低它的措施有哪些？

7. 除普通冲裁之外，还有哪些冲裁方法？

8. 为什么要进行排样？有哪些排样方法？

9. 影响搭边值的因素有哪些？如何考虑它们的影响选择搭边值？

10. 影响冲裁件工艺性的因素有哪些？冲裁方案确定的内容是什么？

第 5 章

弯曲

将各种金属毛坯弯成具有一定角度、曲率和形状的加工方法称为弯曲。弯曲是成形工序之一，应用相当广泛，在冲压生产中占有很大的比例。图 5-1 所示是各种典型的弯曲零件。在冲压生产中，弯曲成形方法很多，使用的设备和工具也是多种多样，其中主要有在普通压床上成形的压弯、折弯机上的折弯、滚弯机上的滚弯和拉弯设备上的拉弯等。同时，弯曲变形还存在于很多成形工序之中，因此，掌握弯曲成形的特点和弯曲变形规律有着十分重要的意义。

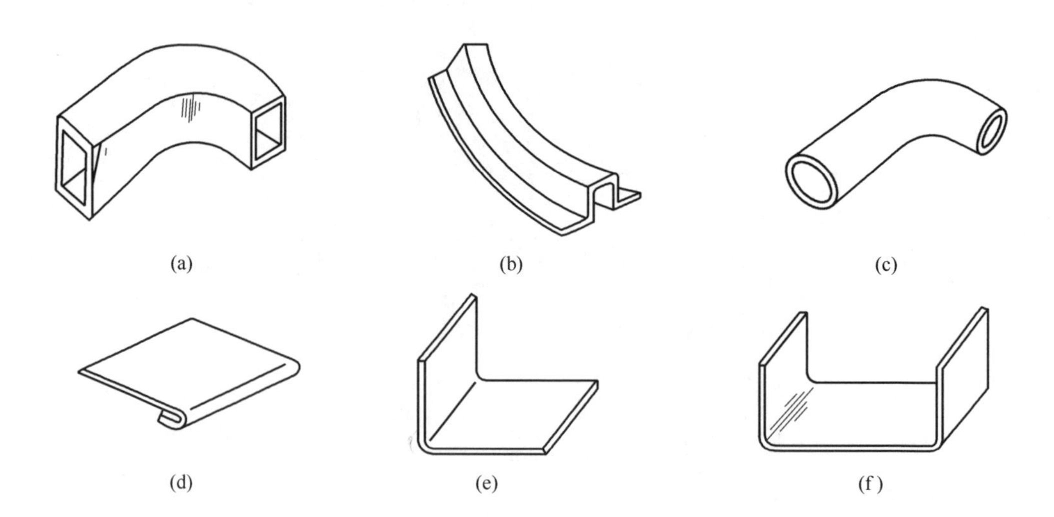

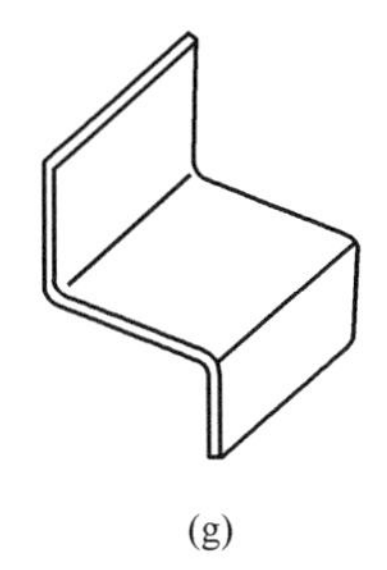
(g)

(h)

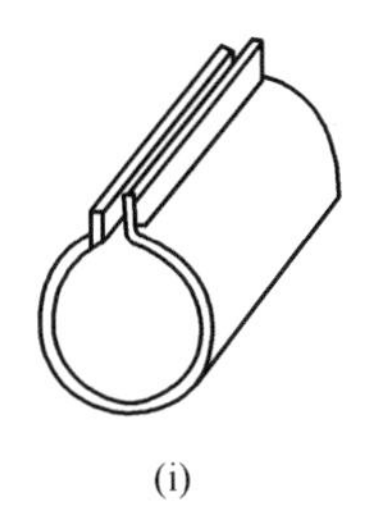
(i)

图 5-1　各种典型弯曲件举例

5.1 弯曲变形过程分析

5.1.1　弯曲变形过程

板料的V形与U形弯曲是最基本的弯曲变形。图5-2所示为V形件的弯曲变形过程。弯曲的开始阶段属于自由弯曲，随着凸模进入凹模，弯曲支点距离s和弯曲圆角半径r发生变化，使力臂和弯曲半径减小，同时外力和弯矩逐渐增大。当弯曲圆角半径达到一定值后，板料开始出现塑性变形，并且随着变形发展，塑性变形区的厚度增大，而弹性变形区厚度减小，最终将板料弯曲成与凸模形状尺寸一致的零件。

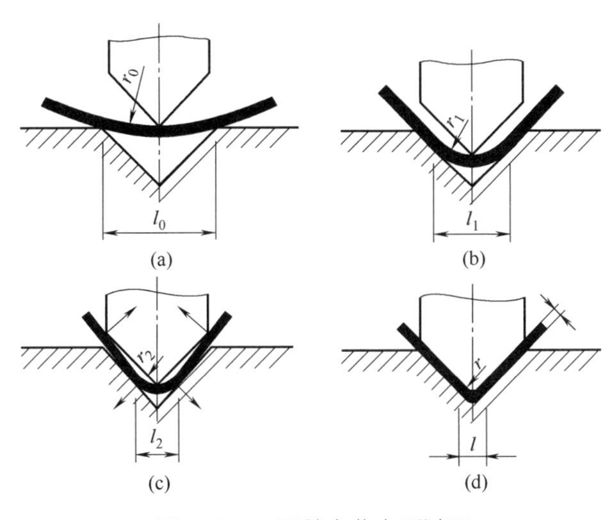

图 5-2　V形件弯曲变形过程

弯曲过程中，平板毛坯在外弯曲力矩的作用下曲率发生变化，毛坯内层金属在切向压应力作用下产生压缩变形，外层金属在切向拉应力作用下产生伸长变形。如图 5-3 所示，弯曲变形区集中在 *ABCD* 部分。毛坯弯曲的初始阶段，外弯曲力矩的数值不大，毛坯内外表面的应力小于材料的屈服点 σ_s，使毛坯变形区产生弹性弯曲变形，这一阶段称为弹性弯曲阶段；当外弯曲力矩继续增加，毛坯内外表面应力值首先达到材料屈服点 σ_s 而产生塑性变形，随后塑性变形向板料中间扩展，直到整个毛坯内部应力都达到或超过屈服点，这个过程是弹 - 塑性弯曲阶段和纯塑性弯曲阶段。

在图 5-3 中可以看到弯曲各阶段毛坯内部切向应力的分布，从毛坯外层的切向拉应力过渡到内层的切向压应力，中间有一层金属其切向应力为零或应力不连续，通常将这一中间层称为应力中性层，曲率半径用 ρ_σ 表示。同样，在弯曲变形时，毛坯外层受切向拉应力作用产生伸长变形，内层受切向压应力作用产生压缩变形，而中间必然有一层金属弯曲前后长度不变，这层金属称为应变中性层，其曲率半径用 ρ_ε 表示。

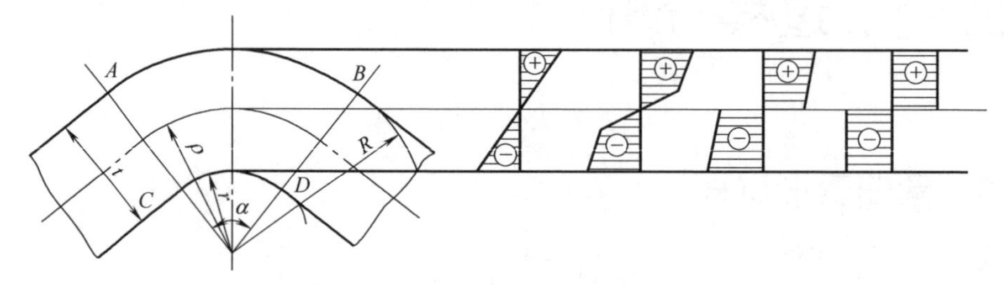

(a) 平板毛坯的弯曲变形　(b) 弹性弯曲　(c) 弹-塑性弯曲　(d) 纯塑性弯曲　(e) 无硬化纯塑性弯曲

图 5-3　弯曲变形区切向应力分布

在弯曲变形开始之后，毛坯产生弹性弯曲，当弯曲变形程度较小时，应力中性层和应变中性层位置重合，位于板料厚度的中间，即 $\rho_\sigma=\rho_\varepsilon=r+t/2$；当弯曲变形程度增大，弯曲圆角半径减小时，应力中性层和应变中性层都从板厚的中间位置向内层移动，而应力中性层的位移大于应变中性层的位移，即 $\rho_\sigma < \rho_\varepsilon$。

毛坯在弯曲变形时，由于中性层内移，其外层拉伸变薄范围增加，内层压缩变厚区域逐渐减少，因此，外层变薄量大于内层增厚量，板料毛坯出现厚度变薄的现象，即板料厚度由 t_0 变成 t_1。

$$t_1=\eta t_0 \tag{5-1}$$

式中，η 为变薄系数。

在弯曲变形区，板料宽度比厚度尺寸大得多，弯曲时在宽度方向可近似认为不产生变形，根据塑性变形体积不变原理，板料因为变薄导致长度增加。

在实际弯曲过程中，板料宽度尺寸不同时，弯曲变形结果有一定差别。

宽板弯曲时［图 5-4（c）］，由于宽度方向的约束作用，宽度尺寸基本不变，只是板料厚度和长度发生变化，横截面形状也基本不变；而窄板弯曲时［图 5-4（b）］，宽度方向变形不受约束，可以认为是自由状态，宽度方向的应力为零，且板料在长度、厚度和宽度三个方向都产生变形。

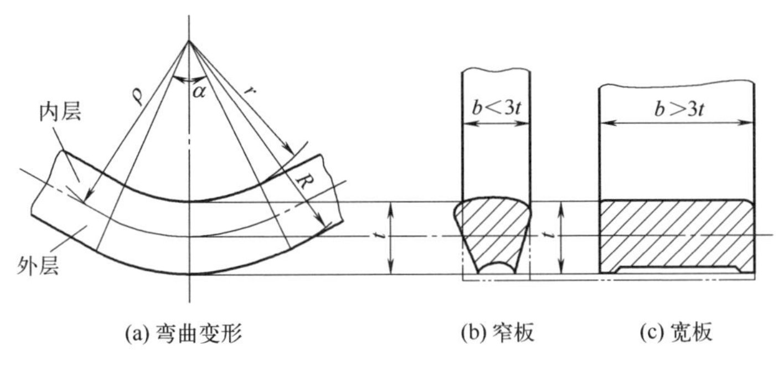

图 5-4　弯曲时毛坯横截面形状的变化

5.1.2　弯曲过程的特点

（1）中性层位置的内移

当板料弯曲时，靠凹模一侧纤维切向受拉，靠凸模一侧纤维切向受压，其间总存在着既不伸长也不缩短的纤维层，称为应变中性层。而毛坯截面上应力发生突然变化或应力不连续的纤维层，称为应力中性层。当弹性弯曲时，应力中性层和应变中性层处于板厚的中央位置。当弯曲变形程度较大时，应变中性层和应力中性层都从板厚中央向内移动，称为中性层位置的内移。

（2）弯曲件的回弹

当弯曲变形结束，工件不受外力作用时，由于中性层附近纯弹性变形以及内、外区变形中的弹性部分的恢复，弯曲件形状和尺寸与模具形状和尺寸不一致。这种现象称为弯曲件的回弹。

（3）变形区板厚的减小

当板料弯曲时，外层纤维受拉使厚度减薄，内层纤维受压使厚度增厚。实践证明，当 $r/t < 4$ 时，中性层位置向内移，其结果是外层拉伸变薄区范围逐步扩大，内层压缩增厚区范围不断减小，从而使外层减薄量大于内层增厚量，导致弯曲区板料厚度变薄。r/t 值越小，变形程度越大，变薄现象越严重。

（4）变形区横截面的畸变

当相对宽度 $b/t \leqslant 3$（b 为板料的宽度）时，弯曲后板料横截面由矩形变为梯形，且发生微小的翘曲，如图 5-5 所示。当相对宽度 $b/t > 3$ 时，弯曲后横截面形状变化不大，仍为矩形，仅在端部可能出现翘曲和不平［图 5-5(b)］。同时，弯曲时容易在板料外侧出现拉裂，如图 5-5（c）所示。相对弯曲半径 r/t 越小，拉裂的可能性也越大。

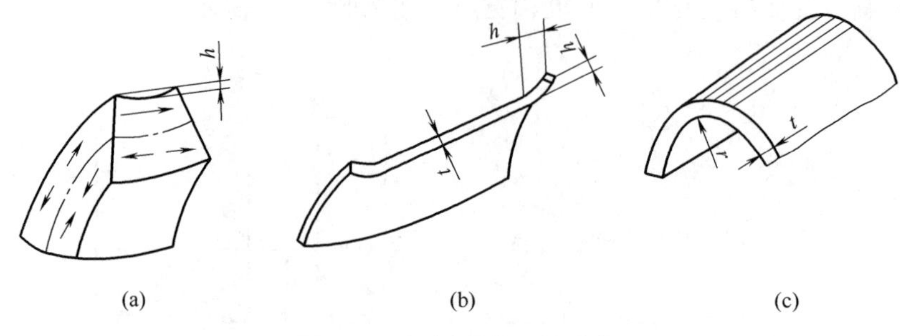

图 5-5　板料弯曲后的畸变

5.1.3　纯塑性弯曲时的应力应变状态

板料弯曲时，变形区的应力应变状态与变形过程有关。随着相对弯曲半径 r/t 的不断减小，板料从初始的弹性弯曲，经弹 - 塑性弯曲和线性纯塑性弯曲（r/t=5 ～ 200），最后到立体纯塑性弯曲（$r/t \leqslant 5$）状态。弯曲零件的 r/t 值一般为 3 ～ 5。同时，板料弯曲变形区的应力应变状态还与相对宽度 b/t 有关。一般称 $b/t \leqslant 3$ 的板料为窄板，$b/t > 3$ 的板料为宽板。

（1）窄板弯曲

当窄板弯曲时，内外层纤维切线方向上分别压缩和伸长，所以切向应变为最大主应变，外层应变为正，内层应变为负。在宽度方向上，外层应变为负，内层应变为正；在径向上，外层径向应变为负，内层径向应变为正。

当窄板弯曲时，外层纤维切向受拉，切向应力为正；内层纤维切向受压，切向应力为负。在宽度方向上，材料可自由变形，所以内、外层应力接近于零（σ_b=0）。当弯曲时板料纤维之间相互压缩，内、外层径向应力 σ_p 均为负值。

从以上分析可知，窄板弯曲时内、外层的应变状态是立体状态，应力状态是平面状态，如图 5-6（a）所示。

（2）宽板弯曲

当宽板弯曲时，切向和径向的应变状态与窄板相同，而在宽度方向，变形阻力较大，材料流动比较困难，弯曲后板宽基本不变，因此，内、外层在宽度方向的应变接近于零（ε_b=0）。

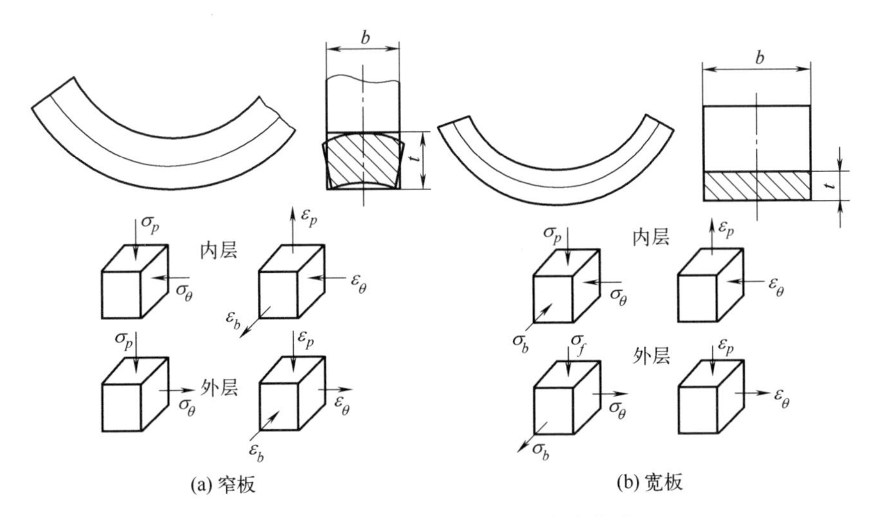

图 5-6　弯曲变形时应力与应变状态

宽板弯曲时的切向和径向的应力状态与窄板相同。而在宽度方向，由于纤维之间相互制约，材料不能自由变形，外层由弯曲引起的宽度方向的收缩受到阻碍，所以受拉应力；同理，内层材料在宽度方向上的伸长受到限制，所以受压应力。从以上分析可知，宽板弯曲时内、外层的应变状态是平面状态，应力状态是立体状态，正好与窄板弯曲时相反［图 5-6（b）］。

5.2 弯曲件的工艺计算

5.2.1 弯曲力

弯曲力是拟定弯曲工艺和选择设备、设计模具的重要依据之一。弯曲时，板料首先发生弹性弯曲，之后变形区内、外层纤维进入塑性状态，并逐渐向板料的中心扩展，进行自由弯曲，最后是凸、凹模与板料接触并冲击零件，进行校正弯曲。各阶段弯曲力与弯曲行程的关系如图 5-7 所示。

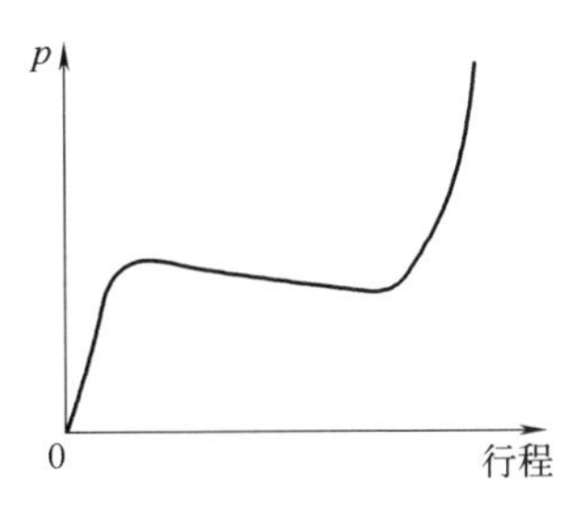

图 5-7　弯曲力与弯曲行程

由于弯曲力受材料性能、零件形状、弯曲方法和模具结构等多种因素的影响，所以很难用理论分析的方法进行准确的计算，生产中经常采用经验公式进行弯曲力的计算。

（1）自由弯曲力

冲模弯曲时，如果最后不进行校正，则为自由弯曲。自由弯曲力的大小与板料尺寸（b、t）、板料力学性能及模具结构参数等因素有关。最大自由弯曲力 $P_{自}$为

$$P_{自}=\frac{kbt^2}{r+t}\sigma_b \tag{5-2}$$

式中，r 为弯曲半径，mm；t 为板料厚度，mm；k 为安全系数（对于 U 形件，k 取 0.91；对于 V 形件，k 取 0.78）。

（2）校正弯曲力

为了提高弯曲件的精度，减少回弹，在弯曲终了时需对弯曲件进行校正。校正弯曲力可按下式近似计算：

$$F_{校}=Aq \tag{5-3}$$

式中，A 为弯曲件校正部分面积，mm^2；q 为单位校正力，其值可按表 5-1 确定。

表 5-1　单位校正力 q 的数值

材料	板料厚度 t		材料	板料厚度 t	
	$t<3$mm	t=3 ～ 10mm		$t<3$mm	t=3 ～ 10mm
铝	30 ～ 40	50 ～ 60	25 钢～ 35 钢	100 ～ 120	120 ～ 150
黄铜	60 ～ 80	50 ～ 100	钛合金	160 ～ 180	180 ～ 210

在选择冲压设备时，除考虑弯曲模尺寸、模具闭合高度、模具结构和动作配合以外，还应考虑弯曲力的大小。对于自由弯曲，有压料板或推件装置时，设备吨位应为自由弯曲力 $F_{自}$的 1.3 ～ 1.8 倍。对于校正弯曲，一般设备吨位大于或等于校正弯曲力 $F_{校}$即可。

5.2.2　弯曲件毛坯尺寸的计算

（1）弯曲件毛坯长度的确定

板料弯曲时，应变中性层的长度保持不变。因此，在弯曲件工艺设计时，可根据弯曲前后应变中性层长度不变的原则，确定弯曲件毛坯的尺寸。其方法有下列两种。

① 有圆角半径（$r/t>0.5$）的弯曲。弯曲件的展开长度等于各直边部分

和各弯曲部分中性层长度之和，即

$$L_{总}=\sum L_{直}+\sum L_{弯曲} \tag{5-4}$$

式中，$L_{总}$为弯曲件展开长度，mm；$L_{直}$为直边部分的长度，mm；$L_{弯曲}$为弯曲部分的长度，mm。

各弯曲部分长度按下式计算：

$$L_{弯曲}=\pi\rho\alpha/180 \approx 0.17\alpha\rho \tag{5-5}$$

式中，α 为弯曲中心角，（°）；ρ 为应变中性层曲率半径，$\rho=r+Kt$；K 为中性层系数，可按表 5-2 确定。

表 5-2　中性层系数 K

r/t	0 ～ 0.5	0.5 ～ 0.8	0.8 ～ 2	2 ～ 3	3 ～ 4	4 ～ 5
K	0.16 ～ 0.25	0.25 ～ 0.30	0.30 ～ 0.35	0.35 ～ 0.40	0.40 ～ 0.45	0.45 ～ 0.50

② 无圆角半径或 $r/t < 0.5$ 的弯曲。一般根据变形前后体积不变条件确定这类弯曲件的毛坯长度，但要考虑到弯曲处材料变薄的情况，一般按下式计算弯曲部分的长度：

$$L_{弯曲}=(0.4 \sim 0.8)\ t \tag{5-6}$$

需要说明，式（5-6）只适用于形状简单、弯曲数少和精度要求一般的弯曲件。对于形状复杂、精度要求较高的物件，近似计算后，要经多次试压，才能最后确定合适的毛坯尺寸。

（2）最小相对弯曲半径

在保证弯曲毛坯外层纤维不发生破坏的条件下，弯曲件内表面所能达到的最小圆角半径称为最小弯曲半径 r_{min}；最小弯曲半径与毛坯厚度之比，称为最小相对弯曲半径 r_{min}/t。生产中采用 r_{min}/t 来表示弯曲变形时的成形极限。

当弯曲件最外层纤维切向应变到达最大值时，得到最小相对弯曲半径为

$$r_{min}/t=\frac{1}{2\psi_{max}}-1 \tag{5-7}$$

从式（5-7）中的参数关系可以对最小相对弯曲半径的影响因素进行分析：

① 材料的力学性能。材料的许用伸长率、断面收缩率越大，塑性越好，则可以成形的值也就越小；如果需要的话，对于相同的材料，可以采用热处理方法提高材料的塑性变形能力。

② 板料的方向性。冲压所用的板材由于是经过轧制而成的，因而在平面内不同方向上的力学性能有较大的差别，板材沿轧制方向上的塑性指标比其他方向的塑性指标要好。因此，弯曲变形时若板材切向变形方向与板材轧制

纤维方向重合，可得到的相对弯曲半径值最小。一般情况下，当零件弯曲半径小时，需要考虑板材方向性；弯曲半径大时，则主要考虑材料利用率。

③ 板料的表面和侧边质量。板料毛坯通常由剪切等方法获得，被剪切之后的材料硬度往往增加 20% ～ 30%。另外，还有毛刺、裂纹以及表面划伤等因素，使板料的许用塑性变形程度降低，成形时所能达到的弯曲半径也就不可能太小。

影响板料最小相对弯曲半径的因素还有弯曲件的宽度、弯曲角度以及板材的厚度等，其综合影响程度很复杂，所以，在实际生产中主要利用经验数据来确定材料的许可最小相对弯曲半径值。

5.3 弯曲中的偏移及预防措施

坯料在弯曲过程中沿制件的长度方向产生移动，使制件两边的高度不符合图样要求的现象称为弯曲中的偏移，如图 5-8 所示。

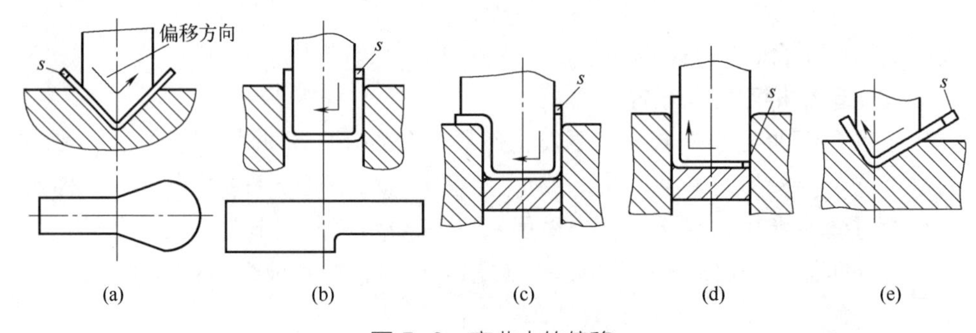

图 5-8　弯曲中的偏移

弯曲中产生偏移的主要原因是制件本身不对称或者模具形状不对称，这导致两端的摩擦阻力不同，因而板料的流动速度不同。流动速度快的一方将会越过凸模的顶点，向流动速度慢的一方流动，最终导致两边的高度不同。如果弯曲中的偏移程度过大，将会导致零件的报废，因而需要预防弯曲过程中偏移现象的产生，通常可以采用以下措施预防偏移的产生。

（1）采用压料装置

如图 5-9（a）所示，利用弹顶装置，使坯料在压紧的状态下逐渐弯曲成形，从而可以防止坯料的滑动，而且能得到较平整的制件。

（2）利用坯料上的孔或设计工艺孔

如图 5-9（b）所示，利用定位销插入弯曲毛坯上的孔或工艺孔，再进行弯曲，定位销使坯料无法移动，防止偏移的产生。

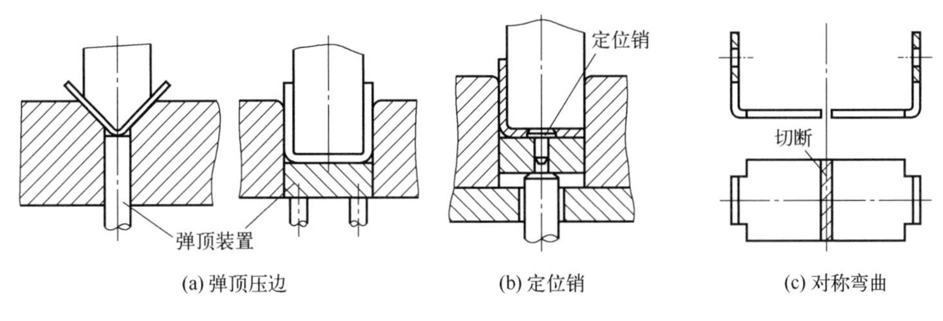

(a) 弹顶压边　(b) 定位销　(c) 对称弯曲

图 5-9　防止偏移的措施

（3）对称弯曲

如图 5-9（c）所示，将不对称形状的弯曲件组合成对称弯曲件进行弯曲，然后再将对称弯曲件切开分成两个单独的弯曲件。由于弯曲过程中两边形状对称，因此坯料弯曲时受力均匀，不容易产生偏移，且一次可以成形两个弯曲件，效率较高。

5.4 弯曲件的回弹

5.4.1 弯曲回弹现象

塑性变形必然伴随有弹性变形，当弯曲工件所受外力卸载后，塑性变形保留下来，总变形中的弹性变形部分恢复，引起零件的回弹，结果是弯曲件的弯曲角、弯曲半径与模具尺寸不一致，如图 5-10 所示。这种现象称为弯曲回弹（或称为弯曲弹复）。

图中 ρ_0 和 ρ'_0 分别为卸载前后的中性层半径；α_0 和 α 分别为卸载前后的弯曲角。

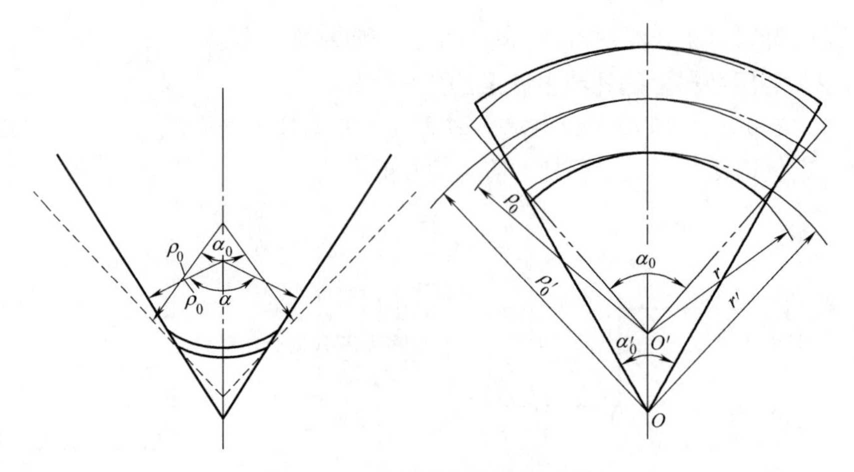

图 5-10　弯曲件卸载后的回弹

5.4.2　影响弯曲回弹量的因素

（1）材料的力学性能

弯曲件回弹量与材料屈服点成正比，与材料弹性模量成反比。材料的屈服点 σ_s 越高，弹性模量 E 越小，则加工硬化越严重，弯曲的回弹量也越大。

（2）相对弯曲半径 r/t

相对弯曲半径越小，弯曲回弹量越小。当 r/t 增大时，弯曲毛坯的塑性变形程度不大，而弹性变形相对比较大，则弯曲件的回弹量增大；当 r/t 减小时，弯曲毛坯外层的切向应变 ε_θ 越大，此时的塑性变形和弹性变形也同时增加，但由于弯曲毛坯塑性变形量很大，弹性变形占总变形量的比例相应地减小，所以弯曲件的回弹量也减小。

（3）弯曲角

弯曲角 α 越大，弯曲变形区越长，即 $r\alpha$ 越大，弯曲件的回弹量越大，使弯曲件回弹角 $\Delta\alpha$ 增大；但对曲率半径的回弹没有影响。

（4）弯曲方式

自由弯曲时，弯曲件的约束小，回弹量大：当采用校正弯曲时，由于塑性变形程度大，形状冻结性好，弯曲回弹量减少。

（5）弯曲件形状

弯曲件形状复杂时，弯曲变形状态不一样，回弹方向也不一致，由于材料内部相互牵制，弹性变形很难恢复，从而减小弯曲件的回弹量。如 U 形弯曲件由于两边受模具限制，其回弹角小于 V 形弯曲件。

弯曲件的回弹除与上述因素有关外，还与模具结构有密切的关系。由于模具结构的多样性，此部分内容不再赘述。

5.4.3 提高弯曲件精度的方法

从前面的分析可以看到，影响弯曲件精度的主要因素是回弹。因此，减少弯曲件回弹量是提高弯曲件精度的关键。减少回弹的措施有以下几种。

（1）改进弯曲件局部结构和合理选材

利用弯曲毛坯不同形状回弹方向互相牵制、抵消的特点，改进弯曲件结构，如在弯曲件变形处压制加强筋或改进局部结构（图 5-11），可使回弹角减小，并提高弯曲件的刚度。在选择弯曲材料时，多采用弹性模量大、屈服点低、力学性能比较稳定的材料。对于一些硬材料，弯曲前采用退火处理，也可减少回弹。

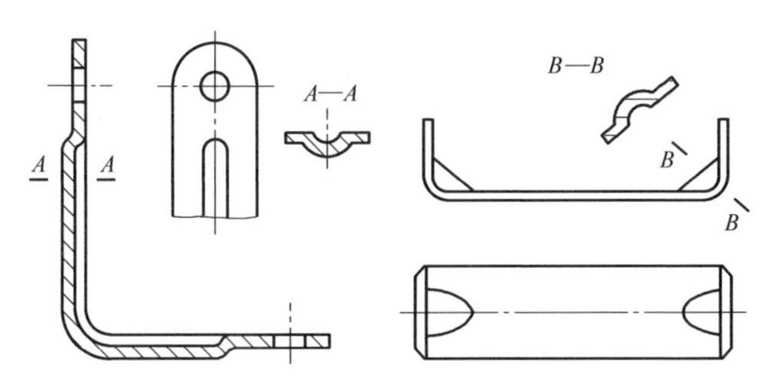

图 5-11 改进弯曲件局部结构

（2）校正法

在弯曲终了时，对板料施加一定的校正压力，迫使弯曲处内层金属产生切向拉伸应变。这样，卸载后金属内、外层都要缩短，使它们的回弹趋势相反，从而可减小回弹量（图 5-12）。通常，采用角部凸起或带凸肩的凸模，校正压缩量为板厚的 2%～5%时，会得到较好的效果。

（3）补偿法

补偿法是利用回弹规律抑制回弹、消除弯曲件回弹的最简单方法，因而应用广泛。它是根据弯曲件的回弹趋势和回弹量大小，修正凸模或凹模工作部分的形状和尺寸，使零件的回弹量得到补偿。对于双角

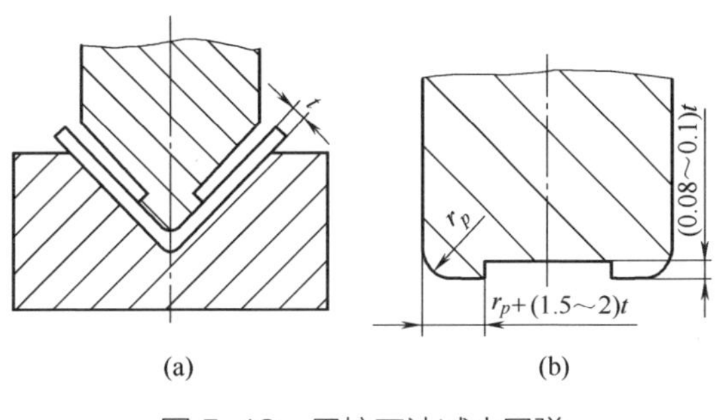

图 5-12 用校正法减小回弹

和单角弯曲，可将凸模圆角半径和顶角预先减小一点，经调试修磨补偿回弹。对于 r/t 比较小的U形件弯曲，还可以采用施加背压的方法，通过先制造负回弹进行补偿来改变回弹量。

图5-13所示为单角弯曲时补偿情况，图5-14所示为双角弯曲时的补偿情况。

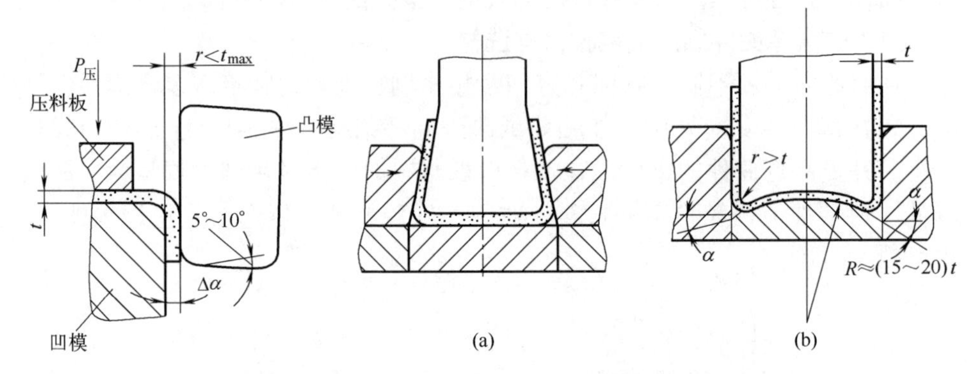

图5-13　带压料板的单角弯曲　　图5-14　多角弯曲时的补偿情况

（4）拉弯法

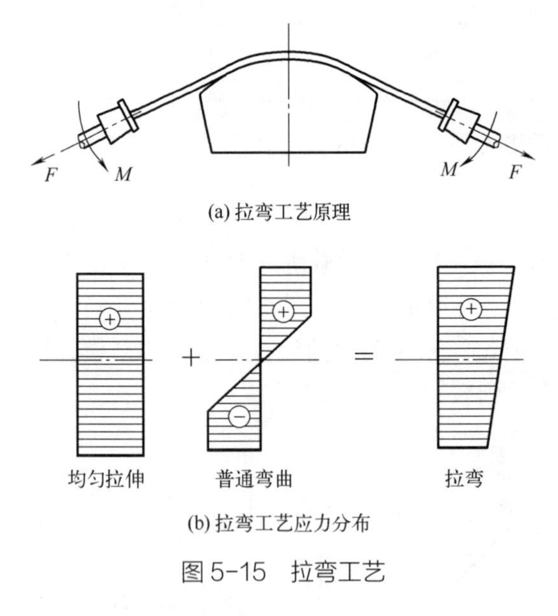

图5-15　拉弯工艺

板料在拉力作用下进行弯曲，使整个板料截面上都作用有拉应力（图5-15）。卸载后，因板料内、外层纤维的回弹趋势相互抵消，从而可减少回弹。拉弯工艺既可在专用的拉弯机上进行，也可用模具实现，主要用于大曲率半径的弯曲零件。有时为提高精度，最后再加大拉力进行所谓的“补拉”。

对于小型的单角或双角弯曲件，可用减小模具间隙，使弯角处的材料做变薄挤压拉伸，也可取得明显的拉弯效果。

（5）软模弯曲

如图5-16所示，用橡胶或聚氨酯代替刚性金属凹模进行弯曲，由于在弯曲过程中，板料始终受到橡胶或聚氨酯的压力，增大了板料与凸模之间的摩擦，可以有效地防止弯曲过程中偏移的产生，同时，由于弯曲过程中板料内外层都承受压力的作用，因而可以有效地降低回弹的产生。另外软模弯曲可以通过调节凸模压入橡胶或聚氨酯凹模的深度，控制弯曲力的大小，获得满足精度要求的弯曲件。

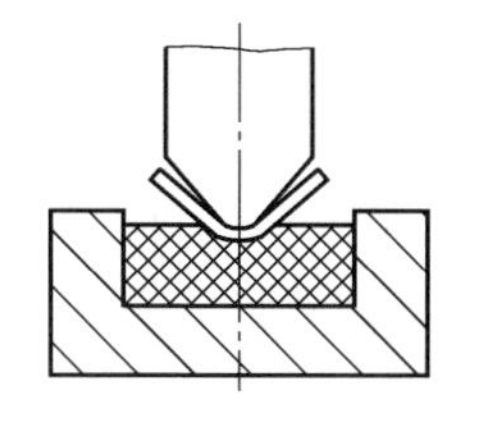
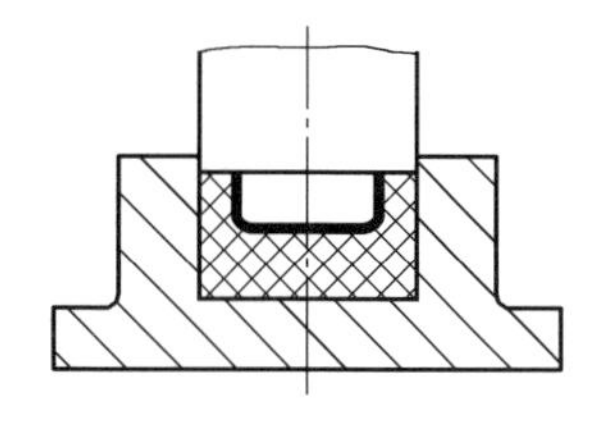

图 5-16　软模弯曲

除上述几种减少弯曲件回弹的方法以外，也可采用减少模具间隙等方法来减小回弹。

5.5 弯曲件的工艺性

弯曲件的工艺性是指弯曲件的形状、尺寸、材料选用及技术要求等是否适应弯曲加工的工艺要求。具有良好工艺性的弯曲件，不仅能提高工件质量、减少废品率，而且能简化工艺和模具，降低材料消耗。

（1）弯曲半径

弯曲件的弯曲半径要适当。弯曲半径过大时，受回弹的影响弯曲件的精度不易保证；过小时，会产生拉裂。

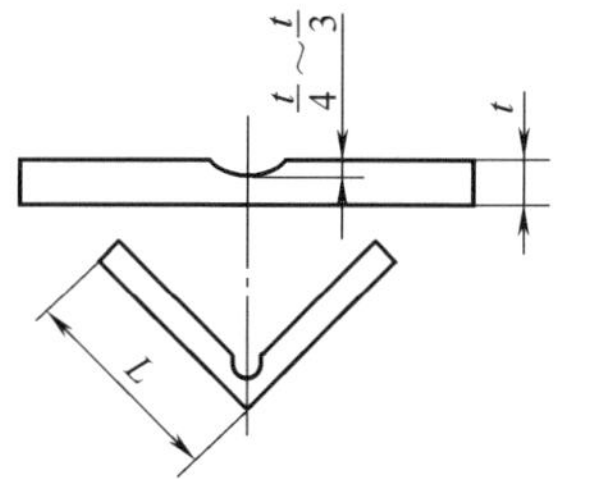

图 5-17　压槽后弯曲

弯曲半径应大于材料强度许可的最小弯曲半径；否则，应采用多次弯曲并增加中间退火的工艺，或者是先在弯曲角内侧压槽后再进行弯曲（图 5-17）。

最小弯曲半径与板厚之比称为最小相对弯曲半径，一般用 r_{min}/t 表示。影响最小相对弯曲半径的主要因素如下。

① 最大伸长率和断面收缩率。它们的数值越大，材料的塑性越好，则最小相对弯曲半径越小。

② 零件的弯曲角。零件的弯曲角较小时，接近圆角的直边部分也参与变形，从而使该处变形得到一定程度的减轻，最小相对弯曲半径可适当小一些。

③ 板材的方向性。冷轧板沿轧制方向上的塑性指标大于垂直轧制方向，

垂直于轧制方向弯曲时，最小相对弯曲半径最小。

④ 板料表面质量与剪切断面质量。板料表面有划伤、裂纹，或剪切断面有毛刺、裂口和冷作硬化等缺陷，弯曲时容易造成应力集中，使材料过早地发生破坏，此时的最小相对弯曲半径应适当增大（图 5-18）；同时，弯曲时应将有毛刺的表面朝向弯曲凸模并切掉剪切面的冷作硬化层，以提高弯曲变形的成形极限。

⑤ 板料的宽度和厚度。板料相对宽度（b/t）大时，材料内部的应变强度较高（图 5-18），允许采用较大的最小相对弯曲半径；当板厚较小时，从外表面到应变中性层其数值很快由最大值衰减为零，切向应变梯度较大，能阻止外表面金属产生局部不稳定塑性变形，可以获得较大变形和采用较小的最小相对弯曲半径（图 5-19）。

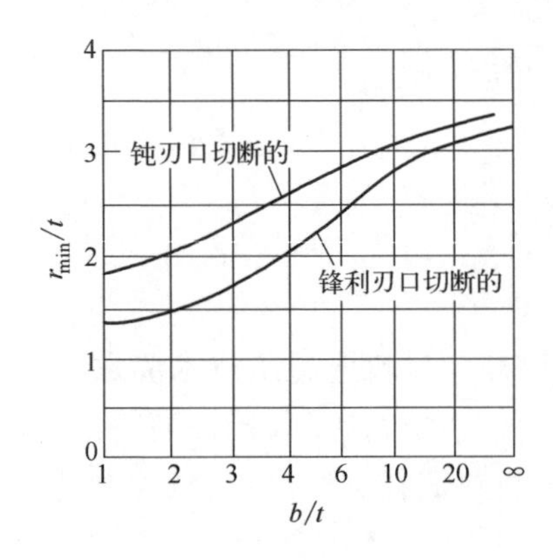

图 5-18　剪切断面质量和相对宽度对最小相对弯曲半径的影响

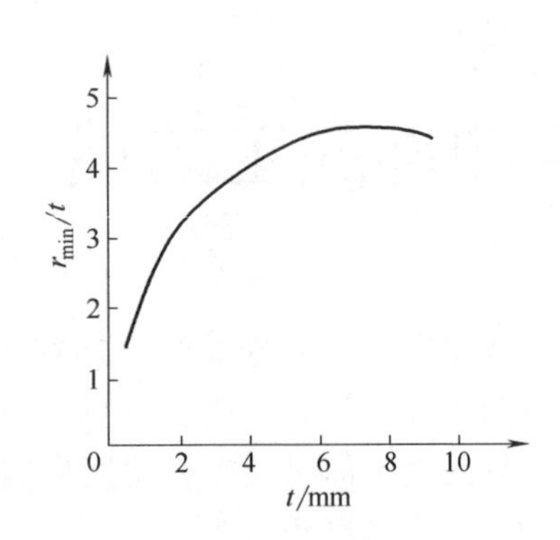

图 5-19　材料厚度对最小相对弯曲半径的影响

（2）直边高度

为保证弯曲件直边平直，弯曲件直边高度 H 不应小于 $2t$，否则需先压槽或加高直边（弯曲后再切掉），如图 5-20 所示。

如果所弯直边带有斜线，且斜线达到了变形区，在弯曲过程中会参与变形（图 5-21），则应改变零件的形状，以保证所弯区域能够远离弯曲的变形区，避免弯曲过程中裂纹的产生。

（3）孔边距离

如果弯曲毛坯上有预先冲制的孔，为使孔型弯曲时不发生变化，必须使孔置于变形区之外，即孔边距 L 应符合以下关系：

$$t < 2\text{mm}，L > t；t > 2\text{mm}，L > 2t$$

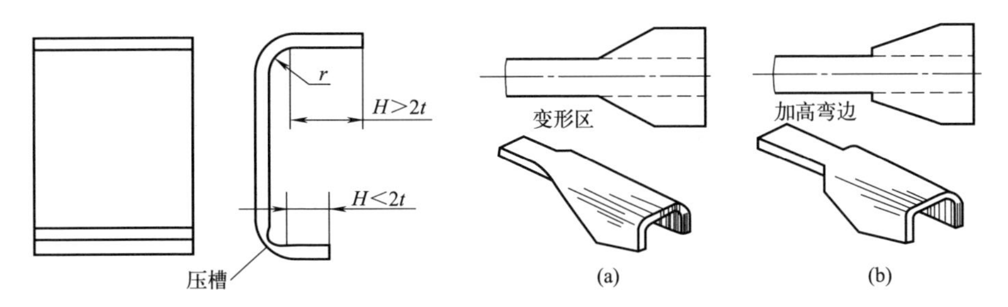

图 5-20　弯曲件直边的高度　　　图 5-21　加大弯边高度以防止弯裂

如果孔边距 L 过小，可在弯曲线上加冲工艺孔或切槽（图 5-22）。

生产实践中，经常采用弯曲后再冲孔或弯曲冲孔同时进行的方式。

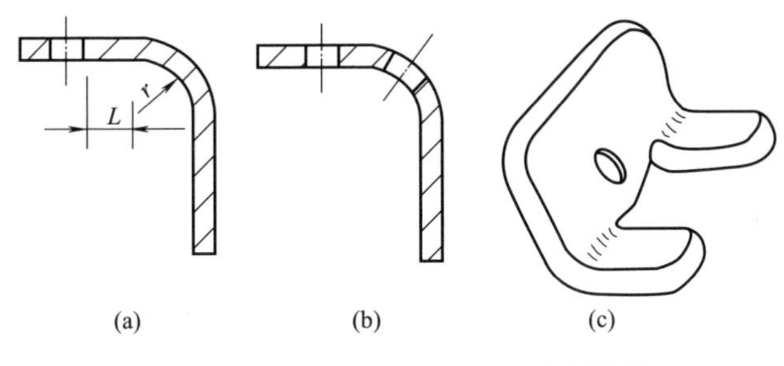

图 5-22　弯曲件直边距离及改进措施

（4）形状与尺寸的对称性

弯曲件形状与尺寸应尽可能对称，高度差也不应太大。当冲压不对称弯曲件时，因受力不均匀，毛坯容易偏移，尺寸不易保证。防止偏移的措施，参见本章 5.3 小节。

（5）部分边缘弯曲

当局部弯曲某一段边缘时，如图 5-23 所示，为了防止在交接处由于应力集中而产生撕裂，可预先冲裁卸荷孔或切槽，也可以将弯曲线移动一段距离，以离开尺寸突变处。

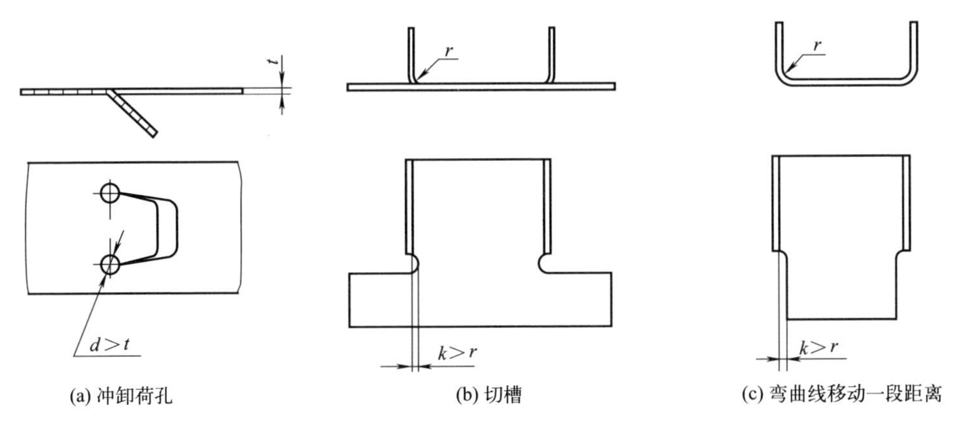

图 5-23　防止弯曲边交界处应力集中的措施

5.6 弯曲件的工序安排

弯曲件的工序安排应根据工件形状的复杂程度、精度要求的高低、生产批量的大小以及材料的力学性能等因素进行考虑。如果弯曲工序安排得合理，可以减少工序，简化模具设计，提高工件的质量和产量。反之若安排不当，则工件质量低、废品率高、加工周期长，增加生产成本。

（1）弯曲件工序安排方法

① 对于形状简单的弯曲件，如 V 形件、U 形件等，可以采用一次压弯成形（图 5-24）。

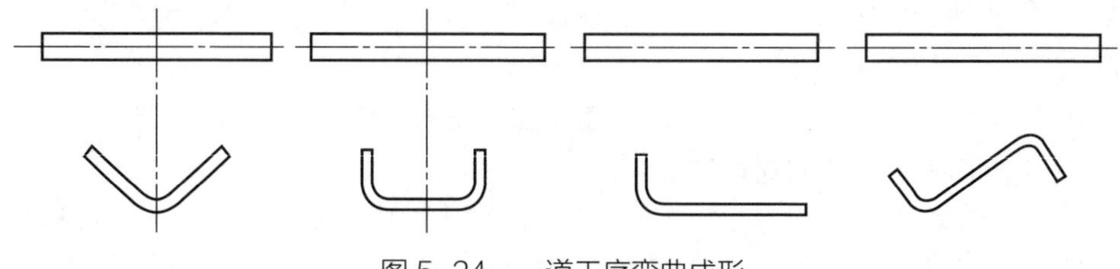

图 5-24　一道工序弯曲成形

② 对于 Z 形件，当竖直边长度 $h \leqslant 3t$ 时，可以一次成形；当竖直边长度 $h > 3t$ 时，一次成形易产生偏移，且竖直边在弯曲时有拉长现象，制件出模后形状变形，此时应分两次先后压弯成形，或组合成对称弯曲件按 U 形件二次弯曲再切开。

③ 对于形状较复杂的弯曲件，一般需要采用二次或多次压弯成形（图 5-25 与图 5-26）。但对于某些尺寸小、材料薄、形状较复杂的弹性接触件，最好采用一次复合弯曲成形较为有利，若采用多次弯曲，则定位不易准确，操作不方便，同时材料经过多次弯曲也易失去弹性。

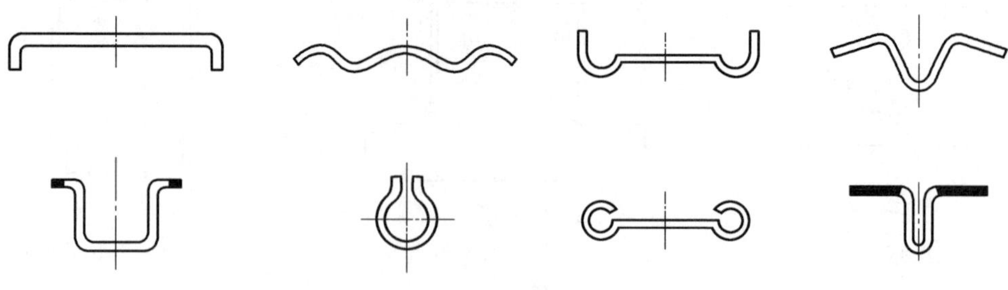

图 5-25　二道工序弯曲成形

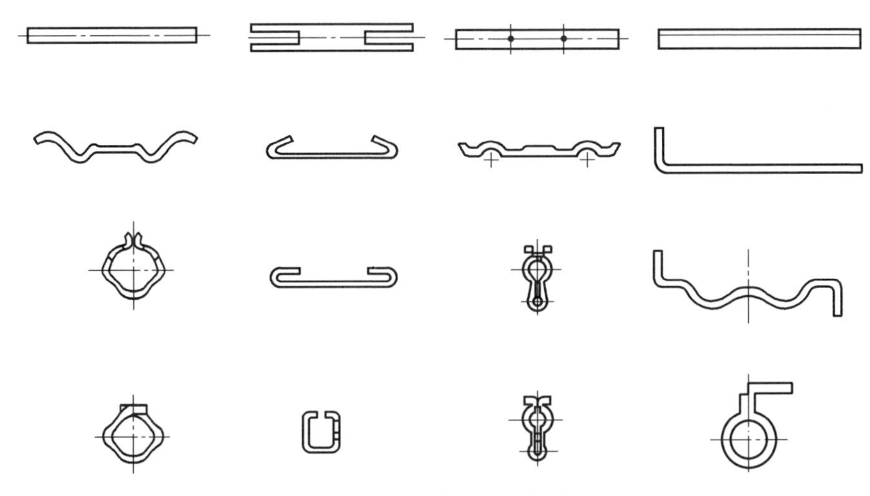

图 5-26　三道工序弯曲成形

④ 对于批量大、尺寸较小的弯曲件，为了提高生产率，可以采用多工序的冲裁、压弯、切断连续工艺成形。

⑤ 弯曲件本身带有单面几何形状时，若单件压弯毛坯容易发生偏移，可以采用成对弯曲，弯曲后再切开。

（2）弯曲件工序设计原则

弯曲件的工序设计，一般遵循如下原则。

① 对于多角弯曲件，一般应先弯曲外角，后弯曲内角，前次弯曲要给后次弯曲留出可靠的定位，保证后次弯曲不影响前次已弯曲的形状；

② 对于非对称弯曲件，应尽可能采用成对弯曲；

③ 对于批量大、尺寸小的弯曲件，应采用级进模弯曲成形，以提高生产率。

（3）小件卷圆

卷圆一般由两道工序组成，第 1 道工序是先将坯料的头部压弯成圆弧状，第 2 道工序是在推力的作用下使坯料在模具型腔内弯曲成形（图 5-27）。

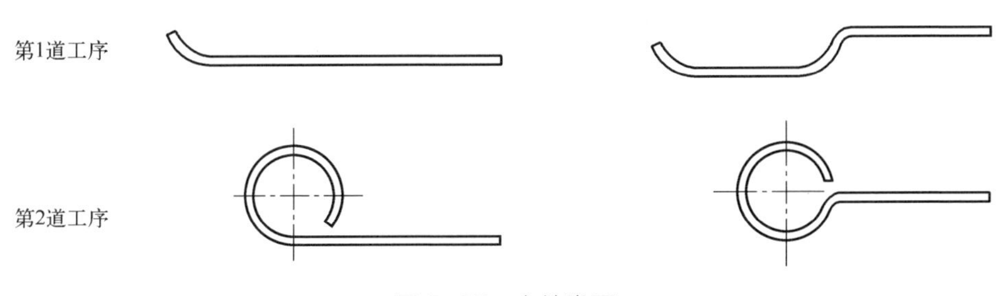

图 5-27　小件卷圆

5.7 弯曲模工作部分尺寸计算

5.7.1 凸、凹模圆角半径

弯曲凸模圆角半径 r_p 应等于弯曲件内侧的圆角半径 r，但不小于表 5-3 所规定的材料允许最小弯曲半径 r_{min}。如果 $r < r_{min}$，应取 $r_p \geqslant r_{min}$。在以后的校正工序中，取 $r_p=r$。

表 5-3　材料的最小弯曲半径　　单位：mm

材料	正火或退火的		硬化的	
	弯曲线方向			
	与轧纹垂直	与轧纹平行	与轧纹垂直	与轧纹平行
铝	0	0.3	0.3	0.8
紫铜			1.0	2.0
黄铜 H68			0.4	0.8
05，08F			0.2	0.5
08～10，A1，A2	0	0.4	0.4	0.8
15～20，A3	0.1	0.5	0.5	1.0
25～30，A4	0.2	0.6	0.6	1.2
35～40，A5	0.3	0.8	0.8	1.5
45～50，A6	0.5	1.0	1.0	1.7
55～60，A7	0.7	1.3	1.3	2.0
硬铝（软）	1.0	1.5	1.5	2.5
硬铝（硬）	2.0	3.0	3.0	4.0
镁合金	300℃热弯		冷弯	
MA1-M	2.0	3.0	6.0	8.0
MA8-M	1.5	2.0	5.0	6.0
钛合金	300～400℃热弯		冷弯	
TA3	1.5	2.0	3.0	4.0
TC5	3.0	4.0	5.0	6.0
铝合金	400～500℃热弯		冷弯	
BM1，BM2（$t \leqslant$ 2mm）	2.0	3.0	4.0	5.0

注：本表用于板厚小于 10mm，弯曲角大于 90°，剪切断面良好的情况。

凹模圆角半径 r_d 一般可按下列数据选取：

当 $t \leqslant$ 2mm 时，$r_d=$（3～6）t；

当 t=2～4mm 时，$r_d=$（2～3）t；

当 $t >$ 4mm 时，$r_d=2t$。

5.7.2 凸、凹模间隙

对于V形件，模具间隙可通过调节压力机闭合高度得到，因而在设计和制造模具时不需考虑。

对于U形件，凸、凹模间隙按式（5-8）确定：

$$C=kt_{min} \tag{5-8}$$

式中，C为凸、凹模间隙；k为系数。

对于钢板，C=1.05 ～ 1.15mm；对于有色金属C=1.0 ～ 1.1mm。

5.7.3 凸、凹模宽度尺寸设计

① 尺寸标注在外侧时，应以凹模为基准（图5-28）。凹模宽度尺寸按式（5-9）确定；

$$b_d=(b-0.75\Delta)^{+\delta_d} \tag{5-9}$$

式中，b_d为凹模宽度，mm；δ_d为模具制造偏差（按IT6级选取），mm；Δ为零件的公差，mm。

② 尺寸标注在内侧时，应以凸模为基准。凸模宽度尺寸按式（5-10）确定：

$$b_p=(b+0.25\Delta)_{-\delta_p} \tag{5-10}$$

式中，b_p为凸模宽度尺寸，mm；δ_p为模具制造偏差（按IT6～8级选取），mm；Δ为零件的公差，mm。

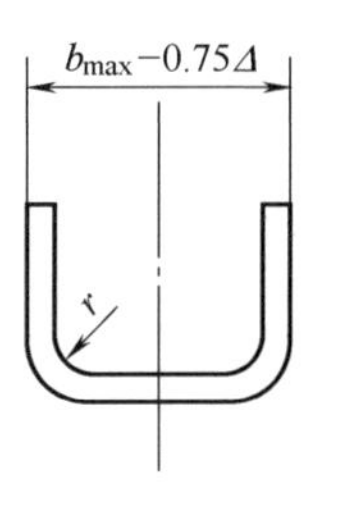

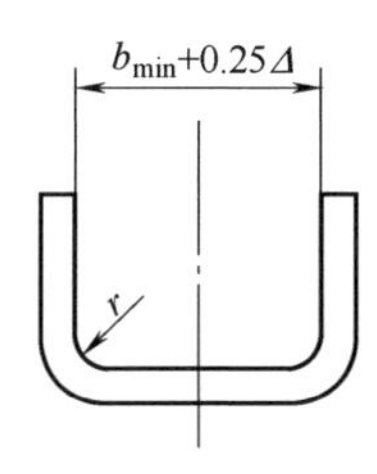

图5-28 弯曲件尺寸的标注

相应的模具宽度尺寸需配制，并保证单边间隙C。

此外，弯曲模的模具长度和凹模深度等工作部分尺寸，应根据弯曲件边长和压力机参数合理选取。

5.8 典型弯曲模

5.8.1 V形件弯曲模

V形件形状简单，一般能一次弯曲成形。最简单的模具结构为敞开式弯曲模（图 5-29）。此模具制造方便，通用性强，但弯曲时，板料已发生滑动，弯曲件边长不易控制，影响工件精度。

弯曲时，为防止板料滑动，提高工件精度，可采用图 5-30 所示的带有定位尖、顶杆、V 形顶板等压料装置的模具结构。

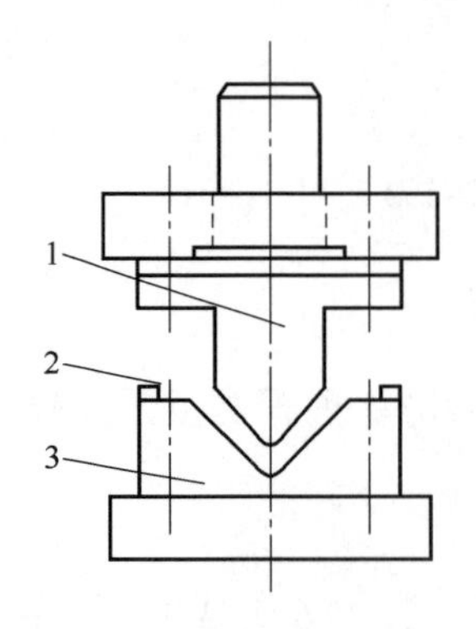

图 5-29　敞开式弯曲模

1—凸模；2—定位板；3—凹模

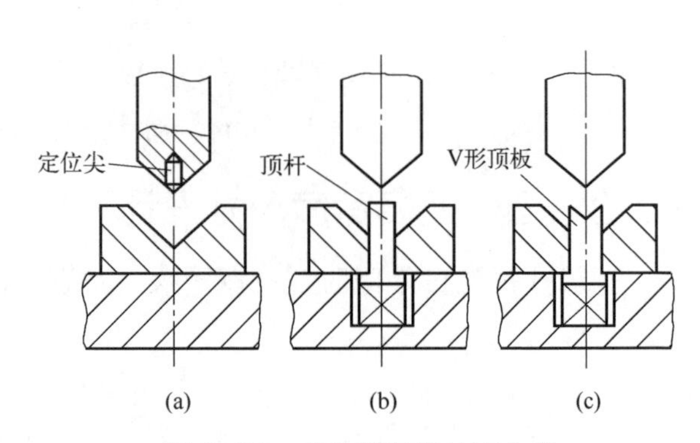

图 5-30　有压料装置的弯曲模

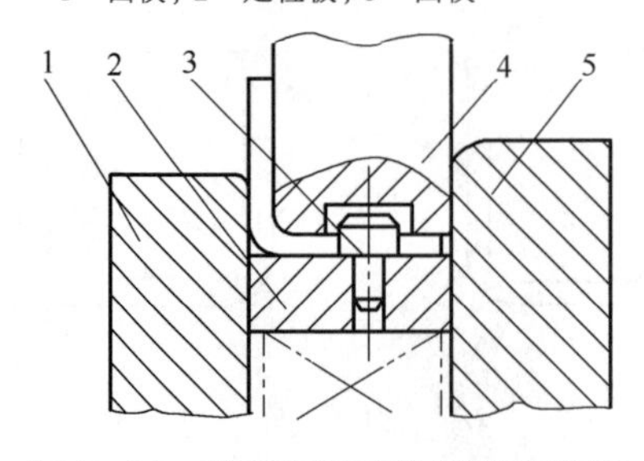

图 5-31　带顶板及定位销的弯曲模

1—凹模；2—顶板；3—定位销；4—凸模；5—防侧板

图 5-31 所示为另一种结构形式的弯曲模，其由于有顶板及定位销，也可以有效防止弯曲时毛坯的滑移，得到边长偏差为 ±0.1mm 的工件。

5.8.2　U 形件弯曲模

图 5-32 所示为 U 形件弯曲模。对于弯曲角小于 90°的 U 形件可以采用图 5-33、图 5-34 所示的模具成形。

图 5-33 所示的是水平弯曲模。模具工作时先成形 U 形，然后凸模停止下行，这时上模部分继续下行，橡胶受压缩，同时活动凹模在斜楔的作用下向中心移动，成形出所要求的工件。开模时弹簧使活动凹模复位，工件包紧在凸模上，与凸模一起离开下模，活动凹模完全复位后，从凸模的侧向取出工件。

图 5-34 所示弯曲模是利用活动凹模镶块的回转成形小于 90°的 U 形件的，凸模回程后弹簧使活动凹模镶块复位。

图 5-35 所示为圆杆件的弯曲模，其凹模做成转轮，为了使圆杆定位，凸模和凹模上均有圆槽，随着凸模的下降，转轮发生转动，圆杆完成弯曲。在弯曲合金钢材料的 U 形件时，为了减小凹模圆角处的磨损，提高凹模使用寿命，也往往将凹模做成转轮式的。

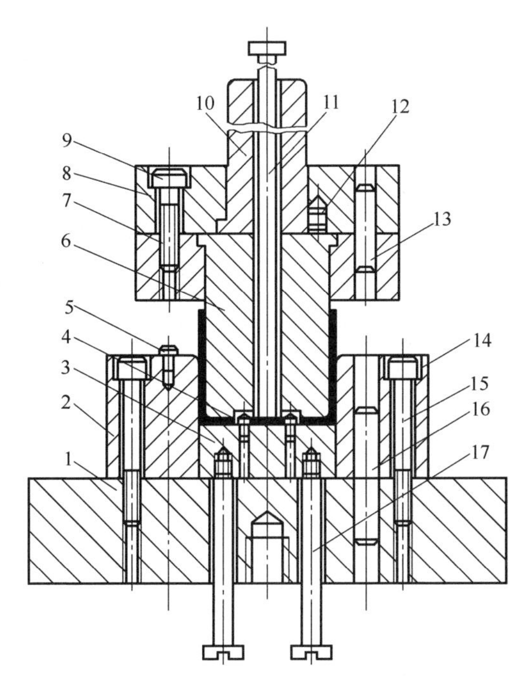

图 5-32　U 形件弯曲模

1—下模座；2，14—凹模；3—顶件块；4—定位销；5—导料销；6—凸模；7—凸模固定板；8—上模座；9，15—螺钉；10—模柄；11—打料杆；12，13，16—圆柱销；17—卸料螺钉

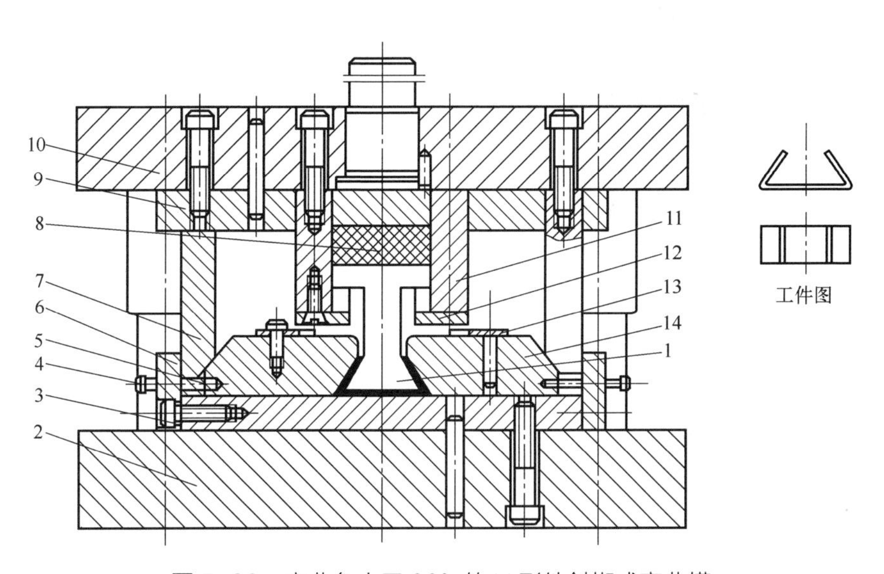

图 5-33　弯曲角小于 90° 的 U 形件斜楔式弯曲模

1—凸模；2—下模座；3，5—螺钉；4—弹簧；6—挡块；7—斜楔；8—橡胶；9—固定板；10—上模座；11—凸模导轨；12—挡板；13—定位板；14—活动凹模

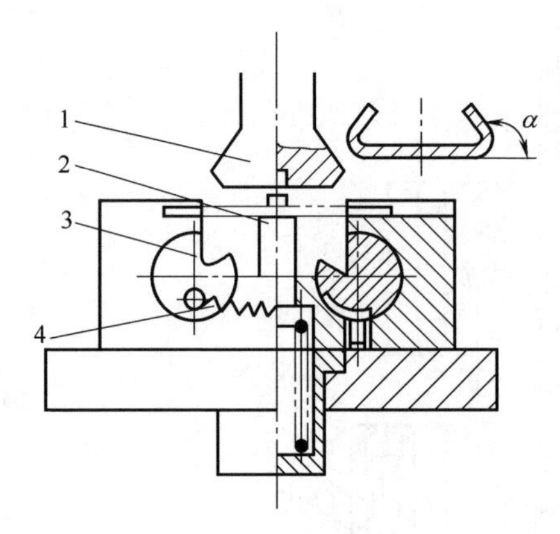

图 5-34　弯曲角小于 90° 的 U 形件转动弯曲模

1—凸模；2—顶杆；3—凹模；4—弹簧

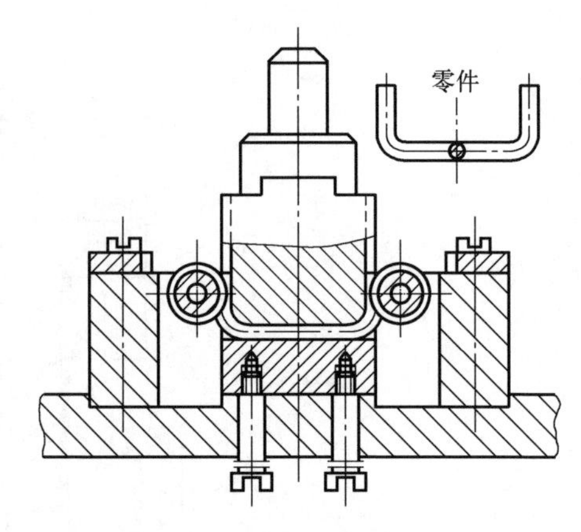

图 5-35　圆杆件弯曲模

5.8.3　Z 形件弯曲模

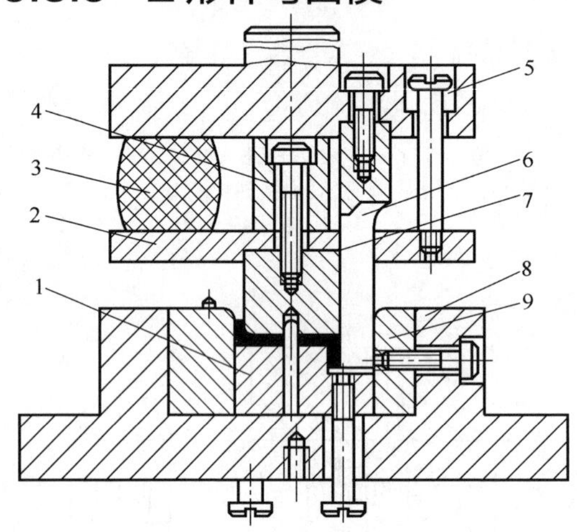

图 5-36　Z 形件弯曲模

1—顶板；2—托板；3—橡胶；4—压块；5—上模座；6—凸模；7—活动凸模；8—下模座；9—反侧压块；10—下模座

Z 形件可一次弯曲成形。Z 形件弯曲时，先弯曲 Z 形件的左端还是先弯曲 Z 形件的右端，取决于托板上橡胶的弹力与顶板上弹顶装置的弹力的大小。若托板上橡胶的弹力大于顶板上弹顶装置的弹力，则先弯 Z 形件左端再弯右端；若托板上橡胶的弹力小于顶板上弹顶装置的弹力，则先弯 Z 形件右端再弯左端。下面以图 5-36 所示弯曲模为例介绍先弯左端再弯右端的动作过程。弯曲前，由于橡胶作用，凸模与活动凸模的端面平齐。弯曲时，活动凸模与顶板将坯料夹紧，由于托板上橡胶的弹力大于作用在顶板上弹顶装置的弹力，因此坯料向下运动，先完成左端弯曲；当顶板接触下模座后，活动凸模停止下行，而上模继续下行，迫使橡胶压缩，凸模和顶板完成右端的弯曲。当压块与上模座相碰时，整个工件得到校正。

5.8.4 ┐_┌形件弯曲模

┐_┌形件可以一次弯曲成形，也可以两次弯曲成形。图 5-37 所示为┐_┌形件一次成形弯曲模。从图 5-37（a）可以看出，弯曲过程中，由于凸模肩部妨碍了坯料的转动，增加了坯料通过凹模圆角的摩擦力，因此弯曲件侧壁容易擦伤和变薄，成形后工件两肩部与底面不易平行，如图 5-37（c）所示。特别是当材料厚、弯曲件直壁高、圆角半径小时，这一现象更为严重。

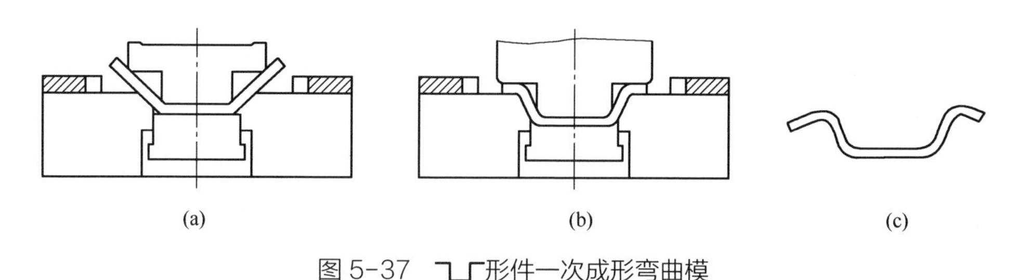

图 5-37 ┐_┌形件一次成形弯曲模

图 5-38 所示为┐_┌形件一次复合成形弯曲模。弯曲前，坯料靠定位板定位。弯曲时，凸凹模下行，先使坯料在凹模中弯曲成 U 形，凸凹模继续下行与活动凸模作用，最后弯曲成┐_┌形件。弯曲结束，顶杆顶出工件。

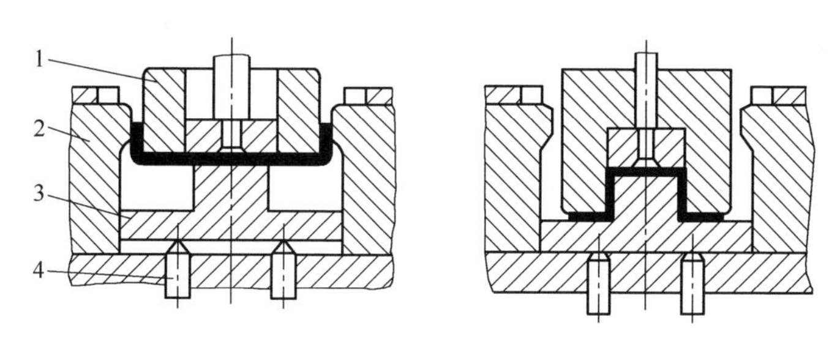

图 5-38 ┐_┌形件一次复合成形弯曲模

1—凸凹模；2—凹模；3—活动凸模；4—顶杆

图 5-39 所示为┐_┌形件两次成形弯曲模。该方式采用了两副模具进行弯曲，从而避免了图 5-37（c）所示缺陷的发生，提高了弯曲件的质量。

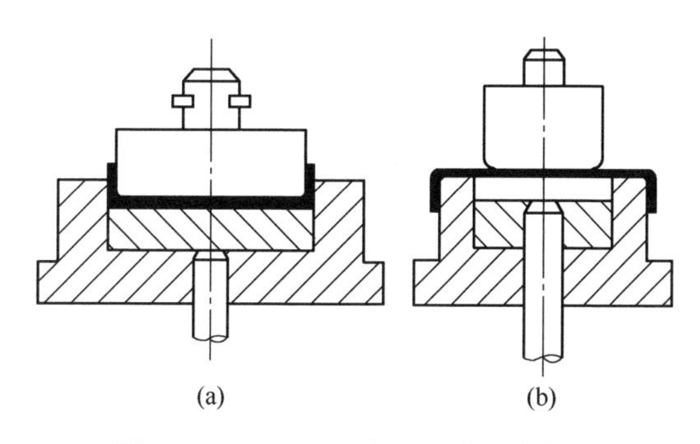

图 5-39 ┐_┌形件两次成形弯曲模

5.8.5 圆筒形件弯曲模

圆筒形件的弯曲，一般可根

据尺寸大小进行分类：圆筒直径 $d \leqslant 5$mm 的属小圆，$d \geqslant 20$mm 的属大圆。

弯小圆的方法是先弯成U形，再将U形弯成圆形（见图5-40）。如果工件小，分两次弯曲操作不便，也可采用图5-41所示的一次弯曲模。凸模下行时，压板将滑块往下压，利用芯棒将毛坯弯成U形，等到凸模下降到与毛坯接触后，再将U形弯成圆形。

弯大圆的方法如图5-42所示，即先弯成波浪形，再弯成圆筒形。弯曲完毕后，工件还套在凸模上，可推开支撑将工件从凸模上取下。为了提高生产率，也可采用带活动凹模的一次弯曲成形模，这种弯曲方法的缺点是：由于回弹，工件接缝处留有缝隙和少量直边，模具结构也较复杂。

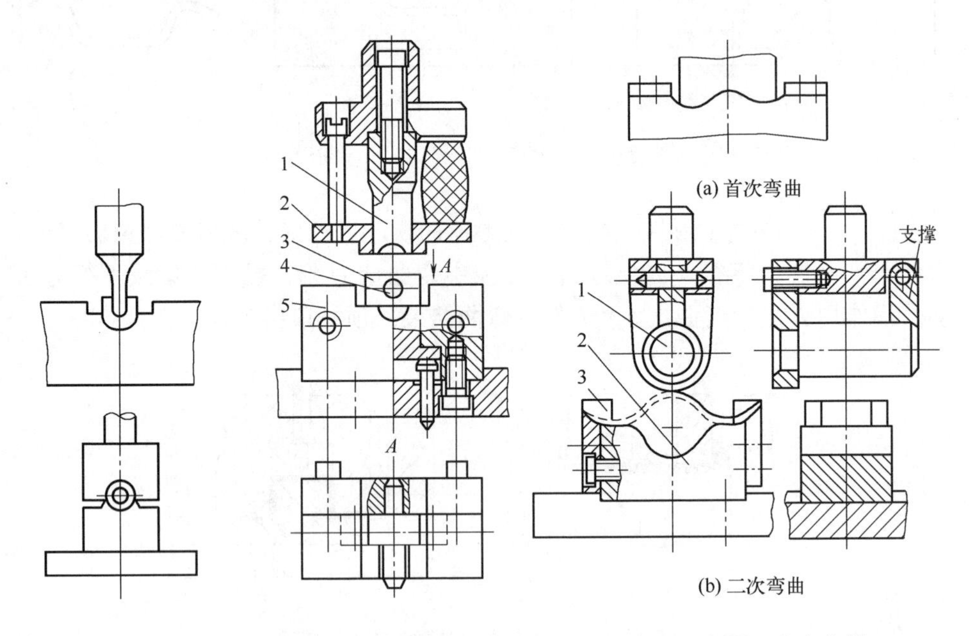

图5-40　小圆二次弯曲模

图5-41　小圆一次弯曲模

1—凸模；2—压板；3—滑块；4—芯棒；5—凹模

图5-42　大圆二次弯曲模

1—凸模；2—凹模；3—定位板

5.8.6　铰链件弯曲模

铰链弯曲成形一般分两道工序进行，先将平直的坯料端部预弯成圆弧，然后再进行卷圆。铰链的卷圆成形通常采用推圆的方法。由于铰链件的回弹随相对弯曲半径比值而增加，所以卷圆成形时的凹模尺寸应比铰链的外径小0.2～0.5mm。图5-43所示为铰链件弯曲卷圆模，其中图5-43（b）所示为立式铰链弯曲卷圆模的结构，适用于材料较厚而且长度较短的铰链，结构较简单，制造容易；图 5-43（c）所示为卧式铰链弯曲卷圆模的结构，利用斜楔推动卷圆凹模在水平方向进行弯曲卷圆，凸模同时兼作压料部件，这种模具结构较复杂，但工件的质量较好。

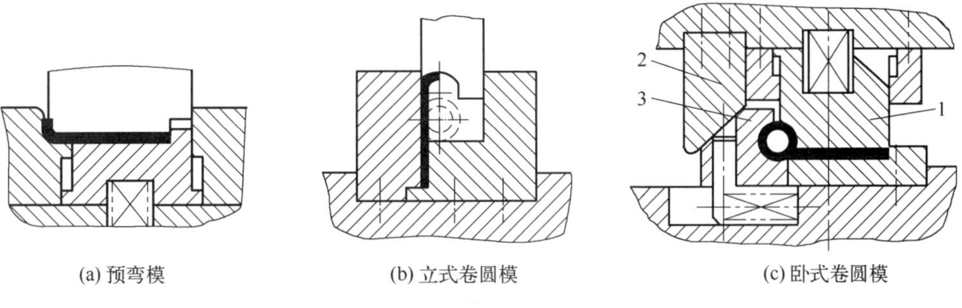

图 5-43 铰链件弯曲卷圆模

1—凸模；2—斜楔；3—卷圆凹模

5.8.7 复合弯曲模

对于尺寸不大的弯曲件，可以采用复合模，即在压力机一次行程中，在模具同一位置上完成落料、弯曲、冲孔等几种不同工序。图 5-44（a）、(b) 所示是切断、弯曲复合模结构简图。图 5-44（c）所示为落料、弯曲、冲孔复合模，模具结构紧凑，工件精度高，但是凸、凹模修磨困难。

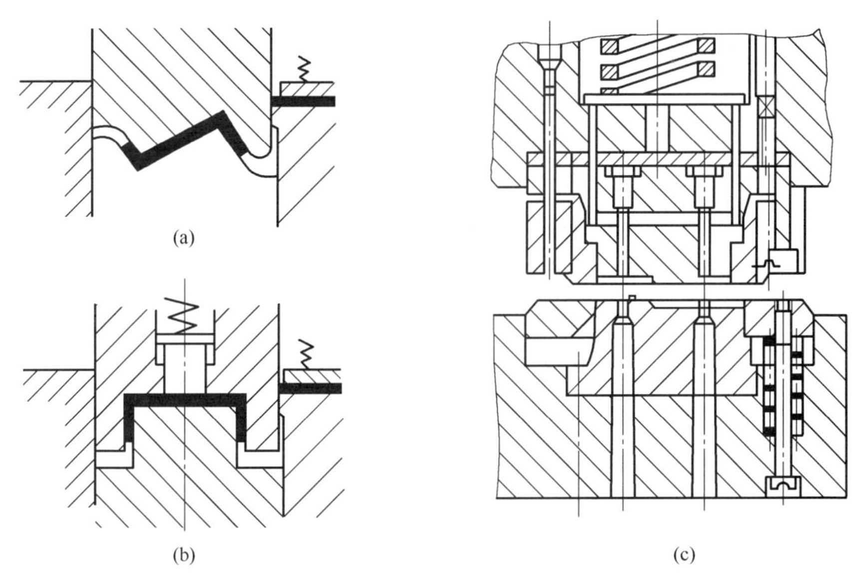

图 5-44 弯曲复合模

5.8.8 级进弯曲模

级进弯曲模是将冲孔、弯曲、切断等工序依次布置在一副模具上，以实现级进工艺成形。图5-45所示的模具中，坯料从右端送入，在第一工位上冲孔，在第二工位上首先由上模和下剪刃将板料剪断，随后进行弯曲。上模上行后，由顶件销将工件顶出。

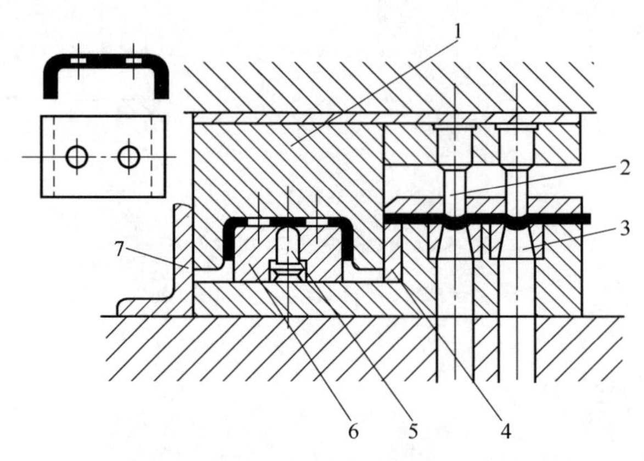

图5-45 级进弯曲模

1—上模；2—冲孔凸模；3—冲孔凹模；4—下剪刃；5—顶料销；6—弯曲凸模；7—挡料块

思 考 题

1. 试述弯曲变形过程及其特点。
2. 试分析窄板和宽板纯塑性弯曲时的应力和应变状态。
3. 弯曲力的影响因素有哪些？主要有哪两种弯曲力？
4. 确定弯曲毛坯件长度的原则是什么？主要有哪两种方法？
5. 回弹量的影响因素有哪些？它们的影响规律如何？
6. 减少回弹的措施有哪些？各自的机理是什么？
7. 最小相对弯曲半径的影响因素主要有哪些？它们的影响规律如何？
8. 弯曲件工艺设计包括哪些内容？其工序设计的要点是什么？

第6章

拉深

拉深（拉延、拉伸）是利用模具将平板（或空心）毛坯冲压成为开口空心零件的加工方法。拉深是冲压加工中应用最广泛的工艺之一，利用拉深可以制成筒形、阶梯形、球形、锥形、抛物面形、盒形以及不规则形状的薄壁零件，如果与其他冲压工艺配合，还可以制造形状更复杂的零件，广泛应用于汽车、飞机、拖拉机、电器、仪表、电子、轻工等工业生产中。

6.1 拉深的分类

拉深按变形力学特点分为4种基本类型。

（1）直壁旋转体制件（见图6-1）

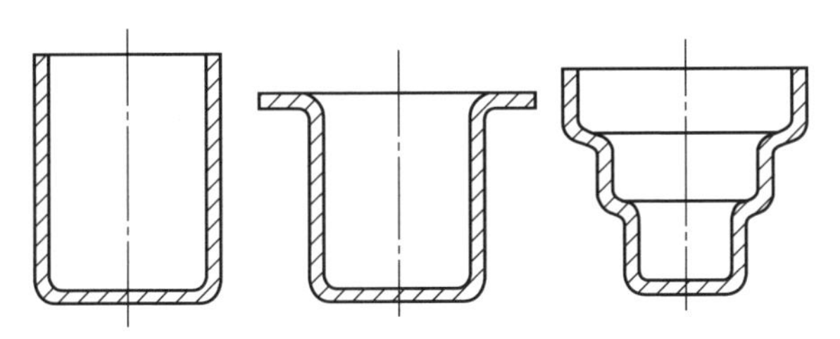

图6-1　直壁旋转体制件

此类零件是母线为直角折线（平底直壁）的旋转体制件，一般包括无凸缘筒形件（简称筒形件）、有凸缘筒形件、阶梯筒形件等。各种盆、锅内胆等都属于此类零件。

（2）曲面旋转体制件（见图 6-2）

此类零件是母线为非直角折线或曲线（平 / 凸底，曲 / 斜壁）的旋转体制件，一般包括球面制件、抛物面形状制件、锥形制件等，包括滤清器壳、汽车灯壳等。

（3）平底直壁非旋转体制件（见图 6-3）

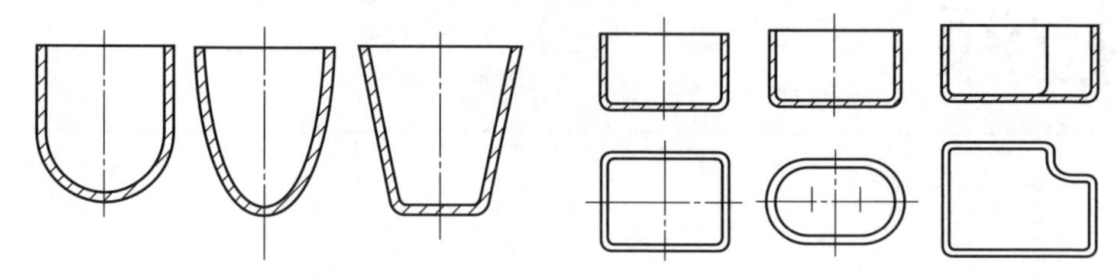

图 6-2　曲面旋转体制件　　　　图 6-3　平底直壁非旋转体制件

此类零件以盒形件为典型，还包括凸缘盒形件，主要有拖拉机工具箱、汽车油箱、矩形饭盒和日光灯的镇流器壳等。

（4）非旋转体曲面制件（见图 6-4）

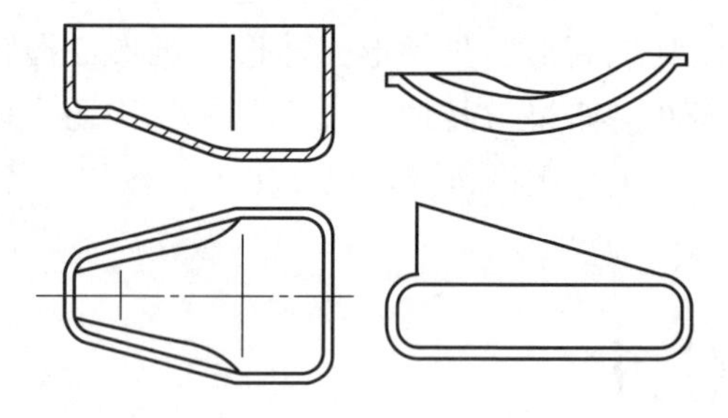

图 6-4　非旋转体曲面制件

不属于以上三类的各种不规则的复杂形状制件，包括汽车车门等汽车覆盖件等。

6.2 拉深变形分析

拉深过程如图 6-5 所示。拉深所用的模具一般由凸模、凹模和压边圈（有时可不带压边圈）三部分组成。凸、凹模的结构和形状不同于冲裁模，它没有锋利的刃口，而是做成具有一定半径的圆角，凸、凹模之间的间隙稍大于板料的厚度。在拉深时，直径为 D 的平板毛坯同时受到凸模和压边圈的作用，其凸模的压力大于压边圈的压力，坯料便在凸模的压力下，随凸模进入凹模，最后使坯料拉深成开口的圆筒形件。

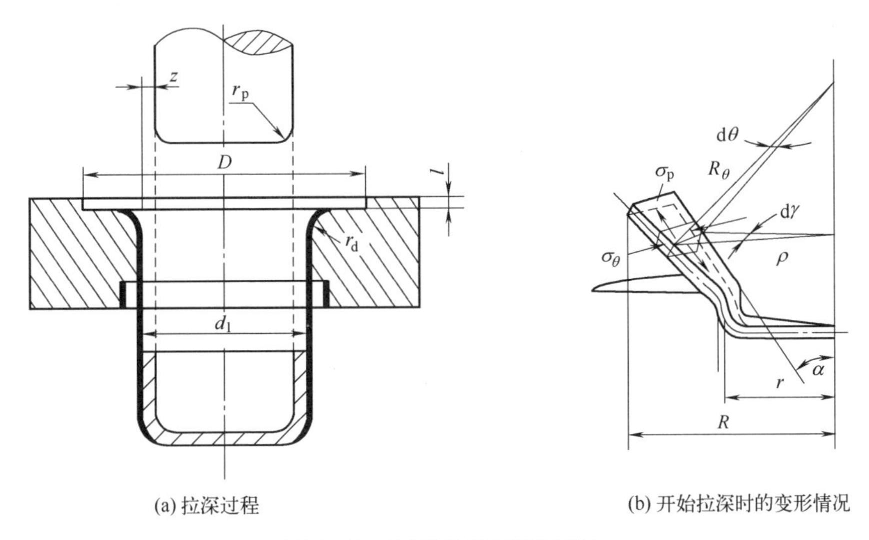

图 6-5 拉深过程及变形情况

拉深的工作原理可通过坯料与零件的形状和尺寸变化情况进行分析：在圆形毛坯上画许多间距都等于 a 的同心圆和分度相等的辐射线，如图 6-6 所示。这些同心圆和辐射线组成网格。由图 6-6 可以看出，拉深后，圆筒形件底部网格的形状基本没有发生变化，而筒壁部分的网格发生了很大的变化，原来的同心圆变成筒壁上的水平圆筒线，其间距 a 也增大了，越靠近筒的口部增大越多，即 $a_1 > a_2 > a_3 > a_4 > \cdots > a$，原来分度相等的辐射线变成了筒壁上的垂直平行线，其间距相等，即 $b_1=b_2=b_3=\cdots=b_n$。

如果取网格中一个小单元体来分析，如图 6-7 所示，在拉深前单元体形状是扇形 S_1。在拉深过程中，由于毛坯整体内材料相互制约、相互作用，径向相邻单元体之间产生了拉应力 σ_1，切向相邻单元体之间产生了压应力 σ_3。扇形小单元体在 σ_1 作用下，直径方向被拉长，在 σ_3 的作用下，切向方向被压缩，因此拉深后变成矩形小单元体 S_2。由于材料厚度变化很小，可以认为拉深前后小单元体的面积不变，即 $S_1=S_2$。小单元体 S_2 即形成零件的筒壁。

随着凸模的下行，承受压力的凸缘部分质点将沿径向移动，产生径向拉应力和切向压应力。在这两种应力的共同作用下，凸缘区的材料发生塑性变形并不断地被拉入凹模内，成为圆筒形零件。

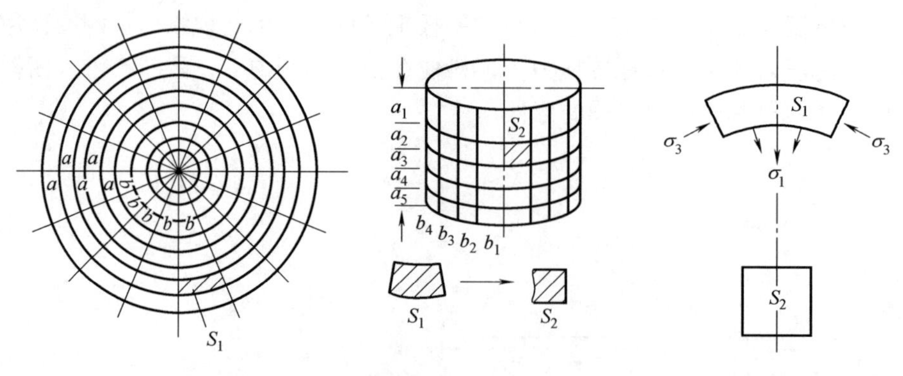

图 6-6　拉深时网格变化

图 6-7　小单元体的变形

6.3 应力应变状态

6.3.1　应力应变对应的实际现象

如果将拉深后的零件沿径向剖开，测量出的各部分厚度和硬度是不一致的，如图 6-8 所示。拉深件底部略有变薄，但基本上等于原毛坯的厚度；壁部上端增厚，越到上缘增厚越大；壁部下端变薄，越靠近圆角处变得越薄；由壁部向底部转角稍上处，出现严重变薄，甚至断裂；沿高度方向，零件各部分的硬度也不一样，越到上缘硬度越高。这说明在拉深过程的不同时刻，毛坯各部分的应力应变状态是不一样的。

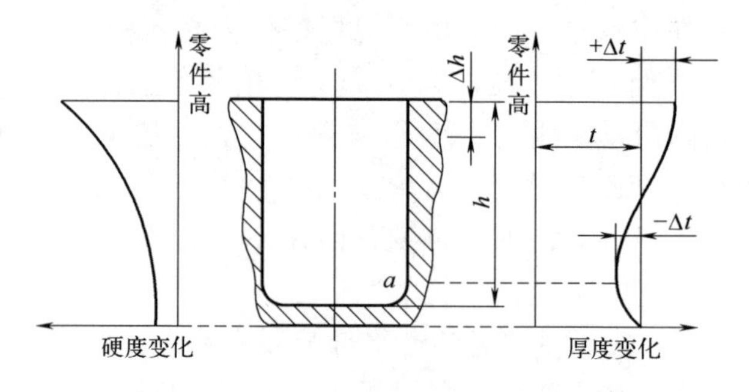

图 6-8　拉深件沿高度方向的硬度和壁厚变化

6.3.2 应力应变分析

根据应力应变状态的不同，拉深件可划分为5个区域，即平面凸缘区、凹模圆角处、筒壁部分、筒底部分和凸模圆角处（见图6-9）。

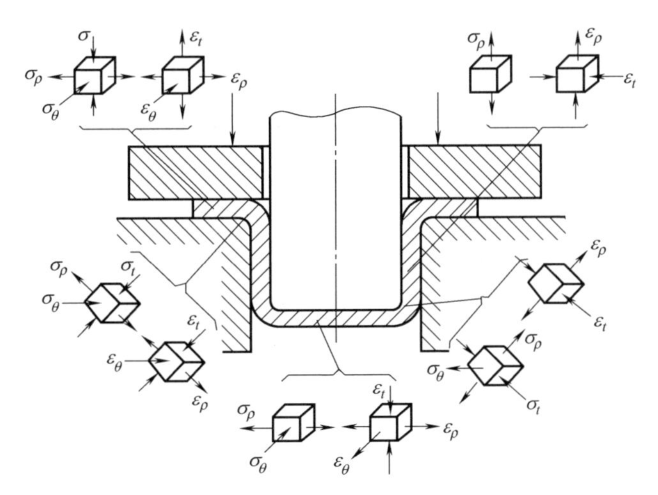

图6-9 圆筒件拉深时各区的应力应变状态

（1）平面凸缘区——主要变形区

凸模的作用，迫使毛坯进入凹模，在凸缘部分产生径向拉应力；同时由于各单元体之间的相互挤压作用，产生切向压应力。凸缘在径向拉应力和切向压应力的共同作用下，径向伸长、切向压缩，逐渐进入凹模。

在凸缘厚度方向，板厚稍有增大，且越接近外缘厚度增加越多。如果采用压边圈，厚度方向承受压应力，不用压边圈时，厚度方向应力为0。

在凸缘的最外边，拉深时需要转移的材料最多，因而压应力的数值最大。如果拉深材料较薄，此部位受切向压应力 σ_θ 的作用易失稳而拱起，出现起皱。

（2）凹模圆角部分——过渡区

这部分的材料变形比较复杂，除径向拉伸外，还承受凹模圆角的压力和塑性弯曲作用而产生厚向压应力，使板厚减薄；同时，材料离开该处后，将产生反向弯曲（校直）。

（3）筒壁部分——传力区

这部分材料已经通过塑性变形变为筒形，不再发生大的变形。但是凸模拉深力要经筒壁传递到凸缘部分，因而其承受单向拉应力 σ_1 的作用，发生少量的径向伸长和变薄。

（4）筒底部分——不变形区

这部分材料基本不变形，但凸模圆角处的拉深力使材料承受双向拉应力，厚度略有变薄。

（5）凸模圆角部分——过渡区

这部分材料除承受径向拉应力 σ_ρ 和切向拉应力 σ_θ 外，还由于凸模圆角的压力和弯曲作用，在厚度方向承受压应力 σ_t。

在拉深件底部圆角稍上处，材料没有增厚，传力截面积小，拉应力 σ_ρ 较大；变形量小，加工硬化较弱，使该处屈服强度较低；摩擦阻力小。因此，在拉深过程中，该处变薄最为严重，成为零件强度最薄弱的断面（危险断面）。若应力 σ_ρ 超过材料的抗拉强度，则拉深件将在此处拉裂或变薄超差。

综上分析，拉深过程中主要的破坏形式是平面凸缘区的起皱和筒壁传力区上危险断面的拉裂。

6.4 起皱与拉裂

6.4.1 起皱

在拉深过程中，毛坯边缘形成沿切向高低不平的皱纹的现象称为起皱，如图 6-10 所示。如果是轻微起皱，拉深时毛坯虽可通过模具间隙，但会在筒壁上留下皱痕，影响零件的表面质量。发生严重起皱时，将使材料不能通过凸、凹模间隙而被拉断造成废品。

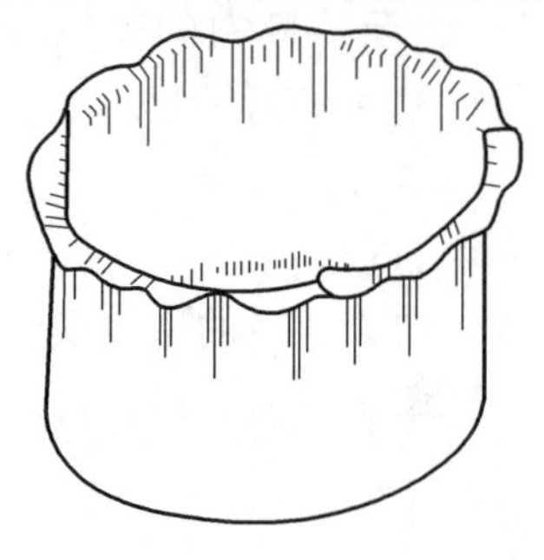

图 6-10　起皱破坏

通过前面的应力分析可知，起皱产生的主要原因是凸缘的切向压应力 σ_θ 超过了板材临界压应力。

凸缘的起皱与压杆失稳有些类似，它不仅取决于 σ_θ 的大小，而且取决于凸缘的相对厚度 $t/(D_w-d_p)$（D_w 为凸缘外径，d_p 为凸模直径）。切向压应力越大，相对厚度越小，越容易起皱。

起皱的主要影响因素如下。

① 切向压应力。在拉深过程中，切向压应力 σ_θ 随拉深的进行而增加，因

而加剧起皱的趋势。

② 相对厚度。随着拉深的进行，凸缘变形区不断减小，厚度也不断增大，因而抑制起皱的产生。

切向压应力和相对厚度两个影响因素相互作用的结果，使凸缘起皱最严重的瞬间落在 R_w=（0.8 ～ 0.9）R_0（R_w 为凸缘外半径，R_0 为毛坯半径）。

防止起皱的主要措施如下。

① 采用压边圈。拉深时，在拉深模上加压边圈，用压边圈将毛坯压住。毛坯被约束在压边圈与凹模平面之间，限制了毛坯在厚度方向的变形，以限制毛坯的起皱。

压边力的大小应适当，既要有足够的压边力防止凸缘起皱，又不能过大，以免引起较大的摩擦力，增大拉深载荷，导致危险断面的拉裂。因此在设计工艺过程中，必须判断拉深件是否会发生起皱，通常可按表 6-1 近似判断。

表 6-1　采用或不采用压边圈的条件

拉深方法	第一次拉深		以后各次拉深	
	(t/D) /%	m_1	(t/D) /%	m_n
采用压边圈	＜ 1.5	＜ 0.60	＜ 1	＜ 0.80
可用可不用	1.5 ～ 2.0	0.60	1 ～ 1.5	0.80
不用压边圈	＞ 2.0	＞ 0.60	＞ 1.5	＞ 0.80

压边装置按其工作原理有刚性压边装置和弹性压边装置两种。

刚性压边装置工作原理如图 6-11 所示。拉深凸模固定在压力机的内滑块上，压边圈固定在外滑块上。拉深开始时，外滑块带动压边圈下行，压在毛坯的凸缘上，并在此位置上停止不动。随后内滑块带动凸模下行，进行拉深。压边力大小靠调整压边圈与凹模平面之间的间隙 c 获得。

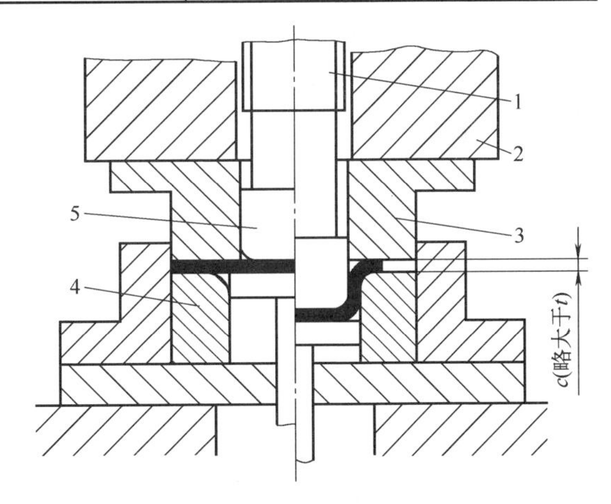

图 6-11　安装在双动压力机上的刚性压边装置

1—内滑块；2—外滑块；3—压边圈；4—拉深凹模；5—拉深凸模

弹性压边装置一般用于单动压力机，其压边力由气垫、弹簧或橡胶产生。

弹性压边装置工作原理如 6-12 所示。弹簧的作用力，通过顶杆传给压边

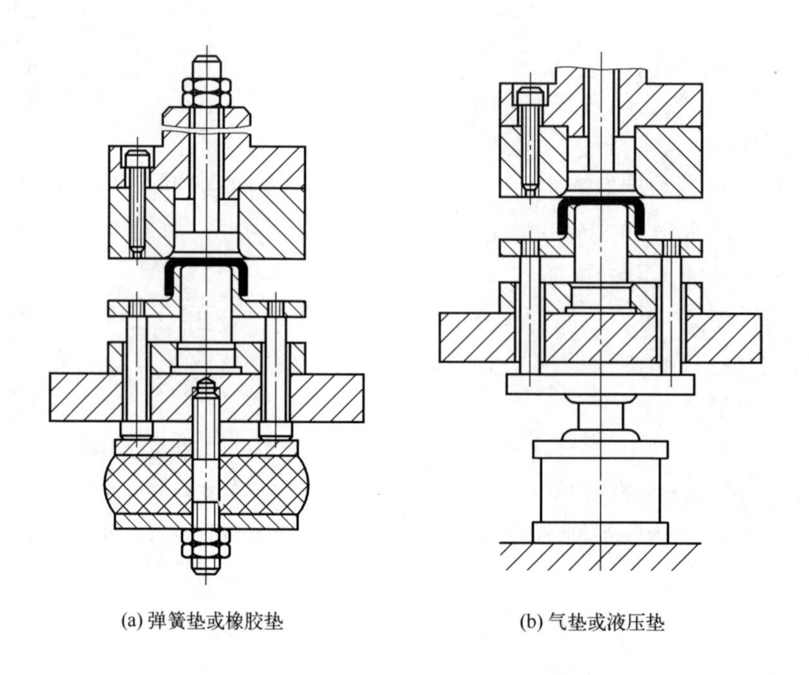

图 6-12　弹性压边

圈。拉深时凹模下行压紧毛坯，压边圈在凹模压力作用下与凹模一起下行，同时毛坯被凸模拉入凹模。

用弹簧提供动力的弹性压边装置，压边力随冲头下行而增大，因此在模具设计时，要用限程螺钉调整压边圈与凹模平面之间的间隙，使其在整个拉深行程中，压边力保持均衡，防止压边圈将毛坯压得过紧，一般只适用于浅拉深。

用压缩空气提供动力的气垫装置或以液体压力为动力的液压装置，在液压机、普通压力机加置专用拉深气垫可实现，压边力基本不随行程变化，通过调节气压或液压能很方便地对压边力进行精确的调节，工艺性较好。

② 采用拉深筋或多道拉深时采用反拉深。

拉深时，采用拉深筋，如图 6-13 所示，使其拉深时径向拉应力增大，切向压应力减小，可以预防起皱的发生。

反拉深，如图 6-14 所示，是将制成的空心件毛坯反扣在凹模上，凸模从毛坯底部下压，使毛坯的内表面变成外表面。由于凸模拉深方向与上一道工序相反，故称其为反拉深。

由于毛坯反扣在凹模上，毛坯与凹模之间摩擦力比正拉深大，同时还增加了弯曲力，因而变形区的径向拉应力增加较大，从而有利于防止工件起皱。

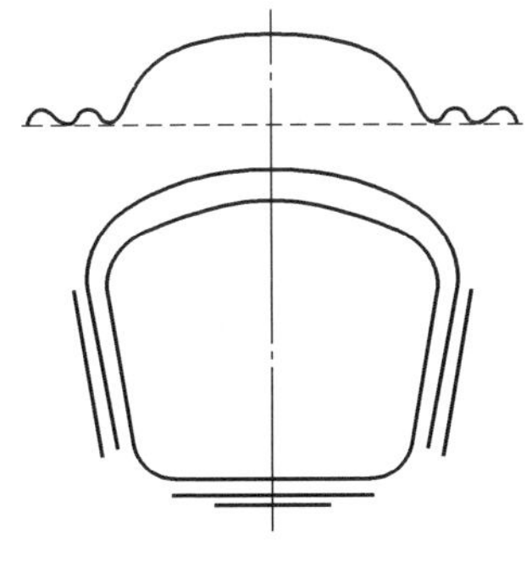

图 6-13　拉深筋

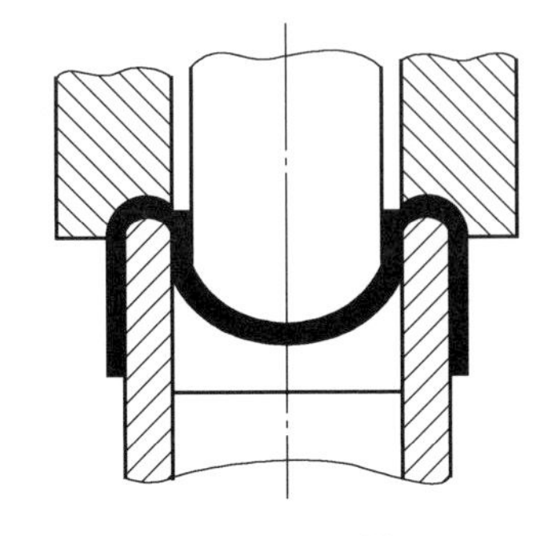

图 6-14　反拉深

反拉深除防止拉深件起皱外，还可以加工用正拉深难以加工的零件。此外，反拉深不仅可减少工序数目，还可提高表面质量。

③ 零件形状。在满足零件使用要求的前提下，应尽可能降低拉深深度；减少平直部分，使其稍有曲率或增设凹坑、凸肋以加强刚性；圆角半径应较小。

模具设计方面，零件表面形状应简单，拉深深度均匀，深拉深时可多道拉深。

冲压条件方面，凸缘部分采用均衡的压边力和润滑，可改善材料的变形。

材料特性方面，应尽量选用屈服点低、较厚的材料。

6.4.2　拉裂

如图 6-15 所示，拉裂通常发生在筒壁底部内圆角稍上的部位。

拉深件产生拉裂主要有几个原因：

① 变形程度太大，即拉深比 D/d 大于极限值，筒壁壁厚变薄严重；

② 过大的压边力，材料被压边圈压得过紧，不容易被拉进凹模，而使工件过早拉裂；

③ 严重的凸缘起皱，材料不容易拉入凸凹模间隙，筒壁部分变薄严重，过早拉裂。

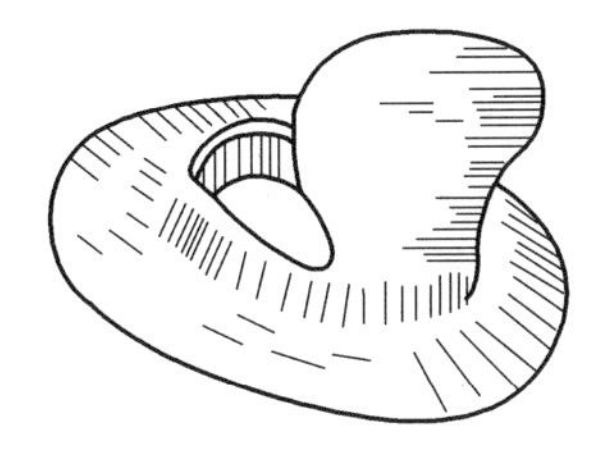

图 6-15　拉裂

另外，凸、凹模圆角过小，摩擦系数过大，也会加剧破裂的趋势。

总之，当拉深筒壁的径向拉应力超过材料抗拉强度时（特别是变薄最严重的底部圆角附近的最薄弱部分），拉深件就要发生破裂。

要防止拉深拉裂的产生，可以采用如下的措施：

① 采用适宜的拉深比（D/d）和压边力。采用合理的变形程度，则变形拉应力不会超过筒壁材料的承载能力，拉深时就不会发生破裂。

② 增加凸模端面粗糙度，改善凸缘部分的润滑条件。凸模和毛坯之间的摩擦力可阻止材料变薄，减小凹模与毛坯之间的摩擦，变形拉应力也会相应减小，因而有助于防止材料产生破裂。

③ 选用屈强比小、加工硬化指数 n 和塑性应变比 r 大的板料。材料塑性好，易于成形；塑性应变比大，厚度方向变形困难，筒壁厚度变薄困难，因而不容易破裂。

6.5 圆筒形件拉深工艺计算

6.5.1 拉深件毛坯尺寸计算

形状简单的旋转体拉深件，在拉深过程中，毛坯的厚度虽然发生一些变化，但在计算毛坯尺寸时可以不计厚度的变化。根据塑性变形体积不变定律，毛坯尺寸可以按拉深前毛坯面积等于拉深件面积的原则计算。如图 6-16 所示，首先将拉深件分成若干个便于计算的简单几何体，再分别求出各部分面积后将其相加，即可得拉深件的总面积。然后根据毛坯尺寸的计算原则，求出毛坯的直径 D_0。

$$\frac{\pi}{4}D_0^2=A_1+A_2+A_3+\cdots+A_n=\sum A \tag{6-1}$$

所以

$$D_0=\sqrt{\frac{4}{\pi}\sqrt{\sum A}} \tag{6-2}$$

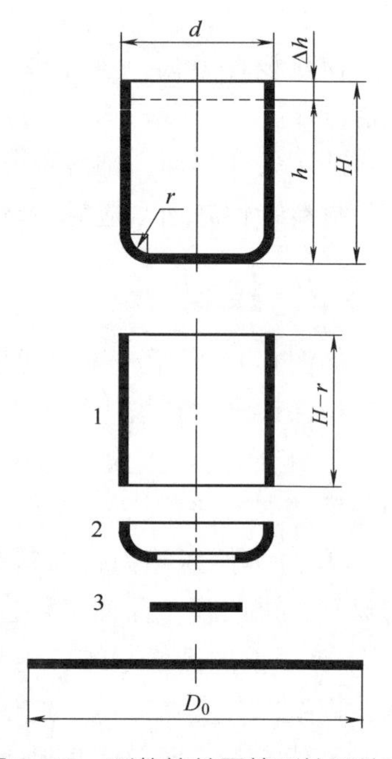

图 6-16　形状简单圆筒形拉深件毛坯尺寸计算分解图

如图 6-16 所示圆筒形零件，可将其分解为三部分，每部分的面积分别为

$$A_1=\pi d\ (H-r)\ ,\ A_2=\frac{\pi}{4}\ [2\pi r\ (d-2r)\ +8r^2]\ ,\ A_3=\frac{\pi}{4}\ (d-2r)^2 \tag{6-3}$$

将三部分面积相加即得总面积 $\sum A=A_1+A_2+A_3$。将其代入式（6-2）即得毛

坯直径 D_0。

$$D_0=\sqrt{(d-2r)^2+2\pi r(d-2r)+8r^2+4d(H-r)} \tag{6-4}$$

由于板料各向异性、模具间隙不均、板厚公差及摩擦阻力的不同等因素的影响，拉深件口部边缘往往是不平的，尤其是拉深次数多的零件，其口部边缘质量更差。因此除相对高度 h/d 很小的拉深件以外，在计算零件尺寸时一般都要考虑修边余量（Δh）。其值可参考表 6-2 和 6-3。

表 6-2　无凸缘筒形件的修边余量

h/mm	h/d				附图
	＞0.5～0.8	＞0.8～1.6	＞1.6～2.5	＞2.5～4	
≤10	1.0	1.2	1.5	2.0	
10～20	1.2	1.6	2.0	2.5	
20～50	2.0	2.5	3.3	4.0	
50～100	3.0	3.8	5.0	6.0	
100～150	4.0	5.0	6.5	8.0	
150～200	5.0	6.3	8.0	10.0	
200～250	6.0	7.5	9.0	11.0	
250～300	7.0	8.5	10.0	12.0	

表 6-3　带凸缘筒形件的修边余量

凸缘直径 d_F/mm	凸缘的相对直径 d_F/d				附图
	≤1.5	＞1.5～2	＞2～2.5	＞2.5～3.0	
≤25	1.6	1.4	1.2	1.0	
25～50	2.5	2.0	1.8	1.6	
50～100	3.5	3.0	2.5	2.2	
100～150	4.8	3.6	3.0	2.5	
150～200	5.0	4.2	3.5	2.7	
200～250	5.5	4.6	3.8	2.8	
250～300	6.0	5.0	4.0	3.0	

应当指出，上述毛坯尺寸的计算是近似的。由于受材料力学性能、模具几何形状、拉深次数、润滑等因素的影响，实际上毛坯的面积是有变化的，故计算出的毛坯直径与实际直径有一定的差别。毛坯直径过大，既浪费材料又增加进料阻力，使变形困难，容易使制件拉裂；毛坯直径过小，不能保证零件尺寸要求。故在生产中当冲压件精度要求较高时，须将计算出的毛坯经试拉后修正。

6.5.2 拉深系数和拉深次数的确定

拉深工序如图 6-17 所示，拉深系数指每次拉深后圆筒形件的直径与拉深前毛坯（或半成品）的直径之比，即

第一次拉深的拉深系数为：$m_1=\dfrac{d_1}{D}$；

第二次拉深的拉深系数为：$m_2=\dfrac{d_2}{d_1}$；

⋮

第 n 次拉深的拉深系数为：$m_n=\dfrac{d_n}{d_{n-1}}$

并且 $m_1<m_2<\cdots<m_n$，即各次 m 应逐渐增大。总的拉深系数为：

$$m_{总}=\frac{d_n}{D}=m_1m_2\cdots m_n \tag{6-5}$$

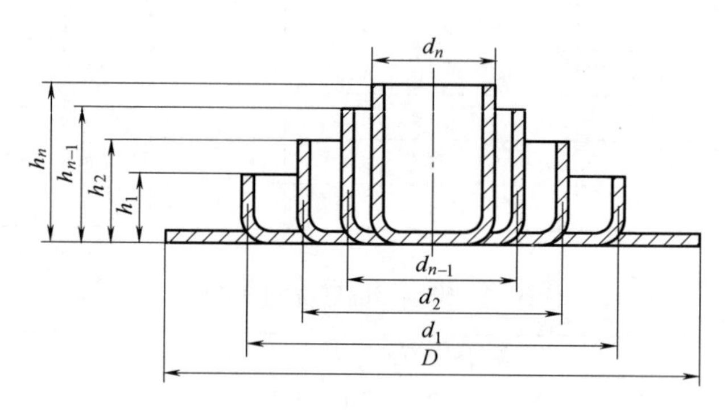

图 6-17　拉深工序示意图

拉深系数表示拉深过程中的变形程度，拉深系数 m 越小，说明拉深前后直径的差别越大，即拉深的变形程度越大。为减少拉深次数，希望采用小的拉深系数（大的拉深比）。但是，拉深系数过小，将会在危险断面产生破裂。

每次拉深时拉深系数应大于极限拉深系数，以保证拉深顺利进行。极限拉深系数是确保拉深过程顺利进行而不产生起皱、断裂或严重变薄的最小拉深系数，与板料成形性能、相对厚度、模具间隙及圆角半径等有关。

① 板料的内部组织和力学性能：板料塑性好、组织均匀、晶粒大小适当、屈强比小、塑性应变比大时，极限拉深系数小。

② 毛坯的相对厚度：毛坯相对厚度小时，易起皱，压边力大，摩擦阻力大，极限拉深系数相应增大。

③ 凸、凹模圆角半径：凸模圆角半径过小时，过渡区的弯曲变形加大，

使危险断面的强度削弱，使极限拉深系数增大；凹模圆角半径过小时，毛坯沿凹模圆角滑动阻力增加，筒壁拉应力相应加大，极限拉深系数增大。

④ 润滑条件及模具情况：润滑条件良好、凹模工作表面光滑、间隙正常，都能减小摩擦阻力而改善金属流动，使极限拉深系数减小。

⑤ 拉深方式：用压边圈时不易起皱，极限拉深系数可小些。

⑥ 拉伸速度：一般情况下拉伸速度对极限拉深系数的影响不大，速度敏感金属的拉伸速度快时，极限拉深系数应适当增加。

总之，凡是可以降低筒壁传力区拉应力及增加危险断面强度的因素都有利于变形区的塑性变形，降低极限拉深系数。

（1）拉深系数的确定

拉深系数是拉深工艺中的一个重要参数。在工艺计算中，只要知道每道工序的拉深系数值，就可以计算出各道工序中工件的尺寸。因此必须正确合理地选定拉深系数。

由于影响拉深系数的因素很多，用理论计算方法来确定比较困难，生产中一般采用经验数值，据材料相对厚度查表确定。

无凸缘圆筒件的拉深系数见表 6-4 和表 6-5。但须注意，表中数值系极限（最小）拉深系数。在实际生产中，为保证工件质量，一般取稍大于极限值的拉深系数。

表 6-4　圆筒件不用压边圈拉深时的拉深系数

相对厚度	各次拉深系数					
	m_1	m_2	m_3	m_4	m_5	m_6
0.4	0.85	0.90	—	—	—	—
0.6	0.82	0.90	—	—	—	—
0.8	0.78	0.88	—	—	—	—
1.0	0.75	0.85	0.90	—	—	—
1.5	0.65	0.80	0.84	0.87	0.90	—
2.0	0.60	0.75	0.80	0.84	0.87	0.90
2.5	0.55	0.75	0.80	0.84	0.87	0.90
3.0	0.53	0.75	0.80	0.84	0.87	0.90
3 以上	0.50	0.70	0.75	0.78	0.82	0.85

表 6-5　圆筒形件带压边圈的拉深系数

相对厚度	各次拉深系数				
	m_1	m_2	m_3	m_4	m_5
0.08 ～ 0.15	0.60 ～ 0.63	0.80 ～ 0.82	0.82 ～ 0.84	0.85 ～ 0.86	0.87 ～ 0.88
0.15 ～ 0.30	0.58 ～ 0.60	0.79 ～ 0.80	0.81 ～ 0.82	0.83 ～ 0.85	0.86 ～ 0.87

续表

相对厚度	各次拉深系数				
	m_1	m_2	m_3	m_4	m_5
0.3 ～ 0.6	0.55 ～ 0.58	0.78 ～ 0.79	0.80 ～ 0.81	0.82 ～ 0.83	0.85 ～ 0.86
0.6 ～ 1.0	0.53 ～ 0.55	0.76 ～ 0.78	0.79 ～ 0.80	0.81 ～ 0.82	0.84 ～ 0.85
1.0 ～ 1.5	0.50 ～ 0.53	0.75 ～ 0.76	0.78 ～ 0.79	0.80 ～ 0.81	0.82 ～ 0.84
1.5 ～ 2	0.48 ～ 0.50	0.73 ～ 0.75	0.76 ～ 0.78	0.78 ～ 0.80	0.80 ～ 0.82

（2）拉深次数的确定

在制定冲压生产计划和进行模具生产准备时，往往需要先概略地确定工艺装备的数目，所以通常先进行拉深次数的概略计算，然后再通过工艺计算最后确定。

① 比较拉深系数法。首先计算零件的拉深系数 m_Σ，然后从表中查得各次的极限拉深系数 m_1，m_2，…，m_n。若 $m_\Sigma > m_1$，则零件可以一次成形；否则，需要多次拉深。

多次拉深时：

取首次拉深系数为 m_1，则 $m_1=d_1/D$，故第一次拉深后筒形件直径 $d_1=m_1D$；

取二次拉深系数为 m_2，则 $m_2=d_2/d_1$，故第二次拉深后筒形件直径 $d_2=m_2d_1=m_1m_2D$；

同理，第三次拉深后筒形件直径 $d_3=m_3d_2=m_1m_2m_3D$；

……

第 n 次拉深时，工件直径 $d_n=m_nd_{n-1}=m_1m_2m_3\cdots m_nD$。

因而 $m_\Sigma=m_1m_2m_3\cdots m_n$。

只要求得总的拉深系数 m_Σ，然后查得各次极限拉深系数，就可估算出零件所需的拉深次数。

② 比较拉深直径法。比较拉深系数不是很直观，可以改用直径的比较来初定拉深次数。

实际应用中，首先查表确定首次拉深的拉深系数 m_1，计算首次拉深可以获得的拉深件的直径 d_1，若 $d_1 \leqslant d_{件}$，则拉深次数 $n=1$；

否则，查 m_2，计算 d_2，若 $d_2 \leqslant d_{件}$，则 $n=2$；

否则，查 m_3……

以此类推，就可以确定零件的拉深次数。

③ 查表法。生产实际中还常采用查表法，即根据零件的相对高度 h/d 和毛坯相对厚度 t/D，由表 6-6 查得拉深次数。

表 6-6　无凸缘圆筒形件相对高度 h/d 与拉深系数的关系（材料 08F、10F）

拉深次数	毛坯相对厚度（t/D）/%					
	0.08 ～ 0.15	0.15 ～ 0.3	0.3 ～ 0.6	0.6 ～ 1.0	1.0 ～ 1.5	1.5 ～ 2.0
1	0.38 ～ 0.46	0.45 ～ 0.52	0.5 ～ 0.62	0.57 ～ 0.71	0.65 ～ 0.84	0.77 ～ 0.94
2	0.7 ～ 0.9	0.83 ～ 0.96	0.94 ～ 1.13	1.1 ～ 1.36	1.32 ～ 1.60	1.54 ～ 1.88
3	1.1 ～ 1.3	1.3 ～ 1.6	1.5 ～ 1.9	1.8 ～ 2.3	2.2 ～ 2.8	2.7 ～ 35
4	1.5 ～ 2.0	2.0 ～ 2.4	2.4 ～ 2.9	2.9 ～ 3.6	3.5 ～ 4.3	4.3 ～ 5.6
5	2.0 ～ 2.7	2.7 ～ 3.3	3.3 ～ 4.1	4.1 ～ 5.2	5.1 ～ 6.6	6.6 ～ 8.9

注：大的 h/d 值用于第一次拉深工序内大的凹模圆角半径［r_d=（8 ～ 15）t］，小的 h/d 值适用于小的凹模圆角半径［r_d=（4 ～ 8）t］。

6.5.3　拉深力及拉深功的计算

计算拉深力和拉深功是为了合理地选择压力机的规格，生产中主要靠经验公式来进行拉深力的计算。

（1）拉深力的计算

圆筒件第一次拉深：

$$P_1=\pi d_1 t\sigma_b K_1 \tag{6-6}$$

圆筒件以后各次拉深：

$$P_n=\pi d_n t\sigma_b K_2 \tag{6-7}$$

矩形、方形、椭圆形件拉深：

$$P=KLt\sigma_b \tag{6-8}$$

式中，K_1，K_2 为修正系数，可分别由表（6-7）查出；t 为板料厚度，mm；d_1，d_n 为第一次、以后各次拉深半成品直径，mm；K 为系数，可取 0.5 ～ 0.8；σ_b 为材料抗拉强度，MPa。

表 6-7　修正系数 K_1，K_2 和 λ_1，λ_2

m_1	0.55	0.57	0.60	0.62	0.65	0.67	0.70	0.72	0.75	0.77	0.80	—	—	—
K_1	1.00	0.93	0.86	0.79	0.72	0.66	0.60	0.55	0.50	0.45	0.40	—	—	—
λ_1	0.80	—	0.77	—	0.74	—	0.70	—	0.67	—	0.64	—	—	—
m_2	—	—	—	—	—	—	0.70	0.72	0.75	0.77	0.80	0.85	0.90	0.95
K_2	—	—	—	—	—	—	1.00	0.95	0.90	0.85	0.80	0.70	0.60	0.50
λ_2	—	—	—	—	—	—	0.80	—	0.90	—	0.75	—	0.70	—

（2）压力机的选择

对于单动压力机：$P_{压} > P+Q$　（6-9）

对于双动压力机：$P_{压1} > P$，$P_{压2} > Q$　（6-10）

式中，$P_{压}$为压力机的公称压力，N；$P_{压1}$为压力机内滑块的公称压力，N；$P_{压2}$为压力机外滑块的公称压力，N；P为拉深力，N；Q为压边力，N。

为了适应压力机允许的负荷变化规律，选择压力机可按下面的经验公式计算：

浅拉深：$P \leqslant (70\% \sim 80\%) P_{压}$ (6-11)

深拉深：$P \leqslant (50\% \sim 60\%) P_{压}$ (6-12)

式中，P为拉深力，N；$P_{压}$为压力机的公称压力，N。

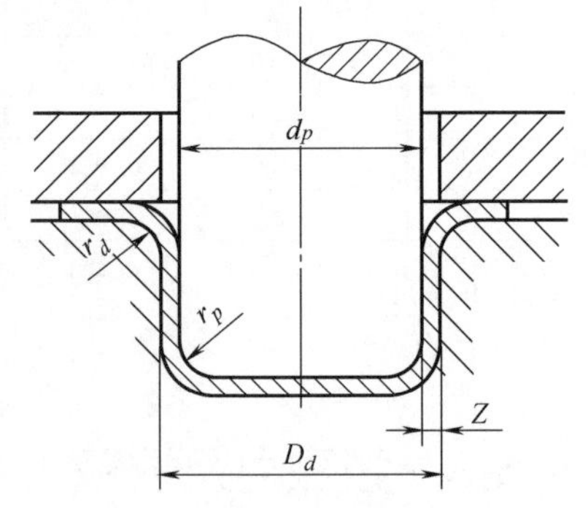

图 6-18 凸、凹模圆角半径

（3）拉深功的计算

在拉深中拉深力是不断变化的，式（6-6）～式（6-8）计算的是最大拉深力，而在计算拉深功时，应取平均拉深力才符合实际拉深情况，因此引入修正系数λ_1和λ_2。

第一次拉深的拉深功
$$A_1 = \frac{\lambda_1 P_{1\max} h_1}{1000} \tag{6-13}$$

以后各次拉深的拉深功
$$A_n = \frac{\lambda_2 P_{n\max} h_n}{1000} \tag{6-14}$$

式中，$P_{1\max}$，$P_{n\max}$为第一次和以后各次拉深的最大拉深力，N；λ_1，λ_2为修正系数，见表 6-7；h_1、h_n为第一次和以后各次拉深高度，mm。

拉深所需电机功率N为

$$N = \frac{A\xi n}{60 \times 75 \times \eta_1 \eta_2 \times 1.36 \times 10} \tag{6-15}$$

式中，A为拉深功；ξ为不均衡系数，一般取 1.2 ～ 1.4；η_1为压机效率，取 0.6 ～ 0.8；η_2为电机效率，取 0.9 ～ 0.95；n为压机每分钟行程次数。

所选压力机的电机功率应不小于上式的计算值。

6.6 模具工作部分尺寸设计

6.6.1 模具圆角半径

凹模口部的圆角半径，对拉深工作有很大影响。板料在拉深过程中，沿凹模圆角被拉入凹模洞口，当经过圆角处时，产生较大的弯曲变形，而进入凹模洞口后又被重新拉直，同时还受到拉深间隙的校直作用。这样，当凹模圆角半径过小时，材料拉入凹模的变形阻力和摩擦阻力增大，势必引起拉深力的增加和模具磨损加剧，严重时导致拉裂。为避免上述现象的发生，必须采用较大的拉深系数，减小变形程度。反之，增大凹模圆角半径，则有利于拉深过程。这时不仅降低了拉深力，而且由于危险断面处的应力减小，增加了在一次拉深中可能的拉深高度，从而可以采用较小的拉深系数。但凹模圆角半径过大，势必使压边圈下面被压的毛坯面积减少，悬空段增加，导致起皱。因此，必须正确地选取凹模圆角半径。

首次拉深凹模圆角半径可按式（6-16）计算：

$$r_{d1}=0.8\sqrt{(D-d)t} \tag{6-16}$$

式中，D 为毛坯直径，mm；d 为凹模内径，mm；t 为材料厚度，mm。

也可查表 6-8 选取。

表 6-8　首次拉深凹模圆角半径

拉深方式	毛坯相对厚度（t/D）/%		
	0.1 ～ 0.3	0.3 ～ 1.0	1.0 ～ 2.0
无凸缘	（8 ～ 12）t	（6 ～ 8）t	（4 ～ 6）t
有凸缘	（15 ～ 20）t	（10 ～ 15）t	（6 ～ 12）t

以后各次拉深，凹模圆角半径应逐渐减小，其关系为：$r_{dn}=(0.6\sim0.9)\,r_{d(n-1)}$。

凸模圆角半径对拉深的影响不像凹模圆角半径那么明显。但过小的凸模圆角半径，则使角部的材料产生过大的弯曲变形，危险断面容易破裂，即使未出现破裂，也会使该处材料产生局部变薄。这个局部变薄和弯曲痕迹形成具有小折痕的明显环形圈，经后次拉深难以消除而遗留在制件的侧壁上，影响制件的质量。在采用带有压边圈的多次拉深模中，后续工序的压边圈的圆角半径等于前道工序的凸模圆角半径。当凸模圆角半径过小时，增大了材料沿压边圈滑动时的变形阻力和摩擦阻力，对拉深不利。若凸模圆角半径过大，则会使毛坯在拉深初始，与模具表面接触的面积减少，悬空部分增加，易发生失稳起皱。凸模圆角半径，除最后一次拉深与工件底部圆角半径相等外，其余各次可取与 r_d 相等或略小，且各次凸模圆角半径 r_p 应逐渐减小（图 6-18）。

一般可取

$$r_p=(0.1\sim1.0)\,r_d \tag{6-17}$$

式中，r_p 为凸模圆角半径；r_d 为凹模圆角半径。

6.6.2 模具间隙

凸、凹模之间的间隙，简称拉深间隙。其值为凹模与凸模直径差值的一半，即 $Z=(D_d-d_p)/2$，见图 6-16。间隙 Z 的大小，对拉深效果和拉深质量都有很大的影响。若间隙过小，则所需拉深力加大，材料的内应力增加，从而使制件壁厚变薄，影响尺寸精度，严重时导致底部破裂，同时加大了模具和坯料之间的接触应力，加剧凹模的磨损，使模具寿命降低。若间隙过大，则模具对工件筒壁校直作用减小，容易使工件弯曲起皱，制件口部增厚亦得不到消除，另外还会使制件出现口大底小的锥度。因此，设计拉深模时，必须选择合理的间隙值。

若不用压边圈，圆筒形件的模具间隙可按式（6-18）确定：

$$Z=(1.0\sim1.1)\,t_{max} \tag{6-18}$$

式中，t_{max} 为材料的最大厚度。

若采用压边圈，则模具间隙可按式（6-19）确定：

$$C=t_{max}+Kt \tag{6-19}$$

式中，t_{max} 为材料厚度的最大极限尺寸；t 为材料厚度的基本尺寸；K 为系数，见表 6-9。

表 6-9 间隙系数 K

拉深工序数		材料厚度 t/mm		
		0.5 ～ 2	2 ～ 4	4 ～ 6
1	第一次	0.2	0.1	0.1
2	第一次	0.3	0.25	0.2
	第二次	0.1	0.1	0.1
3	第一次	0.5	0.4	0.35
	第二次	0.3	0.25	0.2
	第三次	0.1	0.1	0.1
4	第一、二次	0.5	0.4	0.35
	第三次	0.3	0.25	0.2
	第四次	0.1	0.1	0.1
5	第一、二、三次	0.5	0.4	0.35
	第四次	0.3	0.25	0.2
	第五次	0.1	0.0	0.1

模具间隙也可以根据材料厚度、拉深次数和拉深次序，查表 6-10 确定。

表 6-10　拉深间隙值

所需拉深总次数	1	2		3			4			5		
拉深次数	1	1	2	1	2	3	1，2	3	4	1～3	4	5
拉深间隙值	(1.0～1.1) t	1.1t	(1～1.05) t	1.2t	1.1t	(1～1.05) t	1.2t	1.1t	(1～1.05) t	1.2t	1.1t	(1～1.05) t

注：t为材料厚度。

6.6.3　模具尺寸及制造公差

最后一道拉深模的尺寸公差决定零件的尺寸精度。因此，凸、凹模的尺寸公差只在最后一次拉深时考虑。其尺寸、公差应按零件要求确定。

当零件外形尺寸有要求［图 6-19（a）］时，设计时以凹模为基准，然后确定凸模尺寸，计算公式为

$$D_d=(D-0.75\Delta)^{+\delta_d},\ d_p=(D-0.75\Delta-2c)_{-\delta_p} \tag{6-20}$$

当零件内形尺寸有要求［图 6-19（b）］时，设计时以凸模为基准，然后确定凹模尺寸，计算公式为

$$d_p=(d+0.4\Delta)_{-\delta_p},\ D_d=(d+0.4\Delta+2c)^{+\delta_d} \tag{6-21}$$

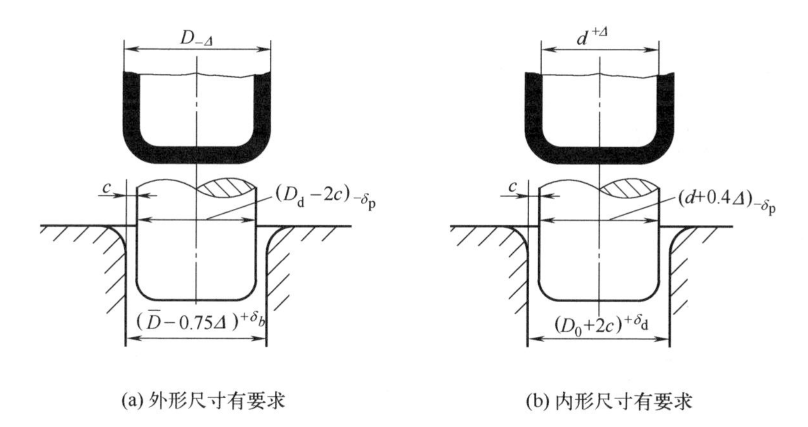

(a) 外形尺寸有要求　　(b) 内形尺寸有要求

图 6-19　零件尺寸与模具尺寸

凸凹模的制造公差，可根据工件公差选定。若拉深件精度是 IT12 级以上，凸、凹模制造公差取 IT8、IT9 级精度。若拉深件精度在 IT14 级以下，凸、凹模制造公差取 IT10 级精度。也可按表 6-11 选取。

表 6-11　拉深模制造公差

材料厚度 t/mm	D/mm					
	≤ 20		20 ～ 100		＞ 100	
	δ_d	δ_p	δ_d	δ_p	δ_d	δ_p
≤ 0.5	0.02	0.01	0.03	0.02	—	—
0.5 ～ 1.5	0.04	0.05	0.05	0.03	0.08	0.05
＞ 1.5	0.06	0.04	0.08	0.05	0.10	0.06

6.7 有凸缘筒形件拉深

6.7.1　有凸缘圆筒件的拉深特点

有凸缘圆筒件，如图 6-20 所示。无凸缘的拉深是将凸缘变形区材料全部拉入凹模，而有凸缘拉深则是将毛坯拉深到零件要求的凸缘直径 d_p 时不再拉深。

根据凸缘的宽窄，可以分为窄凸缘件（d_p/d=1.1 ～ 1.4）和宽凸缘件（d_p/d=1.1 ～ 1.4）。

（1）窄凸缘件

窄凸缘件的拉深，可在前几次拉深中不留凸缘，拉成无凸缘圆筒件，而在以后工序中形成锥形凸缘，并在最后一道工序中，将凸缘压平，如图 6-21 所示。因此，窄凸缘件的拉深与无凸缘圆筒件的拉深相似，其拉深系数的选定也完全相同，故可作为一般无凸缘圆筒件来制定拉深工序。

（2）宽凸缘件

宽凸缘件拉深时，变形区的材料没有全部被拉入凹模，而剩下宽的凸缘，这相当于从平板毛坯拉深成无凸缘圆筒件时的一个中间状态，因此宽凸缘件的拉深具有如下特点:

① 首次拉深的变形程度，不能只用拉深系数 $m_1=d_1/D$ 表示。因为首次拉深时，用直径为 D 的毛坯，可以拉深出很多同一直径 d_1，而高度 h 和 d_p 不同的零件，如图 6-22（a）所示。工件的凸缘直径和拉深部分高度都影响变形程度，凸缘直径越小，高度越大，变形程度越大。因此，一般的 $m_1=d_1/D$ 不能表达有凸缘件拉深时的 d_p 和 h 的变形程度。

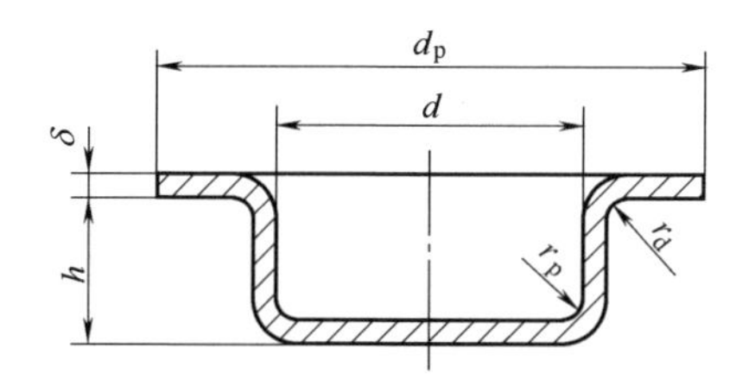

图 6-20　有凸缘圆筒件

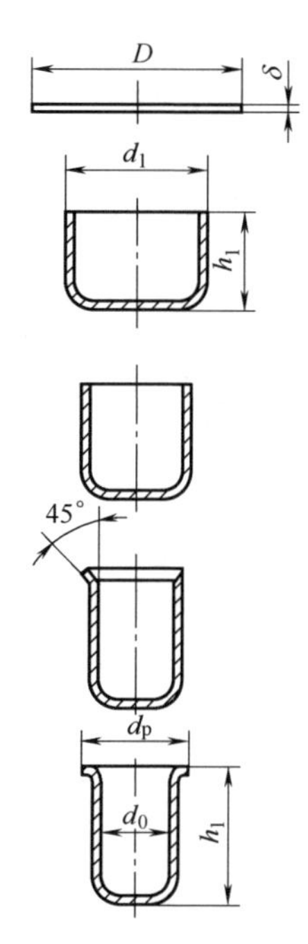

图 6-21　窄凸缘件的拉深

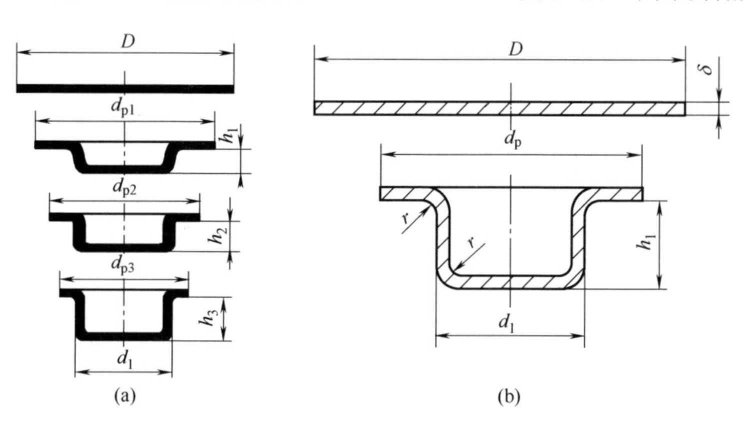

图 6-22　拉深过程中凸缘尺寸的变化

根据变形前后面积相等，毛坯直径为

$$D=\sqrt{d_p^2+4d_1h_1-3.44d_1r} \tag{6-22}$$

当圆角半径 $r_d=r_p=r$，第一次拉深系数为

$$m_1=\frac{d_1}{D}=\frac{d_1}{\sqrt{d_p^2+4d_1h_1-3.44d_1r}}=\frac{1}{\sqrt{\left(\frac{d_p}{d_1}\right)^2+4\frac{h_1}{d_1}-3.44\frac{r}{d_1}}} \tag{6-23}$$

式中，$\dfrac{d_p}{d_1}$为凸缘相对直径（d_p包括修边余量）；$\dfrac{h_1}{d_1}$为工件的相对拉深高度；$\dfrac{r}{d_1}$为底部及凸缘部分的相对圆角半径。

由式（6-23）可知，宽凸缘件m_1的大小取决于d_p/d_1、h_1/d_1、r/d_1的大小，其中以d_p/d_1的影响最大，而r/d_1的影响最小。因此，宽凸缘件第一次拉深时的变形程度常用相对应于d_p/d_1不同比值的最大相对拉深高度h_1/d_1来表示。

宽凸缘件第一次拉深的最大相对高度h_1/d_1见表6-12。

表6-12　宽凸缘圆筒件第一次拉深的最大相对高度h_1/d_1

凸缘相对直径 d_p/d_1	毛坯相对厚度 $\dfrac{t}{D}$ /%				
	＜0.3～0.15	＜0.6～0.3	＜1.0～0.6	＜1.5～1.0	2～1.5
1.1以下	0.52～0.45	0.62～0.50	0.70～0.57	0.82～0.62	0.90～0.75
1.1～1.3	0.47～0.40	0.53～0.45	0.60～0.50	0.72～0.56	0.80～0.65
1.3～1.5	0.42～0.40	0.48～0.40	0.53～0.45	0.63～0.50	0.70～0.58
1.5～1.8	0.35～0.29	0.39～0.34	0.44～0.37	0.53～0.42	0.58～0.48
1.8～2.0	0.30～0.25	0.34～0.29	0.38～0.32	0.46～0.36	0.51～0.42
2.0～2.2	0.26～0.22	0.29～0.25	0.33～0.27	0.40～0.31	0.45～0.35
2.2～2.5	0.21～0.14	0.23～0.20	0.27～0.22	0.32～0.25	0.35～0.28
2.5～2.8	0.16～0.13	0.18～0.15	0.21～0.17	0.24～0.19	0.27～0.22
2.8～3.0	0.13～0.10	0.15～0.12	0.17～0.14	0.20～0.16	0.22～0.18

注：1. 表中数值适用于10号钢，对于比10号钢塑性更大的金属取接近于大的数值，对于塑性较小的金属，取接近于小的数值。

2. 表中大的数值适用于大的圆角半径［r_d，r_p=（10～20）t］，小的数值适用于底部及凸缘小的圆角半径［r_d，r_p=（4～8）t］。

② 首次拉深的极限（最小）拉深系数，可比相同条件的无凸缘圆筒件取得小些，以后各次拉深系数，可以按无凸缘圆筒件极限拉深系数确定或略小些。

宽凸缘件第一次拉深的最小拉深系数m_1见表6-13。

表6-13　宽凸缘圆筒件第一次拉深时的最小拉深系数（10号钢）

凸缘相对直径 d_p/d_1	毛坯相对厚度 $\dfrac{t}{D}$ /%				
	＜0.3～0.15	＜0.6～0.3	＜1.0～0.6	＜1.5～1.0	2～1.5
1.1以下	0.59	0.57	0.55	0.53	0.51
1.1～1.3	0.55	0.54	0.53	0.51	0.49
1.3～1.5	0.52	0.51	0.50	0.49	0.47
1.5～1.8	0.48	0.48	0.47	0.46	0.45

续表

凸缘相对直径 d_p/d_1	毛坯相对厚度 $\frac{t}{D}$ /%				
	＜0.3～0.15	＜0.6～0.3	＜1.0～0.6	＜1.5～1.0	2～1.5
1.8～2.0	0.45	0.45	0.44	0.43	0.42
2.0～2.2	0.42	0.42	0.42	0.41	0.40
2.2～2.5	0.38	0.38	0.38	0.38	0.37
2.5～2.8	0.35	0.35	0.35	0.35	0.34
2.8～3.0	0.33	0.33	0.33	0.33	0.32

宽凸缘件以后各次拉深系数 m_n 为

$$m_n = \frac{d_n}{d_{n-1}} \tag{6-24}$$

数值如表 6-14 所示。

表 6-14　宽凸缘圆筒件以后各次拉深系数（10 号钢）

拉深系数	毛坯相对厚度 $\frac{t}{D}$ /%				
	＜0.3～0.15	＜0.6～0.3	＜1.0～0.6	＜1.5～1.0	2～1.5
m_2	0.80	0.78	0.76	0.75	0.73
m_3	0.82	0.80	0.79	0.78	0.75
m_4	0.84	0.83	0.82	0.80	0.78
m_5	0.86	0.85	0.84	0.82	0.80

注：在应用中间退火的情况下，可将以后各次拉深系数减小 5%～8%。

③ 凸缘直径需在首次拉深时达到要求，且首次拉入凹模的材料面积应足够以后所需。需要多次拉深的宽凸缘件，其凸缘直径在首次拉深时就应拉出，以后各次拉深中凸缘直径保持不变。因为凸缘部分很小的变形也会使中间圆筒部分产生过大拉应力，使其严重变薄而造成破裂。

为了保证第一次拉深的凸缘外径不变，在模具设计时，通常把第一次拉入凹模的毛坯面积加大 3%～5%，在第二和第三道工序中，逐渐减少这部分多拉入凹模的面积的 1%～3%，这样做，可以补偿计算上的误差和板料在拉深时的变厚等，从而保证以后各次拉深中不使凸缘部分再参与变形，避免拉裂。

6.7.2　宽凸缘件的拉深方法

当零件拉深系数大于第一次拉深系数极限值，或零件相对高度小于第一次拉深的最大相对高度，可一次拉深成形。反之则需多次。

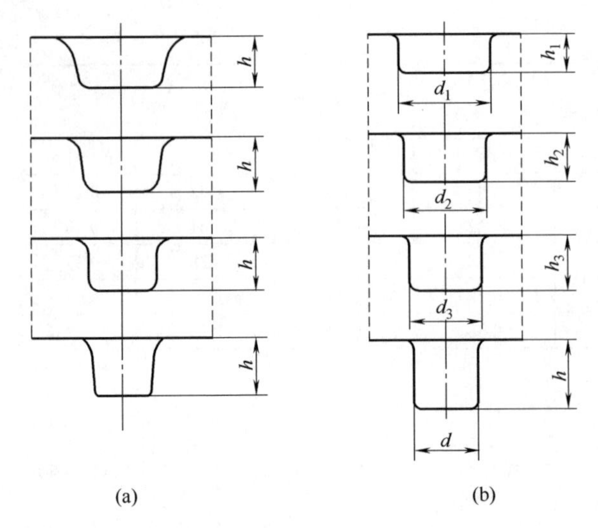

图 6-23　宽凸缘件的拉深方法

多次拉深方法：应在第一次拉深时，就拉成零件所要求的凸缘直径，在以后各次拉深中，凸缘直径保持不变。

宽凸缘件的拉深方法，可以分为两种类型：

一种是第一次拉成圆角半径很大的中间毛坯，以后各次拉深高度基本保持不变，仅仅减小毛坯直筒部分的直径和圆角半径，如图 6-23（a）所示。这种方法用于毛坯相对厚度较大、高度尺寸较小的大、中型件。

另一种是用多次拉深方法，逐步地缩小中间圆筒部分的直径和增大其高度，如图 6-23（b）所示。这种方法用于毛坯相对厚度较小、高度尺寸较大的中、小件。

各次拉深保持凸缘直径 d_p 不变的原因：凸缘尺寸的微小减小都会引起很大的变形抗力，使底部危险断面处被拉裂。为保证各次拉深时，凸缘不参加变形，宽凸缘拉深第一次拉入凹模的材料应比零件最后拉深部分所需材料多 3% ～ 10%。

6.8 拉深工艺设计

6.8.1　拉深件的工艺性

拉深件工艺性是指零件拉深加工的难易程度，即拉深件对拉深工艺的适应性，这是从拉深加工的角度对拉深产品设计提出的工艺要求。具有良好的工艺性的拉深件应该保证材料消耗少、工序数目少、模具结构简单、产品质量稳定、操作简单等。

（1）拉深件设计的一般原则

在设计拉深零件时，由于考虑到拉深工艺的复杂性，应尽量减少拉深件的高度，使其有可能用一次或两次拉深工序来完成，以减少工艺复杂性和模具设计制造的工作量。

（2）拉深件的工艺性的设计内容

① 拉深件结构形状。拉深件形状应尽量简单、对称，尽可能一次拉深成形。尽量避免采用非常复杂的和非对称的拉深件，并尽量避免轮廓的急剧变化。产品图上的尺寸应明确指出所标注的是外形尺寸还是内形尺寸，不能同时标注内、外形尺寸带台阶的拉深件，其高度方向的尺寸标注一般应以底部为基准。筒壁和底面连接处的圆角半径只能标注在内形。

② 圆角半径适当。拉深件凸缘与筒壁间的圆角半径应取 $r_d \geqslant 2t$，为便于拉深顺利进行，通常取 $r_d \geqslant (4 \sim 8)\ t$，当 $r_d \leqslant 2t$ 时，需增加整形工序；拉深件底部与筒壁间的圆角半径应取 $r_p \geqslant 2t$，为便于拉深顺利进行，通常取 $r_p \geqslant (3 \sim 5)\ t$，当零件要求 $r_p \leqslant t$ 时，需增加整形工序。

③ 公差合理。拉深件的尺寸精度较低，一般都在 IT13 级以下。

④ 材料参数选取合适。用于拉深的材料一般要求具有较好的塑性、低的屈强比、大的塑性应变比和小的板平面方向性系数。

6.8.2 工序设计

工序设计是拉深工艺过程设计的主要内容，它的合理与否直接决定拉深工艺的优劣与成败。同一个拉深件，可选择的工艺方案可能有几种，每种工艺方案往往由几种不同的基本工序组成。进行工序设计时，应考虑到压力机吨位和类型、模具制造水平、批量大小、零件大小以及零件材料等因素。选择工艺方案时，应使工序设计经济合理、适应生产条件，模具结构加工性良好、操作安全。圆筒形拉深件工序见图 6-24。

拉深件工序安排的一般规则如下：

① 多道工序拉深时，每一道工序只完成一定的加工任务，工序设计时，先行工序不得妨碍后续工序的完成；

② 每道工序的最大变形程度不能超过成形极限；

③ 已成形和待成形部分之间，不应再发生材料的转移；

④ 大批量生产中，若凸、凹模的模壁强度允许，应尽量将落料、拉深复合；

⑤ 除底部的孔有可能与落料、拉深复合冲出外，凸缘及侧壁部分的孔、槽均需在拉深工序完成后再冲出；

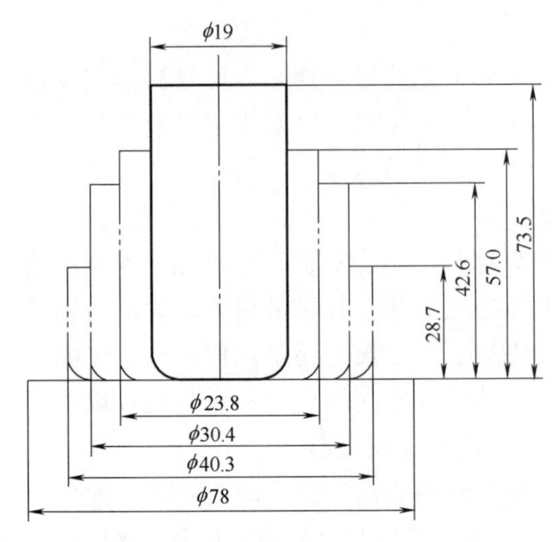

图 6-24　圆筒形拉深件工序图

⑥ 修边工序一般安排在整形工序之后，常与冲孔复合进行；

⑦ 拉深件尺寸精度要求高或有小圆角半径时，应加整形工序；

⑧ 复杂形状零件，一般按照先内后外的原则，即先拉深内部形状，然后再拉外部形状；

⑨ 多次拉深中，加工硬化严重的材料必须进行中间退火；

⑩ 窄凸缘零件应先拉成圆筒形，然后形成锥形凸缘，最后经校平获得平凸缘；

⑪ 宽凸缘零件应先按零件要求的尺寸拉出凸缘直径，并在以后的拉深工序中保持凸缘直径不变；

⑫ 抛物形零件常用反拉深法成形；

⑬ 锥度大、深度大的锥形件，先拉出大端（口部）直径，然后在以后每道工序中逐次拉成锥形表面。

6.8.3　工序计算步骤

6.8.3.1　无凸缘拉深

（1）无凸缘拉深筒形件的工序计算步骤

① 确定修边余量；

② 计算毛坯直径；

③ 确定是否用压边圈；

④ 确定拉深次数；

⑤ 确定各次拉深直径；

⑥ 选取各次半成品底部的圆角半径；

⑦ 计算各次拉深高度；

⑧ 电机功率校核；

⑨ 画出工序图。

（2）应用举例

如图 6-25 所示柴油机空气滤清器壳体，材料为 08 钢，板料厚度 0.8mm。请确定其拉深工艺。

① 工艺分析：该制件是典型的筒形件，其结构形状的工艺性良好，尺寸精度要求不高，可以通过拉深成形。

② 修边余量：h=123mm，d=104mm，h/d=1.14，由表 6-15 查得修边余量为 5mm。

③ 毛坯直径：

$$D=\sqrt{d^2+4dH-1.72dr-0.56r^2}$$
$$=\sqrt{104^2+4\times104\times(123+5)-1.72\times104\times7-0.56\times7^2}$$
$$=249$$

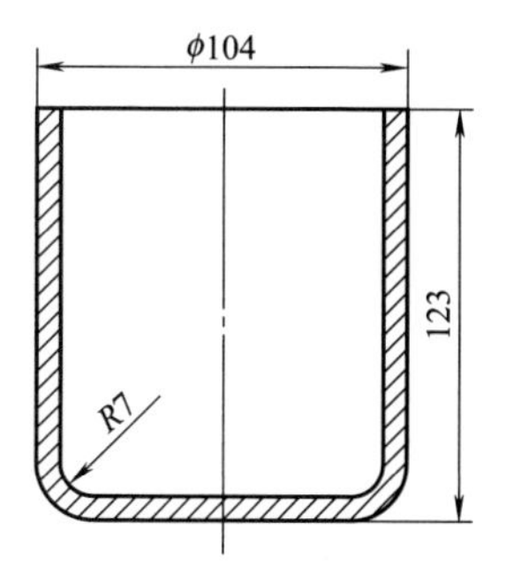

图 6-25 滤清器壳体

表 6-15 无凸缘筒形件的修边余量

拉深高度 h	拉深相对高度 h/d 或 h/B			
	＞0.5～0.8	＞0.8～1.6	＞1.6～2.5	＞2.5～4
≤10	1.0	1.2	1.5	2
＞10～20	1.2	1.6	2	2.5
＞20～50	2	2.5	3.3	4
＞50～100	3	3.8	5	6
＞100～150	4	5	6.5	8
＞150～200	5	6.3	8	10
＞200～250	6	7.5	9	11
＞250	7	8.5	10	12

注：1. B为正方形的边宽或长方形的短边宽度。

2. 对于高拉深件必须规定中间修边工序。

3. 对于材料厚度小于0.5mm的薄材料作多次拉深时，应按表值增加30%。

表 6-16 无凸缘圆筒形件拉深件相对高度与拉深次数的关系（08F、10F）

拉深次数	毛坯相对厚度（t/D）/%					
	0.08～0.15	0.15～0.3	0.3～0.6	0.6～1.0	1.0～1.5	1.5～2.0
1	0.38～0.46	0.45～0.52	0.5～0.62	0.57～0.71	0.65～0.84	0.77～0.94
2	0.7～0.9	0.83～0.96	0.94～1.13	1.1～1.36	1.32～1.60	1.54～1.88
3	1.1～1.3	1.3～1.6	1.5～1.9	1.8～2.3	2.2～2.8	2.7～3.5
4	1.5～2.0	2.0～2.4	2.4～2.9	2.9～3.6	3.5～4.3	4.3～5.6
5	2.0～2.7	2.7～3.3	3.3～4.1	4.1～5.2	5.1～6.6	6.6～8.9

注：大的 h/d 适用于首次拉深工序的大凹模圆角［$r_d\approx(8\sim15)t$］。

小的 h/d 适用于首次拉深工序的小凹模圆角［$r_d\approx(4\sim8)t$］。

$$h_n=0.25\left(\frac{D^2}{d_n}-d_n\right)+0.43\frac{r_n}{d_n}(d_n+0.32r_n)$$

④ 拉深系数及拉深次数（表 6-16）：

坯料相对厚度：$\dfrac{t}{D}=\dfrac{0.8}{249}=0.321\%$

拉深件相对高度：$\frac{h}{d}=\frac{123}{104}=1.14$

该制件所需拉深次数处于 2 次和 3 次之间，一般需 3 次拉深。

但是，若采用反拉深方法，则第 2 次拉深的极限拉深系数可降低 10%，这样该制件只需采用两次拉深即可。

⑤ 工艺计算（正拉深）：

坯料相对厚度：$\frac{t}{D}=\frac{0.8}{249}=0.321\%$

由表 6-17 查得 $m_{[1]min}$=0.55，$m_{[2]min}$=0.78，$m_{[3]min}$=0.80。

于是可取 $m_{[1]}$=0.6，$m_{[2]}$=0.824，$m_{[3]}$=0.845。

各工序制件直径分别为：

$d_1=m_1D=0.6\times249=149.4mm$

$d_2=m_2d_1=0.824\times149.4=123.1mm$

$d_3=m_3d_2=0.845\times123.1=104mm$

制件的总拉深系数：

$$m=\frac{d}{D}=\frac{104}{249}=0.4176$$

表 6-17 拉深系数

拉深系数	毛坯相对厚度（t/D）/%					
	2.0 ~ 1.5	1.5 ~ 1.0	1.0 ~ 0.6	0.6 ~ 0.3	0.3 ~ 0.15	0.15 ~ 0.08
$m_{[1]min}$	0.48 ~ 0.50	0.50 ~ 0.53	0.53 ~ 0.55	0.55 ~ 0.58	0.58 ~ 0.60	0.60 ~ 0.63
$m_{[2]min}$	0.73 ~ 0.75	0.75 ~ 0.76	0.76 ~ 0.78	0.78 ~ 0.79	0.79 ~ 0.80	0.80 ~ 0.82
$m_{[3]min}$	0.76 ~ 0.78	0.78 ~ 0.79	0.79 ~ 0.80	0.80 ~ 0.81	0.81 ~ 0.82	0.82 ~ 0.84
$m_{[4]min}$	0.78 ~ 0.80	0.80 ~ 0.81	0.81 ~ 0.82	0.82 ~ 0.83	0.83 ~ 0.85	0.85 ~ 0.86
$m_{[5]min}$	0.80 ~ 0.82	0.82 ~ 0.84	0.84 ~ 0.85	0.84 ~ 0.85	0.86 ~ 0.87	0.87 ~ 0.88

凹模圆角半径：

$r_{d1}=0.8\sqrt{(D-d)t}=0.8\sqrt{(249-149.4)\times0.8}=7mm$

$r_{d2}=(0.6\sim0.9)r_{d1}=0.7\times7\approx5mm$

$r_{d3}=(0.6\sim0.9)r_{d2}=0.7\times5\approx4mm$

凸模圆角半径：

$r_{p1}=(0.7\sim1.0)r_{d1}=0.9\times7\approx7mm$

$r_{p3}=7mm$

$r_{p2}=7mm$

各工序制件高度：

$$h_1=0.25\left(\frac{D^2}{d_1}-d_1\right)+0.43\frac{r_1}{d_1}(d_1+0.32r_1)$$
$$=69.5mm$$

$$h_2 = 0.25\left(\frac{D^2}{d_2} - d_2\right) + 0.43\frac{r_2}{d_2}(d_2 + 0.32r_2)$$

$$= 98.2\text{mm}$$

h_3=123mm+δ=128mm

⑥ 工艺计算（反拉深）:

坯料相对厚度：t/D=0.8/249=0.321%

由表 6-17 查得 $m_{[1]\min}$=0.55，$m_{[2]\min}$=0.78×0.9=0.7，于是可取 $m_{[1]}$=0.59，$m_{[2]}$=0.707。

各工序制件直径分别为：

$d_1=m_1D$=0.59×249 =147mm

$d_2=m_2d_1$= 0.707×147 =104mm

凹模圆角半径：

$$r_{d1} = 0.8\sqrt{(D-d)t} = 0.8\sqrt{(249-147)0.8} = 7\text{mm}$$

r_{d2}=(0.6 ～ 0.8)r_{d1}=0.7×7 ≈ 5mm

凸模圆角半径：

r_{p1}=(0.7 ～ 1.0)r_{d1}=0.9×7 ≈ 7mm

r_{p2}=7mm

各工序制件高度：$h_1 = 0.25\left(\frac{D^2}{d_1} - d_1\right) + 0.43\frac{r_1}{d_1}(d_1 + 0.32r_1) = 71.7\text{mm}$

h_2=128mm

⑦ 工艺方案：

方案 1：落料、首次拉深复合—反拉深—修边（图 6-26）。

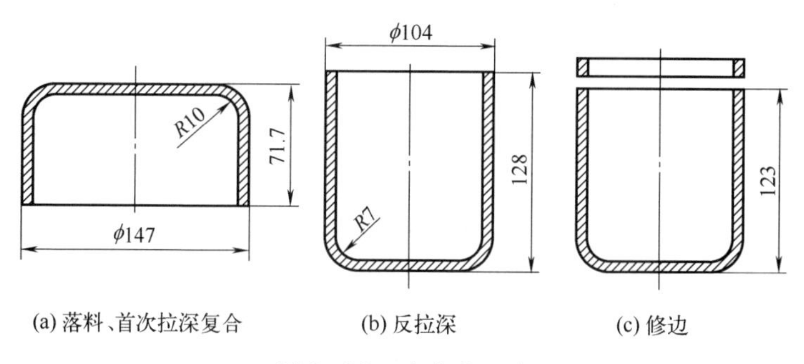

图 6-26　方案 1 工序

落料、首次拉深复合工序的模具较复杂，模具刃磨困难，且压力机吨位要求较大，但第 2 次反拉深模结构简单。由于反拉深时，坯料内外表面互相翻转，前一步工序留在制件外表面的擦伤、印痕等表面缺陷转到了内表面，故制件的外表面质量好。该方案工序少，生产效率较高，适用于大批量生产的情况。

方案2：落料—首次拉深—第2次拉深—第3次拉深—修边（图6-27）。

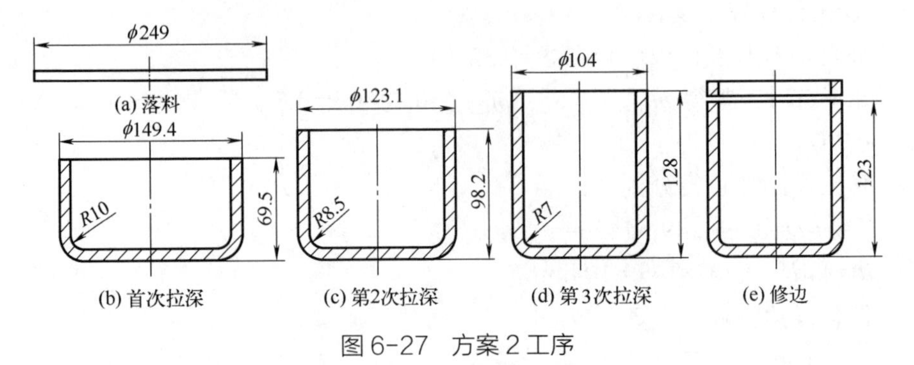

图6-27　方案2工序

模具结构简单，压力机吨位较小，但工序多，生产周期长，生产效率低，适用于生产批量不大的情况。

方案3：落料、首次拉深复合—第2次拉深—第3次拉深—修边（图6-28）。

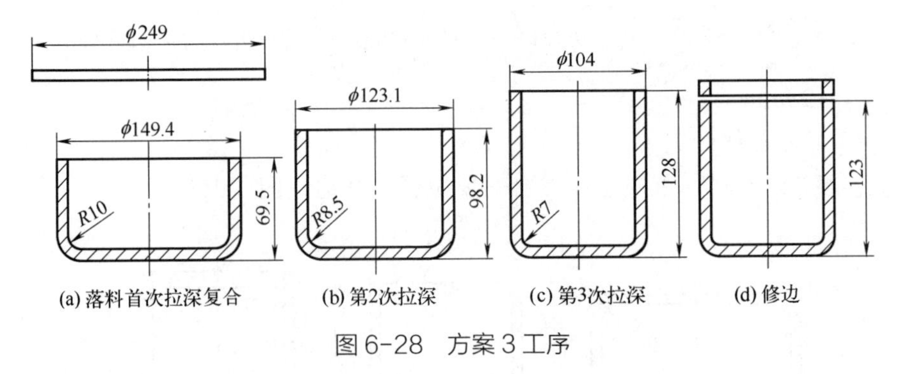

图6-28　方案3工序

落料、首次拉深复合工序的模具结构较复杂，模具刃磨困难，且压力机吨位要求较大，但生产效率比方案2高，适用于生产批量较大的情况。

6.8.3.2　有凸缘拉深

（1）工序计算步骤

① 计算出加上修边余量的毛坯直径 D。

② 确定能否一次拉成，计算出工件的 h/d 值。

查表 6-12 得出第一次拉深的最大相对高度 h_1/d_1 值：

若 $h/d \leqslant h_1/d_1$，则工件可以一次拉成，计算到此结束；

若 $h/d > h_1/d_1$，则工件不能一次拉成，需要继续计算各拉深工序毛坯的尺寸。

③ 初步确定第一次拉深直径。可用逼近法，即首先假定一个 d_p/d_1 值（应小于 d_p/d_1 值），则可计算出一个 d_1 和 m_1 值，然后比较计算的 m_1 是否稍大于表 6-13 中的 m_1 值来确定尽可能小的 d_1 值。

④ 计算第一次拉深高度。

a. 计算实际采用的毛坯直径：考虑第一次拉入凹模的材料比工件最后拉深部分的材料需要多 3% ～ 5%，因此需要加入这部分材料来计算第一次拉深的实际毛坯直径，其计算式为

$$D_1 = \sqrt{\left[F_1\left[1 + (3\% \sim 5\%)\right] + F_2\right]\frac{4}{\pi}} \tag{6-25}$$

式中，F_1 为最后拉深进入凹模的面积；F_2 为凹模圆角区以外的凸缘面积。

b. 从表 6-18 和式（6-26）得出拉深凹、凸模圆角半径 r_{d1}、r_{p1}。

表 6-18　拉深凹模的圆角半径

拉深件形状	毛坯相对厚度 $\frac{t}{D}$ /%		
	＜ 0.3 ～ 0.1	＜ 1.0 ～ 0.3	2.0 ～ 1.0
无凸缘	（8 ～ 12）t	（6 ～ 8）t	（4 ～ 6）t
有凸缘	（15 ～ 20）t	（12 ～ 15）t	（8 ～ 12）t

注：1. 毛坯较薄时，取较大值，较厚时，取较小值；

2. 黑色金属取较大值，有色金属取较小值；

3. 本表仅适用于工件直径小于 200mm 的情况。

第一次拉深的拉深凹模圆角半径，可采用表 6-18 所列数值，也可以按下述经验公式确定：

$$r_d = 0.8\sqrt{(D-d)t} \tag{6-26}$$

除最后一次拉深工序外，其他所有各次拉深工序中，凸模的圆角半径应尽可能取得与凹模圆角半径相等或略小，即

$$r_p = (0.6 \sim 1)r_d \tag{6-27}$$

c. 第一次拉深高度的计算公式为

$$h_1=\frac{0.25}{d_1}(D_1^2-D_p^2)+0.43(r_{p1}+r_{d1})+\frac{0.14}{d_1}(r_{p1}^2-r_{d1}^2) \tag{6-28}$$

d. 校核第一次拉深相对高度：计算出 $\frac{h_1}{d_1}$ 的值，若小于或等于表 6-12 中给出的 $\frac{h_1}{d_1}$ 值，则说明初步确定的 d_1 符合要求，可以进行以后的工序计算；否则需另定 d_1，重新计算。

⑤ 计算以后各次拉深直径。

a. 确定拉深次数。

从表 6-14 查出以后各次拉深的拉深系数 m_2，m_3，…，m_n 并预算各次拉深的直径 $d_2=m_2d_1$，$d_3=m_3d_2$，…，$d_n=m_nd_{n-1}$。n 为所需的拉深次数。

b. 调整各次拉深系数。

调整各次拉深系数，使各次拉深变形程度的分配更合理些，即以后各次拉深系数应该逐次加大（即 $m_n>\cdots>m_3>m_2>m_1$），而且主要增大后面几次拉深的 m 值。

c. 计算各次拉深直径。

根据调整后的各次拉深系数，计算各次拉深直径：$d_1=m_1D$，$d_2=m_2d_1$，$d_3=m_3d_2$，…，$d_n=m_nd_{n-1}=d$。

⑥ 计算各次拉深高度。

a. 从表 6-18 或式（6-26）和式（6-27）选定各次拉深的凹、凸模圆角半径 $r_{凹n}$、$r_{凸n}$。

b. 计算各次拉深有多拉入材料的假想毛坯直径 D_n。

c. 计算各次拉深高度。各次拉深高度计算公式为

$$h_n=\frac{0.25}{d_n}(D_n^2-D_p^2)+0.43(r_{pn}+r_{dn})+\frac{0.14}{d_n}(r_{pn}^2-r_{dn}^2) \tag{6-29}$$

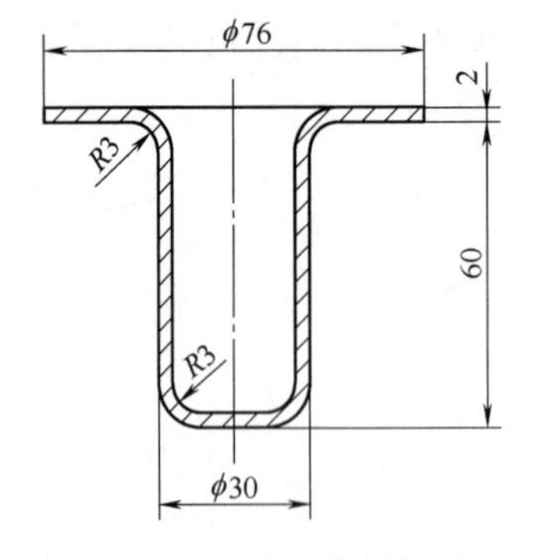

图 6-29　有凸缘拉深件

当 $r_p=r_d=r$ 时，$h_n=\frac{0.25}{d_n}\left(D_n^2-D_p^2\right)+0.89r_n$ （6-30）

（2）应用举例

计算图 6-29 所示拉深件的工序尺寸（按料厚中心线计算，材料：08 钢）。

① 选取修边余量。查表 6-19 得，d_t/d=76/28=2.7，故修边余量 Δh=2.2mm。

因此实际凸缘外径为 d_p=76+4.4 ≈ 80（mm）

表 6-19 有凸缘零件的修边余量

凸缘直径 d_p（或 B_p）	相对凸缘直径 d_p/d 或 B_p/B			
	＜1.5	1.5～2	2～2.5	2.5～3
＜25	1.8	1.6	1.4	1.2
＞25～50	2.5	2.0	1.8	1.6
＞50～100	3.5	3.0	2.5	2.2
＞100～150	4.3	3.6	3.0	2.5
＞150～200	5.0	4.2	3.5	2.7
＞200～250	5.5	4.6	3.8	2.8
＞250	6.0	5.0	4.0	3.6

② 初算毛坯直径。按几何表面积相等原则，初算毛坯直径 D 为

$$D=\sqrt{F_1\frac{4}{\pi}+F_2\frac{4}{\pi}}=\sqrt{\left[d_1^2+4d_1h+2\pi r(d_1+d_2)+4\pi r^2\right]+(d_4^2-d_3^2)}$$

$$=\sqrt{\left[20^2+4\times28\times52+2\times3.14\times4(20+28)+4\times3.14\times4^2\right]+(80^2-36^2)}$$

$$\approx113\text{mm}$$

③ 确定能否一次拉深成形。根据 $\frac{d_p}{d}=\frac{80}{28}=2.86$，$\frac{t}{D}\times100=\frac{2}{113}\times100=1.77$，查表 6-12 可知，第一次拉深的最大相对高度 h_1/d_1 仅为 0.18～0.22。而该零件若采用一次拉深，所需的 h/d=60/28=2.14＞h_1/d_1。因此，一次拉深不可行。

④ 计算拉深次数及各次拉深直径。用逼近法确定第一次拉深直径。为便于比较，将有关数据列于表 6-20。

表 6-20 拉深直径的比较

相对凸缘直径假设值 $N=d_p/d_1$	毛坯相对厚度（t/D）/%	第一次拉深直径 /mm $d_1=d_p/N$	实际拉深系数 $m_1=d_1/D$	极限拉深系数（查表 6-13）
1.2	1.77	d_1=80/1.2=67	0.59	0.49
1.3	1.77	d_1=80/1.3=62	0.55	0.49
1.4	1.77	d_1=80/1.4=57	0.50	0.47
1.5	1.77	d_1=80/1.5=53	0.47	0.47
1.6	1.77	d_1=80/1.6=50	0.44	0.45

第一次拉深系数应稍大于极限拉深系数，因此，选择第一次拉深 m_1=1.4，即 d_1=57mm。再确定以后各次拉深直径。

由表 6-14 查得：m_2=0.74，m_3=0.77，m_4=0.79。

计算各次拉深直径：

$$d_2=m_2d_1=0.74\times57\approx42\ (\text{mm})$$

$$d_3=m_3d_2=0.77\times42.2\approx32\text{（mm）}$$

$$d_4=m_3d_3=0.79\times32.5\approx25\text{（mm）}$$

因 d_4=25mm ＜ 28mm（工件直径），故需调整拉深系数。

调整各次拉深系数为 m_1=0.495，m_2=0.77，m_3=0.79，m_4=0.82。

最后计算各次拉深直径为:

$$d_1=m_1D=0.495\times113\approx56\text{（mm）}$$

$$d_2=m_2d_1=0.77\times56\approx43\text{（mm）}$$

$$d_3=m_3d_2=0.79\times43\approx34\text{（mm）}$$

$$d_4=m_3d_3=0.82\times34\approx28\text{（mm）}$$

⑤ 查表确定各次拉深的圆角半径。

查表 6-18 和用式（6-26）、式（6-27）确定各次拉深凹、凸模圆角半径。

r_{d1}=9mm，r_{p1}=（0.6 ～ 1）r_{d1}=5.4 ～ 9mm 取 r_p=7mm

r_{d2}=6.5mm，r_{p2}=6mm

r_{d3}=4mm，r_{p3}=3mm

r_{d4}=3mm= 工件圆角半径，r_{p4}=3mm

⑥ 根据上述计算工序尺寸的第二个原则，以第一次拉入凹模材料比零件最后拉深部分实际所需材料多 5% 计算，毛坯直径应修正为

$$D=\sqrt{7630\times1.05+51.04}\approx115(\text{mm})$$

用式（6-29）计算拉深高度为

$$h_1=\frac{0.25}{56}(115^2-80^2)+0.43(8+10)+\frac{0.14}{56}(8^2-10^2)=38.1(\text{mm})$$

⑦ 校核第一次拉深相对高度。

计算 h_1/d_1=38.1/56 ≈ 0.68，查表 6-12，当 d_p/d_1=80/56=1.43，$t/D\times100$=2/115=1.74 时，得 h_1/d_1=0.7 ＞ 0.68，故初定的 d_1 符合要求。

⑧ 计算以后各次拉深直径。

设第二次拉深时多拉入 3%（其余 2% 的材料返回到凸缘上），故假想的毛坯直径为

$$D_2=\sqrt{7630\times1.03+5104}\approx114(\text{mm})$$

拉深高度为

$$h_2 = \frac{0.25}{43}(114^2 - 80^2) + 0.43(7 + 7.5) + \frac{0.14}{43}(7^2 - 7.5^2) \approx 44.8(\text{mm})$$

考虑第三次拉深时多拉入 1.5%（其余 1.5% 的材料返回到凸缘上），故假想的毛坯直径为

$$D_3 = \sqrt{7630 \times 1.015 + 5104} \approx 113.5(\text{mm})$$

拉深高度为

$$h_3 = \frac{0.25}{34}(113.5^2 - 80^2) + 0.43(5 + 5) + \frac{0.14}{34}(5^2 - 5^2) \approx 52.3(\text{mm})$$

$$h_4 = 60\text{mm}$$

⑨ 画出工序图（图 6-30）。

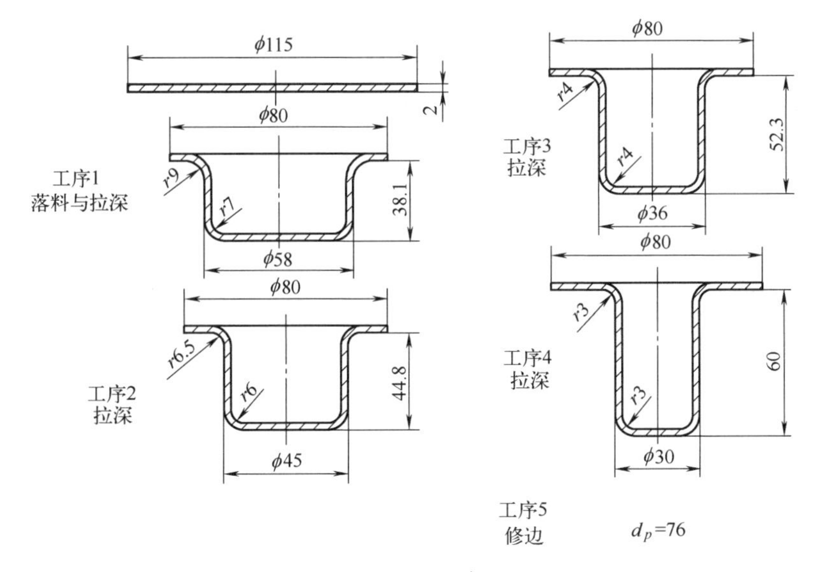

图 6-30　工序图

6.9 影响拉深的因素及其影响规律

（1）板料性能

塑性应变比 r 值越大，板材的拉深性能也就越好；硬化指数 n 值大时，

拉深性能略有改善，但对材料底部具有胀形特征的拉深件影响稍大。

（2）凸、凹模圆角半径

凹模圆角半径过小（$r_d/t < 2$），极限拉深比急剧下降；凹模圆角半径过大（$r_d/t > 2$），毛坯自由表面起皱。

凸模圆角半径较小（$r_p/t < 5$），极限拉深比变化较大；当凸模圆角半径较大时，初始阶段不接触的毛坯面积变大，容易起皱。

（3）摩擦

圆筒形件拉深时，凸缘部分和凸模上的润滑效果恰恰相反。对凸缘来讲，润滑起好的作用，可使凸缘材料流动阻力降低；而对凸模圆角部分来讲，润滑会导致因摩擦减小而增大材料拉深变形，反而对拉深不利。

（4）毛坯尺寸与拉深成形的关系

筒壁承载能力有限，毛坯大小（相对于凸模直径）自然也有一定界限，即对于相同的凸模直径，当毛坯直径增大时，因凸缘部分抵抗拉深的材料增多和总的阻力增大，从而使拉深力增大。

6.10 拉深中辅助工序的安排

多工序拉深时要适当安排退火、酸洗、润滑等辅助工序，下面进行简单的介绍。

（1）退火工序

在拉深过程中，和其他冷塑性变形工艺过程一样，所有的金属（铅和锡除外）都产生加工硬化，金属变形抗力和强度增加，而塑性降低。如果工艺过程制定得正确，拉深普通硬化金属时差不多可以不进行中间退火，对于拉深硬化明显的金属，在拉深 1 ～ 2 道工序后就需安排退火工序。

为了恢复金属的塑性以便进行以后的拉深工序，可采用退火进行软化处理。

① 高温退火：把金属加热至高于上临界点的温度，以便产生完全的再结晶。高温退火时，可能得到晶粒粗大的组织，影响零件的力学性能，但软化效果较好。

② 低温退火：又称再结晶退火，把金属加热至再结晶温度，以消除硬化，恢复塑性。这是一般常用的方法。

（2）酸洗

退火后的钢、铜等工件表面有氧化皮，在继续加工时会增加对模具的磨损，一般应加以酸洗，即在加热的稀酸液中浸蚀后，在冷水中漂洗，再在弱碱液中将残留的酸液中和，最后再在热水中洗涤，在烘房中烘干。

退火、酸洗是延长生产周期和增加生产成本、产生环境污染的工序，应尽可能避免。若能够通过增加拉深次数的办法来减少退火工序，一般宁可增加拉深次数。若工序数在 6 ～ 10 次以上，应该考虑能否使用连续拉深或者将拉深与冷挤压、变薄拉深等工艺结合起来，以避免退火工序。

（3）润滑

在拉深过程中，金属材料与模具的表面直接接触，而且相互间作用的压力很大，因此材料在凹模表面滑动时，产生很大的摩擦。摩擦力增加了拉深所需的力和工件侧壁内的拉应力，因而对拉深过程不利，易使工件破裂，造成废品。另外，材料与凹模表面的摩擦还降低了模具的寿命且容易划伤工件表面。

使用润滑剂后，可在材料和凹模表面之间形成一层薄膜，将两者的滑动表面相互隔离，因而可以减少摩擦力和磨损现象。

拉深工作中选用润滑剂时，应满足下列要求：

① 能形成一层坚固的薄膜，能够承受很大的压力；

② 在金属表面有很好的附着性，形成均匀分布的润滑层，并且有小的摩擦系数；

③ 容易从工件表面上清洗掉；

④ 不损坏模具及工件表面的力学性能及化学性能；

⑤ 化学性能稳定，并且对人体没有毒害；

⑥ 原料资源有充分的保障，而且价格低廉。

润滑剂的配方较多，在生产中，应根据拉深件的材料、工件复杂程度、温度及工艺特点进行合理选用。

拉深时润滑剂应涂抹在凹模圆角部位和压边面的部位，以及与此部位相接触的毛坯表面上。涂抹要均匀，间隔时间要固定，并经常保持润滑部位的干净。切忌在凸模表面或在与凸模接触的毛坯面上涂润滑油，以防材料沿凸模滑动，并使材料变薄。

6.11 其他拉深方法

6.11.1 软模成形

软模成形是用橡胶、液体或气体的压力代替刚性凸模或凹模对板料进行冲压加工的方法。

（1）软凸模成形

软凸模成形的特点是模具简单，甚至不需要冲压设备，常用于大零件的小批量生产。但是由于液体与凸模之间几乎没有摩擦力、零件容易拉偏等特点，其应用受到限制（见图6-31）。

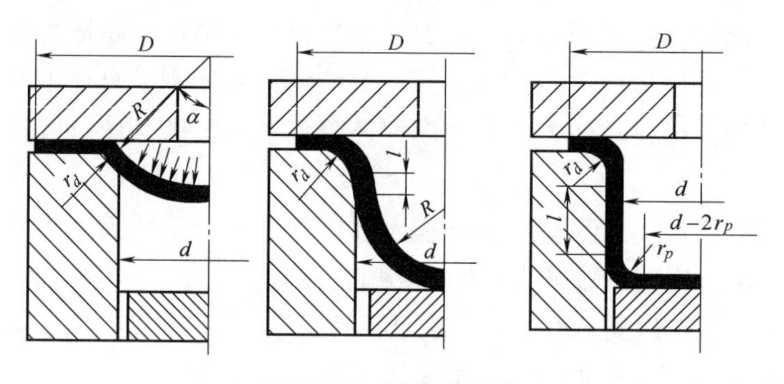

图6-31 软凸模成形

（2）软凹模成形

如图6-32，软凹模将毛坯压紧在凸模上，增加了毛坯与凸模的摩擦，抑制了板料的变薄和凸模之间的相对滑移，提高了传力区的承载能力，能显著降低极限拉深系数。拉深过程中，凹模将板料压紧，板料定位准确，可以成形形状复杂的拉深件。

6.11.2 差温拉深

差温拉深是对凸缘加热拉深或凸模壁部冷却拉深的一种方法，其主要特点是：提高材料塑性、降低变形抗力、减小极限拉深系数（见图6-33、图6-34）。凸缘加热拉深主要用于铝、镁、钛合金的拉深；在空心凸模内输入液态氧或液态氮冷却，可拉深不锈钢、耐热钢或形状复杂零件。

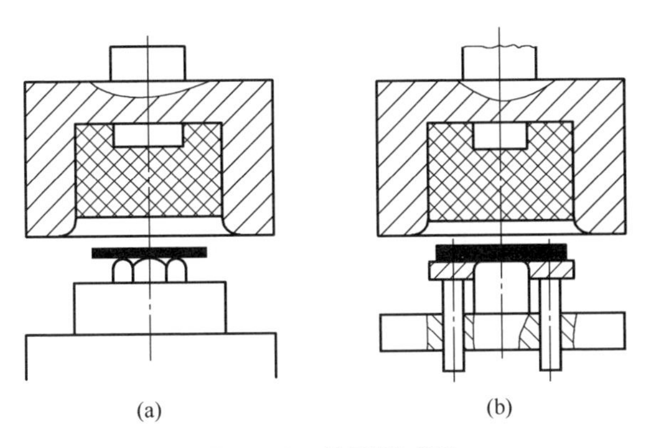

图 6-32　软凹模成形

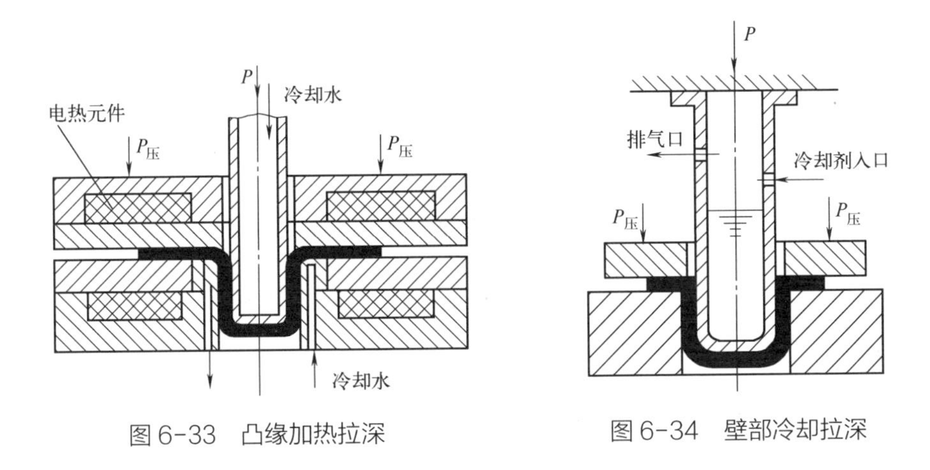

图 6-33　凸缘加热拉深

图 6-34　壁部冷却拉深

6.11.3　脉动拉深

在脉动拉深中，见图 6-35，凸模将毛坯拉入凹模不是连续进行的而是逐次进行的，即所谓脉动的。拉深与压边交替进行。

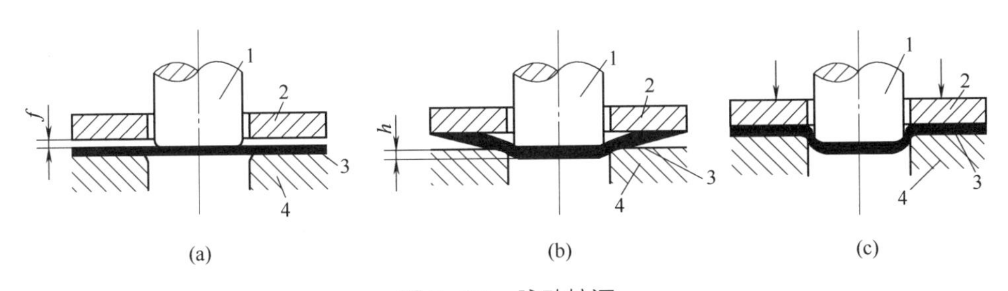

图 6-35　脉动拉深

1—凸模；2—压边圈；3—毛坯；4—凹模

脉动拉深的实质是把压边圈的防皱作用改为了消皱作用，因而具有以下特点：

减少了传力区因压边而增加的拉应力，同时凸缘区允许起皱，径向拉应力也有所减少，可以得到较小的拉深次数，可以用一套模具得到更深的拉深件。

但是脉动拉深过程中压力大、生产效率低、需要有专用的设备。

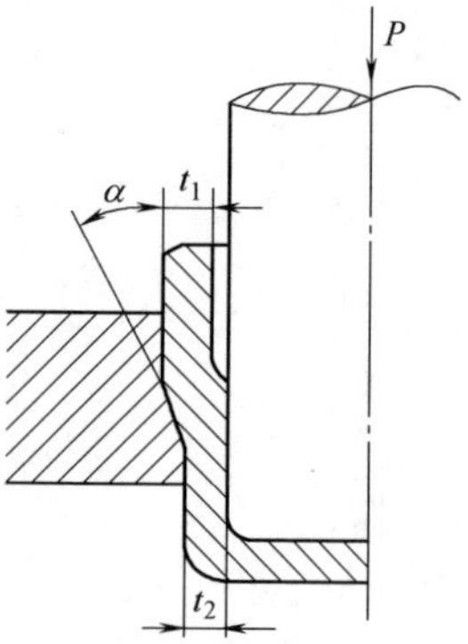

6.11.4 变薄拉深

变薄拉深是靠减少毛坯壁厚来增加高度而直径变化不大的一种拉深方法（见图 6-36）。

图 6-36 变薄拉深

变薄拉深主要适用于拉深高度大、壁薄而底厚的空心零件。

变薄拉深的变形程度用变薄系数来表示，即

$$m=t_2/t_1 \tag{6-31}$$

式中，t_2、t_1 分别为拉深前后板料厚度。

另外还有一些新工艺：旋转变薄拉深、热变薄拉深等。

6.12 典型拉深模

6.12.1 拉深模分类

拉深模按其工序顺序可分为首次拉深模和以后各工序拉深模。它们之间的本质区别在于压边圈的结构和定位方式上的差异。

其按使用的冲压设备又可分为单动压力机用的拉深模、双动压力机用的拉深模及三动压力机用的拉深模。它们的本质区别在于压边装置不同(弹性压边和刚性压边)。

按工序的组合来分，拉深模又可分为单工序拉深模、复合模和级进式拉深模。

此外，拉深模还可按有无压边装置分为无压边装置拉深模和有压边装置拉深模等。

6.12.2 典型结构

（1）首次拉深模

① 无压边装置的首次拉深模。如图6-37所示，此模具结构简单，常用于板料塑性好，相对厚度 $t/D \geqslant 0.03(1-m)$，$m_1 > 0.6$ 时的拉深。工件以定位圈定位，拉深结束后的卸件工作由凹模底部的台阶完成，拉深凸模要深入凹模下面，所以该模具只适用于浅拉深。为了保证装模时间隙均匀，模具设有专门的校模圈，工作时应将其拿开。为了便于卸件，凸模上开设有通气孔。

② 带弹性压边装置的首次拉深模。这是最广泛采用的结构形式（见图6-38），其压边力由弹性元件被压缩而产生。这种装置可装在上模部分，即为上压边；也可装在下模部分，即为下压边。由于上模空间位置受到限制，不可能使用很大的弹簧或橡胶，因此上压边装置的压边力小，这种装置主要用在压边力不大时。相反，下压边装置的压边力就可以较大，所以，拉深模具常采用下压边装置。

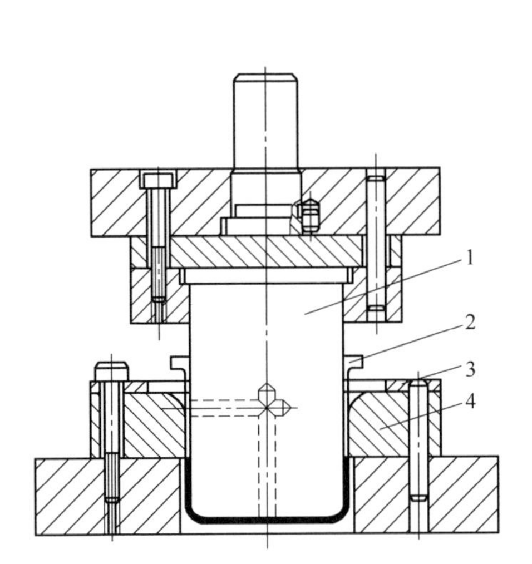

图6-37 无压边装置的首次拉深模

1—拉深凸模；2—校模圈；3—定位圈；4—凹模

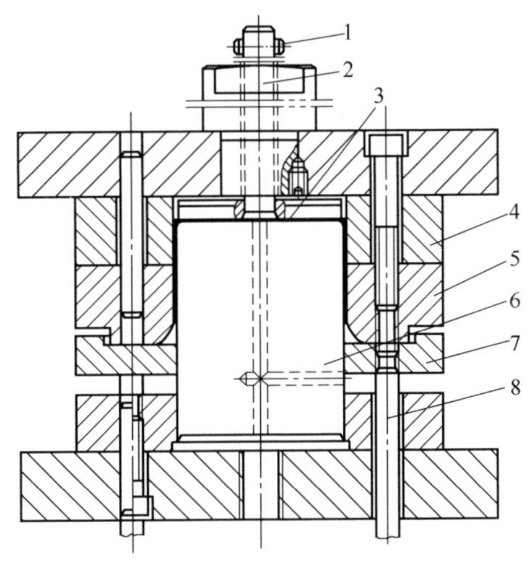

图6-38 有压边装置的首次拉深模

1—挡销；2—打杆；3—推件块；4—垫块；5—凹模；6—凸模；7—压边圈；8—卸料螺钉

③ 落料首次拉深复合模。图6-39所示为通用压力机上使用的球形件的落料拉深复合模。它一般采用条料为坯料，故需设置导料板与卸料板。拉深凸模的顶面稍低于落料凹模的刃面约一个料厚，因此落料完毕后才进行拉深。

拉深时由压力机气垫通过顶杆和压边圈进行压边。拉深完毕后靠落料拉深复合模顶件，卸料则由刚性卸料板承担。

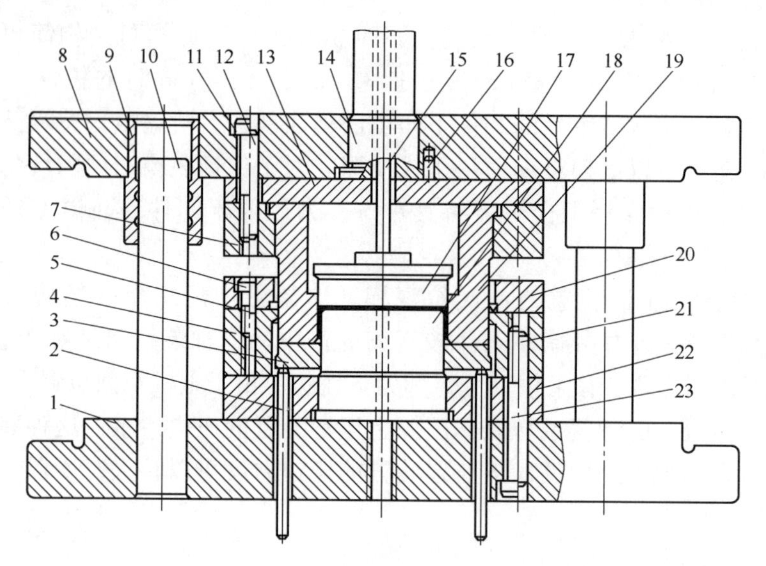

图 6-39　落料首次拉深复合模

1—下模座；2—顶杆；3—压边圈；4—落料凹模；5，12，21—圆柱销；6，11，23—螺钉；7—凸凹模固定板；8—上模座；9—导套；10—导柱；13—垫板；14—模柄；15—打杆；16—止转销；17—推件块；18—拉深凸模；19—凸凹模；20—卸料板；22—凸模固定板

④ 双动压力机上使用的首次拉深模。双动压力机上使用的首次拉深模如图 6-40 所示。双动压力机有两个滑块，其拉深凸模与拉深滑块（内滑块）相连接，而上模座（上模座上装有压边圈）与压边滑块（外滑块）相连接。拉深时，压边滑块首先带动压边圈压住毛坯，然后拉深滑块带动拉深凸模下行进行拉深。此模具因装有刚性压边装置，所以模具结构显得很简单，制造周期也短，成本也低，但压力机设备投资较高。

（2）以后各工序拉深模

经过首次拉深后，后续拉深用的毛坯是已经经过拉深的半成品筒形件，而不再是平板毛坯，因此其定位装置及压边装置与首次拉深模完全不相同。以后各工序拉深模的定位方法常用的有三种：第一种是采用特定的定位板；第二种是凹模上加工出供半成品定位的凹窝；第三种是利用半成品内孔用凸模外形或压边圈外形来定位（见图 6-41）。所用压边装置也不能为平板结构，而应是筒形结构。

图 6-41 所示是带压边装置的以后各工序拉深模，此结构被广泛采用。压边圈兼作毛坯的定位圈。由于再次拉深工件一般较深，为了防止弹性压边

力随行程的增加而不断增加，可以在压边圈上安装限位销来控制压边力的增长。

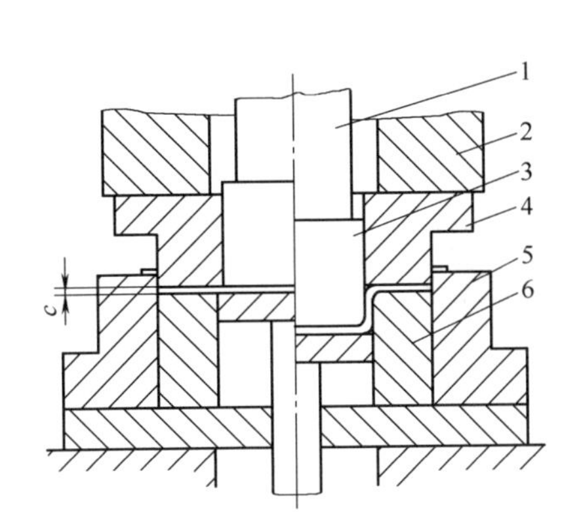

图 6-40　双动压力机上使用的首次拉深模

1—内滑块；2—外滑块；3—拉深凸模；4—压边圈兼落料凸模；5—落料凹模；6—拉深凹模

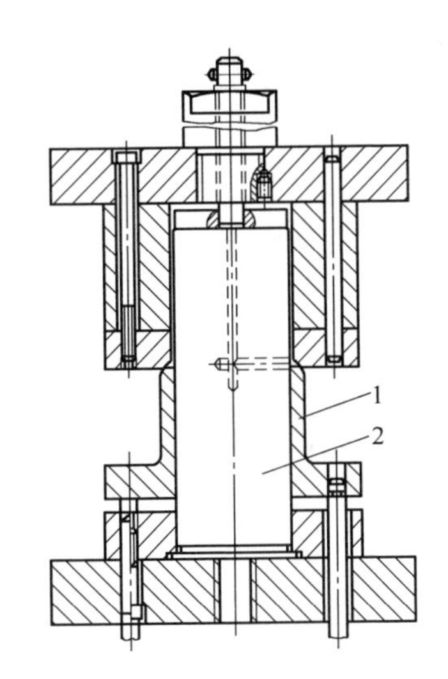

图 6-41　带压边装置的以后各工序拉深模

1—压边圈；2—凸模

思　考　题

1. 试述拉深变形过程及其对应的应力应变状态。

2. 决定起皱的两个主要因素是什么？起皱对拉深过程有何影响？

3. 防止起皱的措施有哪些？刚性和弹性压边装置各有何特点？

4. 通常发生拉裂的危险断面位于拉深件何处？其机理是什么？

5. 导致拉深件拉裂的原因有哪些？如何防止拉裂？

6. 极限拉深系数的作用是什么？它的影响系数有哪些？

7. 根据实际生产情况，通常还采用哪些特种拉深工艺？它们的优点是什么？

8. 拉深件工艺性设计的一般原则是什么？其内容有哪些？

9. 影响拉深的因素有哪些？它们的影响规律是什么？

第 7 章

其他塑性成形工艺

7.1 胀形

胀形是利用模具对板料或管状毛坯的局部施加压力，使变形区内的材料厚度减薄和表面积增大，以获取制件几何形状的一种变形工艺，其变形情况如图 7-1 所示。在凸模力 P 的作用下，变形区内的金属处于两向（径向和切向）拉应力状态（忽略料厚方向的应力）。其应变状态为两向（径向和切向）受拉、一向受压（厚向）的三向应变状态，其成形极限将受到拉裂的限制。材料的塑性越好，硬化指数值越大，则极限变形程度就越大。胀形一般分为起伏成形和圆柱形空心件胀形。

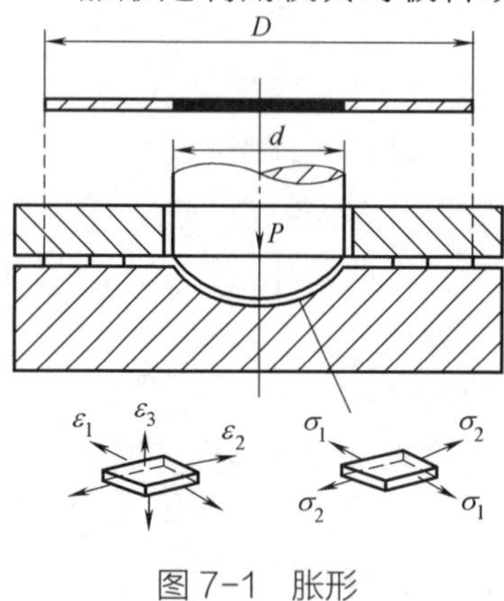

图 7-1　胀形

7.1.1　起伏成形

板料在模具作用下，通过局部胀形而产生凸起或凹下的冲压加工方法叫作起伏成形。起伏成形主要用来增强制件的刚度和强度，也可用作表面装饰或标记。常见的起伏成形有压加强筋、压凸包、压字和压花等（图 7-2）。

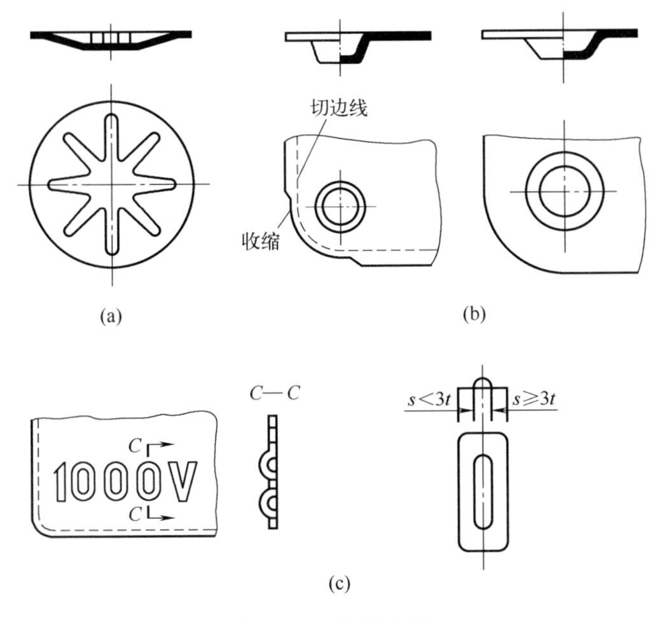

图 7-2　起伏成形

（1）压加强筋

常用的加强筋形式和尺寸见表 7-1。

加强筋能否一次冲压成形，与筋的几何形状和材料性质有关。如果变形区纤维的相对伸长不超过材料伸长率的 0.70 ～ 0.75，则可一次冲压成形，若不能一次成形，则应采用多道工序。

表 7-1　加强筋的形式和尺寸

名称	简图	R	H	B 或 D	R	α
半圆形筋		(3 ～ 4) t	(2 ～ 3) t	(7 ～ 10) t	(1 ～ 2) t	—
梯形筋		—	(1.5 ～ 2) t	≥ 3	(0.5 ～ 1.5) t	30°

（2）压凸包

如图 7-3 所示。如果毛坯直径 D 和凸模直径 d_p 的比值小于 4，成形时毛坯凸缘将会收缩，属于拉深成形；若大于 4，则毛坯凸缘不容易收缩，则属于胀形。

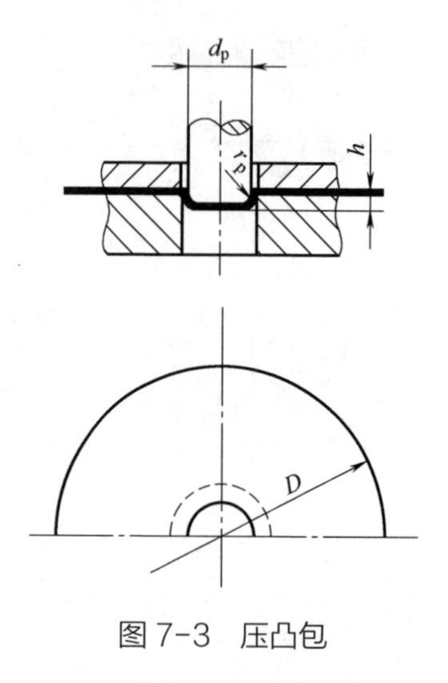

图 7-3　压凸包

冲压凸包时，凸包高度受材料塑性限制，不能太高，表 7-2 列出了在平板上局部冲压凸包时的许用成形高度。凸包成形高度还与凸包形状及润滑有关。采用球形凸模时，凸包高度可达球径的 1/3，而换用平底凸模时，高度就会减小，原因是平底凸模的底部圆角半径 r_p 对凸模下面的材料变形有约束作用。一般情况下，润滑条件较好时，有利于增大球形凸包的成形高度。

如果制件要求的凸包高度超出表 7-2 所列的数值，则可采用类似于多道工序压筋的方法冲压凸包。

表 7-2　平板局部冲压凸包的许用成形高度

图形	材料	许用凸包成形高度
d, h_p	软铝	≤（0.15 ～ 0.2）d
	铝	≤（0.1 ～ 0.15）d
	黄铜	≤（0.15 ～ 0.22）d

7.1.2　圆柱形空心毛坯胀形

将圆柱形空心毛坯向外扩张成曲面空心制件的冲压加工方法叫作圆柱形空心毛坯胀形，用这种方法可以制造多种形状复杂的制件，如图 7-4 所示。

胀形方法一般分为刚性模具胀形和软模胀形两种。图 7-5 所示为刚性模具胀形，工作时凹模下压，通过压板和锥形心柱使分瓣凸模张开，进行凸肚。回程时顶板上顶，同时拉簧使凸模块收缩，取出制件。

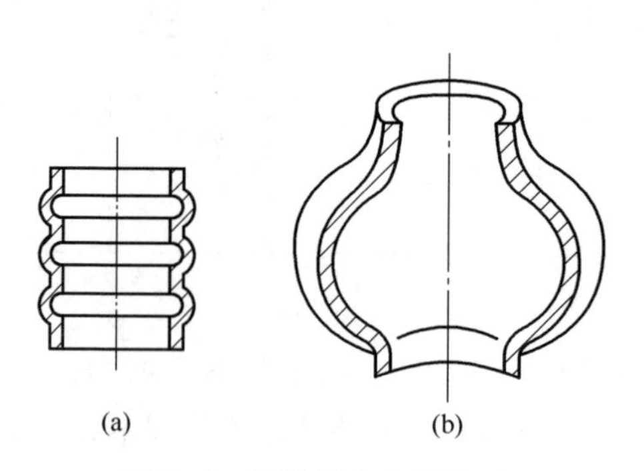

图 7-4　圆柱形空心件胀形

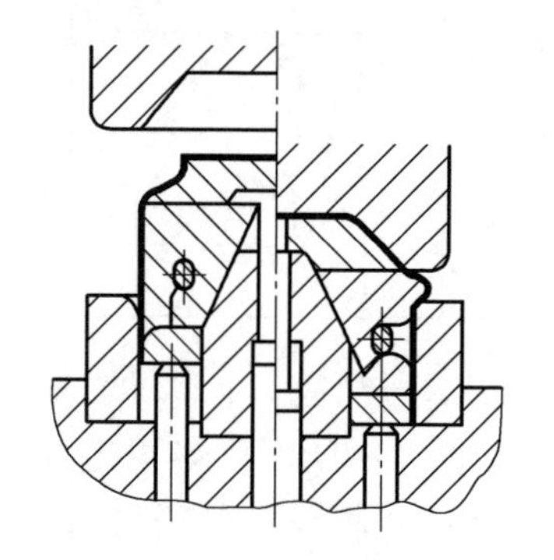
图 7-5　刚体分瓣凸模胀形

这种胀形方法凸模需要分瓣，结构比较复杂，其变形均匀程度差，很难得到精度较高的旋转体制件。所以生产中常用软模对这类毛坯进行胀形。其原理是用聚氨酯橡胶、高压液体等代替刚性凸模，使材料的变形比较均匀，容易保证制件的精度，便于成形复杂的空心件，所以在生产中广泛采用。图 7-6 所示是用橡胶凸模胀形。图 7-7 所示是液压胀形。在双动曲柄压力机上使用，刚性凹模是可分的。

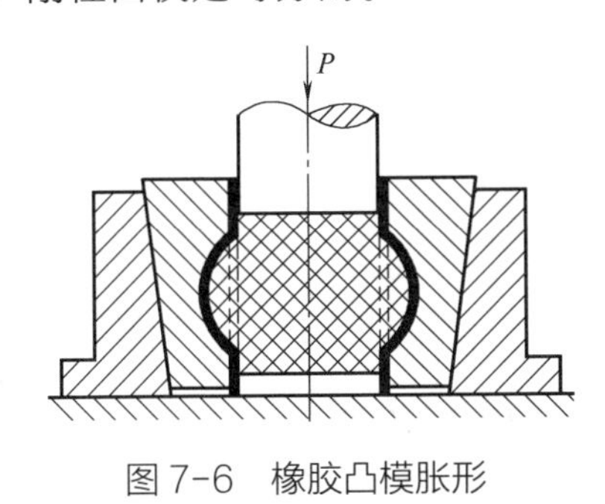

图 7-6　橡胶凸模胀形

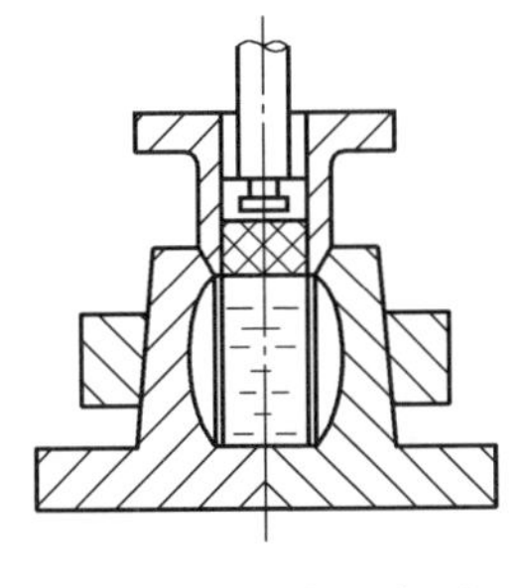

图 7-7　液压胀形

液压胀形的优点是传力均匀，生产成本低，制件表面质量好。

胀形时，材料切向受拉伸，其极限变形程度受最大变形处材料许用伸长率的限制。生产中对圆柱形空心毛环的变形程度常以胀形系数 K 表示。

$$K=\frac{d_{max}}{d_0} \tag{7-1}$$

式中，d_{max} 为胀形处的最大直径，mm；d_0 为毛坯原来直径，mm。

通常，胀形系数与坯料的许用伸长率 $[\delta]$ 的关系为

$$[\delta]=K-1 \tag{7-2}$$

胀形力的计算：软模胀形圆柱形空心毛坯时，所需的胀形力为

$$P=pA \tag{7-3}$$

式中，p 为胀形单位压力，$p=1.15\sigma_b$；A 为胀形面积；σ_b 为材料的强度极限。

7.2 翻边

翻边是在模具的作用下，将制件的内孔或外缘翻成竖直边缘的一种成形工艺。图 7-8 所示均为翻边后的零件。

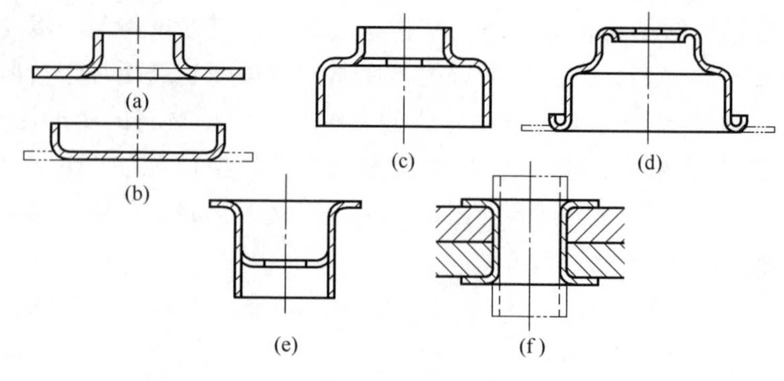

图 7-8　翻边

7.2.1　圆孔翻边

圆孔翻边是把预先加工在平面上的圆孔周边翻起扩大，成为有一定高度的直壁孔部。在图 7-8 中，(a)、(c)、(d) 和 (e) 所示的翻边均属圆孔翻边。在圆孔翻边过程中，变形区内金属受单向或双向拉应力作用，圆孔不断胀大，处于凸模下面的材料向侧面转移，直到与凹模侧壁贴合，形成直立的竖边。

圆孔翻边时，如果孔口处的拉伸变形量超过了材料的允许范围，就会破裂，因而必须控制翻边的变形程度。该变形程度是用翻边系数 m 来表示的，即翻边前孔径 d_0 与翻边后孔径 d_m 之比：

$$m=\frac{d_0}{d_m} \tag{7-4}$$

一些材料的翻边系数见表 7-3。

表 7-3　翻边系数

退火材料	m	$m_{\min}$
白铁皮	0.70	0.65
碳钢	0.74 ~ 0.87	0.65 ~ 0.71
合金碳素钢	0.80 ~ 0.87	0.70 ~ 0.77
软铝	0.71 ~ 0.83	0.63 ~ 0.74
紫铜	0.72	0.63 ~ 0.69
黄铜	0.68	0.62

m 值越小，变形程度就越大。工艺上必须使实际的翻边系数大于或等于材料所允许的极限翻边系数。

7.2.2 外缘翻边

（1）内凹外缘翻边

如图7-9所示，沿着具有内凹形状的外缘翻边称为内凹外缘翻边，属于拉伸类平面翻边，其变形情况近似于圆孔翻边，变形区主要是切向受拉，边缘处变形最大，容易开裂。内凹外缘翻边的变形程度 E_A 用式（7-5）表示。

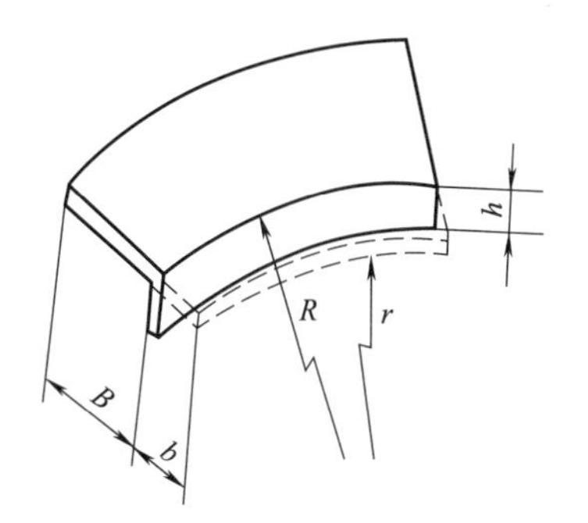

图7-9 内凹外缘翻边

$$E_A = \frac{b}{(R-b)} \tag{7-5}$$

式中，b 为翻边的外缘宽度；R 为翻边的内凹圆半径。

内凹外缘翻边的极限变形程度见表7-4。

表7-4 外缘翻边的极限变形程度

材料	E_T		E_A	
	橡胶成形	模具成形	橡胶成形	模具成形
L4M	25	30	6	40
L4Y1	5	8	3	12
LF21M	23	30	6	40
LF21Y1	5	8	3	12
LY12M	14	20	6	30
LY12Y	6	8	0.5	9
H62软	30	40	8	45
H62半硬	10	14	4	16
H68软	35	45	8	55
H68半硬	10	14	4	16
10钢		38		10
20钢		22	10	
1Cr8Ni9Ti软		15		10
1Cr8Ni9Ti硬		40		10
2Cr8Ni9		40		10

内凹外缘翻边区各处的切向拉伸变形不如圆孔翻边均匀，两端变形程度小于中间部分。如果采用宽度 b 一致的坯料形状，即如图7-9所示的半径为

r 的弧实线则翻边后制件的竖边高度就不平齐，而是两端较中间的高。竖边的两端线也不垂直，而是向内倾斜成一定的角度。为了得到平齐一致的高度，有必要对坯料轮廓线进行一定的修正。图 7-10 中的虚线形状即为修正后的坯料形状。r/R 和 a 越小，修正值 $R-r-b$ 就越大，坯料端线修正角 β 也越大。β 通常取 25°～ 45°。

（2）外凸外缘翻边

如图 7-11 所示，沿着具有外凸形状的不封闭外缘翻边称为外凸外缘翻边，属于压缩类平面翻边。其变形情况近似于浅拉深，变形区主要是切向受压和由此产生的径向受拉，材料最外边缘压缩变形最大，易失稳起皱。外凸外缘翻边的变形程度 E_T 用式（7-6）表示。

$$E_T = \frac{b}{R+b} \tag{7-6}$$

式中，b 为翻边的宽度；R 为翻边的外凸圆半径。

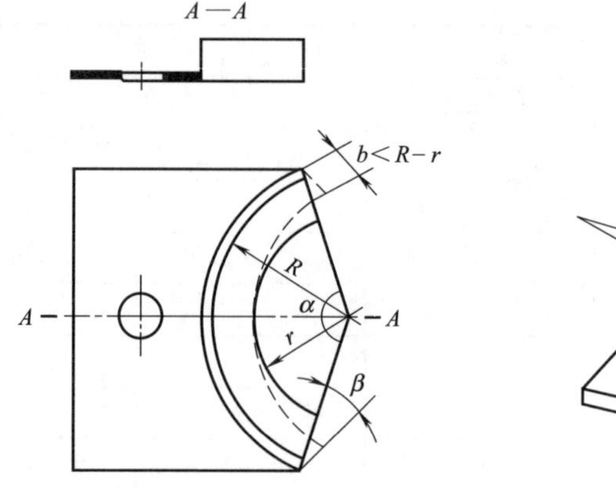

图 7-10　内凹外缘翻边的坯料形状

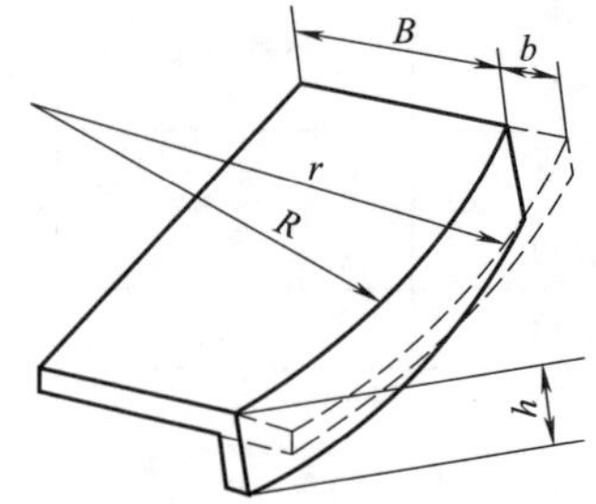

图 7-11　外凸外缘翻边

外凸外缘翻边的极限变形程度见表 7-4。

同拉深相比，外凸外缘翻边是沿不封闭的曲线边缘进行的局部非轴对称的变形，因而翻边区中切向压应力和径向拉应力的分布是不均匀，即中间部位较两端部位大。如果采用图 7-11 所示的半径为 r 的圆弧实线坯料轮廓，翻边后制件的高度不平齐，竖边的两端线向外倾斜一定的角度而不垂直。为了得到平齐的高度和垂直的端线，应按图 7-12 中的虚线修正坯料的形状。修正的方向恰好与内凹外缘翻边相反。

压缩类平面翻边模所考虑的问题是防止坯料起皱。当制件翻边高度较大时，模具应设有压紧装置，所压紧的部位则是坯料的变形区。

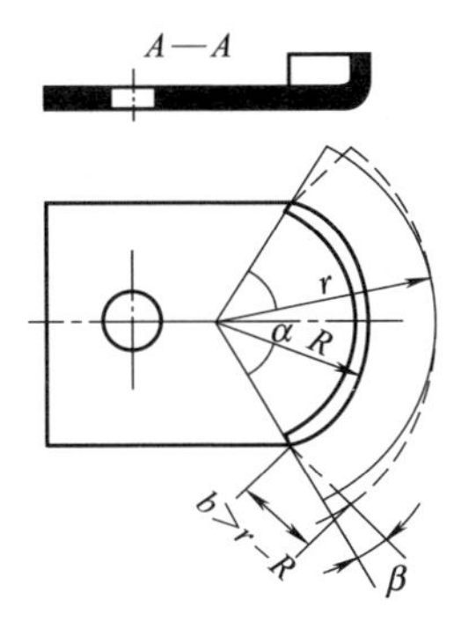

图 7-12　外凸外缘翻边的坯料

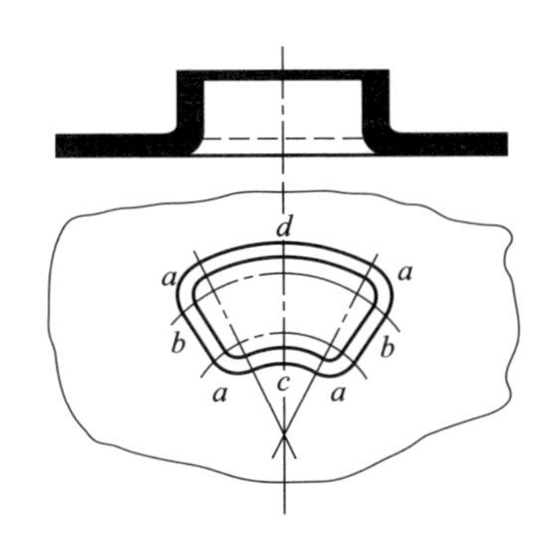

图 7-13　非圆孔翻边

7.2.3　非圆孔翻边

图 7-13 所示为沿非圆形的内缘翻边，称为非圆孔翻边。具有竖边的非圆形开孔常用于减轻制件的重量和增加结构的刚度，翻边高度一般不大，同时精度要求也不高。

翻边前预制孔的形状和尺寸根据孔形分段处理，按图 7-13 分为圆角区 a、直边区 b、外凸内缘区 c 和内凹内缘区 d，它们分别参照圆孔翻边、弯曲、外凸外缘翻边和内凹外缘翻边计算。转角处的翻边高度略有降低，因而此处翻边前宽度应比直边部增大 5% ～ 10%。还应根据各段变形的特点对各段连接处适当修正，使之有相当平滑的过渡。进行变形程度核算时，应取最小圆角区，由于此段相邻部分能转移一些变形，因而其极限变形系数为相应圆孔翻边的 85% ～ 90%。

7.3
缩口

将空心件或管件的口部直径缩小的成形方法称为缩口（见图 7-14）。

缩口变形时，在压力 F 的作用下，变形区的材料受切向压应力和轴向压应力作用（图 7-14），主要是切向压应力作用，毛坯口部的直径减小而高度和厚度增加。因此，缩口在变形过程中的主要问题是失稳和起皱。

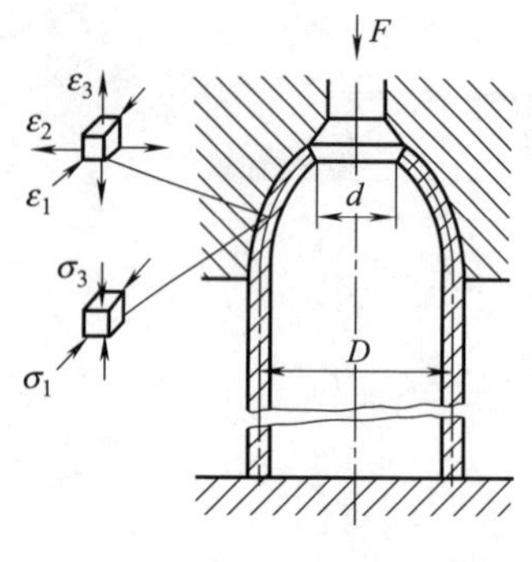

图 7-14　缩口

在缩口过程中，不仅变形区的材料在切向压应力的作用下易失稳和起皱，非变形区的筒壁也会因为承受全部缩口压力而易失去稳定而产生变形。所以缩口的极限变形程度主要受变形区和传力区的失稳条件限制。

缩口的变形程度用缩口系数 K 表示：

$$K=\frac{d}{D} \tag{7-7}$$

式中，d 为缩口变形后零件的直径，mm；D 为缩口变形前毛坯的直径，mm。

缩口系数与材料的力学性能、材料厚度及表面质量有关，一般可按表 7-5 选取。

表 7-5　缩口系

材料	材料厚度 /mm		
	≤ 0.5	0.5 ～ 1.0	＞ 1.0
黄铜	0.85	0.80 ～ 0.70	0.70 ～ 0.65
钢	0.85	0.75	0.70 ～ 0.65

缩口系数和模具的结构形式关系极大，还与材料的厚度、种类及表面质量有关。缩口模的支撑形式一般分为三种：第一种是无支撑形式（见图 7-15），这种模具结构简单，但毛坯稳定性差；第二种是外支撑形式［见图 7-16（a）］，这种模具较前者结构复杂，但毛坯稳定性较好，允许的缩口系数可取小些；第三种为内外支撑形式［见图 7-16（b）］，这种模具较前两种复杂，但稳定性更好，允许的缩口系数可以取得更小。

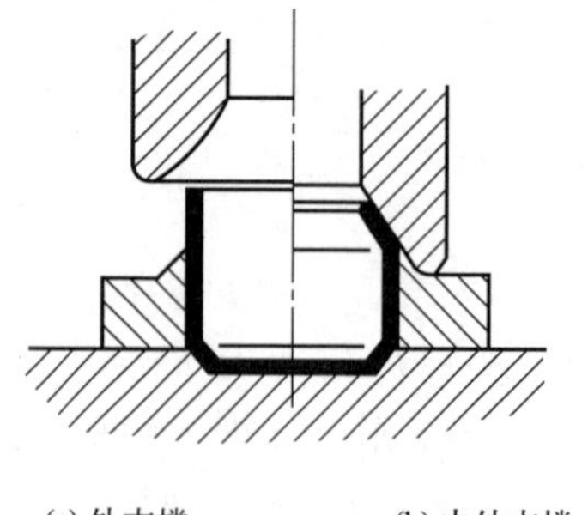

(a) 外支撑　　(b) 内外支撑

图 7-15　无支撑缩口模

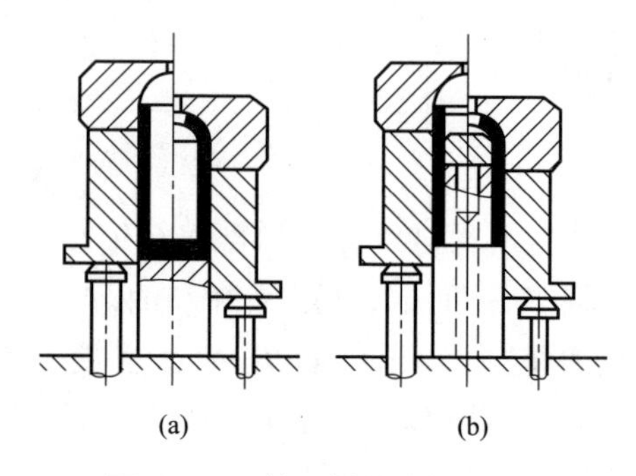

(a)　　(b)

图 7-16　缩口模的支撑形式

表 7-6 列出了几种材料在三种支撑形式下的平均缩口系数。当零件的缩口系数小于表 7-6 中所列的数值时，则需进行多次缩口。第一道工序可取 K_1=0.9K，以后各道工序可取 K_n=（1.05 ～ 1.1）K。在进行多次缩口时，最好在每次工序后进行中间退火。

表 7-6　平均缩口系数 K

材料	支撑方式		
	无支撑	外支撑	内外支撑
软钢	0.70 ～ 0.75	0.55 ～ 0.60	0.30 ～ 0.35
黄铜 H62、H68	0.65 ～ 0.70	0.50 ～ 0.55	0.27 ～ 0.32
铝，3A21	0.68 ～ 0.72	0.53 ～ 0.57	0.27 ～ 0.32
硬铝（退火）	0.73 ～ 0.80	0.60 ～ 0.63	0.35 ～ 0.40
硬铝（淬火）	0.75 ～ 0.80	0.68 ～ 0.72	0.40 ～ 0.43

缩口时的毛坯计算，可根据变形前后体积不变的原则进行。

7.4 旋压

旋压是一种特殊的成形工艺，是将板料或空心毛坯夹紧在模心上，由旋压机带动模心和毛坯一起高速旋转，同时利用旋轮加压于毛坯，使毛坯产生局部塑性变形并使变形逐步扩展，最后获得轴对称的所需形状和尺寸的制件（见图 7-17）。

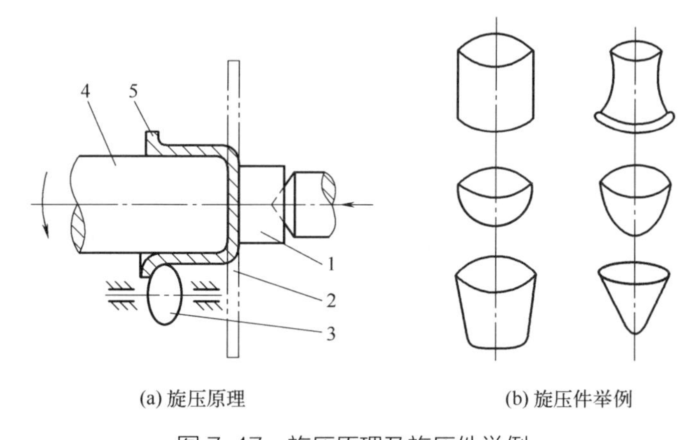

(a) 旋压原理　　(b) 旋压件举例

图 7-17　旋压原理及旋压件举例

1—顶板；2—毛坯；3—旋轮；4—模具；5—加工中的毛坯

利用旋压方法可以完成各种形状旋转体的加工，如拉深、翻边、缩口、胀形和卷边等工序（图 7-18）。

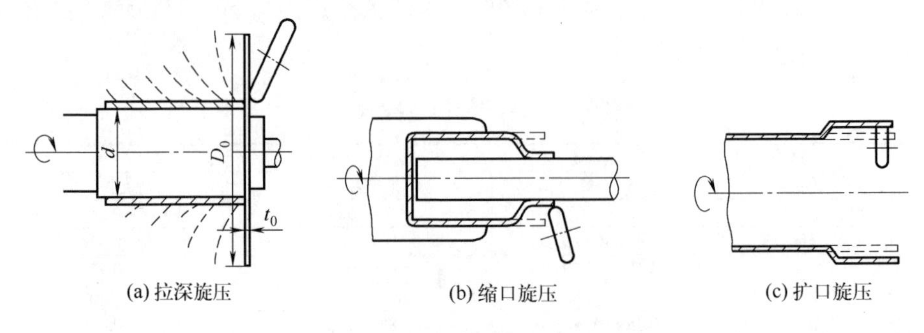

(a) 拉深旋压　(b) 缩口旋压　(c) 扩口旋压

图 7-18　不同的旋压加工工艺

旋压过程中改变毛坯形状（直径增大或减小），而其厚度不变或有少许变化的称为不变薄旋压。旋压过程中不仅改变毛坯的形状而且壁厚有明显变薄的，称为变薄旋压，又叫强力旋压。

7.4.1　不变薄旋压

不变薄旋压的基本方式主要有：拉深旋压（拉旋）、缩径旋压（缩旋）和扩径旋压（扩旋）等三种。

拉深旋压［图 7-18（a）］是指用旋压方法生产拉深件，是不变薄旋压中最主要和应用最广泛的旋压方法。缩径旋压［图 7-18（b）］是将回转体空心件或管毛坯进行径向局部旋转压缩，以减小其直径的旋压方法。扩径旋压［图 7-18（c）］是将毛坯进行局部（中部或端部）直径增大的旋压方法。

不管是拉深旋压还是缩径旋压或扩径旋压，在旋压过程中，旋轮与毛坯基本上为点接触。毛坯在旋轮的作用下，一方面材料产生局部的变形而发生塑性流动；另一方面材料沿旋压力的方向倒伏。

旋压时，合理选择主轴的转速很重要。转速过低，坯料边缘易起皱，增加成形阻力，甚至导致工件的破裂；转速过高，材料变薄严重。主轴转速与零件尺寸、材料力学性能及厚度有关。表 7-7 所列为铝合金旋压时的主轴转速。

表 7-7　旋压机主轴转速

料厚 /mm	毛坯外径 /mm	加工温度 /℃	转速 / (r/min)
1.0 ～ 0.5	＜ 300	室温	600 ～ 1200
1.5 ～ 3.0	300 ～ 600	室温	400 ～ 750
3.0 ～ 5.0	600 ～ 900	室温	250 ～ 600
5.0 ～ 10.0	900 ～ 1800	200	50 ～ 250

对于软钢，旋压机主轴转速可取400～600r/min；对于铜，旋压机主轴转速可取600～800r/min；对于黄铜，旋压机主轴转速可取800～1100r/min。

旋压的变形程度用旋压系数K_s来表示

$$K_s=\frac{d}{D} \tag{7-8}$$

式中，d为工件直径（对于锥形件，是指小头直径）；D为坯料直径。

圆筒形件的极限旋压系数可取0.6～0.8，当相对厚度小于0.5时取大值，当相对厚度大于0.5时取小值。圆锥形件极限旋压系数可取0.2～0.3。

旋压的优点是旋压模具简单，能用最简单的设备和模具制造出形状复杂的零件，但是生产效率低，手工制作劳动强度大，质量不够稳定，多用于批量小而形状复杂的零件。

7.4.2 变薄旋压

变薄旋压是使毛坯厚度在旋压过程中强制变薄的成形工艺，因此又称为强力旋压。用变薄旋压的加工方法，可以加工形状复杂、尺寸较大的旋转体零件；表面粗糙度Ra可达1.25μm，尺寸公差等级可达IT8左右，比普通旋压和冲压加工方法要高。

变薄旋压的加工过程如图7-19所示：尾顶尖通过顶板将毛坯压紧在芯模的顶面，芯模被旋压机三爪卡盘夹紧，芯模、毛坯和顶板随同旋压机主轴一起旋转；旋轮通过机械或液压机构紧靠模板沿与芯模的母线平行的轨迹移动，旋轮与芯模之间保持着变薄规律所规定的间隙，此间隙小于毛坯的厚度；旋轮施加高达2500～3500MPa的压力，使毛坯贴合芯模并被碾薄，逐渐成形出工件2。

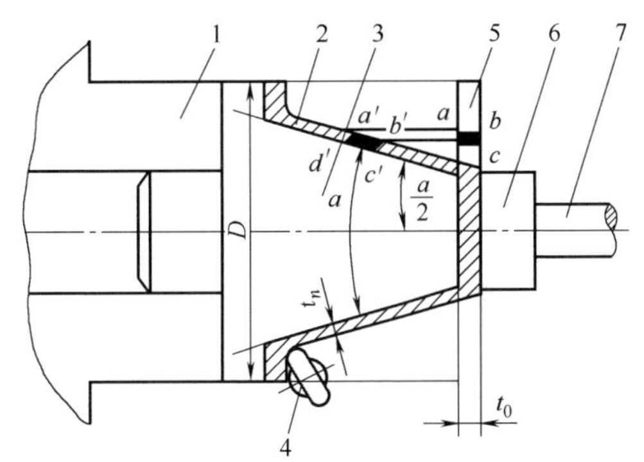

图7-19 变薄旋压示意图

1—卡盘；2—工件；3—芯模；4—旋轮；5—毛坯；6—顶板；7—尾顶尖

变薄旋压的优点如下。

① 在变薄旋压过程中，瞬时的点变形对毛坯外缘影响极小，不会产生收缩，毛坯外缘直径始终不变，不会出现凸缘起皱，也不会受毛坯相对厚度的限制，可以一次旋压出相对深度较大的零件。

② 变薄旋压时，旋轮给毛坯加压，逐点滚轧，与旋转挤压的过程相似，使毛坯按预定要求变薄。工件表面积的增加就是靠这种材料的变薄延伸实现

的，因而能够节约原材料

③ 经过变薄旋压，材料硬化作用大，晶粒也得以细化，因而工件的强度和疲劳强度都有所提高，同时该工件表面也比较光滑。

变薄旋压的变形程度用减薄率 φ 来表示：

$$\varphi=\frac{t_0-t}{t_0} \tag{7-9}$$

式中，t_0 为毛坯厚度，mm；t 为工件厚度，mm。

减薄率是变薄旋压的一个重要工艺参数，它直接影响旋压力和旋压精度的高低。旋压时，各种金属的最大总减薄率见表 7-8。

表 7-8　旋压最大总减薄率（无中间退火）

材料	圆锥形	半球形	圆筒形
不锈钢	60% ～ 75%	45% ～ 50%	65% ～ 75%
高合金钢	65% ～ 75%	50%	75% ～ 82%
铝合金	50% ～ 75%	35% ～ 50%	70% ～ 75%
钛合金	30% ～ 55%	—	30% ～ 35%

注：钛合金为加热旋压。

7.5 扩口

扩口也称扩径，它是将管状坯料或空心坯料的口部通过扩口模加以扩大的一种成形方法。一些较长制件很难采用缩口或阶梯拉深的方法实现变径，采用扩口方法可以比较方便有效地解决这个问题（图 7-20）。对于两端直径相差较大的管件，也可采用直径介于两端之间的坯料，通过一端缩口，另一端扩口的方法达到成形目的（图 7-21）。不同形式的扩口件如图 7-22 所示。

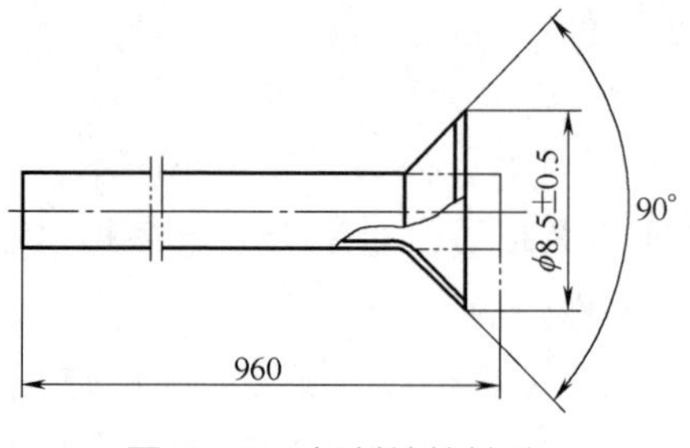

图 7-20　长制件的扩孔

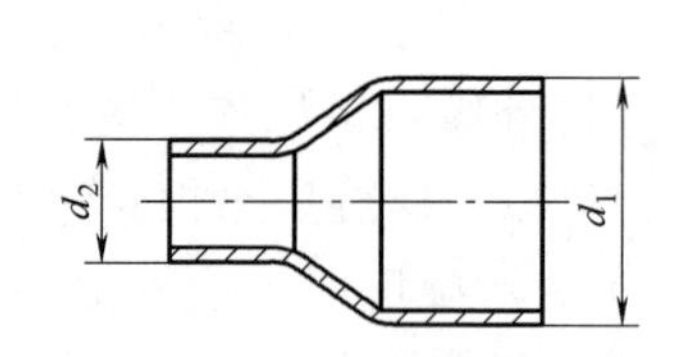

图 7-21　扩口和缩口复合

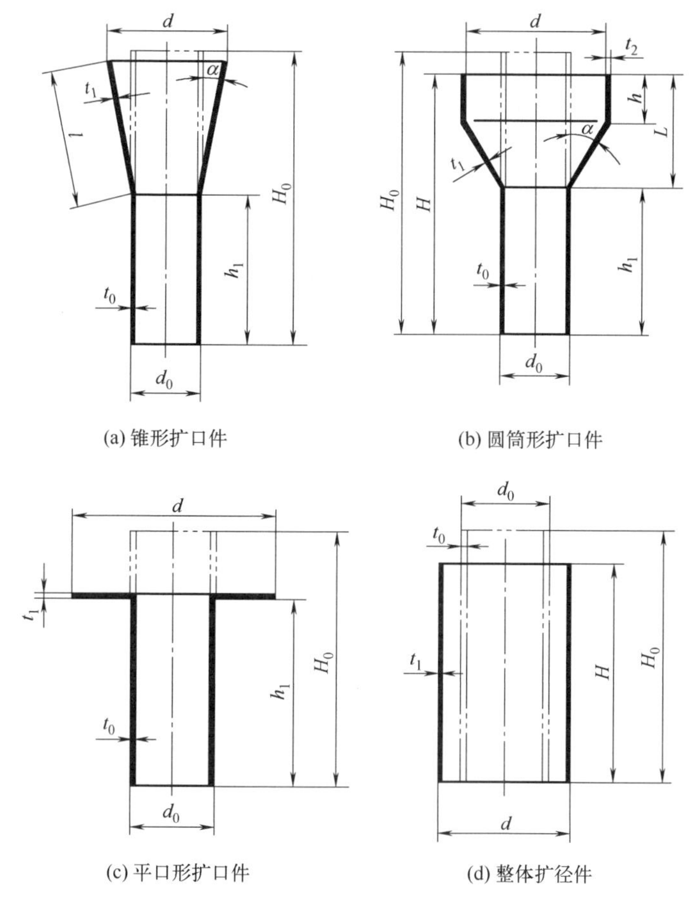

图 7-22　各种扩口件示例

对于一些内孔尺寸精度要求较高的管料还可采用这种方法整形，以提高内孔的精度和降低粗糙度。

坯料扩口是在凸模施加力的作用下，坯料口部直径扩大而长度变短。如图 7-23 所示，扩口过程中，坯料可以分成已变形区、变形区和传力区三部分。扩口变形区受切向拉应力和轴向压应力的双重作用（其中切向拉应力较大，轴向压应力较小）。导致坯料切向方向变形的是拉应变，材料伸长，孔径扩大；导致板厚方向变形的是压应变，厚度变薄。

扩口变形程度一般用扩口系数表示：

$$K = \frac{d}{d_0} \tag{7-10}$$

式中，d 为扩口后的直径（中径）；d_0 为扩口前坯料 / 工序件 / 半成品的直径（中径）。

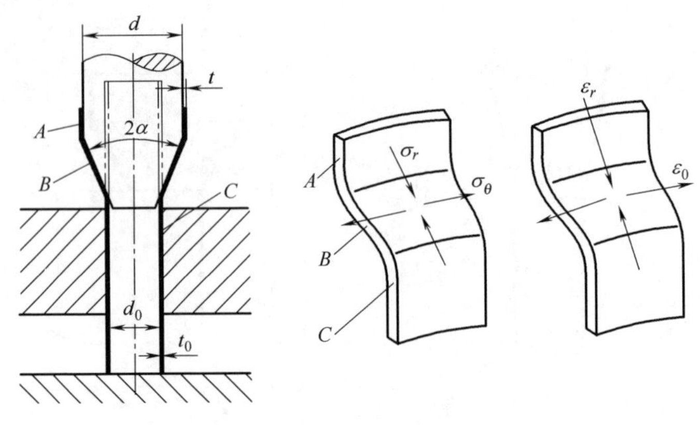

图 7-23　扩口的变形分析

A—已变形区；B—变形区；C—传力区

极限扩口系数是在传力区不失稳、变形区不开裂的条件下，所能达到的最大扩口系数，用 K_{max} 来表示。此系数也是衡量扩口能否顺利进行的重要参数。

极限扩口系数的大小取决于坯料的材料种类、坯料的厚度、坯料口部规整程度、扩口角度及扩口时采用的设备等因素。常用的扩口角度一般取 20°～30°。在一般情况下，软料、厚料的极限扩口系数会大一些。

扩口模较为简单，如图 7-24 所示，一般没有凹模，但为了工作稳定和定位准确，一般在传力区设有支撑装置或夹紧装置；对于长度较短、壁较厚的制件也可不用支撑固定，但应设有可靠的定位装置。

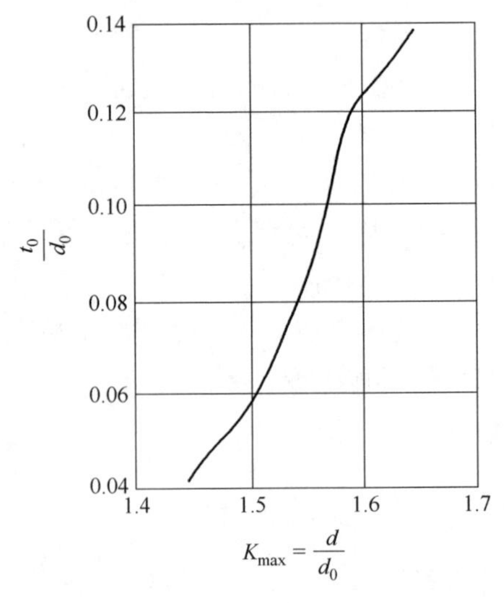

图 7-24　极限扩口系数（15 钢，扩口角度为 20°）

思 考 题

1. 胀形成形通常分为哪两种类型？主要用途是什么？

2. 试阐述胀形成形的应力和应变特点。

3. 影响胀形成形极限的主要因素及其规律是什么？

4. 起伏成形的主要用途有哪些？通常有哪几种形式？

5. 压凸包时影响其许用成形高度的因素及影响规律是什么？

6. 确定压加强筋和压凸包成形次数的原则分别是什么？

7. 圆柱形空心毛坯胀形主要有哪两种形式？它们各自有何特点？

8. 圆柱形空心毛坯胀形系数与何种材料性能有关？两者极限值有何关系？

9. 胀形件工艺性涉及哪些问题？如何解决？

10. 翻边的用途是什么？其按照工艺特点主要分为几种方法？

11. 试阐述伸长类翻边和压缩类翻边的各自受力变形特点及其破坏形式。

12. 圆孔翻边成形极限的确定原则是什么？如何确定？

13. 影响圆孔翻边成形极限的因素有哪些？影响规律是怎样的？

14. 内凹外缘翻边和外凸外缘翻边时为什么要对坯料形状进行修正？各自如何修正？

15. 圆孔翻边和非圆孔翻边的工艺计算主要内容是什么？各自的计算原则是什么？

16. 缩口的用途是什么？影响缩口成形极限的因素有哪些？

17. 简述旋压的特点、分类及变形程度的表示方法。

18. 简述扩口的应用及不同形式。

第8章

特种塑性成形工艺

8.1 挤压成形工艺

挤压是在挤压冲头的强大压力和一定的速度条件作用下，迫使毛坯金属从凹模型腔中挤出，从而获得所需的挤压件。

8.1.1 挤压的基本方法

按毛坯的温度不同，挤压可以分为：冷挤压，即在室温下对毛坯进行挤压；温挤压，即将毛坯加热到金属再结晶温度下某个适合的温度范围内进行挤压；热挤压，即将毛坯加热到一般的热锻温度范围内进行挤压。

按毛坯材料种类的不同，挤压可以分为：有色金属及其合金挤压、黑色金属及其合金挤压。

根据挤压时金属流动方向与凸模运动方向之间的关系，挤压可以分为以下几种。

（1）正挤压

金属被挤出方向与凸模运动方向相同。正挤压既可以获得图8-1（a）所示的实心挤压件，也可以获得图8-1（b）所示的空心挤压件，其断面形状既可以是圆形、椭圆形、扇形、矩形或棱柱形，也可以是非对称的等断面挤压件和型材。

(2)反挤压

金属被挤出方向与凸模运动方向相反，如图 8-1（c）所示。反挤压法适用于制造断面是圆形、矩形、山形、多层圆形、多格盒形等的空心件。

(3)复合挤压

一部分金属的挤出方向与凸模运动方向相同，另一部分金属的挤出方向与凸模运动方向相反，是正挤压和反挤压的复合，如图 8-1（d）所示。复合挤压法适用于制造断面是圆形、方形、六角形、齿形等的杯 - 杯类、杯 - 杆类或杆 - 杆类挤压件，也可以是等断面的不对称挤压件。

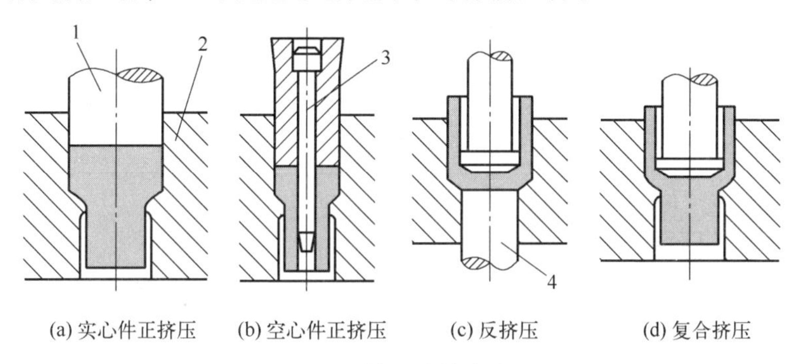

图 8-1　挤压的基本类型

1—凸模；2—凹模；3—芯模；4—顶料杆

(4)径向挤压

挤压时金属的流动方向与凸模轴线方向相垂直，如图 8-2 所示。金属在凸模作用下沿径向流动，用于制造某些需在径向有突起部分的工件。

(5)减径挤压

减径挤压是一种变形程度较小的正挤压法，毛坯断面仅做轻度缩减，如图 8-3 所示。其主要用于制造直径差不大的阶梯轴类挤压件以及作为深孔薄壁杯形件的修整工序。

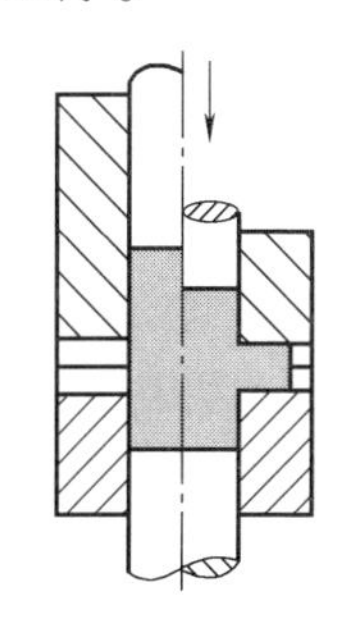

图 8-2　径向挤压

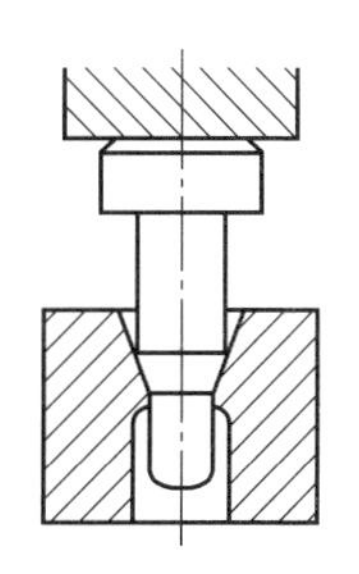

图 8-3　减径挤压

8.1.2 挤压的特点及应用范围

（1）冷挤压特点及应用范围

采用冷挤压加工可以降低原材料消耗，材料利用率高达 70% ～ 80%。在冷挤压中，毛坯金属处于三向压应力状态，有利于提高金属材料的塑性，经挤压后金属材料的晶粒组织更加细小而密实；金属流线不被切断加上所产生的加工硬化特性，可使冷挤压件的强度大为提高；可以获得高的尺寸精度和较低的表面粗糙度。

目前，冷挤压主要用于低碳钢、低合金钢及有色金属零件的生产。

（2）温挤压特点及应用范围

温挤压与冷挤压相比，挤压力大为减少；与热挤压相比，加热时的氧化、脱碳都比较少，产品的尺寸精度高，且力学性能基本上接近冷挤压件。可见，温挤压综合体现了冷、热挤压的优点，避免了它们的缺点，因此得到迅速发展，主要用于中碳钢、中合金钢零件的生产。

（3）热挤压特点及应用范围

热挤压时，由于毛坯加热至一般热模锻的始锻温度，材料的变形抗力大为降低，因此，热挤压不仅适用于有色金属及其合金、低碳钢、中碳钢的成形，而且也可以用于高碳钢、高合金结构钢（不锈钢、工模具钢、耐热钢等）的成形。但由于加热时会产生氧化、脱碳和热胀冷缩大等问题，产品的尺寸精度和表面质量必然降低。所以，热挤压一般用于锻造毛坯精化和预成形。

当然，冷、热挤压也均有一些缺点。冷挤压单位压力大；热挤压单位压力较小，但因毛坯表面的氧化皮增大了接触面上的摩擦阻力，导致模具使用寿命不高。但随着模具材料、设计方法及润滑等配套技术的进步，挤压工艺的优越性必将得到充分发挥。下面着重讲述冷挤压。

8.1.3 挤压的金属流动规律

8.1.3.1 冷挤压时的金属流动情况

（1）正挤压实心件的金属流动情况

如图 8-4 所示，为了解正挤压实心件的金属流动情况，可将圆柱体毛坯切成两块，在其中一块的剖面上刻上正方形网格，将拼合面涂上润滑油，再与另一块拼合在一起放入挤压凹模模腔内进行正挤压。当挤压至某一时刻时停止，取出试件，将试件沿拼合面分开，此时可以观察到坐标网格的变化情况。根据坐标网格的变化情况，可以对金属流动情况做如下分析。

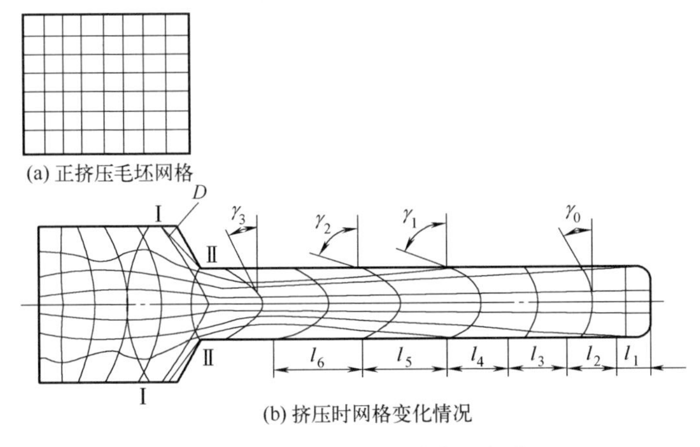

图 8-4　正挤压实心件金属流动

① 横向坐标线在出口处发生了较大的弯曲，且中间部分弯曲更剧烈，这是由于凹模与被挤压毛坯表面之间存在着接触摩擦，使金属在流动时外层滞后于中层。被挤毛坯的端部横向坐标线弯曲不大，这是由于该部分金属原来就处在凹模出口附近，挤压时迅速向外挤出，受摩擦影响较小。横向坐标线的间距从挤出部分端部开始逐渐增加，即 $l_3 > l_2 > l_1$，这说明挤出金属的纵向拉伸变形越来越大；而当达到某定值 l_5 时，间距 l_5 不再变化，说明此时的变形已处于稳定状态。

② 纵向坐标线挤压后也发生了较大的弯曲。如果把开始向内倾斜的点连成Ⅰ-Ⅰ线，把开始向外倾斜的点连成Ⅱ-Ⅱ线。Ⅰ-Ⅰ线与Ⅱ-Ⅱ线之间所构成的区域为剧烈变形区。Ⅰ-Ⅰ线以左或Ⅱ-Ⅱ线以右坐标线基本上不变化，说明在这些区域内金属不发生塑性变形，只做刚性平移。

③ 正方形网格经过凹模出口以后变成了平行四边形，这说明金属除发生拉伸变形以外，还有剪切变形。越接近外层，剪切角越大，即 $\gamma_2 > \gamma_0$、$\gamma_1 > \gamma_0$，这是由于外层金属受到摩擦阻力的影响较大，内外层的金属流动存在较大差异。刚开始挤出端部剪切角 γ_0 较小，以后逐渐增大，即 $\gamma_2 > \gamma_1$，这是由于刚开始挤压时受摩擦影响较小；当进入稳定变形状态以后，相应处的剪切角保持不变。

④ 凹模出口转角 D 处，在挤压过程中形成不流动的“死区”。“死区”的大小受摩擦阻力、凹模形状与尺寸等因素的影响。摩擦阻力越大、凹模锥角越大，“死区”也越大。

从上述分析可以看出，正挤压实心件的变形特点是：金属进入Ⅰ-Ⅰ线至Ⅱ-Ⅱ线之间的区域时才发生变形，此区称为剧烈变形区。进入此区以前或离开此区以后，金属几乎不变形，仅做刚性平移。在变形区内，金属的流动是不均匀的，中心层流动快，外层流动慢；而当进入稳定变形阶段以后，不均匀变形的程度是相同的，另外，在凹模出口转角处会产生程度不同的金属“死区”。

（2）反挤压杯形件的金属流动情况

实心毛坯反挤压变形过程的坐标网格变化情况如图8-5所示。图8-5（b）表示毛坯高径比大于1，进入稳定挤压状态时的网格变化情况。此时可将毛坯内部的变形情况分为三个区域：Ⅰ区为金属死区，它紧贴着凹模端部表面，呈倒锥形，该锥形大小随凸模端部表面与毛坯间的摩擦阻力大小而变化；Ⅱ区为剧烈变形区，毛坯金属在此区域内产生剧烈流动（Ⅱ区以下即紧贴凹模腔底部的一部分金属保持原状，不产生塑性变形）；Ⅲ区为刚性平移区，剧烈变形区的金属流动至形成杯壁后就不再变形，而是以刚性平移的形式往上运动，该运动一直延续到凸模停止工作时为止。

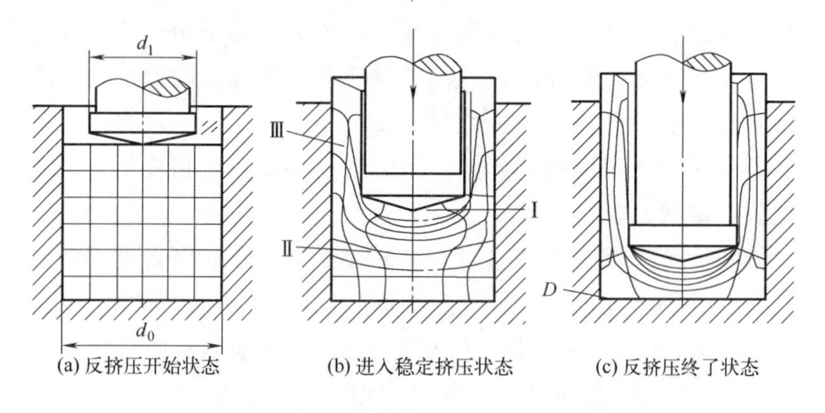

图8-5　反挤压杯形件的金属流动情况

Ⅰ—金属死区；Ⅱ—剧烈变形区；Ⅲ—刚性平移区；D—凹模腔底部

8.1.3.2　挤压应力与应变状态分析

挤压变形时，变形区内任一点的应力与应变状态可用主应力简图和主应变简图来表示。众所周知，挤压变形区内的基本应力状态是三向受压，即径向应力、切向应力以及轴向应力都是压应力，但是在不同区域中主应力和主应变的顺序是不同的。图8-6所示为正反挤压时的应力与应变状态。

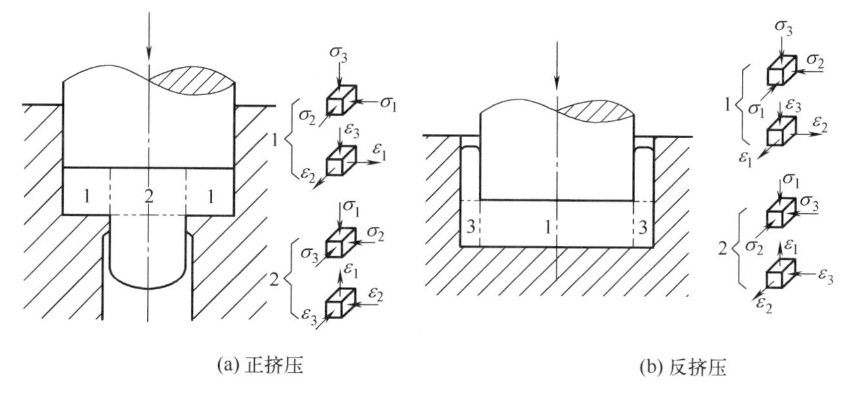

(a) 正挤压　　(b) 反挤压

图 8-6　挤压变形区内的应力应变状态

8.1.4　挤压件的常见缺陷

挤压时往往由于变形工序设计不妥，毛坯在挤压成形过程中会产生各种缺陷。因此，只有预先了解这些缺陷的成因，才能在设计变形工序时，采取有效的解决办法以确保生产出合格的挤压件。

（1）表面折叠

多余的表皮金属被压入毛坯表层所形成的缺陷，称为表面折叠。例如在正挤压中，挤压头部较粗大的杆形件，需要采用两道成形工序。如果在第一道正挤压中工件的头部与杆部连接处圆弧太大或相应锥角太小，则在第二道成形工序中若凹模的圆角半径较小，便有可能使坯料过渡区部分的材料被压入端部的低平面上，而形成如图 8-7（a）所示的折叠。又如，反挤压时凹模底部设有较大的圆角半径，而毛坯底部为直角过渡，在挤压过程中就会产生折叠，它的形成过程如图 8-7（b）所示。如果挤压变形继续进行，这种折叠还会被移到工件的侧面。

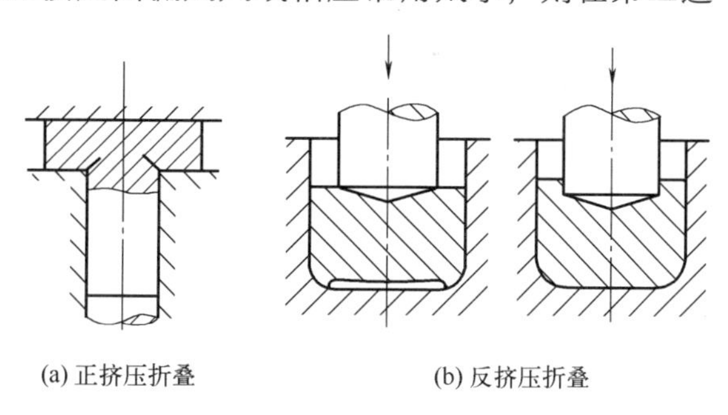

(a) 正挤压折叠　　(b) 反挤压折叠

图 8-7　表面折叠

（2）表面折缝

在变形过程中，多余的表皮金属受阻而在其边界处积聚，随着变形的继续进行深入到材料内部所形成的一种缺陷，叫表面折缝。当正挤压出现死角区时，如图 8-8（a）所示的 D 区，如果润滑条件不好，则毛坯后半部分的表皮金属向凹模出口方向滑动受到死角区金属的阻碍，多余的表皮金属被积聚在死角区入口处。随后，多余的表皮金属沿滑移面被拉入金属内部，并随金属的流动一起向前延伸，从而形成折缝。有时，挤压件从凹模中取出后，死角区金属很快脱落，就是这种缺陷所致。

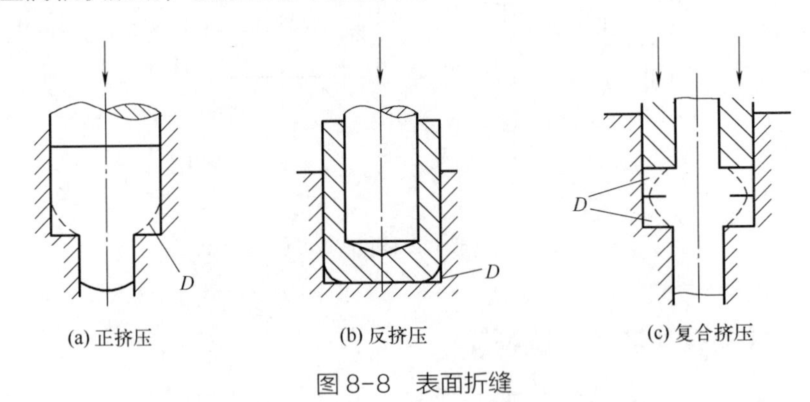

图 8-8　表面折缝

同理，反挤压与复合挤压时，也会因其变形时死角区金属阻止表皮金属滑动而产生折缝。如图 8-8（b）所示为反挤压时底部死角区的剥落，图 8-8（c）所示为复合挤压的横向折缝。

（3）缩孔

所谓缩孔是指变形过程中变形体一些部位上产生较大的空洞或凹坑的缺陷。

当正挤压进行到待变形区厚度较小，甚至只有变形区而没有待变形区厚度时，可能产生如图 8-9（a）所示的缩孔。如果变形程度较为剧烈，滑润条件又不够理想或凹模入口锥角较大，则会使中心层的金属流动快，外层金属流动落后于中心层，此时缩孔较浅；如果外层金属根本不向下移动，反而向上移动，则会产生很深的缩孔。

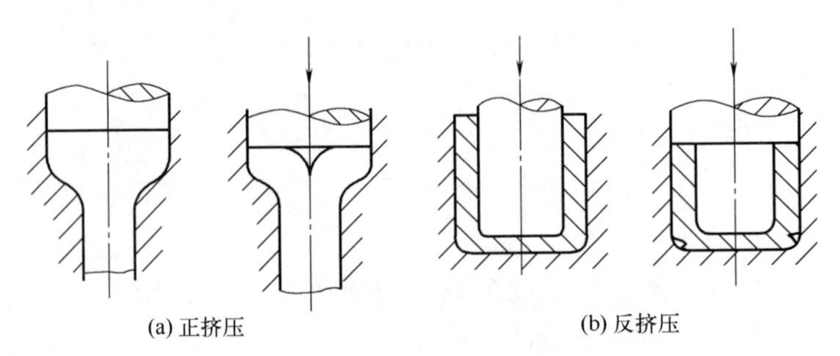

图 8-9　挤压时的缩孔

筒形件反挤压进行到待变形区厚度较小，甚至坯料底厚小于壁厚时，仍继续反挤，则会因材料不足以形成较厚的壁部而产生如图 8-9(b) 所示的角部缩孔缺陷。当冲头存在凸肩形状时，最后碰到壁部材料而将其挤回会形成图 8-7 中的折叠。

（4）裂纹

挤压裂纹可分为表面裂纹和内部裂纹。图 8-10（a）、（b）表示的是挤压时若模具的圆角半径过小，会产生较大的应力集中，可能发生角裂。对于这种表面裂纹，只有改变工序和设计才能解决。减径挤压时，由于断面缩减率较小，此时中心层金属的流动反而慢于表层金属，中心层产生附加拉应力，有可能会产生图 8-10（c）所示的内部裂纹。杆 - 杆复合挤压时，如果中间部分的厚度小于杆径，则会产生图 8-10（d）所示的内部裂纹。也可视这种裂纹为缩孔。其预防的措施是在模具出口处做成锥角或较大圆角。

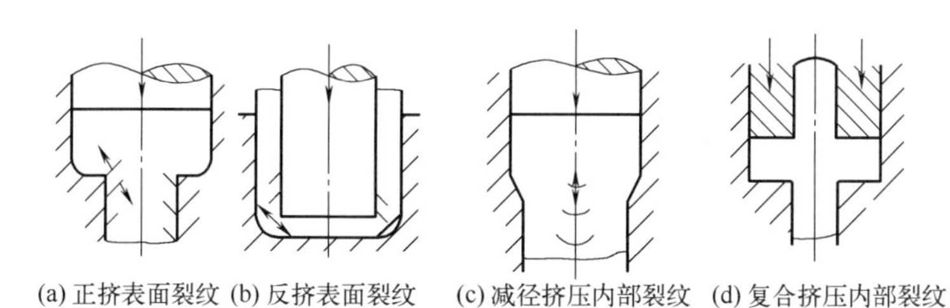

(a) 正挤表面裂纹 (b) 反挤表面裂纹 (c) 减径挤压内部裂纹 (d) 复合挤压内部裂纹

图 8-10　挤压裂纹

（5）附加应力与残余应力的影响

由于凹模侧壁与变形金属之间摩擦力的作用，正挤压工件中心部分的金属变形速度比外层金属的变形速度要快，而内、外层变形速度有差异的金属本身又是一个整体，变形快的金属力图使变形慢的金属变形快一些；变形慢的金属则力图使变形快的金属变形慢一些，变形快的部分的变形量自然较变形慢的部分的变形量更大些，于是就产生了互相牵制的应力（见图 8-11）。在正挤压中，中心部分的附加应力为压应力，外层部分的附加应力为拉应力，这种附加应力当其所在位置成为已变形区（或外力消除）后就成为残余应力。附加应力和残余应力在一定条件下可能会达到很大的数值，如在挤压塑性较差的材料时，就可能会产生环形鱼鳞状裂纹［见图 8-11（b）］。当冷挤压模具的形状和尺寸不够合理，比如正挤压凹模的工作带部分不均匀［见图 8-11（c）］时，在工作带长的一边（h_2），金属流速将慢于工作带短的一边（h_1），工件会弯曲，其内部将产生相互平衡的附加应力。图 8-11（c）所示的减径挤压裂纹事实上也是因为变形程度小，心部材料未达到塑性状态，其流动速度慢于外部材料的流动速度，导致心部受附加拉应力而造成的。

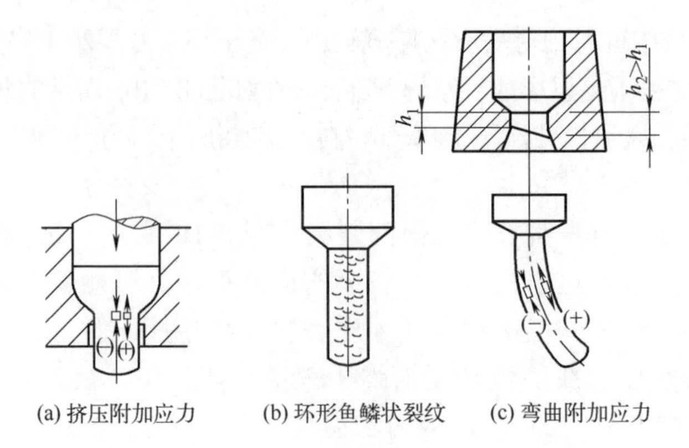

(a) 挤压附加应力　(b) 环形鱼鳞状裂纹　(c) 弯曲附加应力

图 8-11　附加应力的影响

8.1.5　挤压变形力的计算

（1）挤压变形程度的表示方法

在挤压工艺中，表示变形程度的方法有如下三种。

① 断面减缩率 ε_A:

$$\varepsilon_A = \frac{A_0 - A_1}{A_0} \times 100\% \tag{8-1}$$

式中，A_0 为挤压变形前毛坯的横断面积；A_1 为挤压变形后工件的横断面积。

② 挤压比 G:

$$G = \frac{A_0}{A_1} \tag{8-2}$$

③ 对数变形程度 ε_e:

$$\varepsilon_e = \ln \frac{A_0}{A_1} \tag{8-3}$$

三者之间存在着如下关系:

$$\varepsilon_A = \left(1 - \frac{1}{G}\right) \times 100\%,\quad \varepsilon_e = \ln G,\quad \varepsilon_e = \ln \frac{1}{1-\varepsilon_A} \times 100\% \tag{8-4}$$

（2）挤压力的计算

挤压力是拟定挤压变形工序、设计模具、选择挤压设备的重要依据。挤压力或所选设备吨位 F 可按式（7-11）计算。

$$F=CpA \tag{8-5}$$

式中，p 为单位挤压力，MPa；A 为凸模工作部分的投影面积，mm^2；C 为安全系数，一般取 1.3。

单位压力 p 可以采用理论计算法获得，如主应力法和变形功法等；也可采用经验公式计算；还可采用图表算法计算。

8.1.6 挤压工序设计及工艺参数的确定

8.1.6.1 挤压成形对零件形状的要求

最基本的要求是零件形状要有利于毛坯金属流动充满挤压模具型腔。其具体要求是被挤零件断面形状应对称，若不对称在挤压时易产生偏心力而降低产品精度，或易使凸模折断。因此，在设计挤压件时，可以设计成对称形状，挤压之后将多余的部分（如凸肋等）切除掉；断面面积差应较小，若相邻面面积之差过大，会使不均匀变形程度加剧，影响产品质量，甚至引起模具过载而招致失效。当断面面积差距较大时，应当改变挤压方法或增加变形工序，或将断面过渡处改为平滑的圆弧连接。

根据这些要求，适合挤压的最佳形状有，底部带孔的杯形件［图 8-12(a)］、带有深孔的双杯形件［图 8-12 (b)］、带有较大法兰的轴类件［图 8-12 (c)］、多台阶的阶梯轴［图 8-12(d)］、小型花键轴和齿轮轴［图 8-12(e)］等。

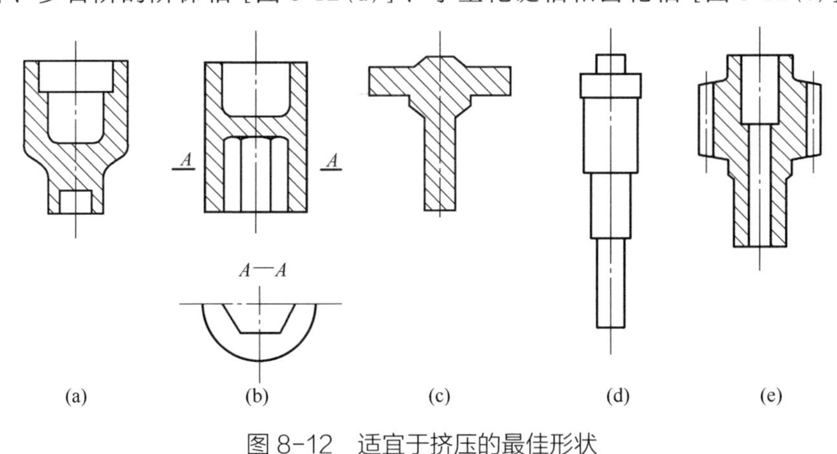

图 8-12　适宜于挤压的最佳形状

8.1.6.2 冷挤压的许用变形程度

每道冷挤压变形工序所允许的变形程度称为许用变形程度。许用变形程度越大，工序就越少，则生产率就越高。但随着许用变形程度的增大，单位压力也会随之增大，这就有可能超出模具的许用单位压力，导致模具损坏。因此，许用变形程度的大小应严格控制。不同材料的冷挤压许用变形程度可以查找有关手册或资料确定。其中黑色金属正、反挤压的许用变形程度如图 8-13、图 8-14 所示。

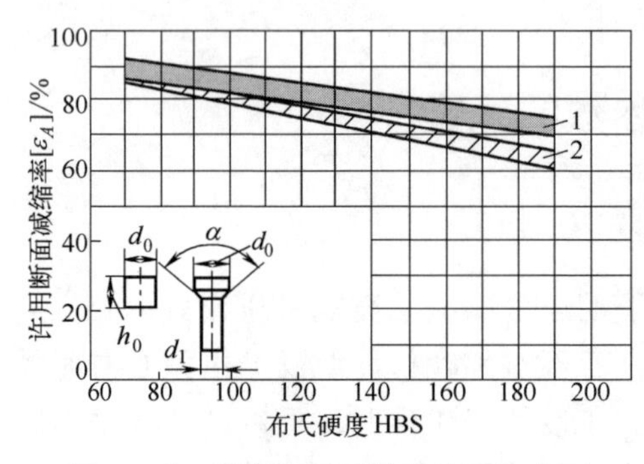

图 8-13　黑色金属正挤压的许用变形程度

1—模具的许用单位压力为 2500MPa；
2—模具的许用单位压力为 2000MPa

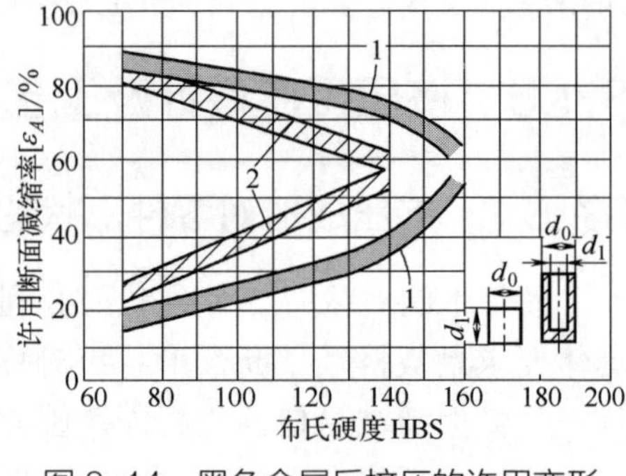

图 8-14　黑色金属反挤压的许用变形程度

1—模具的许用单位压力为 2500MPa；
2—模具的许用单位压力为 2000MPa

8.1.6.3　主要冷挤压生产工序的确定

（1）毛坯的制备

① 毛坯形状和尺寸的确定及下料：毛坯体积按体积不变条件计算，对于圆柱体棒料毛坯，其外径应比挤压凹模腔直径小 0.1 ～ 0.2mm，毛坯端面应平整，且与轴线的垂直度应严格控制在允许的范围内；

② 毛坯的软化处理：通常采用退火的方式来降低变形抗力，提高塑性；

③ 毛坯的表面处理和润滑：对于碳钢和合金结构钢一般采用磷化和皂化处理，在毛坯表面形成一层黏附力极强的多孔结构的磷酸盐，这是因为磷酸盐层具有一定塑性，而且其结构孔隙中还可储存润滑油，在挤压时起润滑作用。

（2）挤压件图的制定

挤压件图是根据零件图制定的，其内容包括：确定挤压和进一步加工的工艺基准；确定机械加工余量和公差；挤压后余料的切除方式；挤压件的表面粗糙度和形位公差等。

（3）冷挤压变形工序设计

一是根据冷挤压件的复杂程度，材料的成形性能，变形程度的大小，挤压件的尺寸大小、尺寸精度及批量等；二是根据前面所提的对零件形状的要求及许用变形程度等准则，确定挤压变形工序数目。如需要两道以上的工序，则还需进行中间毛坯设计，即确定每道变形工序所成形的工件形状及尺寸。

8.2 轧制

轧制是指在旋转的轧辊间，借助轧辊施加的压力使金属发生塑性变形的过程。

轧制主要用于生产板、带、条、箔等产品。这种方法具有设备简单、生产率高、产品成本低等特点，因此在金属塑性加工中得到了广泛应用。

8.2.1 轧制变形区及其主要参数

轧制变形区是指轧件充填辊间那部分金属的体积，即从轧件入辊的垂直平面到轧件出辊的垂直平面所围成的区域 AA_1B_1B（图 8-15），通常又把它称为几何变形区。轧制变形区主要参数有以下几种。

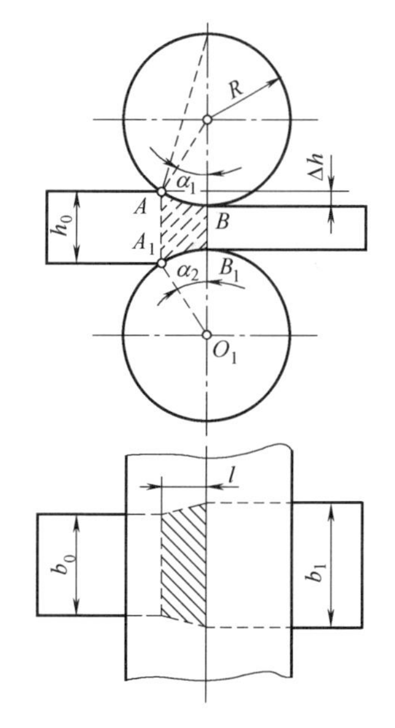

图 8-15　轧制变形区主要参数

（1）接触角（α_1）

轧件与轧辊相接触的圆弧所对应的圆心角称为接触角。由图 8-15 中几何关系可见，当 α_1 很小时（$\alpha_1 < 10° \sim 15°$）：

$$\alpha_1 \approx \sqrt{\frac{\Delta h}{R}} \tag{8-6}$$

式中，R 为轧辊半径；Δh 为压下量。

（2）接触弧长度（l）

轧件与轧辊相接触的圆弧的水平投影长度称为接触弧长度。由图 8-15 中的几何关系可得出：

$$l \approx \sqrt{R\Delta h} \tag{8-7}$$

8.2.2 轧制过程的建立条件

（1）咬入条件

当轧件与轧辊刚刚接触时，轧件所受的作用力如图 8-16 所示，其中 N 为轧辊对轧件作用的法向力；T 为轧辊对轧件的摩擦力。

如图 8-16 所示，把 N 和 T 投影到垂直和水平方向上，即可以分解为垂直分力和水平分力。

垂直分力使轧件从上、下两个方向同时受到压缩。轧件只有受到压缩产生塑性变形时才能被咬入，这是轧件被轧辊咬入的先决条件。

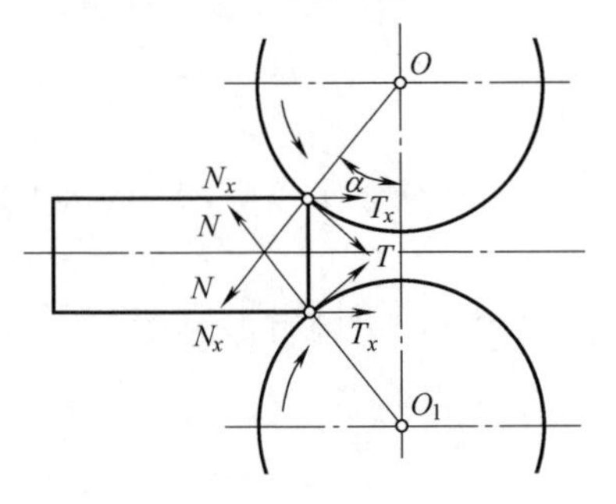

图 8-16 咬入时轧件上的作用力

水平分力有 N_x 和 T_x 两个力。从图 8-16 中可以看出，N_x 是阻碍轧件进入辊间的力，而 T_x 则是把轧件拽入辊间的力。

如果 N_x 大于 T_x，则轧件只能被推出辊间，不可能被咬入；如果 N_x 小于或等于 T_x，则轧件可以被咬入。

综上所述，轧件被轧辊咬入的条件为：

$$T_x \geqslant N_x$$

因为 $T_x \approx T\cos\alpha$，$T=fN$，$N_x=N\sin\alpha$，所以，咬入条件 $T_x \geqslant N_x$ 可变成下面的形式：

$$f \geqslant \tan\alpha\text{，或者 }\beta \geqslant \alpha\ (f=\tan\beta) \tag{8-8}$$

式中，f 为轧件与轧辊间的摩擦系数；β 为摩擦角；α 为咬入角，它是轧件法向力与轧辊中心连线的夹角，在刚开始咬入时，其数值等于接触角，即可按式（8-6）和式（8-7）计算。

式（8-8）一般称为自然咬入条件，它表示了在没有外力（除轧辊对轧件的作用力外）作用时，轧件进入辊间的条件是摩擦角大于或等于咬入角，这是咬入的充分条件。

$\alpha=\beta$ 为咬入的临界条件，把此时的咬入角 α 称为最大咬入角，用 α_{max} 表示。它取决于轧件和轧辊的材质、接触表面状态和接触条件等。

（2）稳定轧制的条件

当咬入后，轧件与轧辊间的接触表面随轧件向辊间充填而逐渐增加，因此轧辊对轧件作用力的位置也向出辊方向移动，这必然破坏了刚开始咬入时的力的平衡条件。如果用 φ 角表示轧件充填辊间时轧件法向力与轧辊中心连线的夹角，则此时轧件上的作用力的位置变化如图 8-17 所示。

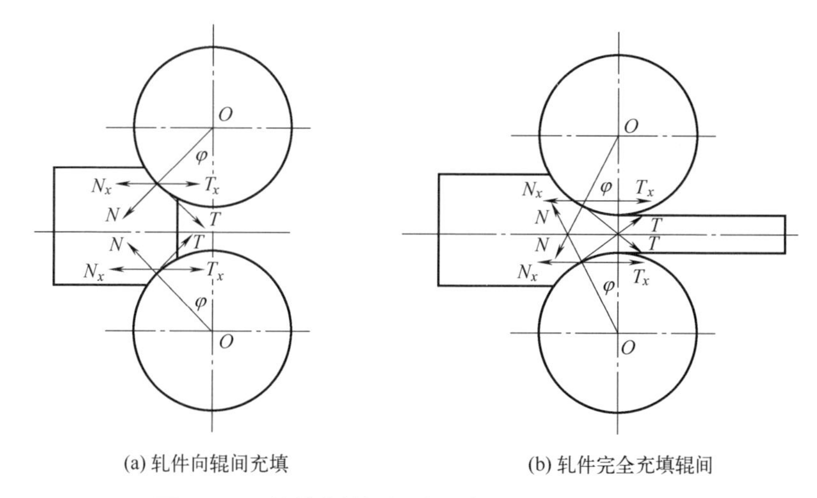

图 8-17　轧件充填辊间过程中作用力位置的变化

在轧件向辊间充填时，使轧件继续进入辊间的条件仍然需要作用在轧件上的水平拽入力等于或大于推出力，即 $T_x \geqslant N_x$。此时 $T_x \approx T\cos\varphi$，$T=fN$，$N_x=N\sin\varphi$，所以

$$f \geqslant \tan\varphi \text{ 或者 } \beta \geqslant \varphi \ (f=\tan\beta) \tag{8-9}$$

但由于 φ 角比刚开始咬入时的咬入角 α 小，并且随轧件向辊间充填的过程逐渐减小，所以水平拽入力便随轧件向辊间移动而逐渐增加，水平推出力则逐渐减小，咬入变得越来越容易。当轧件完全充满辊间时，咬入过程结束，建立起稳定轧制过程。假设此时单位压力沿接触弧上均匀分布，则轧辊对轧件合压力的作用点必然在接触弧中点上，即 $\varphi=\alpha/2$。则式（8-9）变成式（8-10）：

$$\beta \geqslant \alpha/2 \tag{8-10}$$

式（8-10）为稳定轧制条件。从轧入时 $\beta \geqslant \alpha$ 到稳定轧制时 $\beta \geqslant \alpha/2$ 比较可以看出：

① 开始咬入时所要求的摩擦条件高，即摩擦系数要大。

② 随着轧件逐渐充填辊间，水平拽入力逐渐增大，水平推出力逐渐减小，因而越容易咬入。

③ 开始咬入条件一经建立，轧件就能自然地向辊间充填，建立起稳定轧制过程。

（3）改善咬入条件的措施

改善咬入条件是进行顺利操作、增加压下量、提高生产率的有力措施，也是轧制生产中经常碰到的实际问题。

根据咬入条件$\beta \geqslant \alpha$，可以得出：凡是能增大β角的一切因素和减小α角的一切因素都有利于咬入。其措施是：

① 轧件前端做成锥形或楔形，使开始咬入时的咬入角小。

② 开始咬入时把辊缝加大，使咬入角减小；稳定轧制过程建立后，可减小辊缝，增加压下量。

③ 低速咬入增加摩擦角，稳定轧制建立后，再增加轧辊速度以便提高生产率。

④ 开始咬入时不润滑，增加摩擦角，稳定轧制建立后再润滑。

⑤ 给轧件加上外推力也能改善咬入条件，使轧件与轧辊间接触面积增加，摩擦力加大。

8.2.3 轧制时金属变形的规律

（1）沿轧件断面高度上变形的分布

① 沿轧件断面高度上的变形、应力和流动速度分布都是不均匀的（图8-18）；

② 几何变形区内，在轧件与轧辊接触表面上，不但有相对滑动，而且还有黏着，即轧件与轧辊间无相对滑动；

③ 变形不但发生在几何变形区以内，而且在几何变形区以外也发生变形，其变形分布也是不均匀的，这样就把轧制变形区分成变形过渡区、前滑区、后滑区和黏着区；

④ 在黏着区内有一个临界面，在这个面上金属的流动速度分布均匀，并且等于该处轧辊的水平速度。

（2）轧制过程的纵向变形（前滑与后滑）

通过研究沿轧件断面高度上的变形分布规律可知，在前滑区内，轧件任意断面上的流动速度都大于该处轧辊水平速度，这样就使得轧件出辊速度大于该处轧辊的水平速度，这种现象称为前滑。与此相反，在后滑区内轧件任意断面上的流动速度都小于该处轧辊的水平速度，这样就使得轧件入辊速度小于该处轧辊的水平速度，这种现象称为后滑。

前滑与后滑是轧制变形特有的变形现象，它们对连轧生产有着重要意义。因为要保持轧件同时在几个轧机上进行轧制，必须使各机架速度协调，所以要精确计算前滑与后滑。另外，在张力轧制时，为了精确控制张力，也要计算前滑和后滑。

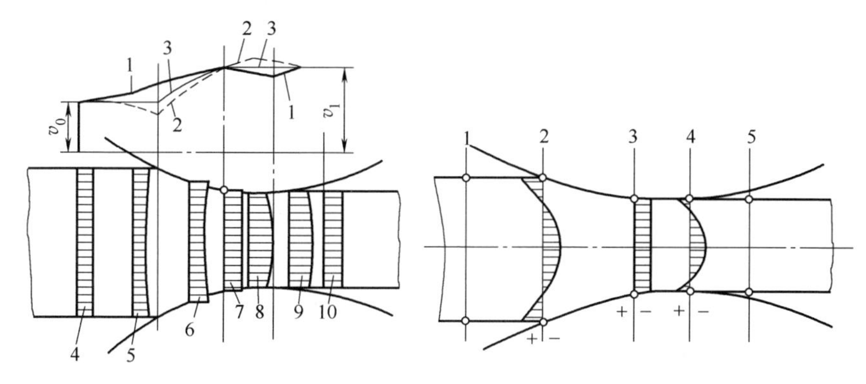

(a) 金属流动速度分布

1—表面层金属流动速度；2—中心层金属流动速度；3—平均流动速度；4—后外端金属流动速度；5—后变形过渡区金属流动速度；6—后滑区金属流动速度；7—临界面金属流动速度；8—前滑区金属流动速度；9—前变形过渡区金属流度；10—前外端金属流动速度

(b) 应力分布

1—后外端；2—入辊处；3—临界面；4—出辊处；5—前外端

图 8-18　轧制时金属流动速度和应力分布

① 前滑的确定。根据前滑的定义，其值为：

$$S_1 = \frac{v_1 - v}{v} \times 100\% \tag{8-11}$$

式中，S_1 为前滑值，简称前滑；v_1 为轧件出辊速度；v 为轧辊圆周速度。

前滑值一般不太大，在 3% ～ 6% 之间。只是在特殊情况下，可能高一些。

② 后滑的确定。根据后滑的定义，可以确定后滑值：

$$S_0 = \frac{v\cos\alpha - v_0}{v\cos\alpha} \tag{8-12}$$

式中，S_0 为后滑值，简称后滑；v_0 为轧件入辊速度；v 为轧辊圆周速度。

轧制时的纵向延伸是由前滑和后滑组成。增加前滑或者后滑均能使延伸增加。因此，把前滑和后滑视为轧制时的纵向变形。

（3）轧制过程的横向变形（宽展）

轧件宽度在轧制过程中是变化的，特别是在 $B/h < 6$，即轧件宽度相对于平均厚度不太大时，宽度在轧制过程中变化很大。在这种情况下必须考虑轧件宽度的变化。

宽展就是轧件在受到高度方向压缩时宽度的增加量。宽展对轧制过程有很大影响，当宽展很大时，单位压力沿宽度方向上的分布是非常不均匀的。轧件中间单位压力很大，边缘单位压力很小。宽展的结果使轧件边缘往往比中间要薄，而且由于应力的不均匀分布，在边缘形成很大的拉应力，常常引起轧件的边部开裂。在热轧板坯时，需要计算宽展，以便最大限度地减少切边损失，提高成品率。而对于型材轧制，宽展则是孔型设计的理论基础。

宽展可由式（8-13）计算：

$$\Delta B=B_1-B_0 \tag{8-13}$$

式中，ΔB 为绝对宽展量；B_1，B_0 为轧前、轧后轧件宽度。

宽展是一种复杂的变形过程。当 $B/h>1$ 时，由于接触表面摩擦力阻碍金属横向流动，因此轧件表面层金属的横向流动必然落后于轧件中心层金属，结果形成了图 8-19（a）所示的单鼓形状，这说明宽展沿轧件断面高度上的分布是不均匀的。当 $B/h<0.5$ 时，由于压下量又不大，变形只发生在轧件表面层附近，不能深入轧件内部，因此轧件边缘呈双鼓形［图 8-19（b）］。

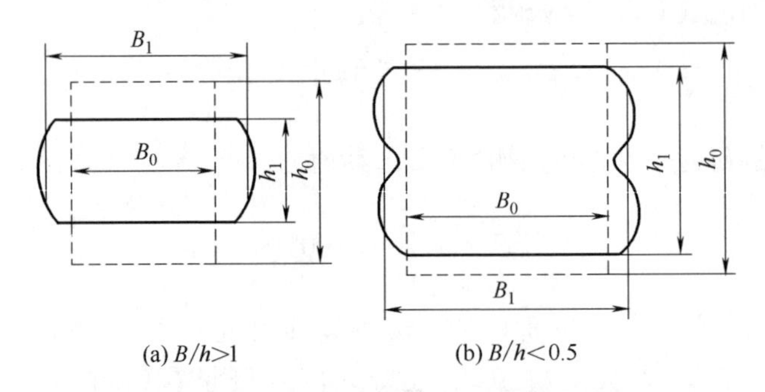

图 8-19　宽展的组成及沿高度方向的分布

轧制时横向变形（宽展），较纵向变形（延伸）要小得多，这是由于圆柱形的轧辊在轧制过程中使轧件在纵向上有一定的倾斜角，如同斜锤头间的镦粗一样，有利于金属向纵向流动，所以在轧制时，延伸比宽展大得多。

影响宽展的因素很多，其主要有轧件的宽度、道次压下量、轧辊直径、轧辊与轧件间的摩擦系数等。

（4）最小可轧厚度

板材最小可轧厚度一般是指在一定的轧制条件下，即轧辊直径、轧制张力和摩擦系数等不变的情况下，由于轧辊的弹性压扁量达到了比较大的数值，无论如何调小轧辊辊缝，都不可能把轧件压薄，这时的这个极限厚度便称为最小可轧厚度。

当使轧辊产生弹性压扁所需的平均单位压力小于轧件发生塑性变形所需的平均单位压力时，只能使轧辊产生弹性压扁，而轧件不可能发生塑性变形。属于这种情况下的最小可轧厚度如图 8-20（a）所示。在冷轧时，由于轧件变

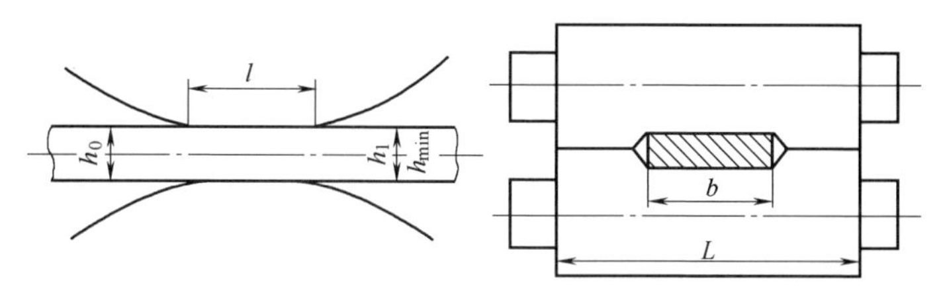

(a) 轧辊压扁时最小可轧厚度　(b) 轧辊相接触时最小可轧厚度

图 8-20　最小可轧厚度

形抗力比较高，发生塑性变形所需的平均单位压力较大，容易产生这样的情况。在这种情况下，如果要继续压薄轧件，则只有改变轧制条件,如增加张力，或者加强润滑(减小摩擦)，或者对轧件进行退火降低变形抗力。

另一种情况下的最小可轧厚度如图 8-20（b）所示，就是在轧辊轴向上除轧件本身宽度所占据的辊身部分外，辊身其余部分完全接触，这时轧件也不可能压薄，这种情况下轧制的最小可轧厚度称为轧辊相接触时最小可轧厚度。

轧辊弹性压扁时的最小可轧厚度由式（8-14）确定:

$$h_{\min} = 7.84\frac{fR(1-v^2)}{E}\left(1.15\sigma_{\mathrm{s}} - \frac{q_0 - q_1}{2}\right) \tag{8-14}$$

轧辊相接触时最小可轧厚度由式（8-15）确定:

$$h_{\min} = \frac{2(1-v^2)}{\pi E}pl\left(2 - \ln\left(\frac{l^2}{b^2}\cdot\frac{L+b}{L-b}\right)\right) \tag{8-15}$$

式中，f 为摩擦系数；v 为轧辊材料的波桑系数；σ_{s} 为轧件屈服强度；p 为平均单位压力；l 为压扁弧长度；L 为轧辊长度；b 为轧件宽度；R 为轧辊半径；q_1 为前单位张力；q_0 为后单位张力；E 为轧辊材料的弹性模量。

8.3 拉拔

对金属坯料施以拉力，使之通过模孔以获得与模孔尺寸、形状相同的制品的塑性加工方法称为拉拔。拉拔是管材、棒材、线材和许多异型材成品加工和精加工的一种重要方法。

拉拔与其他加工方法相比具有以下一些特点：

① 拉拔制品尺寸精确、表面光洁；

② 拉拔生产用的工具和设备简单，维护方便，在一台设备上可以生产多种规格的产品；

③ 与冷轧相比，由于金属受到较大的拉力和摩擦力（后者可占拉拔所消耗的总能量的 60% 以上），因此道次变形量和两次退火间的总变形量不够大，特别是在拉制薄壁管时尤为突出，从而使拉拔道次、制作夹头、酸洗、退火等工序增多，成品率降低。

8.3.1 拉拔的基本方法

管材和棒材，包括一些异型材，皆可用拉拔方法进行生产。管材拉拔有以下几种基本方法（图 8-21）。

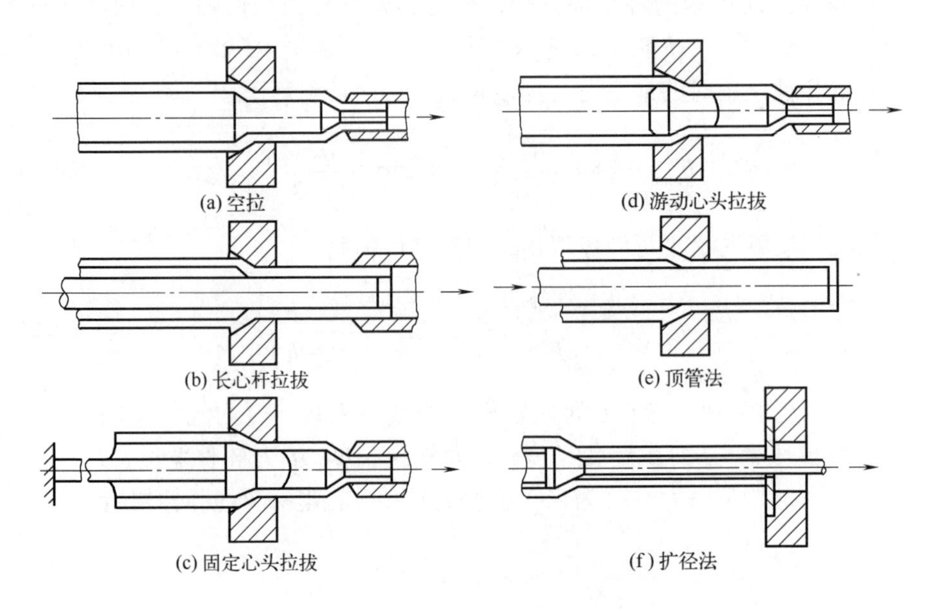

图 8-21 管材拉拔的基本方法

(1) 空拉

拉拔时管坯内部不放置心头，通过模子后外径减缩，管壁略有变化［图 8-21（a）］。空拉适用于小直径管材、异形管材、盘管和热处理或热加工后的管材。

(2) 长心杆拉拔

管坯中套入长心杆，拉拔时心杆随同管坯通过模子实现减径和减壁

[图 8-21（b）]。此法由于管内壁与心杆间的摩擦力方向与拉拔方向相同，道次加工率较大，可达 63%。但该法每次拉拔后，必须用专用设备将管子从心杆上脱下，增加了辅助工序。

（3）固定心头拉拔

此法在管材拉拔中应用得最为广泛。拉拔时，将带有心头的心杆固定，管坯通过模孔实现减径和减壁［图 8-21（c）］。

（4）游动心头拉拔

拉拔时，心头借助其特有的外形建立起来的力平衡使心头稳定在变形区中 [图 8-21（d）]。此法是管材拉拔中较为先进的一种方法，非常适用于长管和盘管（长达数千米）生产。它对于提高拉拔生产率、成品率和管材内表面质量极为有利。

（5）顶管法

将心杆套入带底的管坯中，操作时管坯连同心杆一同由模孔中顶出，从而对管坯外径和内径的尺寸进行加工［图 8-21（e）]。在生产大直径管材时，常在液压拉床上采用此种方法。

（6）扩径法

管坯经过扩径后，直径增大，壁厚和长度减小［图 8-21（f）]。当受生产管坯设备能力的限制，不能生产出所需的大直径管坯时，可以采用这种方法。

拉拔过程一般在冷状态下进行，但是对于一些在常温下强度高、塑性差的金属材料，则采用温拉和热拉。

8.3.2 拉拔时的变形与应力

8.3.2.1 圆棒拉拔时的变形与应力

拉拔时，作用于金属上的应力及金属的变形情况如图 8-22 所示。当在棒材前端施以拉力使之通过模孔变形时，则受到模壁给予的压力 N，其方向垂直于模壁。金属在模孔中运动，在接触面上产生摩擦力 T，其方向与金属运动方向相反。摩擦力的数值可由库仑摩擦定律求出，即 $T=fN$。这

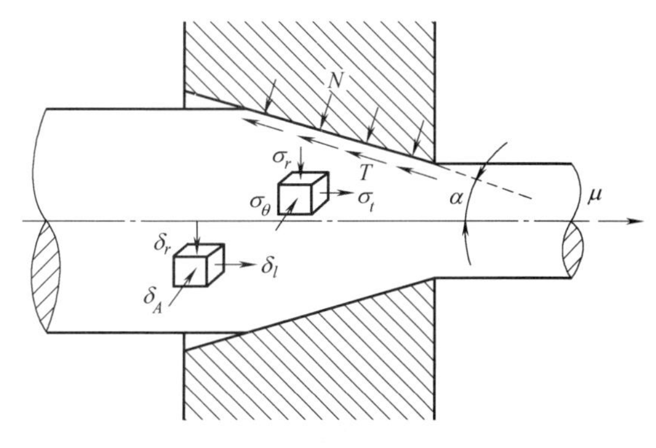

图 8-22 拉拔时的金属受力情况

样，在上述力的作用下，变形区中的金属处于两向压、一向拉的应力状态和两向压缩、一向延伸的变形状态，属于轴对称问题，故径向应力 σ_r 与周向应力 σ_θ 相等。

拉拔时的金属流动情况如图 8-23 所示。垂直 x-x 轴的网格横线在通过变形区过程中逐渐发生弯曲，即中心部分的金属超前。靠近外层的方格子由于受到附加剪切应力作用而产生畸变，成为平行四边形。剪切变形量由中心层向外层逐渐增加。

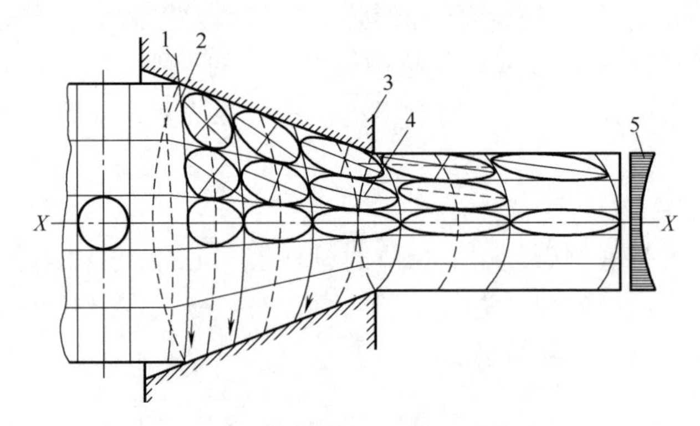

图 8-23　拉拔圆棒时断面坐标网格的变化

1—变形区入口面；2—后端非接触变形区；3—变形区出口面；4—前端非接触变形区；5—各层金属主变形分布图

8.3.2.2　管材拉拔时的变形与应力

拉拔管材与拉拔棒材最主要的区别是，前者已失去轴对称变形的条件，因此变形不均匀性、附加剪切变形和应力皆有所增加。

(1) 空拉

空拉时，管子内部虽然没有放置工具，但其壁厚在变形区内是变化的。由于不同因素的影响，管子的壁厚最终可以变薄、变厚或不变。掌握空拉时管子壁厚的变化规律和计算方法，是正确制定拉拔工艺规程以及选择管坯尺寸所必需的。

空拉时的变形力学图如图 8-24 所示。径向应力 σ_r 在管子断面上的分布是由外表面向中心逐渐减小，到达管子内表面时

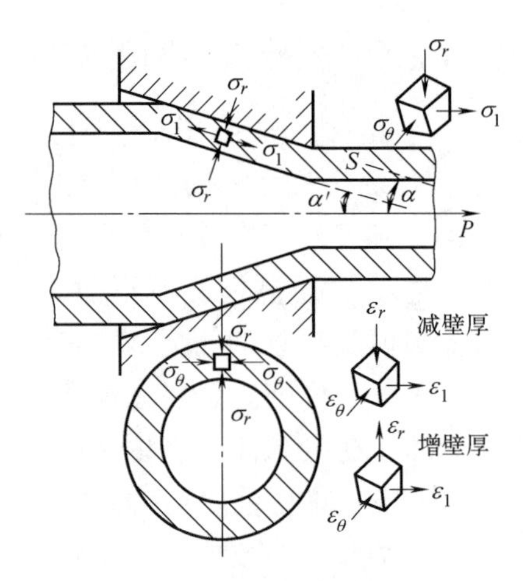

图 8-24　空拉时的变形力学图

为零。这是因为管子内壁无任何支承以建立起反作用力。周向应力 σ_θ 的分布情况由于已是非轴对称问题，与拉拔棒材时不同，而是由外表面向中心逐渐增大。变形区内的变形状态是：轴向变形 δ_1 为延伸变形，周向变形 δ_θ 则为压缩变形，径向变形的大小与符号取决于应力 σ_1 与 σ_θ 的相互关系。空拉时，在径向上 $|\sigma_\theta| > |\sigma_r|$。根据最小阻力定律，金属在压应力 σ_θ 的作用下向管子中心流动，其壁厚增加。σ_1 引起金属产生轴向延伸变形 δ_1，亦能使管子壁厚变薄。如果 δ_1 引起管壁减薄量大于 δ_θ 引起的管壁增厚量，则 δ_r 为压缩变形，壁厚变薄。反之，则为延伸变形，壁厚增加。据研究认为：当 $\sigma_r <$ （$\sigma_\theta+\sigma_1$）/2 时，壁厚减小；反之，壁厚增加；$\sigma_r=$（$\sigma_\theta+\sigma_1$）/2 时，壁厚不变。

（2）衬拉

① 固定心头拉拔。这种拉拔方法由于管子内部的心头固定不动，接触摩擦面积比空拉和拉棒材时的都大，故道次加工率较小。此外，此法难以拉制较长的管子。这是由于长的心杆在自重作用下产生弯曲，心杆在模孔中难以固定在正确位置上。同时，心杆在拉拔时的弹性伸长量较大，易引起“跳车”而在管子上出现“竹节”缺陷。

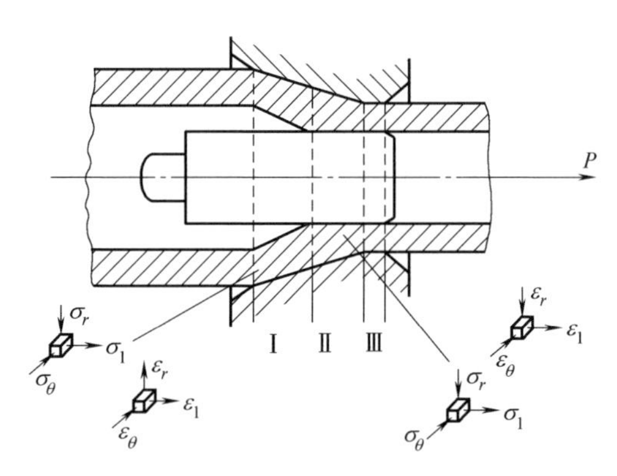

图 8-25　固定心头拉拔时的变形力学图

固定心头拉拔时，管子的变形分为两个阶段（图 8-25）：

a. 由变形区入口到 *A-A* 断面为减径区Ⅰ。管子内径在 *A-A* 断面处等于心头直径，此阶段相当于空拉，壁厚一般有所增加，其变形力学图和应力分布规律与空拉时相同。

b. 由 *A-A* 断面到变形区出口为减壁区Ⅱ。在此段管子内径不变、壁厚和外径减小。由于管子内部有心头的支承作用，因此 σ_r 的分布与空拉不同，在管子内壁处的 σ_r 不等于零。

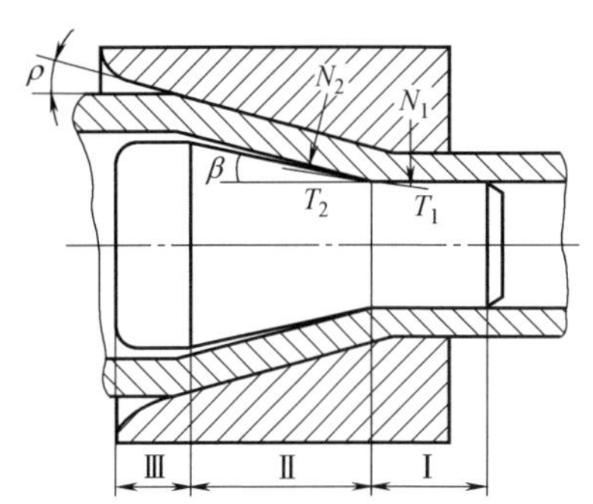

图 8-26　游动心头拉拔时的受力条件

② 游动心头拉拔。在拉拔时，心头后端不固定，依靠其自身的形状和心头与管子接触面间力平衡，使之保持在变形区中。

游动心头的结构如图 8-26 所示，它通常具有 3 个部分：小圆柱部分Ⅰ，其直径等于拉拔后管子的内径；圆锥部分Ⅱ，

其锥角 β 稍小于模角 α；大圆柱部分Ⅲ，其直径略小于拉拔前管子的内径。

游动心头拉拔时的力平衡条件为

$$\sum N_2\sin\beta-\sum T_2\cos\beta=\sum T_1 \tag{8-16}$$

因 $T_2=fN_2$，将它代入公式，得

$$\sum N_2(\sin\beta-f\cos\beta)=\sum T_1 \tag{8-17}$$

由于 $\sum N_2>0$ 和 $\sum T_1>0$，故

$$\sin\beta-f\cos\beta>0,\ \beta>\rho \text{ 从而 } \tan\beta>f \tag{8-18}$$

上面所得到的 $\beta>\rho$，即心头的锥角大于管子与心头间的摩擦角 ρ，为心头稳定在变形区内的条件之一。如果不满足此条件，则在心头大圆柱段直径过小时，心头随管子一同拉过管子，成为空拉；或者心头剧烈地压卡管子导致拉断。

为了实现游动心头拉拔，还应满足 β 小于模角 α，否则在开始拉拔时心头上尚未建立起与方向相反的推力情况下，使心头向模子出口方向移动挤压管子造成断管，或者由于轴向力的变化，心头在变形区内往复移动使管子内表面出现明暗交替的环纹。

③ 长心杆拉拔。长心杆拉拔时的应力和变形状态与固定心头时基本相同。但是由于管子在变形时沿心杆表面向后延伸滑动，故心杆作用于管内表面上的摩擦力方向与拉拔方向一致。在此情况下，摩擦力不但不阻碍拉拔过程，反而有助于减小拉拔应力：与固定心头拉拔相比，变形区内的拉应力减少 30% ～ 35%，拉拔力相应地减少 15% ～ 20%。所以用长心杆拉拔时允许采用较大的伸长率，并且随着管内壁与心杆间摩擦系数增加而增加。通常，道次伸长率为 2.2，最大可达 2.95。长心杆拉拔时的道次延伸系数可以增大的原因还在于拉拔时心杆也承受了一部分拉力，从而使夹头所受的拉力减小。

8.3.3 普通拉模结构

拉拔所用的工具主要是拉模和心头。它们的结构形状、尺寸、表面质量和材质对拉制品的质量、拉拔力、能耗、生产率以及工具的使用寿命等影响颇大。因此，正确地设计加工制造模具与合理选择其材料，对拉拔生产是很重要的。

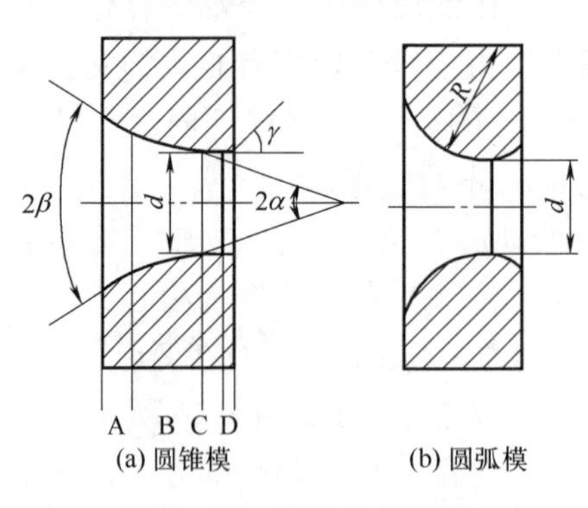

图 8-27 模孔几何形状

普通拉模是使用最广泛的一种拉模，其断面形状如图 8-27 所示。普通拉模的模孔形状一般分为 4 个部分［图 8-27（a）］，其各部分的作用和尺寸的确定如下。

（1）润滑锥 A（入口锥）

润滑锥的作用是在拉拔时便于润滑剂进入模孔，保证制品得到充分的润滑以减少摩擦，还可带走制品所产生的热量，且可以避免坯料轴线与模孔轴线不重合时划伤金属。

润滑锥角度的大小选择应适当，特别是对于拉拔线材的模子，其影响不应忽视。角度过大，润滑剂不易储存。造成润滑效果不良；角度太小，使拉拔过程中产生的金属屑不易随润滑剂流动排出而堆积在模孔中，导致制品表面刮伤等缺陷。甚至由于模孔堵塞产生缩丝（线径小于模孔直径）或断线。

（2）工作锥 B（压缩锥）

金属在此段进行塑性变形，并获得所需形状与尺寸。工作锥的形状除了锥形之外还可以是弧线形［图 8-27（b）］。弧线形的工作锥对于大变形率（35%）和小变形率（10%）都适合。在此两种情况下被拉的金属与模子工作锥面具有足够的接触面积。锥形工作锥适用于大变形率。当采用的变形率小时，金属与模子的接触面积不够大，从而导致模孔很快地被磨损。从拉拔力的大小来看。两种形式无明显差别。

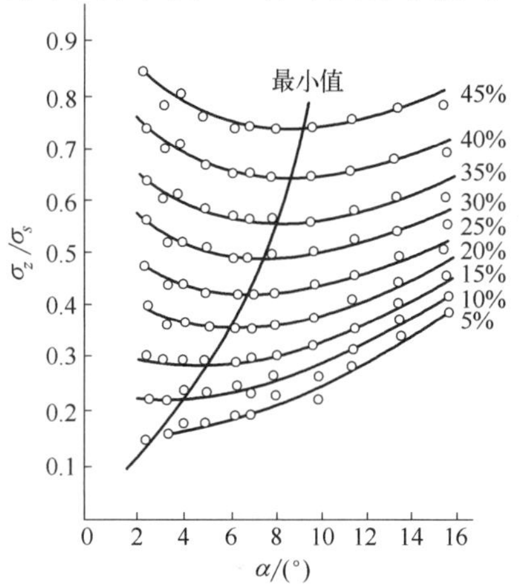

图 8-28　拉拔力与模角的关系

工作锥的 α 角是拉模的主要参数之一。α 角过小，将使坯料与模壁的接触面积增大，导致摩擦力增加；α 角过大也不利，这将使金属在变形区中的流线急剧转弯，导致附加剪切变形增大，继而拉拔力和非接触变形增大。其次，模角 α 越大，单位正压力也越大，润滑剂很容易从模孔中被挤出使润滑条件恶化。实际上模角 α 存在着一个合理区间，在此区间内拉拔力最小。根据实验，此合理区间为 α=6°～ 9°。应指出，此合理区间随着不同的条件将会改变其值。随着变形程度增加，合理模角值增大（如图 8-28）。这是因为变形程度增加会使接触面积增大，继而摩擦增大。为了减小接触面积，必然要相应地增大模角。合理模角与摩擦系数也有关系。随着摩擦系数的增加，合理模角值增大。一般软金属的摩擦系数较大，故合理模角值也大。硬金属的摩擦系数较小，则其合理模角值亦小。显然，模子材料对摩擦系数也有影响。

（3）定径带 C

定径带的作用是使制品进一步获得稳定而精确的形状与尺寸，它可使拉模免于因模孔磨损而很快超差，提高其使用寿命。定径带的合理形状是柱形。对于生产细线用的拉模，由于在打磨模孔时必须用带 0.5°～ 2°锥度的模具，故模子定径带也具有相同的锥度。

定径带长度的确定应保证模子耐磨、拉断次数少和拉拔能耗低。金属由工作锥进入定径带后，由于弹性变形而仍受到一定的压应力，故在金属与定径带表面间有摩擦。显然，定径带长度增加，拉拔力将增加。但是，这只是在延伸系数不大的情况下才如此。当延伸系数较大时，由于拉拔应力增大，位于定径带中的制品的直径会减小，以致不完全与模壁接触。因此随着定径带长度增加，拉拔力增加甚微。

（4）出口锥 D

出口锥的作用是防止金属出模孔时被划伤和模子定径带出口因受力而引起剥落。出口锥的角度取 60°。对于拉制细线用的模子，有时将出口部分做成凹球面。出口锥长度，根据模子的规格和材料取定径带直径的 20% ～ 50%，一般可取 1 ～ 3mm。模孔各部分间过渡处应磨光并带有圆角。

8.4 镦锻成形工艺

镦锻是用来使毛坯的高度减少而横截面积增大的变形工序。它可以分为全高镦锻和局部镦锻（图 8-29）。它可进行热镦锻、温镦锻，也可进行冷镦锻。

8.4.1 镦锻时金属的变形特点

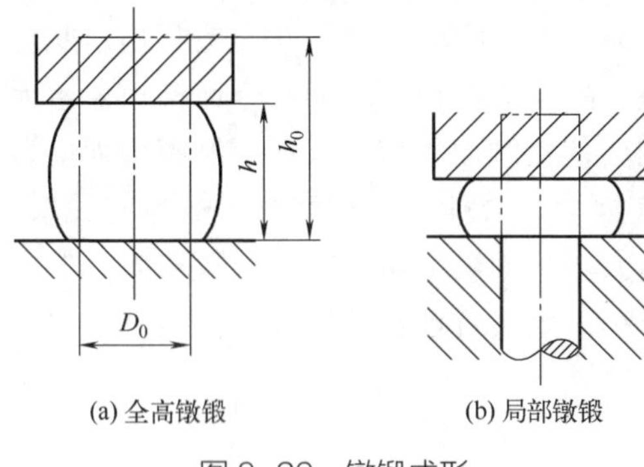

图 8-29 镦锻成形

（1）棒料镦锻时金属的变形特点

镦锻的主作用力是轴向压力。在镦锻过程中毛坯处于两端自由［图 8-29（a）］，或一端固定一端自由［图 8-29（b）］的条件下，当镦锻部分的毛坯相对长度即长径比（如 h_0/D_0）大于 2 ～ 3 时，将因压杆失稳、弯曲而影响镦锻过程的继续进行，所以应限制毛坯每次镦锻的变形量。

在镦锻过程中，因毛坯与工具接触面摩擦阻力的影响，或由于毛坯未参与变形部分外端的影响，镦粗部分的毛坯变形是不均匀的。如图 8-30 所示，第Ⅱ区金属变形程度大，第Ⅲ区变形程度小。于是第Ⅱ区的金属向外流动时便对第Ⅲ区金属作用为径向压应力和切向拉应力，且越靠近毛坯的表面，切向拉应力越大。当切向拉应力超过材料的抗拉强度或切向变形超过材料允许的变形程度时，便在毛坯表面层由外向内引起纵向裂纹，因此，在镦锻时应限制毛坯的每次最大变形程度。对于冷镦锻来说，需对毛坯进行软化处理。

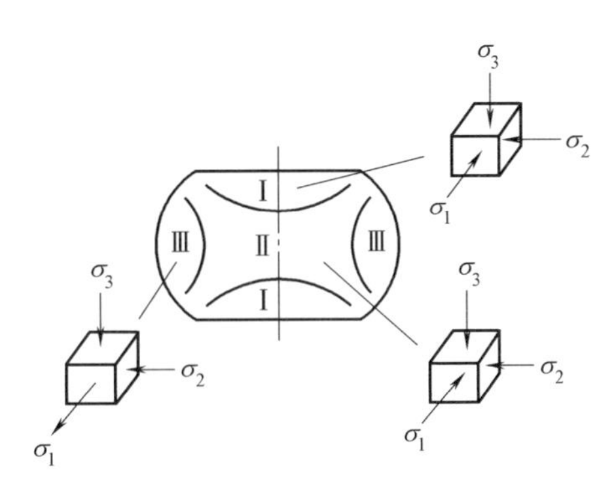

图 8-30　镦锻时毛坯的不均匀变形及应力状态

（2）管料镦锻时金属的变形特点

作为塑性压杆，从轴线失稳角度来看，管料比棒料要稳定得多，所以管料可自由镦锻的长度比棒料大得多。

在接触面无摩擦阻力的状态下对管料进行整体镦锻（以不发生轴线失稳为前提），则管料变形前、后的横断面将保持几何相似，即管壁的增厚是管料内、外径同时按比例增大的结果。随着接触面摩擦阻力的增大，管料内径的增大将小于外径的增大。摩擦阻力继续增大时，将出现一个分流面，它是管壁的某一个同心圆（图 8-31），分流面以内的金属沿法线向内流动，分流面以外的金属则沿法线向外流动。

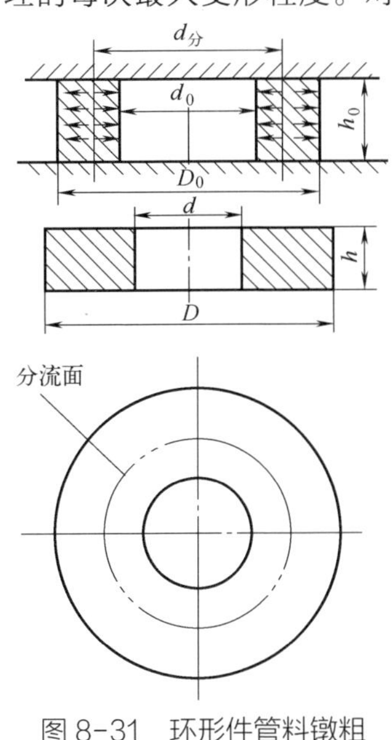

图 8-31　环形件管料镦粗

8.4.2　镦锻的应用范围

镦锻可用于毛坯的整体或局部加粗，在机械制造业，特别是汽车、拖拉机、轴承、标准件生产以及国防工业中得到广泛应用，典型产品如图 8-32 所示。

一般来说，与热镦锻相比，冷镦锻的材料利用率、制件的尺寸精度高，表面质量好，后续加工工序也少，且容易实现自动化。但由于冷镦锻时的变

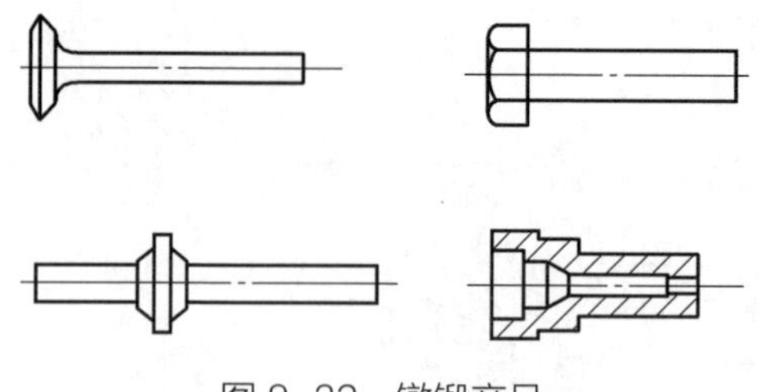

图 8-32　镦锻产品

形抗力大，所以其多用于毛坯尺寸小而批量大的产品，如螺栓、螺母、铆钉、销钉等标准紧固件和小型轴承的内环、外环。此外，一些有色金属的产品也多用冷镦锻。

热镦锻产品的尺寸精度比冷镦锻低，表面比较粗糙，后续加工处理的工作量较大，劳动强度也较高，但变形抗力小，因而适用于加工尺寸较大的产品。

温镦锻时，因毛坯表面没有形成深厚的氧化皮，所以产品的表面粗糙度与尺寸精度均接近于冷镦，产品的后续加工也较为简单。其材料的变形抗力虽大于热镦锻，但比冷镦锻小得多，所以有些较大尺寸的标准件可采用这一方法生产。

8.4.3　镦粗规则及镦锻工艺参数的确定

8.4.3.1　镦粗三规则

为了避免在镦锻过程中产生弯曲和折叠，必须遵循“镦粗三规则”，下面介绍镦粗三规则的含义。

① 镦粗第一规则：当毛坯端面平整且垂直于棒料轴线，其变形部分的长度 h_0 和直径 D_0 之比（h_0/D_0）为 3.2 时，可在压力机一次行程中自由镦粗到任意尺寸而不产生纵向弯曲。

但在实际生产中，由于毛坯端面不可能十分平整，且端面与棒料轴线的垂直程度也不可能很高，所以实际上所采用的自由镦粗到任意尺寸的毛坯相对长度（h_0/D_0）均小于 3。此外影响这一相对长度的还有凸模的端部状况与毛坯原始直径的绝对尺寸。毛坯直径的绝对尺寸越小，则允许自由镦粗的相对长度越短。

② 镦粗第二规则：棒料在凹模中镦粗时（图 8-33），若变形部分长度超过棒料直径 D_0 的 3 倍，而局部镦粗所得直径 D_d=1.5D_0 时，则棒料伸出凹模的长度不应超过原棒料的直径（$l \leqslant D_0$）。

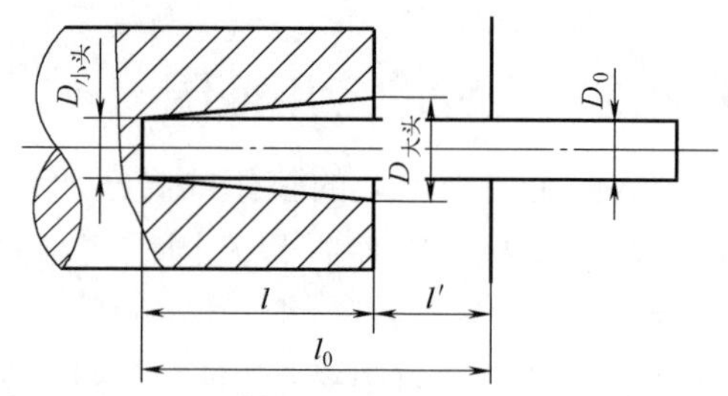

图 8-33　镦形镦锻模的尺寸参数

在生产中当棒料的长度大于直

径的 3 倍时，一次镦粗所能得到的最大直径 $D_d \leqslant 1.5D_0$，且这一镦粗量不仅与棒料伸出凹模的长度有关，还与棒料的相对长度有关。相对长度越长，则镦粗量越小。

③ 镦粗第三规则：在凸模的锥形模膛中镦锻，当 $D_{大头}=1.5D_0$，$l \leqslant 2D_0$ 或 $D_{大头}=1.25D_0$，$l \leqslant 3D_0$ 时，也可进行正常局部镦粗而不产生折纹。

在设计时，若采用锥形局部镦锻（图 8-23）则其参数为

$$\frac{l_0}{D_0}=\phi,\quad \frac{D_{小头}}{D_0}=\eta,\quad \frac{D_{大头}}{D_0}=\epsilon,\quad \frac{l}{D_0}=\beta,\quad \frac{l}{D_0}=\lambda=\phi-\beta \tag{8-19}$$

根据毛坯体积与锥形模膛相等的条件得

$$\frac{\pi}{4}D_0^2 l_0=\frac{\pi}{3\times 4}\left(D_{大头}^2+D_{小头}^2+D_{大头}D_{小头}\right)l \tag{8-20}$$

将相对尺寸代入式（8-20），得

$$\phi=\frac{1}{3}(\epsilon^2+\eta^2+\epsilon\eta)\lambda \tag{8-21}$$

解式（8-21）中的 ϵ，得出

$$\epsilon=1.73\sqrt{\frac{\phi}{\lambda}-\left(\frac{\eta}{2}\right)^2}-\frac{\eta}{2} \tag{8-22}$$

按式（8-23）确定镦锻部分的相对长度，但不得大于 3。

$$\beta \leqslant 1.2+0.2\phi \tag{8-23}$$

求出 β 值后，就可以确定凸模模膛的相对深度为

$$\lambda=\phi-\beta \tag{8-24}$$

小头直径的相对值可按式（8-25）选取。

$$\eta=1\sim 1.2 \tag{8-25}$$

毛坯的计算长度 l_0，可直接根据锻件局部镦锻的体积或加大 5% ～ 6%（考虑热镦锻时的烧损）来确定。

8.4.3.2 镦锻工艺参数的确定

（1）凸模的锥形模膛的尺寸计算

① 确定毛坯的计算长度 l_0，然后根据式（8-19）确定相对长度；

② 按式（8-23）确定镦锻的相对长度 β；

③ 按式（8-24）确定凸模模膛的相对深度 λ；

④ 采用式（8-25）中规定的 η 值，按式（8-22）确定 ϵ。

将上述相对尺寸代入式（8-19）中计算，最后就得到了锥形模膛的各项尺寸。

为了简化计算，可按图 8-34，根据不同的 ϕ 与 η 值，查出所需的系数 ϵ、β 值。再对照式（8-19），即可计算出锥形模膛的具体尺寸。图 8-24 中有两条限制线。其中 *abc* 折线是用式（8-22）与式（8-23）通过计算作出的；折线 *ab* 是应用“镦粗第三规则”作出的。若将式（8-19）中的有关相对值代入式（8-20）并进行化简，可得

$$\phi=\frac{1}{3}(\phi-\beta)(\epsilon^2+\epsilon+1) \tag{8-26}$$

从式（8-26）中解出 ϕ，可得

$$\phi=\frac{\beta(\epsilon^2+\epsilon+1)}{\epsilon^2+\epsilon-2} \tag{8-27}$$

再将“镦粗第三规则”所叙述的两种情况（ϵ=1.5、β=2 时，ϕ=5.4；ϵ=1.25、β=3 时，ϕ=14）分别代入式（8-27）可得到两点并用直线连接，即 *bc* 线。水平线段 *ab* 则是为满足 $\beta \leqslant 3$ 的条件作出的。

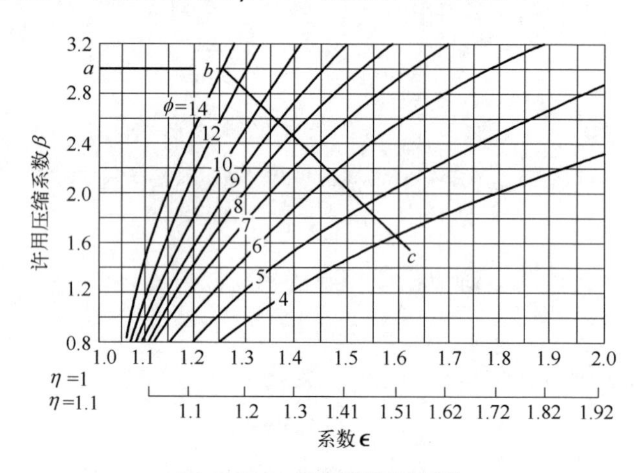

图 8-34 锥形镦锻限制线

棒料镦锻除可在凸模锥形模膛中进行外，还可在凹模中进行圆柱形镦锻。当圆柱形镦锻的毛坯长度 l_0 的相对值（$l_0/D_0=\phi$）大于允许一次成形的相对值（$\phi_{允} \leqslant 2.5$）时，可按下面各式计算所需尺寸。

圆柱形毛坯局部镦锻的凹模直径为

$$D_d=\epsilon_d D_0 \tag{8-28}$$

当棒料伸出凹模外的长度 $l \geqslant D_0$ 时，ϵ_d 值为

$$\epsilon_d = \sqrt{1.9 - 0.03\sqrt{(35-\phi_{允})^2 - (35-\phi)^2}} \tag{8-29}$$

当棒料未伸出凹模外或伸出长度 $l < D_0$ 时，则

$$\epsilon_d = \sqrt{2 - 0.03\sqrt{(35-\phi_{允})^2 - (35-\phi)^2}} \tag{8-30}$$

工步长度的相对值为

$$\lambda_d = \frac{\phi}{\epsilon_d^2} \tag{8-31}$$

下一道镦锻是按照第一道镦锻的公式来计算的，但需把前一道镦锻的尺寸作为设计这一道镦锻的尺寸依据。

（2）冷镦的变形程度

对于冷镦来说，除须遵守上述相对规则外，还要考虑冷镦锻时加工硬化的影响，冷镦锻变形程度越大，硬化作用越强，变形抗力也将越大。当冷镦锻变形程度超过金属材料的许用变形程度时，就会在零件的侧表面产生裂纹。因此对于各种不同尺寸形状、不同冷镦锻材料的锻件应选择各自相应的变形程度。冷镦锻变形程度可用式（8-32）表示

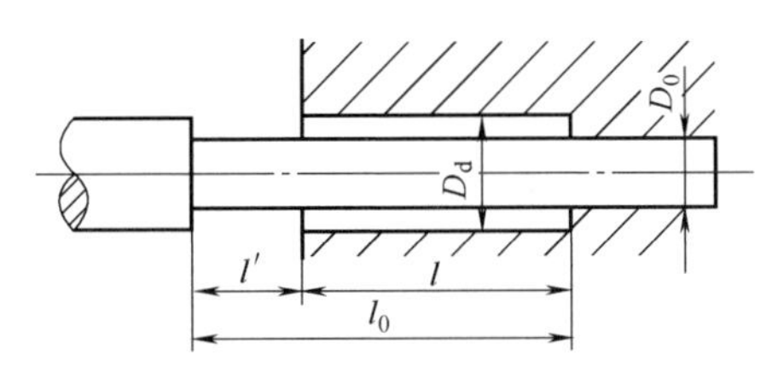

图 8-35　圆柱形镦锻模尺寸参数

$$\epsilon = \frac{h_0 - h}{h} \times 100\% \tag{8-32}$$

式中，ϵ 为冷镦锻变形程度；h_0 为锻前毛坯高度：h 为镦锻后的高度。

8.5 等温锻造工艺

8.5.1　等温锻造工艺特点及应用

等温锻造是指将模具、毛坯都加热到锻造温度，在锻造过程中毛坯和模

具温度基本上保持不变的锻造方法。等温锻造工艺对锻造毛坯的组织状况和变形速度没有特殊要求。这种工艺减少或消除了模具的激冷和材料应变硬化的影响，大大减少了变形抗力，提高了毛坯的成形性能，可以生产出满足复杂零件要求的精密锻件。

等温锻造的分类与应用见表 8-1。

表 8-1 等温锻造的分类与应用

分类			应用	工艺特点
等温锻造	等温模锻	开式模锻	形状复杂零件、薄壁件、难变形材料零件，如钛合金叶片等	余量小，弹性恢复小，可一次成形
		闭式模锻	机加工复杂、力学性能要求高的和无斜度的锻件	锻件性能好、精度高、余量小、无飞边、无斜度、需顶出，模具成本高
	等温挤压	正挤压	难变形材料的各种型材成形、制坯，如叶片毛坯	光滑、无擦伤，组织性能好，可实现无残料挤压
		反挤压	成形衬筒、法兰、模具型腔等	表面质量、内部组织均优，变形力小

8.5.2 等温锻造模具设计要点

等温锻造对于模具的要求与常规锻造有所不同。其设计要点如下。

（1）加热装置

等温锻造模具需要在变形过程中保持恒温的加热装置，通常采用感应加热与电阻加热。图 8-36 为采用感应加热的模具。

（2）锻模结构

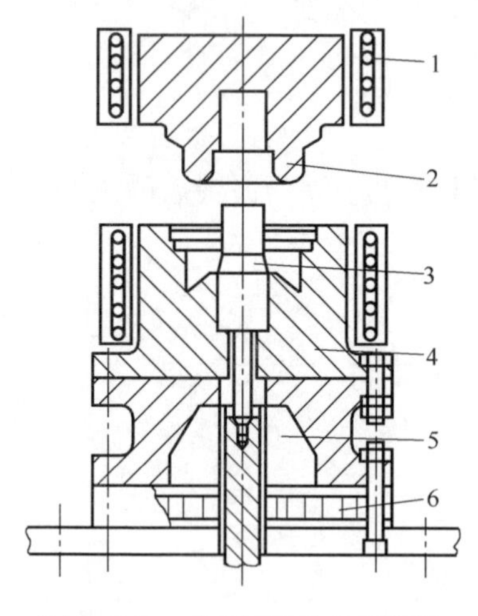

图 8-36 感应加热的等温锻造

1—感应圈；2—上模；3—顶杆；4—下模；5—间隙；6—水冷板

等温锻造精度较高，在锻件设计上与普通锻造有所区别，模具设计也应与此相适应。等温锻造分为开式锻造和闭式锻造。

闭式锻造用模具多采用如图 8-36 所示镶块组合式结构，便于模具加工与锻件顶出。闭式锻模多用模口导向，间隙研配为 0.10 ～ 0.12mm。

开式锻造多用整体结构，用导柱导向，导柱高径比不小于 1.5，导柱与导向孔的双面间隙，依导柱直径不同，取 0.08 ～ 0.25mm。开式锻模带有飞边槽，在等温状态下，不存在飞边冷却问题，在飞边槽尺寸相同时，桥部阻力小于常规模锻。为弥补等温条件带来的飞边阻力下降。等温锻造飞边的桥部高度、宽度，仓部高度、宽度比开式锻造的小。

在等温状态下，锻件收缩值取决于模具材料与锻件材料线胀系数的差异，收缩值Δ 可用式（8-33）计算后加到模具线尺寸上。

$$\Delta=(t_2-t_1)(\alpha_1-\alpha_2)L \tag{8-33}$$

式中，t_1、t_2为室温与模锻温度，℃；α_1、α_2为毛坯与模具的线胀系数，$℃^{-1}$；L为模具尺寸，mm。

（3）模具材料

铝合金与镁合金锻模可采用热模具钢。钛合金和钢锻模用高温合金制造，国内常用GH类材料如K3、K5合金（国外牌号）。但是，镍基高温合金在钛合金锻造范围内有抗蠕变性能差和强度陡降的特点，因此，国外又发展了热模具锻造工艺，即模温为750～830℃，钛合金坯温度仍为910～950℃，且适当提高锻造速度。图8-37给出了常规锻造、热模具锻造、等温锻造、超塑性锻造的模温与锻造时间的比较。

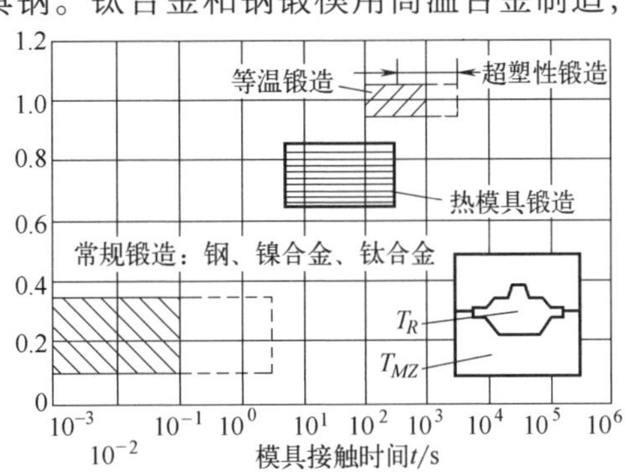

图8-37　各种锻造方法的模温与锻造时间的比较

8.6 超塑性成形

8.6.1 概述

金属的超塑性，是指金属材料在特定的条件下呈现的异常高的伸长率。所谓特定条件，一是指金属的内在条件，如金属的成分、组织及转变能力（相变、再结晶及固溶变化等）；二是指外界条件，如变形温度与变形速度等。

超塑性通常可以用伸长率来表示，如某金属伸长率超过100%（也有人认为超过300%）不产生缩颈和断裂，即称该金属呈现超塑性。一般黑色金属在室温下的伸长率为30%～40%，铝、铜及其合金为50%～60%，即使在高温下，上述材料的伸长率也难超过100%。超塑性成形，就是利用金属的超塑性，将板材加工成各种零部件的成形方法。超塑性成形的宏观特征是大变形、无缩颈、小应力。因此，超塑性成形具有以下优点：可一次成形出形状复杂的零件；可仅用半模成形和采用小吨位的设备；成形后零件基本上没有残余应力。这些为制造出质量小、效率高的结构件提供了条件。

根据变形特性，超塑性可分为微细粒超塑性（又称恒超塑性、结构超塑性）和相变超塑性。超塑性一般指微细粒超塑性，某些超塑性合金及其特性见表8-2。

影响超塑性成形的主要因素有：

① 温度变形一般在0.5～$0.7T_m$温度下进行（T_m为以热力学温度表示的熔化温度）。

② 稳定而细小的晶粒。一般要求晶粒直径为0.5～5μm，不大于10μm，而且在高温下，细小晶粒具有一定的稳定性。

③ 应变速度比普通成形时低得多，成形时间为数分钟至数十分钟不等。

④ 成形压力一般为十分之几兆帕至几兆帕。

另外，应变硬化指数、晶粒形状、材料内应力等亦有一定的影响。

表8-2　几种超塑性金属和合金

名称		伸长率/%	超塑性温度/℃
铝合金	Al-33Cu	500	445～530
	Al-5.9Mr	460	430～530
镁合金	Mg-33.5Al	2000	350～400
	Mg-30.7Cu	250	450
	Mg-6Zn-0.5Zr	1000	270～320
钛合金	Ti-6AMV	1000	900～980
	Ti-5Al-2.5Sn	500	1000
	Ti41Sn-2.25Al-1Mo-50Zr-0.25Si	600	800
	Ti-6Al-5Zr-4Mo1Cu-0.25Si	600	800
钢	低碳钢	350	725～900
	不锈钢	500～1000	980

8.6.2　成形方法

超塑性成形的基本方法有气压成形法、真空成形法和模压成形法。

（1）气压成形法

气压成形法又称吹塑成形法，犹如玻璃瓶的制作。此法较之传统的胀形工艺，有低能、低压即可成形出大变形量复杂零件的优点。图8-38分别为凸模气压成形和凹模气压成形示意图。

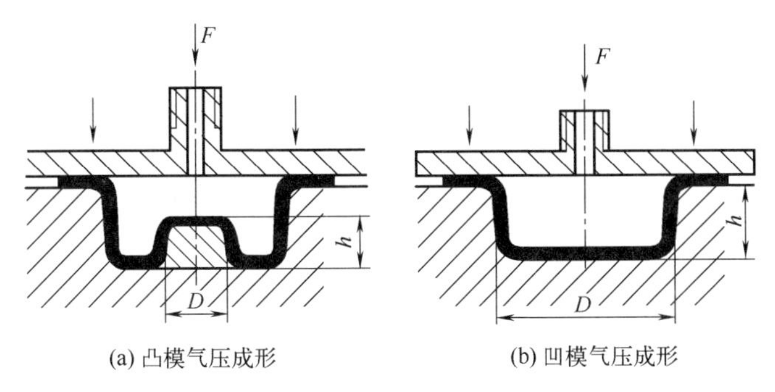

图 8-38　气压成形法

（2）真空成形法

真空成形法是在模具的成形腔内抽真空，使处于超塑性状态下的毛坯成形。该法又分为凸模真空成形法和凹模真空成形法。凸模真空成形是将模具（凸模）成形内腔抽真空，被加热到超塑性成形温度的毛坯即被吸附在具有零件内形的凸模上，主要用来成形要求内侧尺寸准确、形状简单的零件；凹模真空成形主要用来成形要求外形尺寸准确、形状简单的零件。真空成形法由于压力小于 0.1MPa，所以不宜成形厚板和形状复杂的零件。

（3）模压成形法

模压成形法又称耦合模成形法、对模成形法。用此法成形出的零件尺寸精度较高，但模具结构特殊、加工困难，目前实际应用较少。

超塑性成形时，工件的壁厚不均是首要问题。由于超塑性加工伸长率可达 1000%，以致在破坏前的过度变薄，即成为其加工的成形极限。故在成形中应当尽量不使毛坯局部过度变薄。控制壁厚变薄不均的主要途径有：控制变形速度分布、控制温度分布与控制摩擦力等。

8.7 电磁成形

电磁成形是利用脉冲磁场对金属毛坯进行高能量成形的一种加工方法。图 8-39 是管材和板材的成形原理图。从图 8-39（a）可以看出，成形线圈放在管坯内部，成形线圈相当于变压器的一次侧，管坯相当于变压器的二次侧。

放电时，管坯内表面的感应电流 i 与线圈内的放电电流 i 方向相反，这两种电流产生的磁场磁力线在线圈内部空间因方向相反而抵消，在线圈与管坯之间因方向相同而加强，其结果是在管坯内表面受到强大的磁场压力使管坯胀形而成形。图 8-39（b）是板材毛坯电磁成形的原理图，通过磁压力 F 的作用使板坯贴模而成形。

电磁成形不但能提高变形材料的塑性和成品零件的成形精度，而且模具结构简单，生产率高，具有良好的可控性和重复性，生产过程稳定，零件中的成形残余应力低。此外，由于加工力 F 是通过磁场来传递的，故加工时没有机械摩擦，板坯可以在加工前预先电镀、阳极化或喷漆。

电磁成形的加工能力取决于充电电压和电容器容量，常用充电电压为 5 ～ 10kV，充电能量约 5 ～ 20kJ。

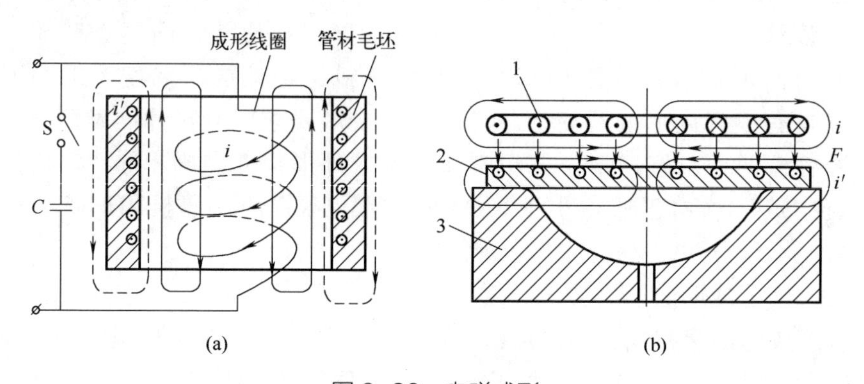

图 8-39　电磁成形

1—成形线圈；2—平板毛坯；3—凹模

电磁成形的毛坯应具有好的导电性，如铝、铜、不锈钢、低碳钢等。对于导电性能差的材料，在工件表面涂敷一层导电性能优良的材料即可。用这种方法甚至可以将电磁成形方法扩展到对非导电材料进行成形。

8.8 径向锻造

径向锻造是轴类或管类锻件精锻成形的一种先进工艺，所用设备通常称为精锻机，分立式和卧式两种。

（1）径向锻造的成形过程

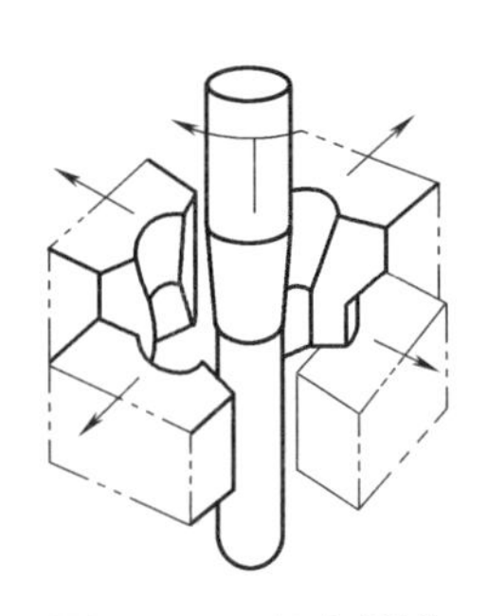

图 8-40　径向锻造

径向锻造时，在垂直于棒料轴线的平面上用几个锤头，通常是3个或4个，从几个方向对棒料进行对称的、高频率的同步打击（图 8-40）。工件的运动有三种形式：

① 边绕轴线边做轴向送进使棒料做旋转式延伸，通过变形达到所需锻件的形状和尺寸，多用于冷锻或热锻阶梯形或锥形的实芯轴或管件。

② 只做轴向移动，可用于热锻方形、矩形、六角形、八角形材和冷锻等；

③ 只做转动，用于高压气瓶的收口、管件的缩颈等。

（2）径向锻造的工艺特点

径向锻造有两个特点：一是多向锻打，金属处于三向压应力作用下，提高金属塑性，不仅适用于一般钢材，还特别适用于高强度、低塑性的高合金钢，尤其适用于难熔金属（钼、钨、铌）及其合金的锻造；二是脉冲锻打，单位时间内锻打的次数多但每次变形量小，变形速度较快，金属变形的摩擦力减小，容易变形。此外，脉冲锻打可以提高锻件精度和减小表面粗糙度。热锻时外径精度可达 ±（0.2 ～ 0.5）mm，内径精度可达 ±0.1mm，*Ra*=3.2 ～ 1.6μm；冷锻时尺寸精度可达 3 ～ 4 级，*Ra*=0.4 ～ 0.2μm。

（3）径向锻造的应用

径向锻造可进行热锻、温锻和冷锻。由于锻件精度高、材料消耗低、自动化程度高、生产效率高和劳动条件好，径向锻造广泛用于各种机床、拖拉机、飞机、坦克和其他机械上的实心台阶轴、锥度轴、空芯轴，以及几种形状兼有的轴类零件，还可以用于锻造各种气瓶、薄壁筒形件的缩口、缩颈，如航空用的氧气瓶、火箭上喷管的缩颈；锻造带膛线的枪、炮管等径向锻造的典型零件，如图 8-41 所示。

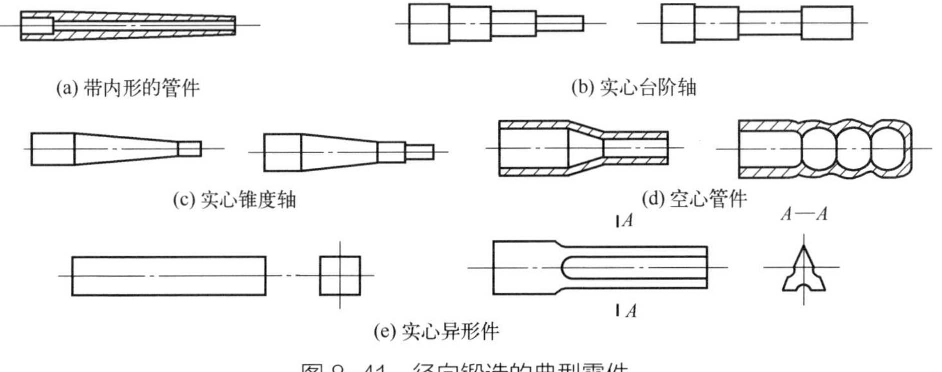

图 8-41　径向锻造的典型零件

但是精锻机是专用设备，结构复杂、造价高、万能性差，宜用于成批大量生产

8.9 粉末锻造

粉末锻造是粉末冶金成形方法和传统的塑性加工相结合的一种金属加工方法，以金属粉末为原料，经过压制成形、烧结、热锻成形及后续处理等工序制成所需形状的锻件。它既保持粉末冶金模压制坯的优点，又发挥了锻造变形的特点。

一般粉末冶金制件，其密度通常在 6.2 ～ 6.8g/mm^3，经过加热锻造后可以提高金属理论密度的 95% ～ 100%。

与普通钢坯锻造相比，粉末锻造具有下列优点：

① 材料利用率高，可达 90% 以上；

② 力学性能高，由于材质均匀且无各向异性，锻件耐磨性显著提高；

③ 锻件精度高，表面粗糙度小，容易得到形状复杂的锻件；

④ 简化了工艺流程，生产率高，容易实现自动化；

⑤ 模具寿命高。

粉末锻造的缺点是零件的大小和形状受到一些限制、粉末价格比较高、零件的韧性较差等。

粉末锻造的工艺过程是将预成形的毛坯加热至锻造温度后，放在锻压设备上的模具中进行闭式模锻或挤压。其工艺过程如图 8-42 所示。

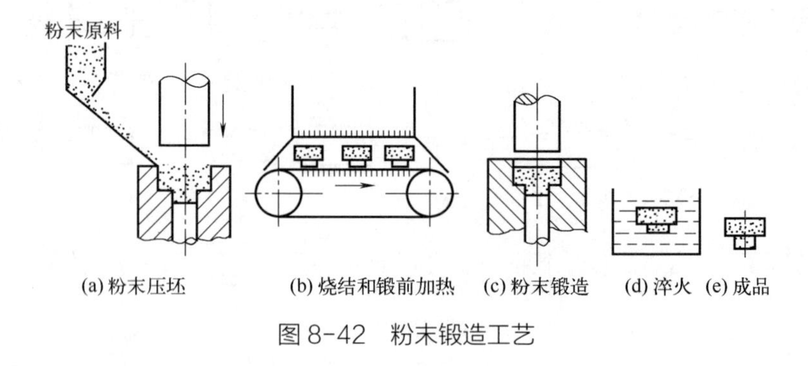

图 8-42　粉末锻造工艺

8.10 摆动辗压

摆动碾压简称摆辗，是一种先进的塑性成形工艺，自20世纪60年代出现以来，得到了世界各国的重视。由于它具有省力、节材、冲击振动小、噪声小、产品精度高、可以实现净成形或近净成形等优点，因而它在车辆、机床、电气仪表、五金刀具等生产部门得到了迅速的发展和广泛的应用。

（1）成形原理

如图8-43所示，摆辗是通过连续的局部变形来实现整体的塑性成形。其原理是摆辗设备有一个特殊的摆动机构——摆头，摆头的中心线OO'与摆辗机机身Oz之间存在一个夹角γ，称为摆角，在摆碾成形过程中，摆头带动锥面上模沿毛坯表面连续摆动和滚动，液压缸不断推动滑块把毛坯送进加压。整个摆辗过程中，上模和毛坯只是局部接触，局部成形。

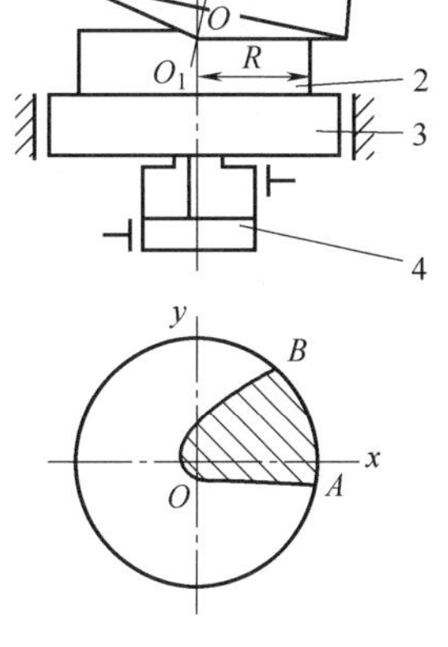

图8-43 摆动碾压

1—上模；2—毛坯；3—滑块；4—液压缸

（2）摆碾成形的特点

① 摆碾成形的优点：

a. 变形力小，设备吨位小。摆碾成形是连续的局部加压成形，接触面积小，每一次变形量小，因此成形同样大小的工件，摆碾成形时工件所需的变形力小，因此所用设备吨位小。摆碾成形力为一般整体塑性成形力的1/5～1/20。

b. 产品尺寸精度高。由于摆碾成形的任何一瞬时都是小力、小变形、静载，设备相对刚度大，所得的产品尺寸精度高、表面粗糙度低。冷摆辗工件垂直尺寸精度可达0.025mm，表面粗糙度可达Ra=0.4～0.8μm。

c. 适合薄盘类零件的成形。摆辗特别适合压制薄盘、圆饼、法兰等零件。生产薄盘类零件，用普通设备进行整体锻造成形时，因摩擦力和毛坯高径比的影响，所需求的单位成形力可能超过模具材料的强度极限而无法成形。采用摆辗方法时，模具与毛坯间的接触面积小，模具与毛坯表面间的摩擦可能由滑动摩擦变为滚动摩擦，摩擦系数大大降低。

d. 工况好。无振动，噪声低，易实现机械化、自动化，劳动强度低，劳

动环境好

e. 设备小，占地面积小。

f. 生产效率高。

② 摆碾成形的缺点：

a. 通常需要制坯。摆碾成形是经过多次累积小变形使毛坯达到整体成形的。同时，摆辗时毛坯始终受偏心载荷作用，所以毛坯高径比 H_0/D_0 不能太大，否则效率低、工艺稳定性差。

b. 机器结构复杂。摆辗机要实现复杂的摆动运动，机器始终在偏载中工作，机器刚度要求高，所以摆辗机比普通锻造机器结构紧凑、复杂。

（3）摆辗工艺的适用范围

摆辗工艺是通过局部非对称变形区的连续移动来完成整体变形的，金属径向向外流动容易，轴向流动困难。因此，摆辗工艺主要适用于薄盘类零件以及薄法兰件的成形，而在轴向方向有较深的薄壁结构的工作不太适合摆碾成形。

摆辗过程中设备始终受偏心载荷，为了提高设备的整体刚度，摆辗机结构比较紧凑，尤其是用于冷精密成形的摆辗机。因此，摆辗机的操作空间相对狭小，摆辗工件的尺寸有一定的限制。

热辗工艺适用于低碳钢、中碳钢、有色金属的塑性成形，也可以用于粉末的压制成形、板材成形、塑料及陶瓷的铆接。

铆接也是摆辗工艺得到应用的重要领域。由于摆辗铆接无噪声、无振动，与风铆相比非常安静，因此，在非流水生产线上，摆辗铆接得到广泛的应用。目前其主要用于车辆、船舶、电气、门窗等工业生产部门中。不同铆头可实现圆头、平面、扩口、卷边等铆接工艺。

8.11 多向模锻

多向模锻（或多柱塞模锻）是在几个方向上同时对毛坯进行锻造的一种专用工艺。

（1）工艺过程

多向模锻是在具有多分型面的型槽内进行，如图 8-44 所示。当毛坯放在工位上时，上下两个模块闭合进行锻造，使坯料初步成形，得到压肩。然后，安装在水平工作缸上的冲头从坯料左右压入，在上下两个模块的型槽中，将已初步成形的锻坯冲出所需的孔。锻成后，冲头先退出，然后上下模块分开，取出锻件。

（2）多向模锻设备

多向模锻主要采用多向模锻液压机，是在普通液压机的基础上增设两个侧向水平工作缸发展起来的。

在活动横梁、工作台和水压机的侧向工作缸上各安装一模块，最多安装四个模块，并由模块和冲头组成一副具有封闭型槽的模具，这种液压机称为四工位多向模锻液压机，如图 8-45 所示。由于多向模锻液压机的模具可以是由几块组成，所以可以形成几个分模面，也是一种多向模锻设备。

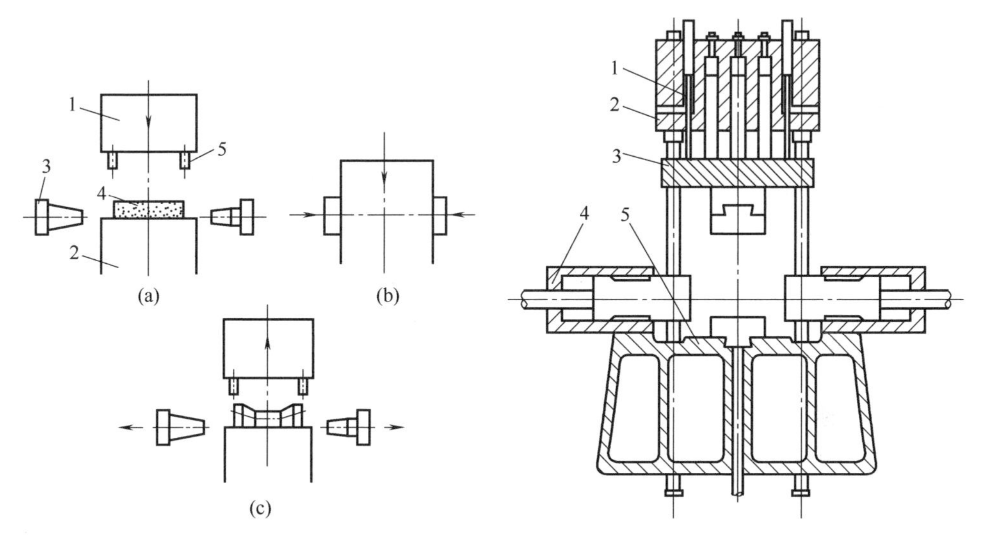

图 8-44　多向模锻

1—上模；2—下模；3—冲头；4—毛坯；5—导柱

图 8-45　四工位多向模锻液压机

1—拉杆；2—上横梁；3—活动横梁；4—侧向水平工作缸；5—工作台

（3）多向模锻的优缺点

① 材料利用率高。多向模锻大都是采用闭式模锻，锻件可以设计成空心的，可以取消或设置很小的模锻斜度，借助卸料器取出锻件，因而可以节省大量的贵重金属材料，约节省材料 50%。

② 锻件的性能好。锻件外形都是由模锻获得，金属流线分布合理，强度提高 30%。

③ 多向模锻大都是一次加热完成，最大限度地避免了由加热带来的缺陷

和损失，提高质量，降低成本，降低工人强度。

④ 应用范围广，不仅可以锻制各种形状复杂的锻件，而且锻件尺寸大小和材料种类的限制也较少。

但是其毛坯要求较高的剪切质量，坯料尺寸和质量要求精确，采用无氧化加热，同时对设备要求较高。

（4）多向模锻的应用

由于多向模锻具有以上的特点，因此在航空、石油、化工、汽车制造中，有关中空架体、活塞、大型阀体、管接头、飞机起落架等锻件，已采用多向模锻的工艺进行生产。图 8-46 给出了典型的多向模锻产品。

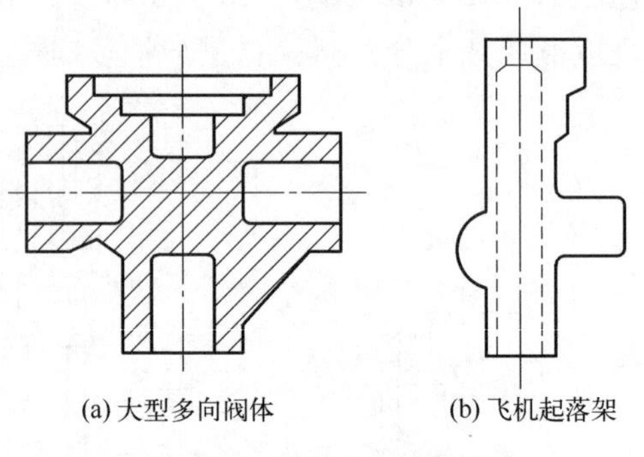

(a) 大型多向阀体　　(b) 飞机起落架

图 8-46　典型多向锻造锻件

思 考 题

1. 镦锻的变形特点及应用范围有哪些?

2. 简述挤压的基本方法、特点及应用范围；正、反挤压时金属的流动变形规律。

3. 简述等温锻造的特点及应用范围。

4. 简述超塑性成形的特点及应用范围。

5. 简述电磁成形的特点及应用范围。

6. 简述轧制的基本方法、特点及应用范围。

7. 简述拉拔的基本方法、特点及应用范围。

参 考 文 献